普通高等教育“十三五”重点规划教材

大学物理实验教程

第3版

主　编　李艳萍　苏中乾
副主编　刘忠坤
参　编　苑忠英　刘志远　张咏明

机械工业出版社

本书根据教育部高等学校物理基础课程教学指导分委员会颁布的《理工科类大学物理实验课程教学基本要求》编写而成。

全书包括基础性实验、综合性实验、设计性研究性实验、综合创新型设计实验、演示实验，各类实验共计 84 个。

本书贯彻技能型学校着力培养学生动手能力、实践能力、创新能力的宗旨，在突出基本技能训练的同时，增大了综合性、设计性实验的比重，以切实提高学生的综合实践能力和创新能力。

本书可作为普通高等院校理工科各专业的大学物理实验教材，也可供教师备课或学生自主学习之用。

图书在版编目（CIP）数据

大学物理实验教程/李艳萍，苏中乾主编. —3 版. —北京：机械工业出版社，2018.1（2024.8 重印）

普通高等教育“十三五”重点规划教材

ISBN 978-7-111-58908-2

Ⅰ.①大… Ⅱ.①李… ②苏… Ⅲ.①物理学-实验-高等学校-教材 Ⅳ.①O4-33

中国版本图书馆 CIP 数据核字（2018）第 002972 号

机械工业出版社（北京市百万庄大街 22 号 邮政编码 100037）
策划编辑：张金奎 责任编辑：张金奎 责任校对：张 薇
封面设计：张 静 责任印制：郜 敏
中煤（北京）印务有限公司印刷
2024 年 8 月第 3 版第 4 次印刷
184mm×260mm · 19.5 印张 · 476 千字
标准书号：ISBN 978-7-111-58908-2
定价：45.00 元

凡购本书，如有缺页、倒页、脱页，由本社发行部调换

电话服务
服务咨询热线：010-88379833
读者购书热线：010-88379649

网络服务
机 工 官 网：www.cmpbook.com
机 工 官 博：weibo.com/cmp1952
教育服务网：www.cmpedu.com
金 书 网：www.golden-book.com

前　言

本书根据我们多年来的大学物理实验课程建设和教学改革经验，在《大学物理实验教程（第2版）》和《大学物理实验指导》的基础上，按照教育部高等学校物理基础课程教学指导分委员会颁布的《理工科类大学物理实验课程教学基本要求》编写而成，适合理工科各专业大学物理实验教学使用。

考虑到应用型本科转型的特点，教材的编写宗旨是以学生自主学习为基础，注重培养学生的创新能力，侧重基础知识在各专业学习过程中的应用。同时，本书凝练了课程建设和教学改革成果的内容，加强综合性、设计性实验的比重，加强学生实验创新能力的培养和训练，并利用演示实验激发学生的实验兴趣和拓展学生的实验个性。

在实验项目分类上，根据转型的必要性，注重模块化、分层次的理论和实验教学模式，根据应用型本科实验教学的实际情况，按照实验训练的性质和层次分为基础性实验，综合性实验、创新设计性实验及演示实验四个层次。力求贯彻以学生为本的理念，注重基础性、实践性、探索性、开放性的有机统一。强化培养学生物理思想、物理模型的实际应用能力，增强物理实验方法的基本训练，提高学生的综合实验能力，为培养学生创新意识和创新能力发挥很好的作用。

参与本书编写的有：李艳萍（绪论、第1章、实验4.5、实验4.6、实验4.7、实验4.8）、苏中乾（实验6.1、实验6.3）、苑忠英（第2章、第5章及附录）、张咏明（实验3.5、实验3.6、实验3.7、实验3.11、实验3.12、实验3.13、实验3.14、实验3.15、实验3.16、实验4.1）、刘志远（实验3.1、实验3.2、实验3.3、实验3.4、实验3.8、实验3.9、实验3.10、实验4.2、实验4.3、实验4.4、实验4.9）、刘忠坤（实验6.2、实验6.4、第7章）。在编写过程中参考了许多兄弟院校的相关教材，在此表示衷心的感谢！由于编者的经验和水平有限，不妥之处在所难免，恳请读者和同行专家批评指正。

编　者

目 录

绪　论

实验是人们认识研究自然规律、改造自然世界的一种特殊的实践形式和方法。人们通过实验认识自然规律，检验自然规律，并且一些生活和生产实际中的问题也可以通过实验来解决。大学物理实验是高等院校理工科专业的必修课，也是一门实践性和应用性很强的课程。大学物理实验教学不仅能帮助学生正确理解物理概念和规律，而且与课堂理论教学相比，在培养和提高学生动手能力、观察能力、理论联系实际能力等方面都更具优势。同时也为学生的研究能力、开拓能力、创新意识等综合科学素质的培养提供了较好途径。因此，实验课程在大学物理教学中具有不可替代的作用，是培养学生学习能力、实践能力、创新能力的重要环节。同时，大学物理实验课程也是培养实践能力强的创新人才的重要基础。

1. 物理实验课的任务

根据教育部高等学校物理学与天文学教学指导委员会物理基础课程教学指导分委员会制定的《理工类大学物理实验课程教学基本要求》，物理实验课程的具体任务是：

（1）学生通过对实验现象的观察分析和对物理量的测量，加深对物理学原理的理解，提高解决实际问题的能力，为后续课程的学习打下坚实的基础，从而提高学生的综合素质。

（2）学生在物理实验课中主要是通过自己独立的实验实践来学习物理实验知识，其中包括：

1）能够自行阅读实验教材，做好实验前的预习；

2）能够掌握各种实验测量仪器的正确使用方法；

3）能够运用物理学理论对实验现象进行初步分析判断并掌握基本实验方法；

4）能够正确记录实验数据并用科学处理方法，归纳总结实验结果，撰写合格的实验报告；

5）能够独立完成基础性实验、综合性实验、简单的设计性和创新性实验。

2. 物理实验的基本程序和实验报告

物理实验课的基本环节包括：实验前的预习、实验操作、实验报告。

（1）实验前的预习（10 分）

实验预习是物理实验的首要步骤，学生在进行每个实验之前，必须做好认真充分的预习。实验预习的目的是全面认识和了解实验目的，理解实验原理，了解实验仪器的使用方法，明确实验的具体内容。预习包括阅读材料、熟悉仪器和写出预习报告。

仔细阅读实验教材和有关的资料，重点解决的问题是：

1）做什么：这个实验最终要得到什么结果；

2）根据什么去做：实验课题的理论依据和实验方法的道理；

3）怎么做：实验的方案、条件、步骤及实验关键。

（2）实验预习报告要求书写整洁、清晰，排版合理。预习报告格式要求：

1）实验名称；

2）实验目的；

3）实验仪器；

4）实验原理简述（原理、有关定律或公式，电路图或光路图）；

5）实验数据记录表格；

6）预习思考题。

（3）实验的操作（40分）

实验操作是物理实验最重要的过程，学生进入实验室后，先在实验室准备好的实验室记录上签到，然后认真听好实验教师的讲解指导，再按照编组使用相应的指定仪器。根据事先设想好的步骤演练一下，然后再按确定的步骤开始实验。要注意细心观察实验现象，认真钻研和探索实验中的问题，冷静地分析和处理问题。仪器发生故障时，要在教师的指导下学习排除故障的方法。总之，要把重点放在实验能力的培养上，而不是测出几个数据就认为完成了任务。

要做好测量和原始记录，要先观察实验所要记录的实验现象，确认无异常后，开始记录数据，记录原始数据要注意有效数字，并与数据表格中的单位相对应，原始数据不得擅自改动，如果记错，可在数据上画一横线，然后在其下面更改数据。实验结束，先将实验数据交教师审阅，经教师验收签字后，然后再整理还原仪器，方可离开实验室。

（4）实验报告（50分）

实验后要对实验数据进行科学正确地处理。数据处理过程包括计算、作图、误差分析等。计算要有计算式，代入的数据都要有根据，作图要按作图规则，图线要规矩、美观。数据处理后应给出实验结果。最后要求撰写出一份完整的实验报告。

实验报告内容包括：

1）实验名称；

2）实验目的；

3）实验仪器；

4）实验原理：简要叙述有关物理内容及测量中依据的主要公式、式中各量的物理含义及单位、公式成立所应满足的实验条件等；

5）实验步骤：根据实际的实验过程写明关键步骤；

6）注意事项；

7）数据处理包括列表报告数据，完成计算、曲线图、不确定度计算或误差分析，最后写明实验结果；

8）小结和讨论内容不限，可以是对实验中现象的分析、对实验关键问题的研究体会、实验的收获和建议，也可以是解答实验思考题。

3. 物理实验室规则

学生进入实验室，在实验过程中坚持安全第一，严格遵守操作规程和注意事项，严格避免发生人身或设备事故。

（1）正确使用电源，未经实验教师同意，不得随意打开电源。

（2）接、拆线路必须在断电状态下进行。

（3）不得随意搬动与实验无关的仪器，不得随意调换仪器，要爱护仪器。

（4）注意防火、防水、防电。

（5）注意实验室的卫生。

4. 怎样学好物理实验

物理实验是一门实践性课程，学生是在自己独立工作的过程中增长知识、提高能力。

（1）要注意掌握基本的实验方法和测量技术

基本的实验方法和测量技术在实际工作中会经常遇到，并且是复杂的方法和技术的基础。学习时不但要搞清它们的基本道理，还应该逐步地熟悉和记牢它们，且能运用这些方法和技术设计一些简单的实验。任何一种实验方法和测量技术都有着它应用的条件、优缺点和局限性，只有亲自做了一定数量的实验后，才会对这些条件、优缺点和局限性有切身的体会。虽然方法和手段会随着科学技术和工业生产的进步而不断改进，但历史积累的方法仍是人类知识宝库精华的一部分，有了积累才能有创新，因此，从一开始就应十分重视实验方法知识的积累。

（2）要有意识地培养良好的实验习惯

学生进入实验室要遵守实验室操作规程和安全规则。在开始做实验之前，应当先认真阅读实验教材和有关仪器资料，这样才有可能对将要做的实验工作有具体而清楚的了解；在实验过程中要求认真并重视观察实验现象，一丝不苟地记录实验数据。要求记录数据要原始、完整、全面、清楚，要有必要的说明注释等。这样才有可能在需要时随时查阅这些记录，从而在处理数据、分析结果时，有足够的第一手资料。在实验过程中，注意记录实验的环境条件（如室温、气压、湿度、仪表名称、规格、量程和精度等），注意实验仪器在安置和使用上的要求和特点，还要注意纠正自己不正确的操作习惯和姿势。需要两人合作时，要密切配合。良好的习惯需要经过很多次实验后的总结、反思和回顾以后才能形成。而良好的实验习惯对保证实验的正常进行，确保实验中的安全，防止差错的发生，都有很好的作用。无数实践证明，良好习惯的养成，只有在实验的过程中有意识地去锻炼自己才行。

（3）要注意养成善于分析的习惯

实验中要善于捕捉和分析实验现象，力争独立排除实验中各种可能出现的故障，并锻炼自己自主发现问题、分析问题和解决问题的能力。例如，实验数据是否合理、正确？实验结果的可靠性和正确性又如何？这些问题的解决，主要依靠分析实验方法是否正确、合理？它可能引入多大的误差？实验仪器又会带来多大误差？实验环境、条件的影响又将如何？为了帮助初学者克服实验经验少、还没有掌握一整套分析实验的方法等实际情况，物理实验课往往在实验教材中安排少数已有十分确切理论结论的实验项目，使初学者便于判断实验结果的正确性。但千万不要误认为做实验的目的只是为了得到一个标准的实验结果。如果获得的实验数据与标准数据符合了就高兴，一旦有所差别，就大失所望，抱怨仪器或装置不好，甚至拼凑数据，这些表现都是不正确的，是违背科学的。事实上，任何理论公式和结论都是经过一定的理论上的抽象并被简化了的，而客观事实与实验所处的环境条件则要复杂得多，实验结果与理论公式、结论之间发生差别是必然会有的，问题是差异有多大？是否合理？不论实验结果或数据是好是坏，都应养成分析的习惯。当然也不要贸然下结论。首先要检查自己的操作和读数，注意实验装置和环境条件。若操作和读数经检查正确无误，那么毛病可能出现在仪器和装置本身。小的故障、小的毛病，实验者应力求自己动手去排除。能否发现仪器装置的故障、能否及时迅速修复，正是一个人实验能力强弱的重要表现，初学者应要求自己逐步提高这方面的能力。

（4）要掌握好每个实验的重点

每个实验的内容都是有弹性的，首先应完成基本内容，这既是基础，也是重点。所以必须注意实验的目的，这样可以提高学习效率。完成基本内容后，如果时间许可，可以根据具体情况，进一步完成其他内容。尝试去分析实验可能存在的一些问题，如使用仪器的精度、可靠性，实验条件是否已被满足？怎样给予证实？或进一步提出改进实验的建议，试做一些新的实验内容等。

（5）要注意创新能力的培养

教学实验虽然是经过安排设计的，但仍然要多思考一些问题。如每一项实验内容为什么要通过这样的途径（方法）进行测量，有什么改进建议等。激发求知欲望和学习热情，从而提高创新意识、增强创新能力。

第1章 测量误差与数据处理

1.1 测量

1.1.1 测量的定义

物理实验不仅要定性观察各种物理现象，更重要的是找出有关物理量之间的定量关系，而且还需要定量地测量有关物理量。测量的意义就是将待测的物理量与选作计量标准单位的同类物理量进行比较的过程。选作计量单位的标准必须是国际公认的、唯一的、稳定不变的。例如，真空中的光速是一个不变的量，国际单位制由此规定以光在真空中1/299792458s的时间间隔内所经路径的长度作为长度单位——1m。

测量一个物体的长度，就是找出该被测量是1m的多少倍，这个倍数称为测量的读数。数值连同单位记录下来便是数据，称为量值。量值用数值和单位的乘积来表示。

1.1.2 直接测量和间接测量

测量可分为直接测量和间接测量两类。

1. 直接测量

直接测量是测量的基础，是把被测量直接与标准量（量具或仪表）进行比较，直接读数，直接得到数据，这样的测量就是直接测量，相应的物理量称为直接测量量。例如，用米尺测量长度，用天平测量质量。

2. 间接测量

大多数物理量没有直接测量的量具或仪表，不能直接得到测量数据，但能够找到它与某些直接测量量的函数关系。测出直接测量量，通过函数关系得到被测量的测量数据，这种测量称为间接测量。

例如，直接测量圆柱的高度 h 和圆的直径 d，然后通过公式求它的体积。值得注意的是，有的物理量既可以直接测量，也可以间接测量，这主要取决于使用的仪器和测量方法。随着测量技术的发展，用于直接测量的仪器越来越多。但在物理实验中，有许多物理量仍需要间接测量。

评价测量结果常用精密度、准确度和精确度三个概念，它们之间既有联系，也有区别。

精密度是衡量多次测量数值之间互相接近程度的量，由偶然误差大小决定，与系统误差无关。测量精密度高是指多次重复测量结果比较集中一致，测量的偶然误差小，系统误差可能较大。

准确度是衡量所测数值与真值接近程度的量。测量的准确度高是指多次测量的平均值偏离真值较小，系统误差也一定小，偶然误差可能不小。

精确度是反映所测数值的精密度与准确度的综合情况的量。测量的精确度高是指测量数值既比较集中一致，又在真值附近，即测量的系统误差和偶然误差都比较小。

1.1.3　基本单位和导出单位

不同的物理量有各自不同的单位，幸而各物理量不是相互独立的，而是由许多物理定义和物理规律联系起来的，所以只需要规定少数几个物理量的单位，其他物理量的单位就可根据定义和物理规律推导出来。独立定义的单位叫做基本单位，相对应的物理量叫做基本量；由基本单位推导出的单位叫做导出单位，相对应的物理量叫做导出量。

在物理学发展过程中，曾建立过各种不同的单位制，各单位制选取的基本量和规定的单位各不相同，使用中常常造成混乱，带来诸多不便。1960 年，国际计量大会正式通过了一种通用于一切计量领域的单位制——国际单位制，用符号“SI”表示。SI 规定的基本单位有 7 个。

1.1.4　误差与误差分析

1. 测量的误差

实践证明，测量结果都具有误差，误差自始至终存在于一切科学实验和测量的过程中。因为任何测量仪器、测量方法、测量环境、测量者的观察力等都不可能做到绝对严密，这些就使测量不可避免地伴随有误差产生。因此分析测量中可能产生的各种误差，尽可能消除其影响，并对测量结果中未能消除的误差做出估计，就是物理实验和许多科学实验中必不可少的工作。测量误差就是测量结果与待测量的客观真值之差，我们称之为绝对误差。评价一个测量结果的准确程度不仅看误差的绝对大小，还要看被测量本身的大小，于是可定义出相对误差的概念，即相对误差 E=绝对误差/待测量的客观真值（用百分数表示）。任何一个物理量，在一定的条件下，都具有确定的量值，这是客观存在的，这个客观存在的量值称为该物理量的真值。测量的目的就是要力图得到被测量的真值。设被测量的真值为 x_0，测量值为 x，则绝对误差 Δx 为

$$\Delta x = x - x_0 \tag{1-1}$$

由于误差不可避免，没有误差的测量结果是不存在的。测量误差存在于一切测量之中，贯穿于测量过程的始终。随着科学技术水平的不断提高，测量误差可以被控制得越来越小，但是却永远不会降低到零。

2. 最佳值与偏差

在实际测量中，为了减小误差，常常对物理量 x 做 n 次等精度测量，得到包含 n 个测量值 x_1，x_2，…，x_n的一个测量列。由于是等精度测量，我们无法断定哪个值更可靠，概率论可以证明，其算术平均值为

$$\bar{x} = \frac{1}{n}\sum_{i=1}^{n} x_i \tag{1-2}$$

算术平均值并非真值，但它比任一次测量值的可靠性都要高，称为最佳值，是最可以信赖的，也称期望值。系统误差忽略不计时的算术平均值可作为最佳值，称为近真值。我们把测量值与算术平均值之差称为偏差，即

$$\Delta x_i = x_i - \bar{x} \tag{1-3}$$

3. 误差的分类及其处理方法

从研究误差的需要出发，根据误差产生的原因和性质的不同，可将误差分为系统误差、随机误差、过失误差。

（1）系统误差

在同样条件下，对同一物理量进行多次测量，其误差的大小和符号保持不变或随着测量条件的变化而有规律地变化，这类误差称为系统误差。它的来源主要有以下几个方面：

1）方法误差　这是由于实验方法或理论不完善而导致的。例如，采用伏安法测电阻时（采用不同的连接方法），电表的内阻产生的误差；采用单摆的周期公式 $T=2\pi\sqrt{l/g}$ 测量周期时，摆角不能趋于零而引起的误差，这些都是方法误差。

2）仪器误差　这是由于仪器本身的固有缺陷或没有按规定条件调整到位而引起误差。例如温度计的刻度不准，天平的两臂不等长，砝码标称质量不准确等。

3）环境误差　这是由于周围环境（如温度、压力、湿度、电磁场等）与实验要求不一致而引起的误差。例如在20℃条件下校准的仪器拿到-20℃环境中使用。

4）人身误差　这是由于观测人员生理或心理特点所造成的误差。例如记录某一信号时有滞后或超前的倾向，对准标志线读数时总是偏左或偏右、偏上或偏下等。

系统误差的特征是具有确定性。对于实验者来说，系统误差的规律及其产生原因，可能知道，也可能不知道。已被确切掌握其大小和符号的系统误差称为可定系统误差；对于大小和符号不能确切掌握的系统误差称为未定系统误差。前者一般可以在测量过程中采取措施予以消除，或在测量结果中进行修正。而后者一般难以做出修正，只能估计其取值范围。例如，仪器的示值误差（允差）就属于未定系统误差。

系统误差处理

系统误差一般难以发现，并且不能通过多次测量来消除。人们通过长期实践和理论研究，总结出一些发现系统误差的方法，常用的有：

1）理论分析法　包括分析实验所依据的理论和实验方法是否有不完善的地方；检查理论公式所要求的条件是否得到了满足；量具和仪器是否存在缺陷；实验环境能否使仪器正常工作以及实验人员的心理和技术素质是否存在造成系统误差的因素等。例如实际中电压表内阻不等于无穷大，电流表内阻不等于零，这都会产生系统误差。

2）实验比对法　对同一待测量可以采用不同的实验方法，使用不同的实验仪器，以及由不同的测量人员进行测量。对比、研究测值变化的情况，可以发现系统误差的存在。

3）数据分析法　因为偶然误差是遵从统计分布规律的，所以若测量结果不服从统计规律，则说明存在系统误差。我们可以按照测量列的先后次序，把偏差列表或作图，观察其数值变化的规律。比如前后偏差的大小是递增或递减的；偏差的数值和符号有规律地变化，在某些测量条件下，偏差均为正号（或负号），条件变化以后偏差又都变化为负号（或正号）等情况，都可以判断存在系统误差。

减小与消除系统误差的方法

实际测量中，为提高测量的准确度，常采用一些有效的测量方法，来消除或减小可定系统误差。

1）交换法　根据误差产生的原因，在一次测量之后，把某些测量条件交换一下再次测量。例如，用天平两次称衡一物体质量时，第二次称衡将被测物与砝码交换。两次称量结果

分别为 m_1、m_2，则取 $m=\sqrt{m_1m_2}$ 为最终称量结果，可以克服天平不等臂误差。

2）替代法　在测量条件不变的情况下，先测得未知量，然后再用一已知标准量取代被测量，而不引起指示值的改变，于是被测量就等于这个标准量。例如，在电表改装实验中测量表头内阻时，通过单刀双掷开关分别对表头和电阻箱进行同等测量，调节电阻箱阻值，保持电路总电流相同，此时电阻箱的阻值就是被测表头内阻，这样就避免了测量仪器内阻引入的误差，如图 1-1 所示。

3）抵消法　改变测量中的某些条件（如测量方向），使前后两次测量结果的误差符号相反，取其平均值以消除系统误差。例如，千分尺有空行程，即螺旋旋转时，刻度变化，量杆不动，在检定部位产生系统误差。为此，可从正反两个旋转方向对线，顺时针对准标志线读数为 d，不含系统误差时值为 a，空行程引起系统误差 ε，则有 $d=a+\varepsilon$；第二次逆时针旋转对准标志线读数 d'，则有 $d'=a-\varepsilon$，于是正确值 $a=(d+d')/2$，正确值 a 中不再含有系统误差。

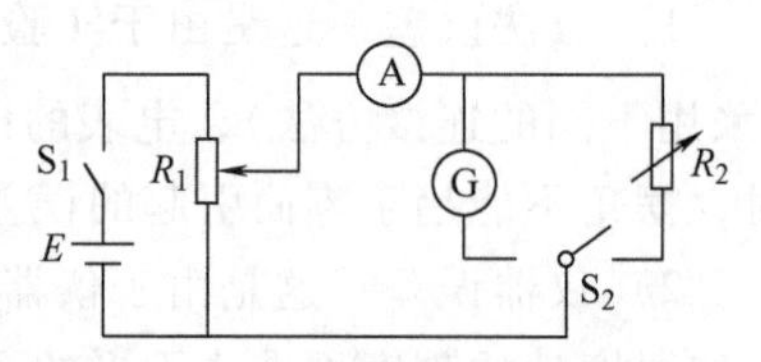

图 1-1　替代法测电表内阻电器图

4）半周期法　采用半周期法减小周期性系统误差。对周期性系统误差，可以相隔半个周期进行一次测量，取两次读数的算术平均值，可有效地减小周期性系统误差。

5）补偿法　在测量过程中，由于某个条件的变化或仪器某个环节的非线性特性都可能引入变值系统误差。此时，可在测量系统中采取补偿措施，自动消除系统误差。例如在量热学实验中，采用加冰降温，使系统的初温低于环境温度而吸热，以补偿在升温时的热损失。

6）修正法　对于有些零值误差，如千分尺使用时间较长后产生的磨损，可引入一个修正值，在测量时进行修正。对于仪器的示值误差，可通过与高精度仪器比较，或根据理论分析导出修正值，予以修正。

对于无法忽略又无法消除或修正的未定系统误差，可用估计误差极限值（仪器最大允许误差）的方法进行估算。

（2）随机误差

随机误差的特征是在同一条件下多次测量同一量时，每次出现的误差时大时小，时正时负，没有确定的规律，但就总体来说服从一定的统计规律。这种误差来源于多种因素的微小扰动。例如，环境的温度、气压、电场、磁场的微小扰动；读数时，每次对准标志（刻线、指针等）的不一致，以及估读数的不一致；被测对象本身的微小起伏变化等。

随机误差的统计规律

假设系统误差已经消除，而被测量本身又是稳定的，以同样条件下，多次重复测量，其结果彼此互有差异，这就是随机误差引起的。在取得大量数据后，便能发现随机误差的统计规律。这种统计规律表现在以下四点：

1）有界性　绝对值很大的误差出现的概率为零，即误差的绝对值不会超过一定的界限。

2）单峰性　绝对值小的误差出现的概率比绝对值大的误差出现的概率大。

3）对称性　绝对值相等的正误差和负误差出现的概率接近相等。

4）抵偿性　由于绝对值相等的正、负误差出现的概率接近相等，因而随着测量次数的增加，随机误差的算术平均值将趋于零。

正是因为具有抵偿性，所以用多次测量的算术平均值表示测量结果可以减小随机误差的影响。

有限次测量的平均值和标准偏差

在测量条件不变的情况下，如果对待测量进行了 n 次测量，得到 n 个测量 x_1，x_2，…，x_n，这 n 个测量值都带有随机误差，首先要解决的问题是：从这 n 个测量值的信息中，取怎样的值作为客观真值 x 的最佳估计值呢？

解决这个问题是根据准则：一个等精度测量列的最佳估计值是能使各次测量值与该值之差的平方和为最小的那个值。设这个值为 x_0，则上述准则写成数学表达式为

$$f(x_0)=\sum_{i=1}^{n}(x_i-x_0)^2=\text{最小值}$$

即有

$$\frac{\mathrm{d}f(x_0)}{\mathrm{d}x_0}=0$$

从而得到

$$x_0=\frac{1}{n}\sum_{i=1}^{n}x_i=\bar{x} \tag{1-4}$$

也就是说，这一组数据的算术平均值就是客观真值的最佳估计值。所以用算术平均值来表示测量结果。

其次，要解决的问题是：从这 n 个测量值的信息中，怎样估算随机误差的大小呢？为此引入残差的概念：每一次测量值 x_i与平均值 $\bar{x}$之差称之为残差，即

$$\Delta x_i=x_i-\bar{x},\quad i=1,2,\cdots,n$$

显然，这些残差有正有负，有大有小。常用“方均根”法对它们进行统计，得到的结果就是单次测量的标准偏差，以 s_x表示为

$$s_x=\sqrt{\frac{\sum_{i=1}^{n}(\Delta x_i)^2}{n-1}}=\sqrt{\frac{\sum_{i=1}^{n}(x_i-\bar{x})^2}{n-1}} \tag{1-5}$$

我们可以用这一标准偏差表示测量的随机误差，它可以表示这一测量值的精密度，标准偏差小就表示测量值很密集，即测量的精密度高；标准偏差大就表示测量值很分散，即测量的精密度低。

（3）过失误差

过失误差是由于实验者使用仪器的方法不正确，实验方法不合理，粗心大意，过度疲劳，记错数据等引起的。这种误差是人为的，只要实验者采取严肃认真的态度，具有一丝不苟的作风，过失误差是可以避免的。

1.1.5 测量不确定度

1. 不确定度

测量不确定度是与测量结果相联系的参数，表征合理地赋予被测量之值的分散性。从词义上理解，测量不确定度是测量结果有效性的可疑程度或不肯定程度；从统计概率的概念上理解，它是被测量的真值所处范围的估计值。真值是一个理想化的概念，是实际上难以操作的未知量，人们把通过实际测量所得到的量值赋予被测量，这就是测量结果。这个结果不必然落在真值上，即测量结果具有分散性。因此，还要考虑测量中各种因素的影响，估算出一

个参数，并把这个参数赋予分散性。也就是说，用一个恰当的参数来表述测量结果的分散性，这个参数就是不确定度。

(1) 这个参数，可以是标准偏差 s，可以是 s 的倍数 ks，也可以是具有某置信概率 p (如 $p=95\%$、99%) 的置信区间的半宽。

(2) 测量不确定度一般由若干分量组成，这些分量恒只用实验标准偏差给出而称为标准不确定度。其中如果由测量列的测量结果按统计方法估计，则称之为 A 类标准不确定度；其中如由其他方法和其他信息的概率分布估计的，称之为 B 类标准不确定度。这些标准不确定度现均用符号 Δ 表示，如 $\Delta(x)$ 或 Δ_x。

(3) 实验的测量结果是被测量之值的最佳估计以及全部不确定度成分。在不确定度的分量中，也应包括那些由系统效应，如与修正值、参考计量标准器有关的不确定度分量，这些分量都对实验结果的分散性有"贡献"。

(4) 不确定度的常用术语与定义。

标准不确定度：用标准差表示的测量不确定度。

A 类标准不确定度评定或标准不确定度的 A 类评定：用对观测列进行统计分析的方法，来评定标准不确定度。

B 类标准不确定度评定或标准不确定度的 B 类评定：用不同于对观测列进行统计分析的方法来评定的标准不确定度。

合成标准不确定度：当测量结果是由若干其他量的值求得时，按其他各量的方差和协方差算得的标准不确定度。它是测量结果标准差的估计值。

扩展不确定度：确定测量结果区间的量，合理赋予被测量之值分布的大部分可望含于此区间。

包含因子：为求得扩展不确定度，对合成标准不确定度所乘的数字因子。包含因子也称为覆盖因子。

自由度：在方差的计算中，和的项数减去对和的限制数。

置信概率（置信水平）：与置信区间或统计包含区间有关的概率值，常用百分数表示。

2. 与不确定度有关的概念

(1) 被测量与误差

量值：量值是由一个数乘以测量单位所表示的特定量的大小。

真值、约定真值：量的真值 μ 定义为与给定的特定量定义相一致的量值。真值是一个理想化的概念，只有通过符合定义的、完美无缺的测量才有可能得到。对于给定目的具有适当不确定度的、赋予特定量的值称为约定真值。该值有时是约定采取的。常用到的约定真值有：由国际计量会议约定的值或公认的值，如基本物理常数、基本单位标准；高一级仪器校验过的计量标准器的量值（称为实际值）；修正过的算术平均值（称为最佳值）等。

被测量、测得值、测量结果：作为测量对象的特定量称为被测量。由测量所得到的并赋予被测量的量值，称为测得值或测量结果。在给出测得值时，应说明它是示值、未修正的测得值或已修正的测得值。在测量结果的完整表示中，还应包括测量不确定度的完整表示。

测量误差（真误差）、绝对误差、相对误差：测量误差（真误差）定义为测量结果减去被测量的真值，该差值带有正、负号，具有测量单位，称为绝对误差。绝对误差除以真值，单位为1，称为相对误差。相对误差也常用百分数表示。

示值误差、引用误差、准确度等级：描述仪器特性的术语。仪表的示值误差是仪表的示值与真值之差。引用误差是仪表的示值误差与引用值（如全量程）之比。有时用引用误差绝对值不超过某个界限的百分数来确定仪表的准确度等级。准确度是一个定性的概念，例如，可以说准确度高低、准确度为 0.25 级、准确度为 3 等及符合××标准；但不得使用如下表示：准确度为 25%、16mg、≤16mg、±16mg。不要用术语“精密度”或“精度”代替“准确度”。

（2）常用统计学术语和概念

总体、数学期望：在相同条件下，对某一稳定的量进行无限次测量，获得的全部测得值称为总体。总体的平均值，称为期望（数学期望值）。

系统误差与随机误差：期望与真值的差称为系统误差，测得值与期望之差称为随机误差。若已知系统误差或其近似值，可反复修正测得值；随机误差则不能修正。

总体方差、总体标准偏差：无限次测量的随机误差的平方取平均称为总体方差。总体方差的正平方根称为总体标准偏差。该值无正负号，它描述了测得值或随机误差的分散的特征。

样本、期望的估计：在相同条件下，对同一稳定的量进行 n 次测量，得到的 n 个测得值称为总体的样本，样本平均值是期望的估计（值）。

残差、样本方差、样本标准偏差：每个测得值与样本平均值之差称为残差。残差平方的平均值（分母常用 $n-1$）即样本方差，样本方差是总体方差的估计（值）。取样本方差的正平方根得到样本标准偏差。样本标准偏差描述了每个（n 次测量的任何一次）测得值对于样本平均值的分散的特征。

样本平均值的标准偏差：表征估计对于期望的分散特征。样本平均值的标准偏差是样本标准偏差的 $1/\sqrt{n}$。

3. 直接测量结果的表示和总不确定度的估计

表示完整的测量结果，应给出被测量的量值 x_0，同时标出测量的总不确定度 Δ，写成 $x_0 \pm \Delta$ 的形式，这表示被测量的真值在（$x_0-\Delta$，$x_0+\Delta$）的范围之外的可能性（或概率）很小。不确定度是指由于测量误差的存在而对被测量值不能肯定的程度，是表征被测量的真值所处的量值范围的评定。

直接测量时被测量的量值 x_0 一般取多次测量的平均值 $\bar{x}$；若实验中有时只能测一次或只需测一次，就取该次测量值 x。最后表示直接测量结果中被测量的 x_0 时，通常还必须将已定系统误差分量从一次测量值 x 中减去，以求得 x_0，即对已定系统误差分量进行修正。如螺旋测微计的零点修正，伏安法测电阻中电表内阻影响的修正，等等。

参考国际计量委员会通过的《BIPM 实验不确定度的说明建议书 INC-1（1980）》的精神，普通物理实验的测量结果表示中，总不确定度 Δ 从估计方法上也可分为两类分量：A，多次重复测量用统计方法计算出的分量 Δ_A；B，用其他方法估计出的分量 Δ_B，它们可用方和根法合成（下文中的不确定度及其分量一般都是指总不确定度及其分量）

$$\Delta=\sqrt{\Delta_A^2+\Delta_B^2} \tag{1-6}$$

在普通物理实验中对同一量作多次直接测量时，一般测量次数 n 不大于 10，只要测量次数 $n>5$，就可直接取 $\Delta_A=S_x$，并把单次测量的标准偏差 S_x 的值当作多次测量中用统计方法计算的总不确定度分量。标准偏差 S_x 和总不确定度中 A 类分量 Δ_A 是两个不同的概念，在普通物理实验中当 $5<n\leqslant10$ 时取 S_x 的值当作 Δ_A 这是一种最方便的简化处理方法，因为当 Δ_B 可忽略不计时，有 $\Delta=\Delta_A=S_x$，这时被测量的真值落在 $x_0\pm S_x$ 范围内的可能性（概率）已大于或接近 95%。如果非特别注明，下文中出现的 S_x 均表示 Δ_A 的取值大小。

我们在普通物理实验中常遇到仪器的误差，它是参照国家标准规定的计量仪表、器具的准确度等级或允许误差范围，由生产厂家给出或由实验室结合具体测量方法和条件简化的约定，由 $\Delta_{仪}$ 表示。仪器的误差 $\Delta_{仪}$ 在普通物理实验教学中是一种简化表示，通常取 $\Delta_{仪}$ 等于仪表、器具的示值误差或基本误差限。许多计量仪表、器具的误差产生原因及具体误差分量的计算分析，大多超出了本课程的要求范围。用普通物理实验室中的多数仪表、器具对同一被测量在相同条件下作多次直接测量时，测量的随机误差分量一般比其基本误差限或示值误差限小不少；另一些仪表、器具在实际使用中很难保证在相同条件下或规定的正常条件下进行测量，测量误差除基本误差或示值误差外还包含变差等其他分量。因此我们约定，在大多数情况下普通物理实验中的 $\Delta_{仪}$ 简化地直接当作总不确定度 Δ 中用非统计方法估计的分量 Δ_B，于是由式（1-6）可得

$$\Delta=\sqrt{S_x^2+\Delta_{仪}^2} \tag{1-7}$$

如果因 $S_x<\frac{1}{3}\Delta_{仪}$，或因估计出的 Δ 对实验最后结果的影响甚小，或因条件受限制而只进行了一次测量时，Δ 可简单地用仪器的误差 $\Delta_{仪}$ 来表示，这时式（1-6）中用统计方法计算的 A 类分量 Δ_A 虽然存在，但不能用式（1-5）算出。当实验中只要求测量一次时 Δ 取 $\Delta_{仪}$ 的值并不说明只测一次比测多次时 Δ 的值变小，只说明 $\Delta_{仪}$ 和用 $\Delta=\sqrt{\Delta_A^2+\Delta_{仪}^2}$ 估算出的结果相差不大，或者说明整个实验中对该被测量的 Δ 的估算要求能够放宽或必须放宽。测量次数 n 增加时，用式（1-7）估算出的 Δ 虽然一般变化不大，但真值落在 $x_0\pm\Delta$ 范围内的概率却更接近 100%。这说明 n 增加时真值所处的量值范围实际上更小了，因而测量结果更准确了。

4. 间接测量的结果和不确定度的合成

在很多实验中，我们进行的测量都是间接测量。间接测量的结果是由直接测量结果根据一定的数学式计算出来的。这样一来，直接测量结果的不确定度就必然影响到间接测量结果，这种影响的大小也可以由相应的数学式计算出来。

设间接测量所用的数学式（或称测量式）可以表为如下的函数形式：

$$\phi=F(x,y,z,\cdots) \tag{1-8}$$

式中，ϕ 是间接测量结果；x，y，z，…是直接测量结果，它们都是互相独立的量。

设 x，y，z，…的不确定度分别为 Δ_x，Δ_y，Δ_z，…，它们必然影响间接测量结果。使 ϕ 值也有相应的不确定度 Δ_ϕ。由于不确定度都是微小的量，相当于数学中的“增量”，因此间接测量的不确定度的计算公式与数学中的全微分公式基本相同。不同之处是：①要用不确定度 Δ_x 等替代微分 dx 等；②要考虑到不确定度合成的统计性质。于是，我们在普物实验中用以下两式来简化地计算不确定度 Δ_ϕ，即

$$\Delta_\phi=\sqrt{\left(\frac{\partial F}{\partial x}\Delta_x\right)^2+\left(\frac{\partial F}{\partial y}\Delta_y\right)^2+\left(\frac{\partial F}{\partial z}\Delta_z\right)^2+\cdots} \tag{1-9}$$

$$\frac{\Delta_\phi}{\phi}=\sqrt{\left(\frac{\partial \ln F}{\partial x}\Delta_x\right)^2+\left(\frac{\partial \ln F}{\partial y}\Delta_y\right)^2+\left(\frac{\partial \ln F}{\partial z}\Delta_z\right)^2+\cdots} \tag{1-10}$$

其中，式（1-9）适用于和差形式的函数，式（1-10）适用于积商形式的函数。

另外，在一些简单的测量问题中也可采用绝对值合成的方法，即

$$\Delta_\phi = \left|\frac{\partial F}{\partial x}\Delta_x\right| + \left|\frac{\partial F}{\partial y}\Delta_y\right| + \left|\frac{\partial F}{\partial z}\Delta_z\right| + \cdots \tag{1-11}$$

$$\frac{\Delta_\varphi}{\varphi} = \left|\frac{\partial \ln F}{\partial x}\Delta_x\right| + \left|\frac{\partial \ln F}{\partial y}\Delta_y\right| + \left|\frac{\partial \ln F}{\partial z}\Delta_z\right| + \cdots \tag{1-12}$$

这种合成方法所得的结果一般偏大，与实际的不确定度合成情况可能有较大出入。但因其比较简单，在项数较少时可作为一种简化的处理方法。

在科学实验中一般都采用方和根合成估计间接测量结果的标准偏差不确定度。

【例 1】 已知金属环的外径 $D_2=(3.600\pm0.004)\text{cm}$，内径 $D_1=(2.880\pm0.004)\text{cm}$，高度 $h=(2.575\pm0.004)\text{cm}$，求环的体积 V 和不确定度 Δ_V。

【解】 环体积为

$$\begin{aligned} V &= \frac{\pi}{4}(D_2^2-D_1^2)h \\ &= \left[\frac{\pi}{4}\times(3.600^2-2.880^2)\times2.575\right]\text{cm}^2 \\ &= 9.436\text{cm}^2 \end{aligned}$$

环体积的对数及其微分式为

$$\ln V = \ln\frac{\pi}{4} + \ln(D_2^2-D_1^2) + \ln h$$

$$\frac{\partial \ln V}{\partial D_2} = \frac{2D_2}{D_2^2-D_1^2}, \quad \frac{\partial \ln V}{\partial D_1} = -\frac{2D_1}{D_2^2-D_1^2}, \quad \frac{\partial \ln V}{\partial h} = \frac{1}{h}$$

代入方和根合成式（1-10），则有

$$\begin{aligned} \left(\frac{\Delta_V}{V}\right)^2 &= \left(\frac{2D_2\Delta_{D_2}}{D_2^2-D_1^2}\right)^2 + \left(\frac{2D_1\Delta_{D_1}}{D_2^2-D_1^2}\right)^2 + \left(\frac{\Delta_h}{h}\right)^2 \\ &= \left(\frac{2\times3.600\times0.004}{3.600^2-2.880^2}\right)^2 + \left(\frac{2\times2.880\times0.004}{3.600^2-2.880^2}\right)^2 + \left(\frac{0.004}{2.575}\right)^2 \\ &= (3.81+24.4+2.4)\times10^{-6} = 64.9\times10^{-6} \end{aligned}$$

$$\frac{\Delta_V}{V} = (64.9\times10^{-6})^{\frac{1}{2}} = 0.0081 = 0.81\%$$

$$\Delta_V = V\frac{\Delta_V}{V} = 9.436\text{cm}^3\times0.0081 \approx 0.08\text{cm}^3$$

1.2 有效数字

1.2.1 有效数字和仪器读数规则

1. 有效数字

实验数据是通过测量得到的。读数的数字有几位，在实验中的含义是明确的。例如，用

厘米分度的尺去测量一铜棒的长度，见图 1-2，我们先看到铜棒的长度大于 4cm，小于 5cm，进一步估计其端点超过 4cm，刻线 3/10 格，得到棒长为 4.3cm。不同的观察者估读不尽相同，可能读成 4.2cm 或 4.4cm。这样，同一根棒的长度得到 3 个测量结果，它们都应当是正确的。比较 3 个读数，可以看到最后一位数字测不准确，称之为欠准数字或可疑数字，前面的“4”是可靠数字。

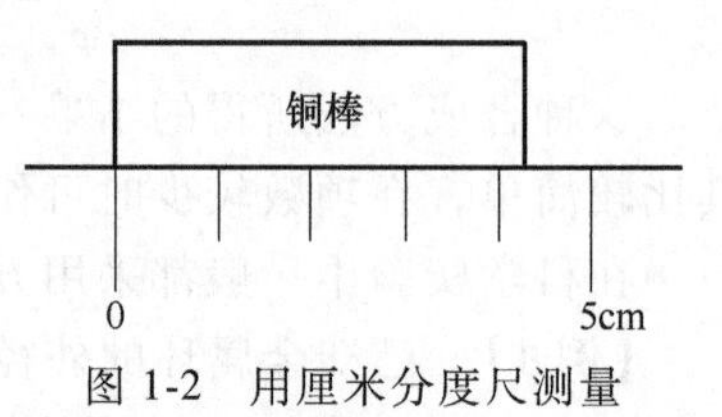

图 1-2 用厘米分度尺测量铜棒的长度

上例中得到的全部可靠数字和欠准数字都是有意义的，总称为有效数字。当被测物理量和测量仪器选定以后，测量值的有效数字的位数就已经确定了。我们用厘米分度的尺测量铜棒的长度，得到的结果为 4.2cm、4.3cm 或 4.4cm 都是 2 位有效数字，它们的测量准确度相同。若换以毫米分度的尺子测量上例中的铜棒，见图1-3，从尺的刻度可以直接读出 4.2cm，再估读到 1/10 格值，测定铜棒的长度为 4.22cm（当然，不同的观察者还可能得到 4.21cm 或 4.23cm），测量结果有 3 位有效数字，准确度高于上例。

可见，用不同的量具或仪器测量同一物理量，准确度较高的量具或仪器得到的测量结果有效位数较多。另一方面，如果被测铜棒的长度是十几厘米或几十厘米，那么用厘米分度尺测量的结果变为 3 位有效位，用毫米分度尺测量的结果变为 4 位有效位。可见，有效位的多少还与被测量的大小有关。

有效位的多少，是测量实际的客观反映，不能随意增减测得值的有效位。

2. 仪器的读数规则

测量就要从仪器上读数，读数应包括仪器指示的全部有意义的数字和能够估读出来的数字。

（1）估读

有一些仪器读数时需要估读，估读时首先根据最小分格的大小、指针的粗细等具体情况确定把最小分格分成几份来估读，通常读到格值的 1/10、1/5 或 1/2。如图 1-3 所示就是估读到最小格值的 1/10。这样的仪器和量具很多，如米尺、螺旋测微计、测微目镜、读数显微镜、指针式电表等。图 1-4 所示是估读到 1/5 格值的例子。

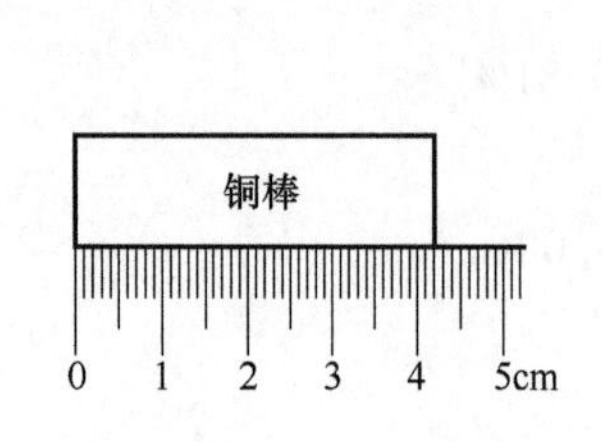

图 1-3 用毫米分度尺测量铜棒的长度

0 10 20 30 40 50 60 70 80 90 100

mA

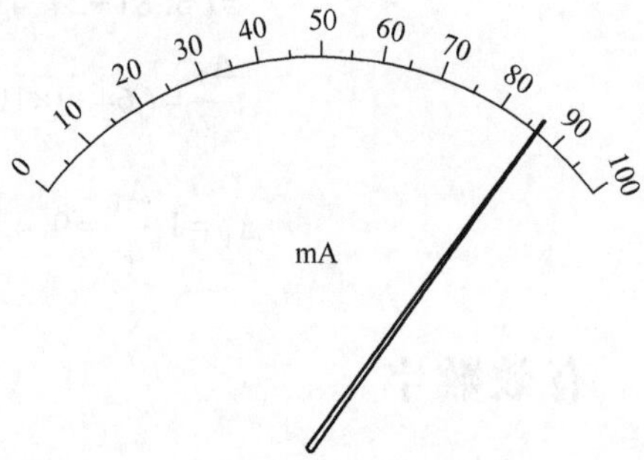

图 1-4 估读到 1/5 格值

（2）“对准”时的读数

对于已经选定的仪器，读数读到哪一位是确定的。例如，用 50 分度的游标卡尺测一物体的长度，游标恰与主尺 3cm 刻线对准，如图 1-5 所示。50 分度游标卡尺的分度值是

0.002cm，这类仪器不估读，读数应读到厘米的千分位，测得值为3.000cm，有效位为4位，不可以读成3cm。反过来，如果以为“对准”是准确无误，3后面的0有无穷多个也是错的，因为游标卡尺有一定的准确度，且“对准”也是在一定分辨能力限制下的对准。

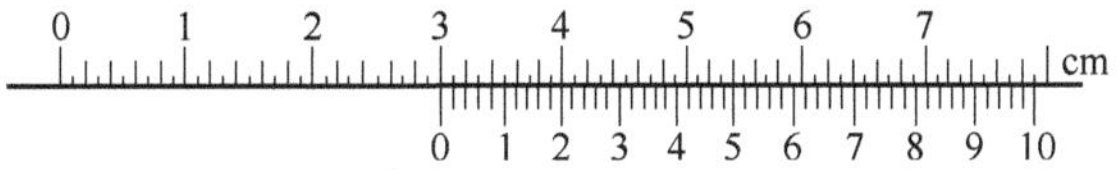

图1-5 游标对准主尺3cm刻线

由此可见，在每次测量之前，首先应记录所用仪器刻度的最小分度值，然后根据具体情况确定是否应当估读或估读到几分之一格值，必要时还要加以说明，使记录清楚明白。

（3）有效位的概念

1）数字中无零的情况和数字间有零的情况全部给出的均为有效数。例如，56.1474mm这个量值，其有效数字共有6位，50.0074mm，其有效数字也有6位。

2）小数末尾的零。有小数点时，末尾的零全部为有效数字。例如，50.1400，其有效位为6位。

3）第一位非零数字左边的零。第一位非零数字左边的零称为无效零。例如，0.0504700，有效位为6位；0.000018只有2位有效数字。

4）变换单位。变换单位而产生的零都不是有效数字。计量单位的不同选择可改变量值的数值，但绝不应改变数值的有效位数。例如，4.30cm = $\underline{0}.\underline{0}430$m = 430$\underline{00}$μm = $\underline{0}.\underline{000}\,\underline{0}430$km，带有横线的0是因为单位变化而出现的，它们只反映小数点的位置，都不是有效数字。上例中的43000μm还错误地反映了有效位。为了正确表达出有效数字，实验中常采用科学计数法，即用10的幂次表示，如

$$4.30\text{cm}=4.30\times10^{-2}\text{m}=4.30\times10^{4}\mu\text{m}=4.30\times10^{-5}\text{km}$$

这种写法不仅简洁明了，特别当数值很大和很小时突出了有效数字，而且还使数值计算和定位变得简单。

1.2.2 有效数字的运算及修约规则

1. 有效数字的运算规则

从仪器上读出的数值经常要经过运算以得到实验结果，运算中不应因取位过少而丢失有效数字，也不能凭空增加有效位。规范的做法是用测量结果的不确定度来确定测量结果的有效位。看来计算过程中只要不少取位，最后根据不确定度来截取结果的有效位，就不会出错。但也有一些不计算不确定度的情况，例如用作图法处理数据时。下面给出有效数字的运算规则：如果计算不确定度，则比规则规定再多取1~2位，最后再根据不确定度去掉多余的数字。

（1）加减法运算

和或差的末位数字所在的位置，与参与加减运算各量中末位数字位置最高的一个相同。

【例2】 $13.6\underline{5}+1.62\underline{2}0=15.2\underline{7}$

$16.\underline{6}-8.3\underline{5}=8.\underline{2}$

（2）乘除法运算

一般情况下，积或商的有效位数，和参与乘除运算各量中有效位最少的那个数值的位数

相同。又建议：如果所得的积或商的首位数字为 1、2 或 3 时，就要多保留一位有效数字。

【例 3】 $24320 \times 0.341 = 8.29 \times 10^3$

$85425 \div 125 = 683$

$12345 \div 98 = 126$

（3）对数运算

对数结果其小数点后的位数与真数的有效位数相同。

【例 4】 $\lg 543 = 2.735$

（4）一般函数运算

将函数的自变量末位变化 1，运算结果产生差异的最高位就是应保留的有效位的最后一位。用这种方法来确定有效位，是一种有效而直观的方法。

【例 5】 $\sin 30°2' = 0.500503748$

$\sin 30°3' = 0.500755559$

两者差异出现在第 4 位上，故 $\sin 30°2' = 0.5005$。

其实这正是求微分问题。通过求微分来确定函数的有效数字取位的意义是：设测量值的不确定度在最后一位上是 1，求由此而引起函数的不确定度出现在哪一位上。

【例 6】 计算 $\sin 30°2'$。

【解】 $x = 30°2'$，　$\Delta x = 1' = \dfrac{\pi}{180 \times 60}\text{rad} = 0.00029\text{rad}$

$d(\sin x) = \cos x \cdot \Delta x = 0.00025$

所以有效数末位的位置在小数点后的第 4 位上：$\sin 30°2' = 0.5005$，它有 4 位有效数字。直观法和微分法效果是一样的。

（5）运算中常数和自然数的取位规则

运算中无理常数的位数比参加运算各分量中有效位最少的多取 1 位，例如，π 等于 3.141592654…在算式中要将所取的数字全部写出来。自然数是准确的，例如自然数 2，它后面有无穷多个 0，在算式中不必把那些 0 写出来。

上述运算规则是一种粗略的近似规则，如前所述，由不确定度决定有效位才是合理的。

2. 修约间隔与修约规则

在例 5 和例 6 中，都从较多的数字中留下了有效数字，去掉了多余的数字，这就是对数字的修约。

（1）修约间隔

修约间隔可以看成是被修约值的最小单元，它既可以是个数值，也可以是个量值。修约间隔一旦确定，修约后的值即应是修约间隔的整数倍。

例如，修约间隔是 0.1g，则修约后的量值只能是 0.1g 的整数倍而不能出现小于 0.1g 的部分：712.315g 修约成 712.3g；614.470g 修约成 614.5g。

例如，修约间隔是 1000m，则 85.47km 修约成 85km 或 85×10^3m。

（2）修约中的“进”与“舍”的规则

拟舍弃位小于 5 时，舍去。拟舍弃位大于 5（包括等于 5 而其后有非零数值）时，进 1，即保留的末位加 1。拟舍弃位为 5 且其后无数值或皆为零时，若所保留的末位为奇数，即进 1；若为偶数，则舍去。

例如，1.23451m 修约成 4 位有效位，为 1.235m；1.23449m 修约成 4 位有效位，为 1.234m；1.23450m 修约成 4 位有效位，为 1.234m；1.23350m 修约成 4 位有效位，为 1.234m。

（3）负数的修约

取绝对值，按上述规则修约，然后再加上负号。

（4）不允许连续修约

在确定修约间隔后应当一次修约获得结果，不得逐次修约。

例如，修约间隔为 1mm，对 15.4546mm 进行修约。

正确做法：15.4546mm 一次修约为 15mm。

错误做法：15.4546mm→15.455mm→15.46mm→15.5mm→16mm。

1.3 数据处理的常用方法

物理实验的过程就是通过观察、测量来获得大量的实验数据，通过对这些数据的具体处理找出其规律性，数据处理是指从获得的数据得出结果的加工过程，包括记录、整理、计算、分析等处理方法。用简明而严格的方法把实验数据所代表的事物内在的规律提炼出来，就是数据处理。根据不同的实验内容、不同的要求，可采用不同的数据处理方法。

1.3.1 列表法

列表法是数据记录，函数关系表达等常用的一种方法，欲使测量结果一目了然、制作一份适当的表格，把被测量和测量的数据一一对应地排列在表中，就是列表法。列表法的优点是能够简单地反映出相关物理量之间的对应关系，清楚明了地显示出测量数值的变化情况。较容易从排列的数据中发现个别有错误的数据。为进一步用其他方法处理数据创造了有利条件。在用列表法处理时应注意注明表的名称，表中各栏目应注明名称及单位。

1.3.2 作图法

在研究两个物理量之间的关系时，把实验测得的一系列相互对应的数据，在坐标纸上用光滑曲线表示出来，这就是作图法。作图法的优点是可形象、直观地反映出物理量之间的关系，具有取平均的效果，有助于发现测量中的个别错误数据。作图法是一种基本的数据处理方法，不仅可以用于分析物理量之间的关系，求经验公式，还可以求物理量的值。

1. 作图的原则

（1）选择合适的坐标分度值

坐标分度值的选取应符合测量值的准确度，即应能反映测量值的有效数字位数。一般以 1mm 或 2mm 对应于测量仪表的最小分度值或对应于测量值的次末位数，即倒数第二位数。对应比例的选择应便于读数，不宜选成 1∶1.5 或 1∶3，坐标范围应恰好包括全部测量值，并略有富裕。最小坐标值不必都从零开始，以便做出的图线大体上能充满全图，布局美观、合理。

（2）标明坐标轴

以自变量（即实验中可以准确控制的量，如温度、时间）为横坐标，以因变量为纵坐标。用粗实线在坐标纸上描出坐标轴，在轴上注明物理量名称、符号、单位，并按顺序标出标尺整分格上的量值。

（3）描点和连线

根据测量数据，用削尖的铅笔在坐标图纸上用“+”或“×”标出各测量点，使各测量数据坐落在“+”或“×”的交叉点之上。同一图上的不同曲线应当使用不同的符号，如“+”“×”“⊙”“△”“□”等。

（4）连成图线

因为每一个实验点的误差情况不一定相同，因此不应强求曲线通过每一个实验点而连成折线（仪表的校正曲线不在此例）。应该按实验点的总趋势连成光滑的曲线，要做到图线两侧的实验点与图线的距离最为接近且分布大体均匀。曲线正穿过实验点时，可以在点处断开。

（5）写明图线特征

利用图上的空白位置注明实验条件和从图线上得出的某些参数，如截距、斜率、极大极小值、拐点和渐近线等。有时需通过计算求某一特征量，图上还须标出被选计算点的坐标及计算结果。

（6）写图名

在图纸下方或空白位置标出图线的名称以及某些必要的说明，要使图线尽可能全面反映实验的情况。最后写上实验者姓名、实验日期，将图纸与实验报告订在一起。

2. 应用举例

【例 7】 以伏安法测电阻为例，用作图法求电阻 R。

作图数据列表如表 1-1 所示。

表 1-1　作图数据列表

测量序号 k	x U_k/V	y I_k/mA
1	0	0
2	2.00	3.85
3	4.00	8.15
4	6.00	12.05
5	8.00	15.80
6	10.00	19.90

在直角坐标系上建立坐标，在横轴右端标上电压（V），以 1mm 代表 0.1V，原点标度值为 0，每隔 20mm 依次标出 2.00，4.00，6.00，8.00，10.00；在纵轴上端标上电流（mA），以 1mm 代表 0.2mA，原点标度值为 0，每隔 25mm 依次标出 5.00，10.00，15.00，20.00，如图 1-6 所示。

削尖铅笔，按照表 1-1 的数据，用符号“+”描出各测量点，然后用透明的直尺画一条直线，连线时注意使 6 个测量点靠近直线且匀称地分布在该直线两侧。

在曲线上方空白处写上图名“电阻的伏安特性曲线”。

为求斜率，在曲线上取两点用“○”标出，并在旁边写上符号和坐标值 P_1（1.00，

2.02）和 P_2（9.00，17.98）。

$$斜率\ b_1=\frac{y_2-y_1}{x_2-x_1}=\frac{17.98-2.02}{9.00-1.00}=1.995$$

$$电阻\quad R=\frac{1}{b_1}=\frac{1}{1.995}\text{k}\Omega=0.501\text{k}\Omega$$

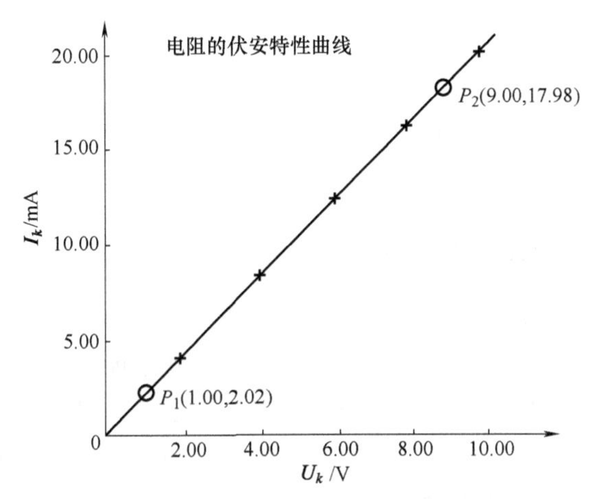

图 1-6 电阻的伏安特性曲线

1.3.3 逐差法

当两物理量呈线性关系时，常用逐差法来计算因变量变化的平均值；当函数关系为多项式形式时，也可用逐差法来求多项式的系数。逐差法优点是充分利用测量数据，更好地发挥了多次测量取平均值的效果。可验证表达式或求多项式的系数。

逐项逐差就是把因变量 y 的测量数据逐项相减，用来检查 y 对于 x 是否呈线性关系，否则用多次逐差来检查多项式的幂次。

1. 一次逐差

若 $y=b_0+b_1x$，测得一系列对应的数据

$$x_1,x_2,\cdots,x_k,\cdots,x_n$$

$$y_1,y_2,\cdots,y_k,\cdots,y_n$$

逐项逐差，得到

$$y_2-y_1=\Delta y_1$$

$$y_3-y_2=\Delta y_2$$

$$\vdots$$

$$y_{k+1}-y_k=\Delta y_k$$

因为 y 对于 x 呈线性关系，且 x 为等间距变化，故 Δy_k = 常量，所以，若对实验测量值进行逐项逐差，得到

$$\Delta y_k\approx 常量$$

则证明 y 对于 x 呈线性关系。

2. 二次逐差

若 $y=b_0+b_1x+b_2x^2$，则逐项逐差后所得结果 $\Delta y_k \neq$ 常量，遂将 Δy_k 再作一次逐项逐差（称为二项逐差），得到

$$\Delta y_2-\Delta y_1=\Delta' y_1$$
$$\Delta y_3-\Delta y_2=\Delta' y_2$$
$$\vdots$$
$$\Delta y_{k+1}-\Delta y_k=\Delta' y_k$$

同理，若二次逐差结果 $\Delta' y_k \approx$ 常量，则可证明 y 对于 x 为二次幂的关系。依此类推，还可以进行三次逐差或更高次逐差。

1.3.4 最小二乘法和一元线性回归

从测量数据中寻求经验方程或提取参数，称为回归问题，它是实验数据处理的重要内容。用作图法获得直线的斜率和截距就是回归问题的一种处理方法，但连线带有相当大的主观成分，结果会因人而异；用逐差法求多项式的系数也是一种回归方法，但它又受到自变量必须等间距变化的限制。本节介绍处理回归问题的另一种方法——最小二乘法。

1. 拟合直线的途径——问题的提出

假定变量 x 和 y 之间存在着线性相关的关系，回归方程为一条直线：

$$y=b_0+b_1x \tag{1-13}$$

由实验测得的一组数据是 x_k、y_k（$k=1, 2, \cdots, n$），我们的任务是根据这组数据拟合出式（1-13）的直线，见图 1-7，即确定其系数 b_1、b_0。

我们讨论最简单的情况，假设：

（1）系统误差已经修正；

（2）n 次测量的条件相同，所以其误差符合正态分布，这样才可以使用最小二乘原理；

（3）只有 y_k 存在误差，即把误差较小的作为变量 x，使不确定度的计算变得简单。

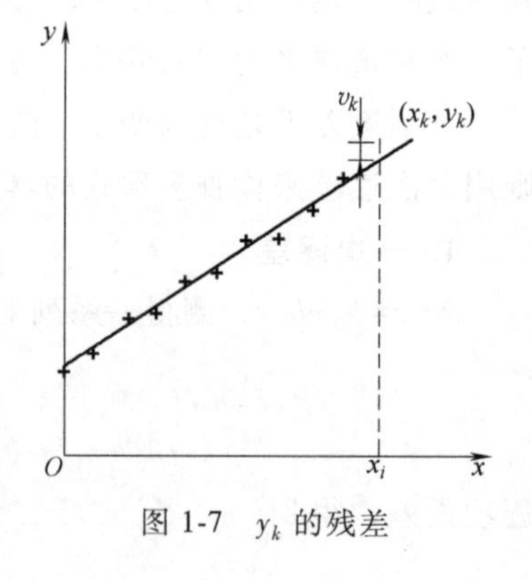

图 1-7 y_k 的残差

2. 解决问题的途径——最小二乘原理

由于测量的分散性，实验点不可能都落在一条直线上，如图 1-7 所示。相对于我们所拟合的直线，某个测量值 y_k 在 y 方向上偏离了 v_k，v_k 就是残差：

$$v_k=y_k-y=y_k-(b_0+b_1x_k) \tag{1-14}$$

联想到贝塞尔公式，如果 $\sum\limits_{k=1}^{n} v_k^2$ 的值小，那么标准偏差 $S(y)$ 就小，能够使 $S(y)$ 最小的直线就是我们所要拟合的直线。这就是最小二乘原理。

最小二乘原理：最佳值乃是能够使各次测量值残差的平方和为最小值的那个值。

由式（1-14）可见，b_0 和 b_1 决定 v_k 的大小，能够使 $\sum\limits_{k=1}^{n} v_k^2$ 为最小值的 b_0、b_1 值就是回归方程的系数。

1.4 物理实验的基本方法

1.4.1 比较法

比较法是将相同类型的被测量与标准量直接或间接地进行比较，测出被测量量值的测量方法。比较法分为直接比较法和间接比较法。

1. 直接比较法

直接比较法是将被测量与同种类型标准量直接进行比较而得出测量结果的比较方法。如用米尺测量长度、用天平测量质量等。

2. 间接比较法

有些物理量难于制成标准量具，因而先制成与标准量值相关的仪器，再用这些仪器与被测量进行比较，这种仪器也可称为量具，比如温度计、电表等。

间接比较法是将被测量与同种类型的标准量通过测量装置进行比较，当两者的效应相同时，认为其结果相等。如用电表测电流、电压等。

3. 比较系统

有些比较要借助于或简或繁的仪器设备，经过或简或繁的操作才能完成，此类仪器设备称为比较系统。天平、电桥、电位差计等均是常用的比较系统。

（1）直读法

由标度尺示值或数字显示窗示值直接读出被测量值称为直读法。如米尺测量长度、秒表测量时间。

（2）零示法

以示零器示零为比较系统平衡的判据并以此为测量依据的方法称为零示法。如天平称衡时要求天平指针指零。

（3）替代法

将被测量与标准量先后代替接入同一测量装置中，在保持测量装置工作状态不变的情况下，用标准量值来确定被测量的量值的方法称为替代法。如用电桥法测电阻。如图 1-8 所示测量未知电阻 R_x，只要电源电压稳定不变，当 S_2 接到 R_x 时，电流表有一示数，然后 S_2 接到标准电阻箱 R_0，调节 R_0 使电流表的读数与接 R_x 时的相同，则 $R_x=R_0$。这里标准量是 R_0，物理过程指 R_x、R_0 对电路电流的影响，而等效的判定依据是电流表的示数不变，同时要求比较系统的电压稳定不变。

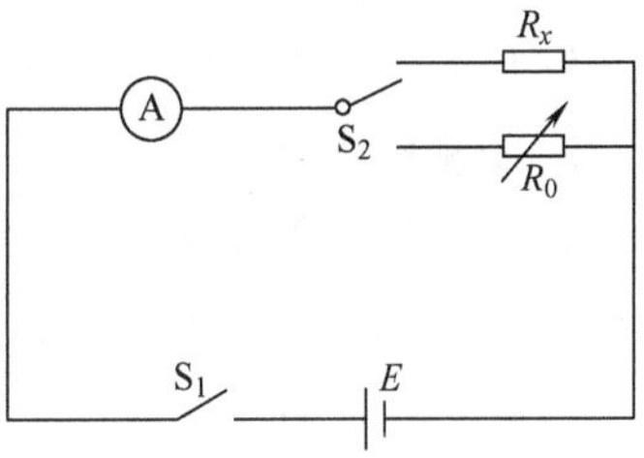

图 1-8 测量电路

1.4.2 放大法

在物理实验的测量中，有时由于被测量过小，以致无法被实验者或仪器直接感觉和反映，此时可以设计相应的装置或采用某种方法将被测量放大，然后再进行测量。放大被测量所用的原理和方法称为放大法。放大法有机械放大法、光学放大法、电子学放大法、积累放大法等。

1. 机械放大法

这种方法是通过机械原理或机械装置将被测量放大。螺旋测微计和读数显微镜的读数系统是机械放大的典型例子。以读数显微镜为例，其测微丝杆的螺距为 1mm，当丝杆的鼓轮转动一周时，显微镜筒就沿丝杆轴前进或后退 1mm。在丝杆的一端固定一测微鼓轮，其周界上刻成 100 分格，当鼓轮转动一分格时，显微镜筒就平移了 0.01mm，从而使沿轴方向的微小位移用鼓轮圆周上较大的弧长明显地表示出来，大大地提高了测量的精度。

2. 光学放大法

光学放大法有两种，一种是使被测物通过光学仪器形成放大的像，便于观察判别，例如常用的测微目镜、读数显微镜；另一种是通过测量被放大的物理量来获得本身较小的物理量，例如，光杠杆就是一个典型实例，用此原理制成了冲击电流计、复射式光点电流计的读数系统。

3. 电子学放大法

为了对微弱的电信号（电流、电压或功率）进行有效的观察和测量，常借助于电子学中的放大线路，将微弱的电信号放大，以便进行测量。物理实验中使用的微电流放大器、光电倍增管和示波器等都属于此类。

1.4.3　补偿法

采用一个可以变化的附加能量装置，用以补偿实验中某部分能量损失或能量变换，使得实验条件满足或接近理想条件，称为补偿法。即将因种种原因使测量状态受到的影响尽量加以弥补。如：

1）电压补偿法：弥补因仪表的接入而引起的被测支路工作电压的变化。

2）电流补偿法：弥补因仪表的接入而引起的被测支路工作电流的变化。

3）温度补偿法：弥补因某些物理量（如电阻）随温度变化而对测试状态带来的影响。

4）光程补偿法：弥补光路中光程的不对等。

常用的电学测量仪器——电位差计即基于补偿法。补偿法往往要与零示法、比较法结合使用。

1.4.4　转换法

在测量中，对于某种不能或不便于直接与标准量比较的被测量类型，需将其转换成或易于与标准量相比较的另一种类型的物理量之后再进行测量，这种方法称为转换法。转换法一般可分为参量转换法和能量转换法。

1. 参量转换法

参量转换法是利用各物理量之间的相互关系，通过物理量之间的转换来测量某一物理量的方法。参量转换法是物理实验中的一种常用的方法。例如，伏安法测电阻是根据欧姆定律，将对电阻 R 的测量转变为对电流 I 和电压 U 的测量，从而根据 $R=U/I$ 得到电阻 R 的值；利用单摆测重力加速度 g，是将 g 的测量转换为对单摆长度 L 和单摆周期 T 的测量。从以上可以看出，参量转换法属于间接测量。

2. 能量转换法

能量转换法是利用传感器将一种类型的物理量转换成另一种类型的易于测量的物理量的测量方法。常用的有：

1）热电转换：将热学量通过热电传感器转换成电学量进行测量。常用的热电传感器有：①金属电阻热传感器；②热敏电阻；③PN 结传感器；④热电偶。

2）压电转换：将压力转换成电学量进行测量。例如，话筒就是把声压转换成电信号。

3）光电转换：将光学量转换成电学量再测量。

4）磁电转换：将磁信号转换成电学量进行测量。该方法是利用半导体材料的霍尔效应或者利用电磁感应原理实现的。

1.4.5　模拟法

模拟法就是用对某种模型的观察、研究来代替对实际对象的分析，这种方法的优点是可以用一种较易观察和处理的现象来模拟另一种难以观察、实验的物理现象。比如研究对象受过分庞大或者危险，或者变化缓慢等条件限制，以致难于对研究对象进行直接测量。于是人们依据相似理论，人为地制造一个类同于研究对象的物理现象或模型，用对模型的测试代替对实际对象的测试。模拟法分为物理模拟法和数学模拟法。

1. 物理模拟法

物理模拟法就是模型与实际研究对象保持着相同的物理本质的物理现象或过程的模拟。例如，为了研究高速飞行的飞机各部位所受的空气作用力，便于飞机的设计，人们首先制造一个与飞机几何形状相似的模型，将其放在风洞中，创造一个与实际飞机在空中飞行完全相似的物理过程，通过对模型飞机受力情况的测试，便可以在较短的时间、方便的空间，以较小的代价获得可靠的实验数据。

2. 数学模拟法

数学模拟法是指原型与模型在物理本质上可以完全不同，但却遵从相同的数学规律。例如，稳恒电流场与静电场是两种不同的场，但这两种场所遵从的物理规律具有相同的数学形式。因此，可以用稳恒电流场来模拟静电场，通过稳恒电流场中的电位分布来得到静电场的电位分布。

习　　题

1. 指出下列各数是几位有效数字：

（1）0.0001　（2）0.0100　（3）1.0000

（4）981.120　（5）500　（6）35×10^4

（7）0.0001730　（8）1.2×10^{-3}　（9）π

2. 某一长度为 $L=2.48$mm，试用 cm、m、km、μm 为单位表示其结果。

3. 用有效数字运算规则求以下结果。

（1）57.34−3.574　（2）6.245+101

（3）$403+2.56\times10^3$　（4）$4.06\times10^3-175$

（5）$3572\times\pi$　（6）4.143×0.150

（7）$36\times10^3\times0.175$　（8）$2.6^2\times5326$

4. 改正下列错误，写出正确答案。

（1）0. 10830 的有效数字为六位。

（2）$P=(31690\pm200)$ kg。

（3）$d=(10.430\pm0.3)$ cm。

（4）$t=(18.5476\pm0.3123)$ cm。

（5）$D=(18.652\pm1.4)$ cm。

（6）$h=(27.3\times10^4\pm2000)$ km。

（7）$R=6371\text{km}=6371000\text{m}=637100000\text{cm}$。

5. 以下是一组测量数据，单位为 mm，请用函数计算器计算算术平均值与标准偏差。

12. 314, 12. 321, 12. 317, 12. 330, 12. 309, 12. 328, 12. 331, 12. 320, 12. 318

6. 用精密天平称一物体的质量，共称 10 次，其结果为：$m_i=3.6127$，3. 6125，3. 6122，3. 6121，3. 6120，3. 6126，3. 6125，3. 6123，3. 6124，3. 6124（单位：g），试计算 m 的算术平均值与标准偏差，若该测量的 B 类不确定度为 $\Delta_B=0.1\text{mg}$，试计算 m 的不确定度。

7. 计算 $\rho=\dfrac{4M}{\pi D^2 H}$ 的结果及不确定度 Δ_ρ，并分析直接测量值 M、D、H 的不确定度对间接测量值 ρ 的影响（提示：分析间接测量不确定度合成公式中哪一项影响大），其中 $M=(236.124\pm0.002)$ g，$D=(2.345\pm0.005)$ cm，$H=(8.21\pm0.01)$ cm。写出 ρ 的结果表达式。

第2章 基本实验仪器的使用和操作方法

2.1 力学、热学实验常用仪器

1. 长度测量基本仪器

长度的测量是一切测量的基础，是最基本的物理量的测量。

（1）米尺

米尺是一种最简单的测长工具，最小分度值为1mm，所以毫米后的一位数只能估读。实验中读取的数据的最后一位应该是读数随机误差所在的位，这是仪器读数的一般规律。米尺能够精确到毫米位，毫米以下则需凭眼睛估计。米尺的仪器误差取最小分度值的一半或最小分度值。

在国际单位制中，长度单位是米（m）。常用长度单位符号及其与“米”的关系如下：

1千米(km) = 10^3m；1厘米(cm) = 10^{-2}m；1毫米(mm) = 10^{-3}m；1微米(μm) = 10^{-6}m；

1纳米(nm) = 10^{-9}m；1埃(Å) = 10^{-10}m。

使用米尺测量长度时应该注意以下问题：

1）避免视差：应使米尺刻度贴近被测物体，读数时视线应垂直于所读刻度，以避免因视线方向改变而产生的误差。

2）避免因米尺端点磨损而带来的误差，因此测量时起点可以不从端点开始，此刻度线即为“初读数”。被测物长度等于米尺读数减去初读数。

3）避免因米尺刻度不均匀带来的误差，可取米尺不同位置作起点进行多次测量。

若米尺最小分度值为1mm，用米尺测量物体的长度时，可以读数到毫米的下一位，但是最后一位是估计的，被测物体的长度是物体两端对应米尺上的读数之差。如图2-1所示，初读数为0.00cm，末读数 x=2.57cm，则长度 L=2.57cm，这里2.5是准确的，而最后一位数字7是估计值，也就是含有误差的测量值，根据有效数字的书写方法可知，用米尺做长度测量，当用厘米作单位时，数值应读到小数点后第二位为止。

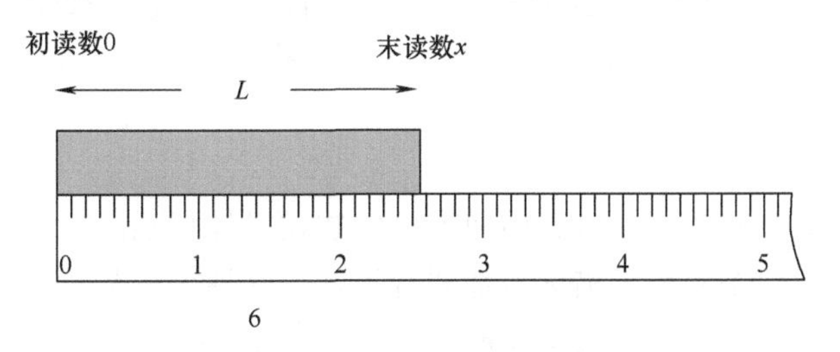

图2-1 米尺的读数

（2）游标卡尺（详见3.1长度测量）

（3）螺旋测微计（详见3.1长度测量）

(4) 读数显微镜

读数显微镜是将测微螺旋和显微镜组合起来的作精确测量长度的仪器。读数显微镜的测长原理同千分尺相当，可以精确到0.01mm，估读到0.001mm。结构如图2-2所示。

在使用读数显微镜时，应按下列步骤操作：

1) 将读数显微镜适当安装，使得物镜对准被测物体。

2) 调节显微镜的目镜，清楚地看到叉丝。

3) 移动显微镜对准被测物体，再由近到远调节显微镜与被测物体间的距离，使得被测物体成像清楚，并消除视差。即眼睛前后或左右移动时，看到叉丝与被测物体的像之间无相对移动。

4) 先让叉丝对准被测起点，记录读数，然后转动鼓轮手柄使显微镜移动，当叉丝对准被测终点时，再记录此时的读数，两次读数之差即是被测两点的间距。

5) 为了防止回程误差，在测量时应向同一方向转动手轮，使叉丝和各点对准。

2. 质量测量基本仪器

质量是物理学中的基本概念之一，国际单位制衡量质量的单位是千克（kg）。

测量物体质量的常用仪器是天平，包括物理天平和分析天平。这里只介绍物理天平。

(1) 物理天平原理与构造

天平是依据杠杆的原理，用比较法进行测量质量的仪器。天平的结构如图2-3所示。

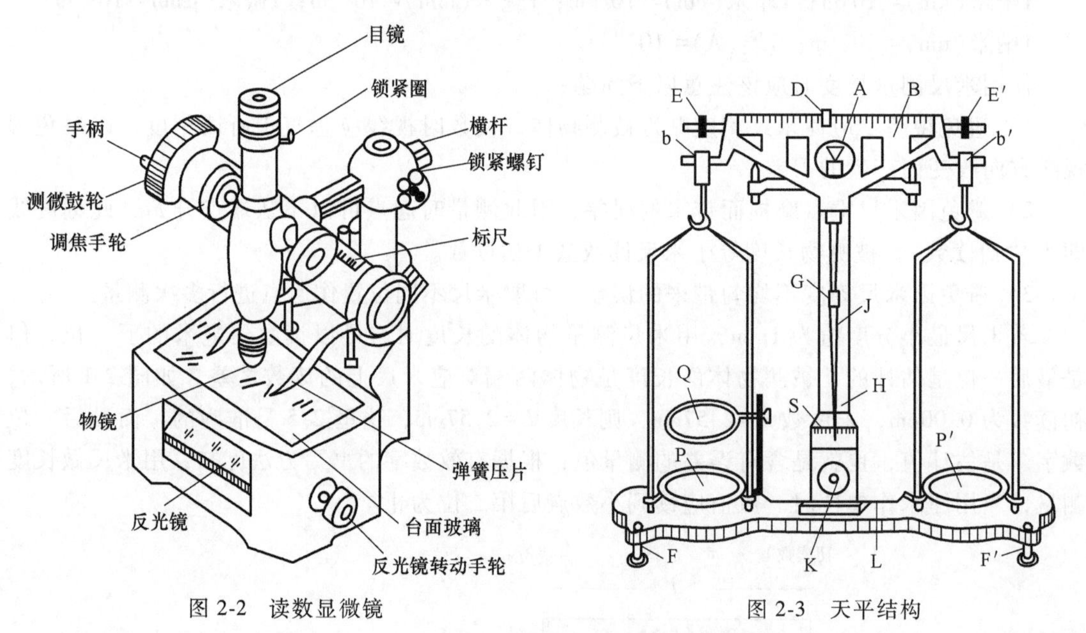

图2-2　读数显微镜

图2-3　天平结构

横梁的中点和两端装有三个刀口，中间刀口安装在立柱顶端的玛瑙刀垫上，作为横梁的支点。两端刀口上悬挂两个秤盘。横梁下部装有指针。立柱上还装有标尺。根据指针在标尺上位置来判断天平是否平衡。每架天平还配有一套专用砝码，常用天平最大称量1000g，感量10mg。

(2) 物理天平使用方法

1) 调节底座水平　调节底脚螺旋F、F′，使L中的气泡居中。

2）调零点　将游码移至零线，吊耳连同托盘架于刀口 b、b′上，慢慢转动 K，升起横梁，指针将左右摆动，观察摆动的平衡点，若平衡点不在标尺的中央 0 刻线上，应转动 K，降下横梁由支柱 H 托住，然后通过判断，适当调整平衡螺钉 E 或 E′，然后再升起横梁，检查平衡点，直至平衡点在中央 0 刻线处。

3）称衡　将被测物放入左盘，在右盘中放入砝码，旋转开关旋钮试探平衡与否，不平衡将旋钮关闭，调右盘砝码和游码，调到平衡。此时测得的质量就是右盘砝码与游码质量之和。

（3）使用物理天平应注意的问题

1）称衡的最大质量不能超过其最大称量，以免破坏刀口或压弯横梁。

2）为避免刀口受到冲击而损坏，在取放物体、砝码，调节平衡螺钉、游码以及不使用天平时，都必须制动天平。只有在判断天平是否平衡时才将天平启动，天平启动、制动时，动作要轻。

3）砝码只准用镊子夹取，从托盘取下的砝码应立即放入砝码盒中。

4）天平的各部分以及砝码都要防锈、防蚀，高温物体、液体及带腐蚀性的化学药品不得直接放入托盘内称衡。

3. 时间测量基本仪器

时间也是物理学中的基本概念之一。在国际单位制中以秒（s）作为测量时间的基本单位。常用的其他时间单位及其与秒的关系如下：1 日（d）= 86400 秒（s）；1 时（h）= 3600 秒（s）；1 分（min）= 60 秒（s）；1 毫秒（ms）= 10^{-3}秒（s）；1 微秒（μm）= 10^{-6}秒（s）；1 纳秒（nm）= 10^{-9}秒（s）。

实验室常用的是机械秒表、电子秒表、数字毫秒计。

（1）机械秒表

如图 2-4 所示，秒表上端有可旋转的按钮 A，用以旋紧发条及控制秒表的走动和停止。使用前旋紧发条，测量时用手掌握住秒表，大拇指按在按钮 A 上用力按下，秒表立即走动，随即放手任其自行弹回，当需要停止时，可再按一下，再按第三次时，秒针、分针都恢复到零。

使用机械秒表的注意事项：

1）使用前先上发条。不宜过紧，以免损坏发条。

2）检查零点是否正确。若秒表不指零，应记下读数，在测量后进行校正。

3）按端钮时不要用力过猛，以免损坏机件。

4）不要摔碰秒表。

5）实验结束时，应让秒表继续走动，使发条放松。

（2）电子秒表

电子秒表具有体积小，功耗少，功能强和计时较为精确等特点。它不仅能显示分、秒，还能显示时、日、月及星期，如图 2-5 所示。

电子秒表使用方法

功能选择状态若选择计时，按一下 S_1 开始计时，再按一下 S_1 停止计时；若再按一下 S_1 可进行累加计时，如此可继续重复进行累加。按一下 S_2 复零。

（3）数字毫秒计

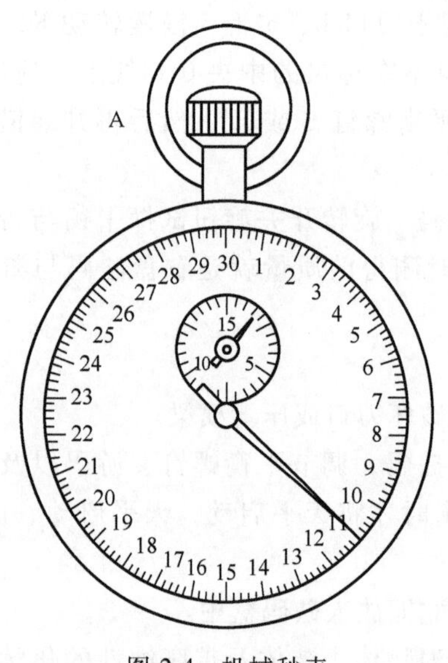

图 2-4　机械秒表

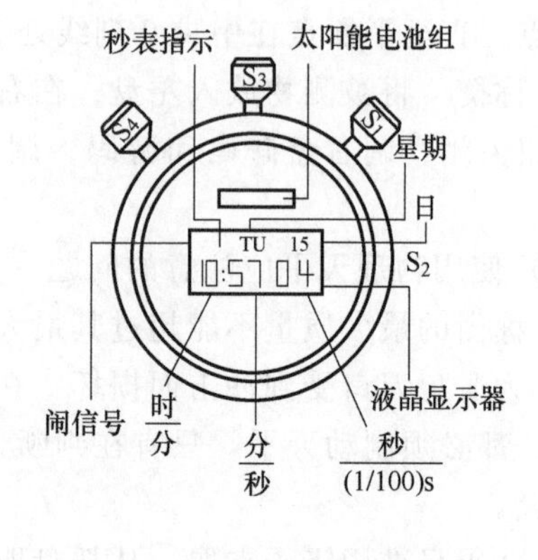

图 2-5　电子秒表

数字毫秒计是利用数码管显示数字来表示时间的一种精密计时仪器。

数字毫秒计控制“计”、“停”的办法有机控、光控两种，光控又分为 S_1 和 S_2 两种。

1）机控　将双线插头插入“机控”插孔内，选择开关拨向“机控”位置时，双线插头的外接开关接通开始计时，断开时停止计时。

2）光控　将双线插头插入“光控”插孔内，选择开关拨向“光控”位置时，控制脉冲由光电门输入可根据需要选择。

① S_1 挡：光电门被遮光时数字毫秒计即开始计时，直至遮光终止光电门恢复光照时，计时停止。即 S_1 挡的功能是记录光电门的被遮时间。

② S_2 挡：第一次遮光数字毫秒计开始计时，第二次遮光停止计时。即 S_2 挡的功能是记录光电门受到相继两次遮光之间的时间间隔。

③ 时间信号选择开关：面板上时间信号选择开关设有三挡，各有不同的精度和量程，可根据实验的进度选择使用。

选择 0.1ms 挡时，测量数据的最小单位是 0.1ms，量程为 0~0.999s；

选择 1ms 挡时，测量数据的最小单位是 1ms，量程为 0~9.999s；

选择 10ms 挡时，测量数据的最小单位是 10ms，量程为 0~99.99s。

④ 复位和复位延时：测量时可自行选择“手动”和“自动”复位（是指数码管所显示的数字恢复为零的方式）。复位延时旋钮用来调节自动清零的时间长短。顺时针旋转旋钮清零慢，逆时针旋转旋钮清零快。

数字毫秒计如图 2-6 所示。

4. 温度计　量热器　气压计　湿度计

（1）温度计

温度的测量是热学实验的基本测量之一，温度是表征物体冷热程度的物理量。根据热力学第零定律，达到热平衡的不同物体具有相同温度的原则，设计出温度计。当温度改变时，物体的许多物理属性，如压强、体积、导体的电阻、两种导体组成的热电偶的电动势等都要发生变化。一般说来，任何物质的任一物理属性，只要它随温度的改变而发生单调的、显著

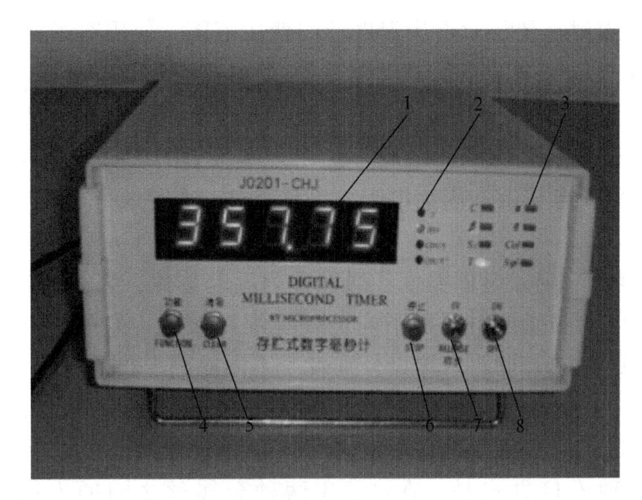

图 2-6 数字毫秒计

1—数据显示窗口 2—单位显示 3—功能选择 4—【功能】键
5—【清零】键 6—【停止】键 7—【6V/同步】键 8—电源开关

的变化，都可以用来标志温度，做成温度计。即利用物质的某一物理属性随温度的变化来标志温度的器械，就是温度计。

1）气体温度计（见图 2-7） 利用气体的体积或压强随温度变化的属性制成的温度计，称为气体温度计。测温泡 B 内贮有一定质量的气体，经毛细管与水银压强计的左臂 M 相连。测量时，将测温泡放入被测系统中，上下移动压强计的右臂 M′，使左臂中的水银面在不同的温度下始终固定在同一位置 O 处，以保持气体的体积不变。当被测物温度不同时，B 内气体的压强不同。知道了大气压之后，由两管水银面的高度差，就可测出 B 内气体的压强。这样，就可由压强随温度的改变来确定温度。

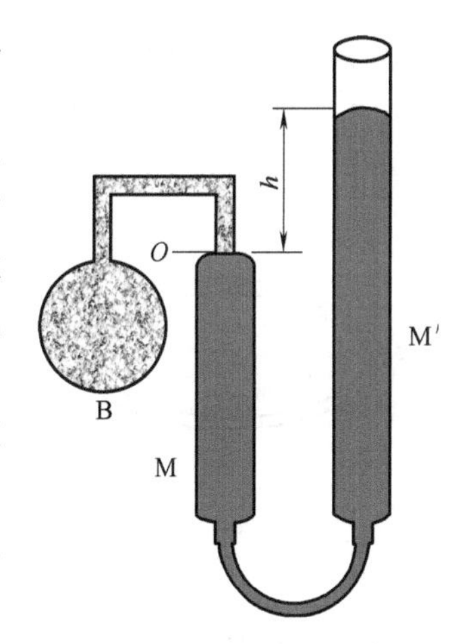

图 2-7 气体温度计

气体温度计所用的气体应根据测量温度的范围来选择。如果是用它来测量低温，必须使用低温时不会液化的气体，当温度低于-260.5℃，使用氦；当测量温度不高于 200℃时，使用氢；高于 200℃时，由于氢太活泼，且扩散强烈，所以用氮和空气。

2）液体温度计 利用液体的体积随温度变化的属性制成的温度计，称为液体温度计。常用的液体有水银、酒精等。由于水银温度计具有不润湿玻璃、随温度上升均匀膨胀、测量范围广（-30～+300℃）、读数方便和迅速等优点，因此被广泛应用。

使用液体温度计时应注意以下方面：

① 使用温度计时，被测物体的容量需超过温度计的测温泡液体容量的几百倍以上。

② 温度计浸入被测物的深度应等于温度计本身所表明的深度，在温度计上没有标志时，一般应把温度计浸到被读数的分度线。

③ 使用温度计时，应避免振动和移动，且不使温度计经常接触温度剧烈变化的物体。

④ 在测高温和低温时，要注意所用温度计的使用范围，使用时逐步浸入被测物。

⑤ 对温度示值需按说明书的指示进行修正。

3）电阻温度计　电阻温度计是根据金属丝的电阻随温度变化的原理制成。它是由一根很细的铂丝（尽可能是纯铂）绕制的线圈，封在薄壁银管中而制成，用导线把它连接到测量电阻的仪器，如惠更斯电桥上。因为电阻的测量可达到很高的精确度，所以它是测量温度的最精密的仪器之一。

4）温差电偶温度计　温差电偶温度计通常称为温差电偶，它是通过测量温差电动势来求被测的温度。温差电偶温度计由两种不同金属丝焊接而成，如图 2-8a 所示。两种金属丝 A 和 B 就构成了闭合回路，若把两个接点分别置于不同的测温物质中，整个回路就会产生温差电动势，这个温差电动势与两接点温度 t 和 t_0 有关。在一定条件下温差电动势与 t 能建立较好的线性关系，经过定标，我们可直接测温度。

温差电偶的另一种连接方式是，在 A、B 两种金属丝之间插入第三种金属 C，如图 2-8b、c所示。A、B 金属丝的接点处于同一温度 t，即被测温度处，另两个接点一般处于同一温度 t_0 处，一般是冰水混合物。这样也可测得相应的温差电动势，再根据先前校正好的温差曲线或查找数据表也可测得被测点温度。

用温差电偶测量温度的优点很多，如

① 测量范围很广（-200℃到 2000℃）；

② 灵敏度和准确度很高（可达 10^{-3}度以上）；

③ 由于受热面积和热容量都可以做得很小，因此能测量很小范围内的温度或微小的热量。

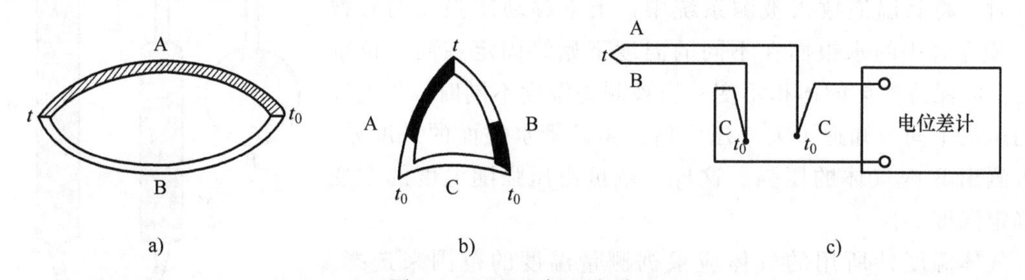

图 2-8　温差电偶温度计

（2）量热器

量热器是热学实验中最基本的仪器，外形结构如图 2-9 所示。

量热器主要分为内筒和外筒两部分，为避免和外界进行热交换，内筒和外筒用金属做成，并且表面镀亮。内外筒之间一般采用不流动的空气或泡沫塑料等作为隔热材料。外筒用绝热盖盖住，上面插有温度计和带绝缘手柄的搅拌器。这样的装置就构成了一个量热器。

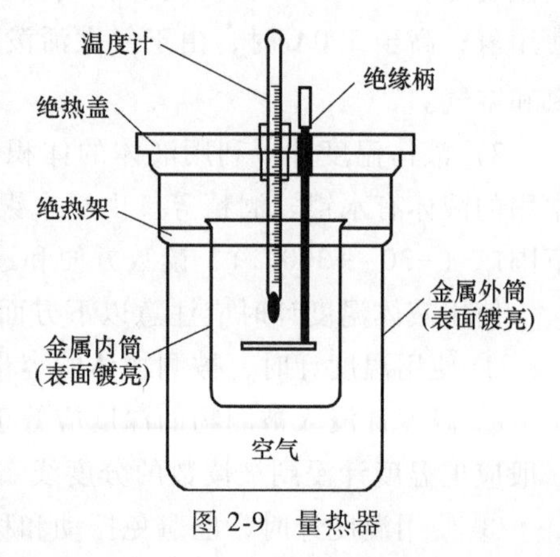

图 2-9　量热器

量热器在使用中尽量减少内筒中的物质与外界进行热交换，需要搅拌时，应不停地均匀搅拌。

（3）水银气压计

水银气压计是测量大气压强的仪器装置。它是根据托里拆利实验原理而制成的。

水银气压计通常包括三部分：一支内装水银的玻璃管柱、一支温度计以及可以读取到0.1mm的游标尺（见图2-10）。

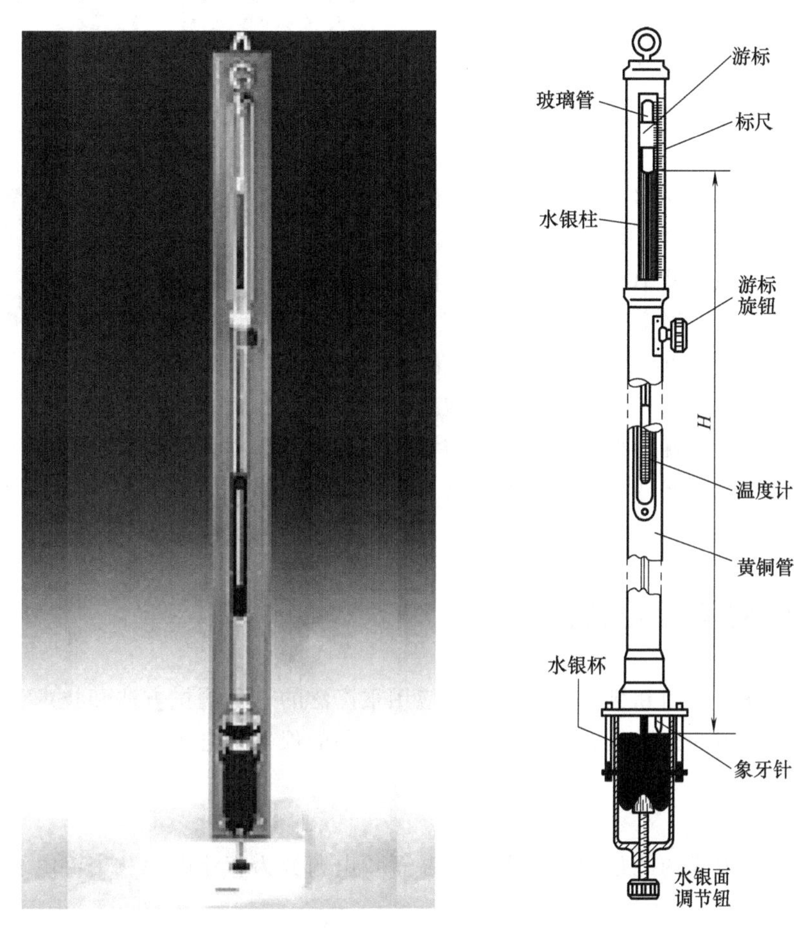

图2-10　水银气压计及游标尺读取

使用水银气压计应注意：

1）仪器归零　读取水银柱高度之前，应先将仪器归零。在气压计的底部有一归零调整旋钮，转动旋钮改变水银槽的高度，使水银面恰与象牙针尖处接合，完成归零。

2）调整游标尺　调整游标尺左侧的附尺，使其下缘恰与水银的凸面最高点切齐，完成游标尺的调整。

3）读取水银柱高度　读取数值时先读游标尺右侧主尺刻度。主尺刻度每一大刻度是1cm，每一小刻度是0.1cm。由左侧附尺的下方“0”标线切齐右方主尺处，显示水银柱高度。接着观察附尺刻度与主尺刻度线重叠齐处。

4）温度校正　由于温度对于水银以及气压计游标尺刻度之热膨胀影响不同，因此当要相当精准地测量气压时，必需另外进行温度的修正。设温度 t 时从气压计读得大气压强为 p_1，这时实际的大气压强 p 应为 $p=p_1-(0.000182-\beta)p_1t$，$\beta$ 是标尺材料的线胀系数，对于黄铜 $\beta=0.000019℃^{-1}$；对于不锈钢温度在293～373K时，$\beta=1.00\times10^{-5}℃^{-1}$。

（4）干湿泡温度计（湿度计）

干湿泡温度计是一块长方形木板上并列着两只刻度相同、长度相同的温度计，其中一只温度计叫干泡温度计，用来测空气的温度；另一支叫湿泡温度计，它下面的感湿泡上包着纱带，沙带下面浸在水槽里，由于毛细现象，水顺着沙带上升，纱带总是湿的，如图 2-11 所示。

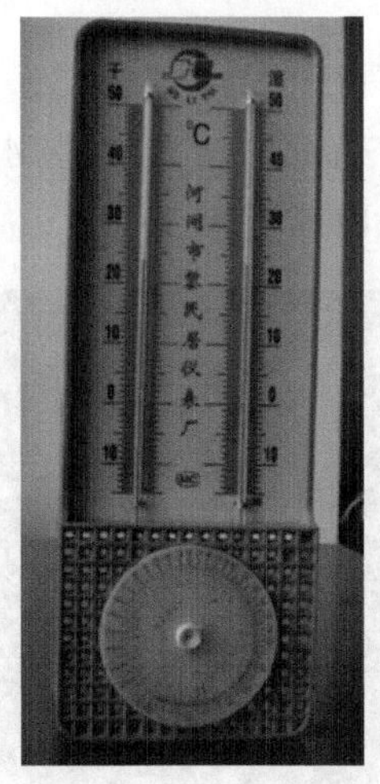

图 2-11　干湿泡温度计

如果空气里的水恰处于饱和状态，湿泡温度计的水分不蒸发，两只温度计的读数就相同了，表示相对湿度是 100%；如果空气里的水汽没有饱和，湿泡温度计的水分就蒸发，蒸发致冷效应使湿泡温度计的示数低于干泡温度计的示数。显然，在一定温度下，干泡温度计和湿泡温度计的示数差越大，表示空气越干燥，空气的相对湿度就越小；反之，干泡温度计和湿泡温度计的示数差越小，表示空气越潮湿，空气的相对湿度就越大。干湿泡温度计上附有一个数表，根据两支温度计的示数值，可查出空气的相对湿度。

2.2　电磁学实验常用仪器

电磁测量是现代生产和科学实验研究中应用很广泛的一种测量方法和技术。电磁学实验在大学物理实验中占的比重很大。电磁学实验最常用的仪器是电源、电表、滑线变阻器和电阻箱等。

1. 电源

电源是把其他形式的能量转变为电能的装置。电源分为直流电源和交流电源两类。

（1）直流电源

实验室常用的直流电源有干电池、铅蓄电池和直流稳压电源。直流电源用字母“DC”或符号“—”表示。

干电池是电磁学实验中常用的工作电源，它是把化学能直接转变为电能的装置，是一种一次性电池。干电池的电动势是不断变化的，严格地讲不是恒定的电压源。当工作电流小于 100mA 且一定时，在较短的时间内仍可视为较好的恒压源。在使用时注意正、负极性不能接错，不允许短路。

铅蓄电池的工作原理也是把化学能转化为电能。它的作用是能把有限的电能储存起来，在合适的地方使用。铅蓄电池的优点是放电时电动势较稳定，缺点是比能量（单位重量所蓄电能）小，对环境腐蚀性强。铅蓄电池的工作电压平稳、使用温度及使用电流范围宽、能充放电数百个循环、贮存性能好（尤其适于干式荷电贮存）、造价较低，因而应用广泛。

直流稳压电源是交流电转变为直流电的装置。它通过整流、滤波、自动稳压后输出直流电。它的特点是输出电压高、电压稳定性好、内阻小、可调节范围大、带负载能力强，因此在实验中逐步取代了化学电池。

使用稳压电源应注意正负极，不能接错，不能短接，不能超载。使用完毕，将“电压输出”调到最小，再切断电源。

（2）交流电源

实验室常用的交流电源是电网电源。它输出电压为220V，频率为50Hz，一般用符号AC或“~”表示。电网电压常有波动，一般为±10%。如果实验对电压稳定性要求较高，就要求用交流稳压电源。在需要高于或低于220V的交流电源时，可采用变压器来调节。在使用时注意不要超过额定功率。

2. 电表

电表的种类很多，有磁电式、电磁式、电动式、感应式等。实验室常用的大都是磁电式仪表。它的读数靠指针在标尺上的偏转来显示。这种仪表适用于直流测量，具有灵敏度高、刻度均匀（欧姆表除外）、便于读数等优点。

（1）电流计（表头）

电流计俗称表头，常测量微安级电流。它是利用通电线圈在永久磁铁的磁场中受到一力偶作用发生偏转的原理制成的。

电流计的结构如图2-12所示。在一个极掌形永久磁铁之间安装一个圆柱形的铁心，铁心和极掌之间装有一个可自由转动的线圈，线圈一端固定一个指针，转轴上固定一个弹簧。当线圈中通过一个微安级的电流时，将受磁力矩作用产生转动，同时游丝又将给线圈一个反向回复力矩使线圈平衡在某一个角度，指针停在一定位置，线圈偏转角的大小与通入电流成正比，电流的方向不同，偏转的方向就不同。这是磁电式仪表的基本特征。电流计上还配有调零旋钮，若使用时指针不指零位，可用旋具轻轻调节表壳外面的调零旋钮。

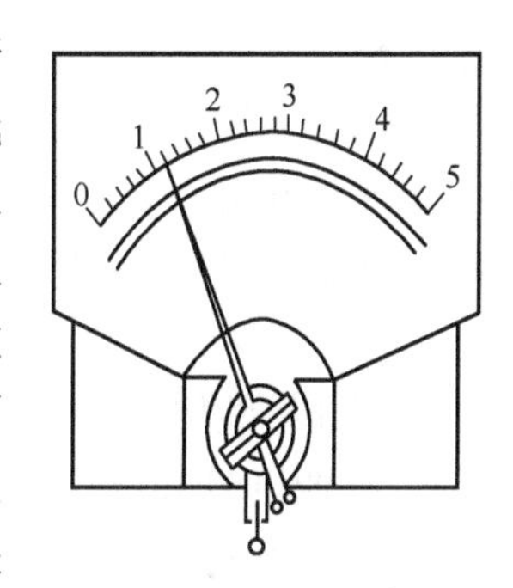

图 2-12 电流计

电流计（表头）可以用来检验电路中有无电流通过，因为线圈的导线很细，（电流计）所能允许通过的电流往往是很微小的，能直接测量的电流在几十微安到几十毫安之间，如果用它来测量较大的电流，必须加上分流器来扩大量程。

电流计作为检流计（专门用来检测电路中有无电流通过的电表）使用时，其零点位于刻度盘的中央，接线不分正负极。检流计有按钮式和光点反射式两类。

（2）直流电流表（安培表）

在磁电式表头的线圈上并联一个阻值很小的分流电阻，就构成了直流电流表。分流电阻的作用是使线路中的电流大部分通过它自身流过去，只有少量的电流才通过表头的线圈，这样就扩大了电流的量程。分流电阻大小不同就可构成不同量程的电流表，如毫安表、安培表等。

（3）直流电压表（伏特表）

在磁电式表头线圈上串联一个阻值很大的分压电阻，就构成了直流电压表。当测量电压时，分压电阻起分压作用，并使绝大部分电压落在分压电阻上，只有很小一部分电压降落在表头上。分压电阻大小不同，就构成不同量程伏特表，如毫伏表、伏特表和千伏表等。

使用电流表和电压表时应注意以下问题：

1）使用电表前校准零点 在电表的外壳上，有机械零点调节螺钉，用旋具可以调节电表的机械零点。

2）接线要正确　电流表应当串联接在被测电路中测量电流，电压表应当并联接在被测电压两端测量电压；直流电表均有标明“+”、“-”的接线柱，分别表示电流的流入端和流出端，电压的高电位端和低电位端。正、负不能接反，否则指针会反打，损坏电表。

3）选择合适的量程　应先估计被测量的大小，选择合适的量程。为了安全起见，可先用大量程测试一下，再选择更合适的量程。合适的量程选择的标准是使电表的指针偏转到满偏刻度的2/3左右为宜。

4）电表读数要规范　读数时视线必须垂直于刻度盘；若电表指针下面有反射镜，读数时应使视线、指针、指针的像成一直线。

（4）万用电表

万用电表简称万用表，它是由多量程的电压表、电流表和欧姆表等构成的多功能电表。

万用电表可以用来测量电压、电流、电阻、交流电压和电流，还可以用来检查电路和排除电路故障。万用电表主要是由测量机构和测量电路两部分组成，它的测量机构是一个磁电型电流计（亦称表头），实际上它是根据改装的原理，将一个表头分别连接各种测量电路而改成多量程的电压表、电流表和欧姆表，是既能测量直流也能测量交流的复合表。

万用电表的直流电压挡、直流电流挡的测量原理和使用方法基本上与磁电型电压表和电流表相同。万用电表的交流电压挡，则是利用整流元件将交流电流变成单向脉动电流，再通过磁电型表头进行测量，此种情况表头的偏转力矩与整流后的单向脉动电流的平均值成正比。

下面介绍欧姆表测量电阻的简单原理，如图2-13所示。表头R_g、干电池E、可变电阻R_0以及待测电阻R_x构成串联回路。

电流I通过表头即可使指针偏转，其值为

$$I=\frac{E}{R_g+R_0+R_x}$$

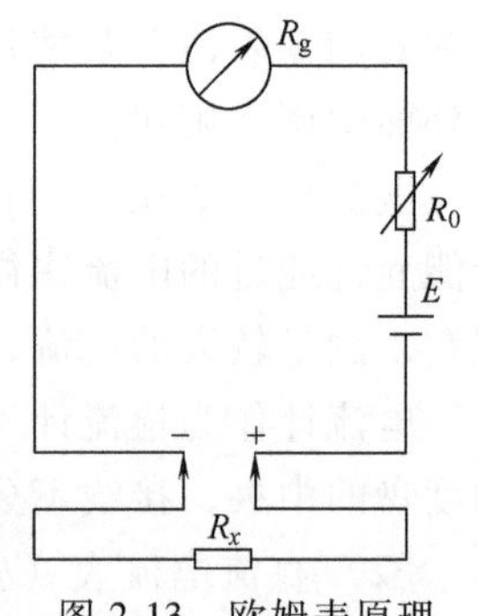

图2-13　欧姆表原理

由上式可以看出，当电池电压一定时，指针的偏转和回路的总电阻成反比。当被测电阻R_x改变时，电流就变化，表头的指针位置也有相应的变化，即表头的指针位置与被测电阻的大小一一对应，如果表头的标度尺按电阻刻度，这样就可以直接用来测量电阻了。被测电阻R_x越大，回路电流I就越小，指针偏转角就越小，因此欧姆表的标尺刻度与电流表、电压表的标尺刻度相反。又因为工作电流I和被测电阻R_x不成正比关系，所以欧姆表的刻度是不均匀的。

当电池的电动势E下降时，会造成比较大的测量误差，所以欧姆表设有“零点”调整电路，使用时先将两表笔短接，调节调零电位器，使指针恰好指在电阻刻度标尺的零点处。每当改变欧姆表的量程后，都必须重新调零。如果调节调零电位器，指针无法“指零”，则应该更换电池。

使用万用表测量时应注意以下几点：

1）根据被测对象，将功能选择开关拨至相应的位置。

2）根据被测量的大小，正确选择量程。如果被测量的大小事先无法估计，应选择量程大的一挡，用表笔点测一下，若偏转过小，则将量程变小，直至量程合适。注：测量电阻

时，应将被测量电路的电源断开。由于欧姆表表盘刻度不均匀，它的中点阻值称为中值电阻$R_{中}$，不同量程的$R_{中}$不同，万用表指针越接近刻度$R_{中}$处，测量越精确，越往两边，测量误差越大。因此，使用时应尽量用表盘中间部位（如$1/5R_{中}\sim5R_{中}$这一段）。

3）电流挡和电压挡的使用方法和注意事项与普通电流表和电压表相同。

4）万用表使用完毕，应将功能选择开关拨至空挡或交、直流最高电压挡，以防止以后使用时，因疏忽把表笔接至交流大电压处而损坏表头。对晶体管数字万用表，要同时将电源开关拨至“关断”处，以确保万用表不使用时不消耗表内电池，否则，表内电池将会软化，流出腐蚀性液体。

3. 电阻器

电阻器是一种用以改变电路中的电流和电压的元器件，也是某些特征电路的组成部件。实验室中常用的电阻器有电阻箱和滑线式变阻器。

（1）电阻箱

电阻箱是由若干个标准电阻元件按一定组合形式连接在一起的电阻组件。电阻箱有旋转式和插键式两种。电阻箱的正面外形如图2-14所示。电阻箱面板上一般有四个接线柱，分别为0、0.9Ω、9.9Ω、99999.9Ω。如果需要0~0.9Ω电阻，接0、0.9Ω接线柱；如果需要0.9~9.9Ω电阻，我们接0、9.9Ω接线柱；如果需要大于9.9Ω电阻只能接0、99999.9Ω接线柱，这样接线是为了减少电阻箱内部各旋钮的接触电阻而带来的仪器误差。

电阻箱仪器误差级别按国家标准分为0.0005级、0.0001级、0.002级、0.005级、0.01级、0.02级、0.05级、0.1级、0.2级等，它表示电阻值相对误差百分数。

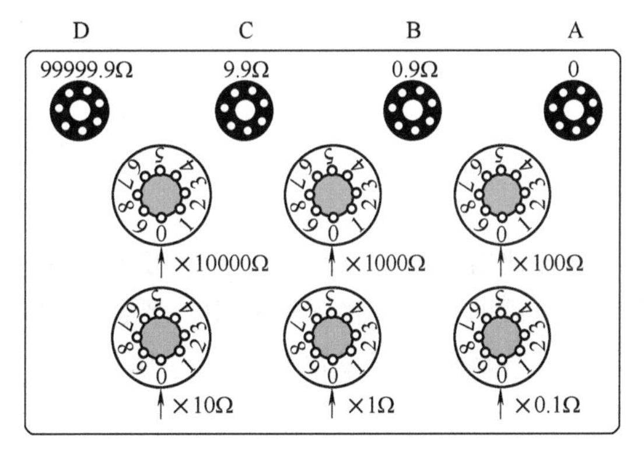

图2-14 电阻箱

使用电阻箱时应注意：

1）对于小于10Ω的待测电阻，为减小接触电阻对结果的影响应利用小电阻接头B或C。

2）工作电流不能超过最大允许电流，负载功率不得超过电阻箱额定功率。由于电阻箱有额定的最大功率，使用不同挡位的电阻时，所允许通过的电流是不同的。一般来说，高电阻挡次允许通过的电流较小。

3）转动转盘时必须调节到位，使盘内弹簧触点接触良好。

4）电阻箱如果维护不好，旋钮长期没有清洗，则接触电阻会大于额定值，严重影响测量结果。为了使旋钮接触良好，在测量时，每个旋钮应反复来回旋转几次。

5）电阻箱主要用于需要有准确电阻值的电路中，由于它额定功率很小，因此不能用来控制电路中较大的电流或电压。

（2）滑线变阻器

滑线变阻器可以连续改变电阻值，其外形结构如图2-15所示。电阻丝密绕在绝缘陶瓷管上，两端分别与固定在陶瓷管上的接线柱相连，瓷管上方装有一根与瓷管平行的金属棒，其两端连有两个接线柱，金属棒上套有一个滑动触头，它的两触角紧压在电阻丝上，并可在两接线柱之间来回滑动。

滑线变阻器在实验电路中的接法主要有两种：分压接法和限流接法。

1）分压接法　如图 2-16a 所示，滑线变阻器的两个固定端 A、B 分别与电源的两极相连，滑动端 C 和任一固定端（图中为 A）上引出两根线接于负载 R_L。当滑动端 C 移动时，加在负载 R_L 上的电压 U_{AC} 将在 $0\sim U_{AB}$ 值之间变化。

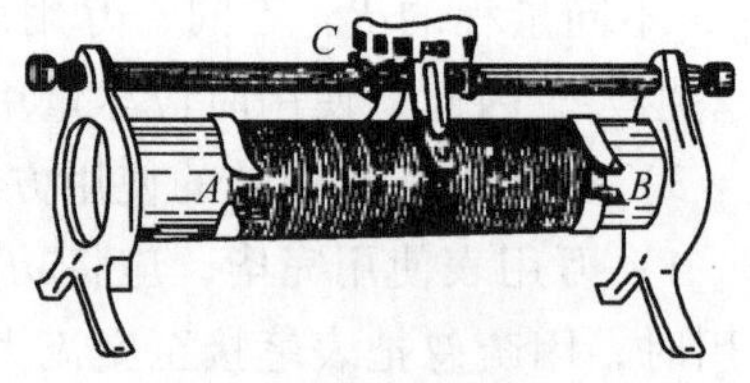

图 2-15　滑线变阻器

2）限流接法　如图 2-16b 所示，将滑动变阻器的 A、B 两端串联在回路中，而滑动端可以与 A 相连，也可以与 B 相连。当移动 C 端位置时，可以改变回路中的总电阻，达到改变和控制电路的目的。

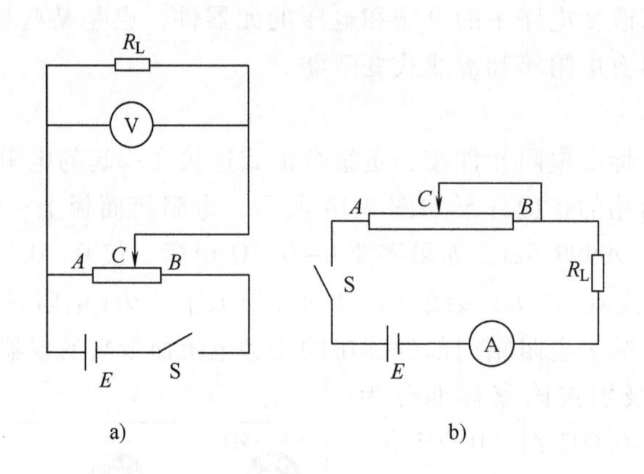

图 2-16　分压接法和限流接法

选择使用滑线变阻器，除了要考虑其全电阻和不允许超过它的额定电流外，还要考虑它与负载的匹配。接入电路中，要注意滑动头的初始位置。限流接法，应使它接入电阻最大，负载通过的电流最小；分压用法，应使它加在负载上的电压最小，用电器最安全。

2.3　光学实验常用仪器

光学实验仪器是用来弥补人眼的不足，帮助观察实验现象的设备，它可以使实物的像放大、缩小或将像记录下来。光学仪器在生产、科研和国防及人们的生产、生活的各个领域中有着广泛的应用。

1. 光学仪器的基本知识

（1）凸透镜的成像规律

几乎所有的光学实验都会遇到凸透镜的成像问题。熟悉并掌握凸透镜的成像规律，可使实验做得顺利。

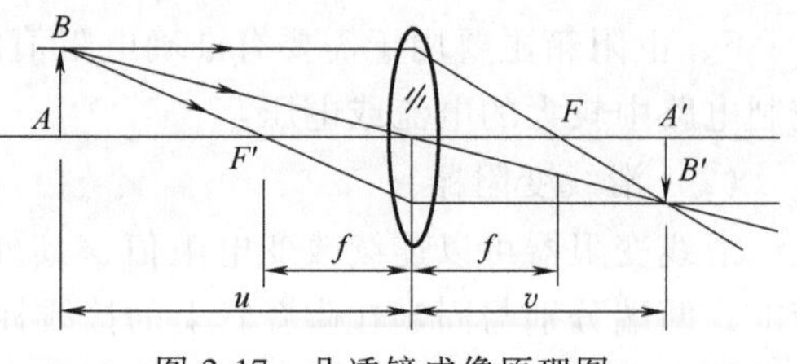

图 2-17　凸透镜成像原理图

对于薄透镜和近轴光线，凸透镜成像如图 2-17 所示。凸透镜成像规律见表 2-1。透镜成像公式为

$$\frac{1}{u}-\frac{1}{v}=\frac{1}{f}$$

式中，u 为物距；v 为像距；f 为透镜的焦距。

表 2-1 凸透镜成像规律

物的位置	像的位置	像的性质	应用
$u\to\infty$，在远处	$v=f$，在透镜另侧焦点处	实像	透镜聚焦
$u>2f$	$f<v<2f$，在透镜另侧	倒立、缩小、实像	照相机
$u=2f$	$v=2f$，在透镜另侧	倒立、等大、实像	翻拍
$f<u<2f$	$v>2f$，在透镜另侧	倒立、放大、实像	投影仪
$u=f$	$v\to\infty$，在透镜另侧		平行光管
$u<f$	$\lvert v\rvert>f$，在透镜的同侧	正立、放大、虚像	放大镜

（2）眼睛观察物体的简单原理

人眼是一个精密的光学成像仪器，在光学实验中，人们要用眼睛观察许多光学现象，因此有必要介绍一下眼睛的结构及眼睛成像的规律。如图 2-18a 所示，人眼眼球里的晶状体相当于“一个透镜”，视网膜相当于一个成像屏幕。外界物体发出（或反射）的光射入人眼，经过晶状体会聚后在视网膜上成一实像。再通过视觉神经引起视觉。

晶状体到视网膜之间的距离近似地看作不变（即像距 v 不变），人眼之所以能够看清远近不同的物体（物距 u 不同），是靠肌肉的调节来改变晶状体的焦距 f，使之满足 $\frac{1}{u}-\frac{1}{v}=\frac{1}{f}$，从而在视网膜上成一实像。

眼睛的调焦有一定的限度，较长时间观察而不感到疲倦的最佳距离是离眼睛 25cm，称为“明视距离”，如 2-18b 所示。眼睛可分辨清楚的最小视角约为 1′，称为“最小分辨角”，相当于在明视距离处相距为 0.07mm 的两点对眼睛所张的角。

借助光学仪器来观察微小物体，就是为了增大被观察物体的视角。

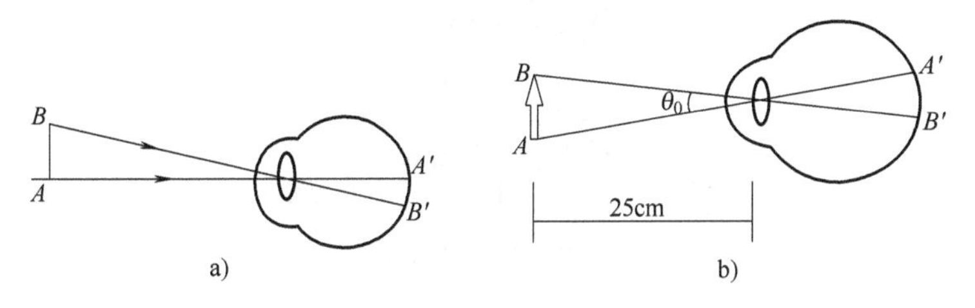

图 2-18 成像图

2. 常用目视光学仪器

（1）放大镜（见图 2-19a）

短焦距的凸透镜可用作放大镜。放大镜的作用就是增大视角。如图 2-19a 所示。设原物体长度为 AB，放在明视距离处，眼睛的视角为 θ_0，通过放大镜观察，成像仍在明视距离处，此时眼睛的视角为 θ，θ 与 θ_0 之比称为视角放大率 M。

因为 $\theta_0\approx\frac{AB}{25}$，$\theta\approx\frac{A'B'}{25}\approx\frac{AB}{f}$，所以 $M=\frac{\theta}{\theta_0}=\frac{AB/f}{AB/25}=\frac{25}{f}$。$f$ 为放大镜焦距（以 cm 为单

位)，f越短，放大率越高。

(2) 望远镜 (见图 2-19b)

望远镜是用来观察远距离物体的仪器，或者用来作为测量和对准的工具。它是由长焦距的物镜和短焦距的目镜组成的。

物镜的作用在于使远处的物体在焦平面上形成一个缩小而移近的实像，眼睛通过目镜观察这个由物镜形成的像，从而看到一个倒立、放大的虚像。

在测量时，先调整目镜，直到清晰地看到分划板上的叉丝。再旋转调焦手轮，使物镜在镜筒内伸缩，直至看到清晰的待测物或从光杠镜面反射回来的标尺刻度。

(3) 显微镜 (见图 2-19c)

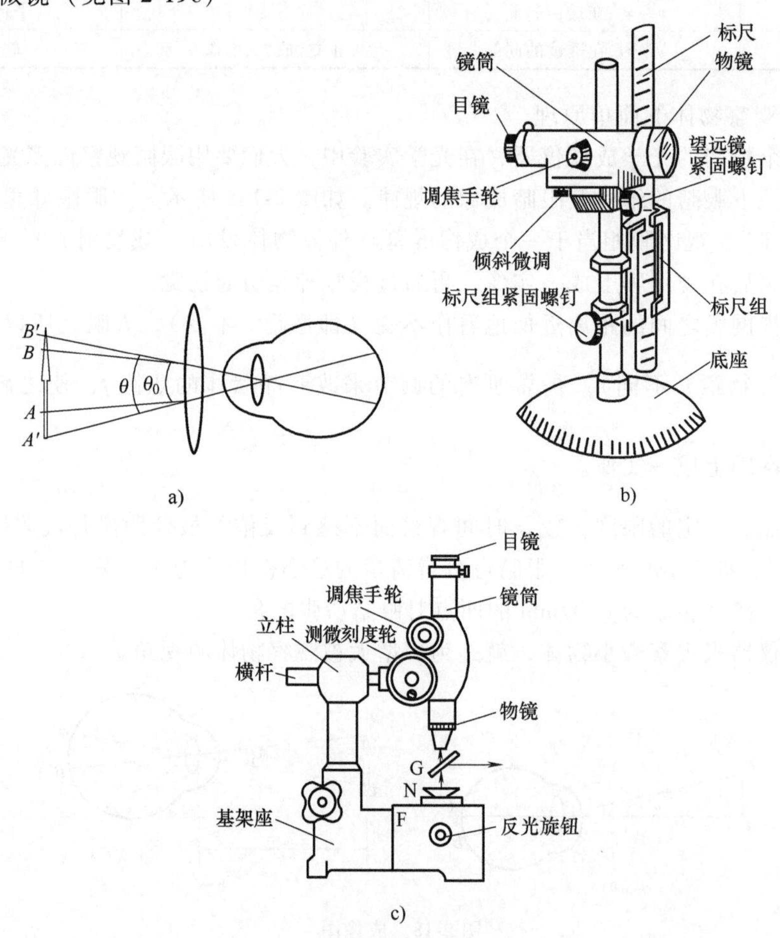

图 2-19 放大镜、望远镜、显微镜示意图

显微镜用以观察微小物体，它也由目镜和物镜组成。物体放在物镜焦点外不远处，使物体成一放大的实像，落在目镜焦点内靠近焦点处，目镜相当于一个放大镜，将物镜形成的中间像再放大成一虚像，位于人眼睛的明视距离处。

显微镜的调整及使用：

1) 调焦：用光照射载物台，使目镜的视场明亮且亮度均匀；调目镜：紧固目镜螺钉，旋转目镜直至看到清晰的叉丝；调物镜：旋转调焦手轮，从显微镜外侧观察，让物镜缓缓降到接近待测物。然后一边从目镜观察，一边旋转手轮，让物镜渐渐抬高，直至待测物清晰为止。

2）待测长度与标尺的平行调节。松开目镜螺钉，调叉丝方位，使水平叉丝方向与标尺方向平行，然后拧紧目镜螺钉。移动待测物，使待测物长度与水平叉丝平行。

3）操作使用。若要调整显微镜支架高度，在拧松支架紧固螺钉时，必须托住支架。调整高度后，必须先拧紧紧固螺钉，再放手，否则支架下滑会破坏物镜。

3. 常用光源

光源是一切自己能发光物体的总称。实验室常用的光源有：白炽灯、钠光灯、汞灯和氦氖激光器。

（1）白炽灯

它是由于灯泡中的钨丝通以电流使之达到白炽状态而发光。为防止钨丝被氧化烧毁，灯泡中被抽成真空，大瓦数的灯泡内充以氩、氮等惰性气体，以抑制钨丝在高温下蒸发。

（2）钠光灯

它是金属钠蒸气的弧光放电光源，由于工作时钠蒸气压的不同，分为低压钠灯和高压钠灯两种。

（3）汞灯（水银灯）

它也是一种气体弧光放电光源。按工作时水银蒸气压的高低，分为低压水银灯、高压水银灯及超高压水银灯三种。

使用钠光灯及汞灯时应注意问题：

1）灯管必须串联限流器后才能接上220V电源，否则必烧毁灯管。

2）灯熄灭后，必须等灯管冷却后才能重新启动。若遇中途断电，应立即断开开关，待其冷却（10多分钟）后再合上。否则易烧坏灯管，特别是水银灯。

3）钠光灯废管、破管，应防止与水及火接触，以免产生爆炸及引起火灾。水银灯破管也要妥善处理，防止水银蒸气危害人体。

4）水银灯工作时辐射丰富的紫外线，应注意防护，以免紫外线对眼睛和皮肤造成危害。

2.4 基本操作方法

在物理实验中，调整和操作技术是十分重要的。正确的调整和操作不仅可将系统误差减小到最低限度，而且对提高实验结果的准确度有直接影响。

1. 零位调整

在测量前应检查各测量仪器的零位是否正确。尽管仪器出厂前都要进行校准，但是，由于搬运、使用磨损或环境条件的变化等原因，其零位会发生变化。所以要对有偏差的零位进行调整，否则，将对测量结果引入系统误差。

零位校正的方法一般有两种：测量仪器本身带有零位校正装置，如电表，应使用零位校正装置使仪器在测量前处于零位；仪器本身不能进行零位调整，如端点已经磨损的米尺、钳口已被磨损的游标卡尺，对于这类仪器，则应先记下零点读数，然后对测量数据进行零点修正。

2. 水平、铅直调整

有些仪器和实验装置必须在水平或铅直状态下才能正常地进行实验，如天平、气垫导轨、三线摆和一些光学仪器等，因此，在实验中经常遇到对实验仪器进行水平或铅直调整。这种调整常借助水准仪或悬锤进行。凡是要作水平或铅直调整的仪器，在其底座上大多数设有三个底脚螺钉（或一个固定脚，两个可调脚），通过调节底脚螺钉，借助于水准仪或悬锤，可将仪器装置调整到水平或铅直状态。

对没有配置水准仪或悬锤的仪器，需要调节水平或铅直时，可利用自身的装置进行调整，如焦利秤可以通过调整底脚螺钉，使悬镜处在玻璃管的中间，对于杨氏模量仪，可以通过调整底脚螺钉，使砝码托处在两立柱的中间，以达到立柱的铅直。

对于既没有配置水准仪又不能利用自身装置调整的仪器，可取一长方形的水准仪，先放在与任意两底脚边线平行的方位，调节该两底脚螺钉使气泡居中，然后再将水准仪放在垂直的方位，调节另一底脚螺钉使气泡居中。反复进行调节，逐次逼近，直至水准仪置于任意位置时气泡都居中，这时立柱即处于铅直状态。

3. 共轴调节

在由两个或两个以上的光学元件组成的实验系统中，为获得好的成像质量，满足近轴光线条件，必须进行共轴调整，即使所有光学元件的光轴重合，且其物面、屏面垂直于光轴。调整一般分为两步，第一步进行粗调（目测调整），第二步根据光学规律进行细调，常用的方法有自准法和二次成像法。如果在光具座上进行实验，为了读数正确，还需把光轴调整得与光具座平行，即光学元件光心距光具座等高且光学元件截面与光具座垂直。

4. 消视差

当刻度标尺与指示器或标识物（电表的表盘与指针、望远镜中叉丝分划板的虚像与被观察物的虚像）不在同一平面时，眼睛从不同方向观察会出现读数有差异或物与标尺刻度线有分离的现象，这种现象称为视差现象。为了测量正确，实验时必须消除视差。消除视差的方法有两种：一是使视线垂直标尺平面读数。1.0 级以上的电表表盘上均附有平面反射镜，当观察到指针与其像重合时，指针所指刻度为正确读数值，焦利秤的读数装置也是如此；二是使标尺平面与被测物密合于同一平面内。如游标卡尺的游标尺被做成斜面，便是为了使游标尺的刻线端与主尺接近于同一平面，减少视差。使用光学测读仪器均需做视差调节，使被观测物的实像成像在作为标尺的叉丝分划板上，即它们的虚像处于同一平面。

5. 逐次逼近调整

在物理实验中，仪器的调节大多不能一步到位。例如，电桥达到平衡状态、电势差计达到补偿状态、灵敏计零点的调节、分光计中望远镜光轴的调节等，都要经过反复多次的调节才能完成。“逐次逼近调节”是一个能迅速、有效地达到调整要求的调节技巧。

依据一定的判断标准，逐次缩小调整范围，较快地获得所需状态的方法称为逐次逼近调节法。在不同的仪器中判断标准是不同的，如调节天平是观察其指针在标度前来回摆动，左右两边的振幅是否相等；平衡电桥是看检流计的指针是否指零。

6. 电学实验操作规程

（1）安全用电

安全用电是实验中必须十分注意的问题。要预防触电，就必须不直接接触高于安全电压值（36V）的带电体，特别不能用双手触及电位不同的带电体。实验使用的电源通常是220V 的交流电和 0~24V 的直流电，但有的实验电压高达 1 万伏以上，所以在做电学实验过程中要特别注意人身安全，谨防触电事故发生。实验者应做到：

1）接线、拆线时，必须在断电状态下进行。

2）操作时，人体不要触及仪器的高压带电部位。

3）在带电情况下操作时，凡是不必用双手操作的，尽可能用单手操作，以减小触电危险。

4）在做高压实验时，必须采取一定的保护措施，例如，操作人员要站在胶皮绝缘垫上进行操作，机壳接地等。

（2）正确接线，合理布局

仪器布局要合理，要将需要经常控制和读数的仪器置于操作者面前，开关一定要放在最易操作的地方。

看清和分析电路的连接。依照电路原理图，按高电位到低电位的顺序连接。如果电路比较复杂，可分成几个回路，连好一个回路再连另一个回路，切忌乱连。

通电试验。通电之前要先把各变阻器调至安全位置，限流器的阻值要调至最大，分压器要调到输出电压最小的位置。

（3）要检查线路

电路接完后，要仔细自查，确保无误后，经教师复查同意，方能接通电源进行操作。合上电源开关时，要密切注意各仪表是否正常工作，若有反常，如指针反偏或超出量程，电路打火、冒烟、出现焦臭味或特殊响声等异常现象，应立即切断电源，重新检查。在排除故障前千万不能再通电。在实验中如要改接电路，必须断开电源。

（4）实验完毕要整理好仪器设备

实验完毕后，应先切断电源，将实验数据请指导教师审查认可后，方可拆除线路，整理好拆下的导线后，再将仪器和仪表摆放整齐。

7. 光学实验操作规程

（1）光学表面如有灰尘，应使用专用的干燥脱脂软毛笔将其轻轻掸去，或用橡皮吹球吹掉。若光学表面有轻微污痕或指纹印，应用特制镜头纸或清洁的鹿皮轻轻地拂去，不可加压擦拭，更不准用手、手帕、卫生纸和衣角擦拭，不可用嘴吹气。所有镀膜面均不能触碰或擦拭。

（2）光学仪器的机械结构一般都比较精密，操作时动作要轻而缓慢，用力要平稳均匀，不得强行扭动，也不能超出其行程范围，若使用不当，仪器精密度会大大降低，甚至损坏。

（3）不许用手触摸光学元件的光学面。若要用手拿光学元件，只能接触其磨砂面或边缘。搬动时要防止光学元件位置移动，轻拿轻放，勿使光学仪器或光学元件受到冲击或振动，特别要防止摔落。

第3章 基础性实验

3.1　长度的测量

长度是一个基本物理量。测量长度的仪器和量具，不仅在生产过程中和科学实验中被广泛应用，而且有关长度的测量方法、原理和技术在其他物理量的测量中也具有普遍意义。因为许多其他物理量的测量（如温度计、压力表以及各种指针式电表的示值），最终都是转化为长度（刻度）而进行读数的。国际单位制中长度的单位是米（m），定义为真空中光在1/299792458s内的行程（1983年国际计量大会重新定义）。

大学物理实验中经常测量的长度范围在10^{-8}~10m之间。在精度要求不高的情况下可以用米尺（钢卷尺、钢板尺）测量长度，其分度值为1mm；要求稍高时可采用卡尺或螺旋测微计（千分尺）测量长度；要求更高时可采用迈克耳孙干涉仪或激光测距仪测量长度。

【实验目的】

1. 练习用游标卡尺和螺旋测微计测长度。
2. 练习物理天平的使用方法。
3. 练习做好记录和计算不确定度。

3.1　视频资源

【实验仪器】

游标卡尺，螺旋测微计，物理天平，待测物。

【实验原理】

1. 游标卡尺

（1）游标卡尺的构造

游标是为了提高角度、长度微小量的测量精度而采用的一种读数装置。长度测量用的游标卡尺就是用游标原理制成的典型量具。游标卡尺的外形结构如图3-1所示。

当拉动尺框3时，两个量爪作相对移动而分离，其距离大小的数值从游标6和主尺2上读出。下量爪5用于测量各种外尺寸；刀口型量爪7用于测量深度不深于12mm的孔的直径和各种内尺寸；深度尺1固定在尺框3的背面，能随着尺框在尺身2的导槽（在尺身背面）内滑动，用于测量各种深度尺寸。测量时，尺身2的端面A为测定定位基准。

（2）游标卡尺的原理

游标卡尺由主尺（固定不动）和沿主尺滑动的游标组成。

主尺一格（两条相邻刻线间的距离）的宽度与游标一格的宽度之差，称为游标的分度值。目前，游标卡尺的主尺刻度为每格1mm，游标分度值有0.10mm、0.02mm和0.05mm

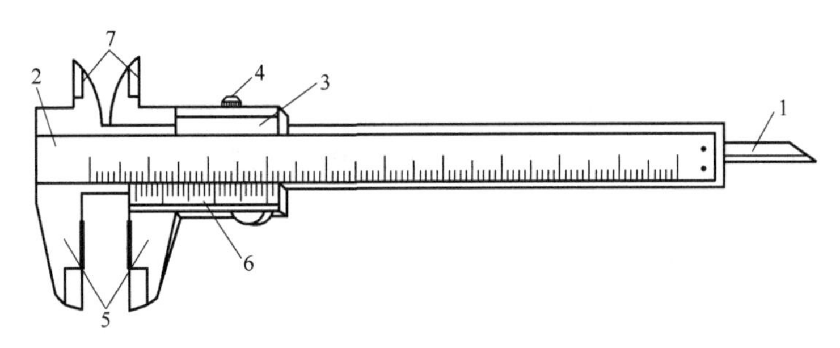

图 3-1 游标卡尺的构造

1—深度尺 2—主尺 3—尺框 4—游标锁紧螺钉 5—下量爪 6—游标 7—刀口型量爪

三种。把游标等分为十个分格，叫“十分度游标”。图 3-2 是它的读数原理示意图。游标上的 10 个分格，其总长正好等于主尺的 9 个分格。主尺上一个分格是 1mm，因此游标上 10 个分格的总长等于 9mm，它一个分格长度是 0. 9 mm，与主尺一格的宽度之差（游标分度值）为 0. 10mm。从图 3-2a 中两尺（游标和主尺）的“0”线对齐开始向右移动游标，当移动 0. 1mm 时，两尺上的第一条线对齐，两根“0”线间相距为 0. 1mm；当移动 0. 2mm 时，两尺的第二条线对齐，两条“0”线间相距为 0. 2mm。显而易见，当游标尺移动 0. 9mm 时，两尺的第九条线对齐，这时两条“0”线相距为 0. 9mm，该值就是游标在该位置时主尺的小数值。可见，利用游标原理可以准确地判断游标的“0”线与主尺上刻线间相互错开的距离。该距离的大小，就是主尺的小数值。例如，当量爪 5 之间夹一纸片时，游标上第二条线与主尺第二条线对齐，则纸片厚度为 0. 2mm，如图 3-2b 所示。

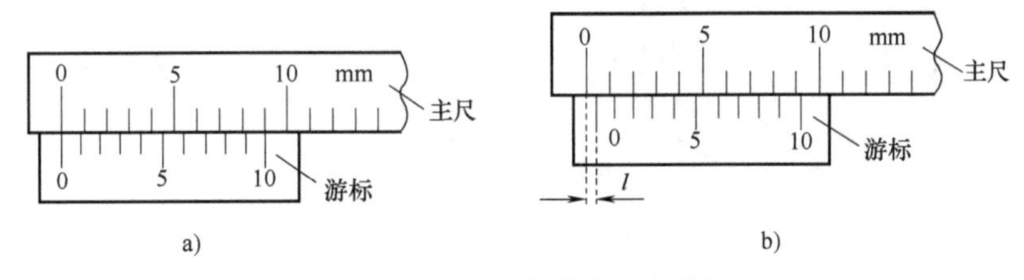

图 3-2 十分度游标的主尺与游标

（3）游标卡尺的使用

游标的“0”线是毫米读数的基准。主尺上挨近游标“0”线左边最近的那根刻线的数字就是主尺的毫米值（整数值）；然后，再看游标上哪一条线与主尺上的刻线对齐，将该线的序号乘游标分度值之积，就是主尺的小数值（也可在游标尺上直接读出）。将整数和小数相加，就是所求的数值，如图 3-3 所示。

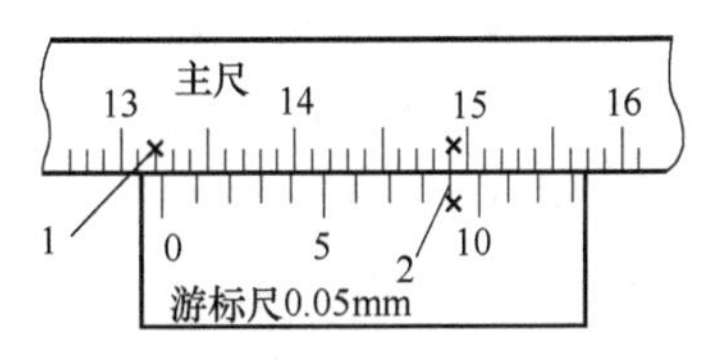

图 3-3 游标卡尺的读数方法

1—代表整数 2—代表小数

读数时要注意，主尺上刻的数字是厘米数，例如主尺上刻 13 是表示 13cm，即 130mm；游标上刻的数字是游标分度值，例如刻 0. 10mm、0. 02mm 和 0. 05mm 分别表示游标分度值为 0. 10mm、0. 02mm 和 0. 05mm。

从图 3-3 中看到，整数是 132mm，因为主尺的第 132 条刻线挨近游标的“0”线的左边；小数是 0. 05mm×9＝0. 45mm，因为游标的第 9 条刻线与主尺上的一条刻线对齐。故两次读数之和为 132.45mm。

使用游标卡尺应注意下列几点：

1）用游标卡尺测量前应进行校零，即将刀口型量爪 7 合紧，看主尺和游标零线是否重合。若不重合，要记下此时读数，以便测量后进行修正。例如，读数值为 l_1，零点读数为 l_0，则待测量 $l=l_1-l_0$（l_0可正可负）。

2）被测物体的长度应和游标卡尺相平行。

3）保护钳口，免受不必要的弯曲或磨损，致使游标卡尺失去应有精度。

2. 螺旋测微计（千分尺）

（1）螺旋测微计的用途和构造

螺旋测微计（又叫千分尺）是比游标卡尺更精密的测量长度的工具，用它测长度可以准确到 0.01mm，测量范围为几个厘米。

螺旋测微计的构造如图 3-4 所示。螺旋测微计的测砧和固定套筒固定在框架上，固定套筒上刻有主尺，主尺上有一条横线（称为读数准线），横线上方刻有表示毫米数的刻线，横线下方刻有表示半毫米的刻线。旋钮、测微旋钮、微分筒、测微螺杆连在一起，通过固定套筒套在固定刻度上。微分筒的刻度通常一圈为 50 分度。

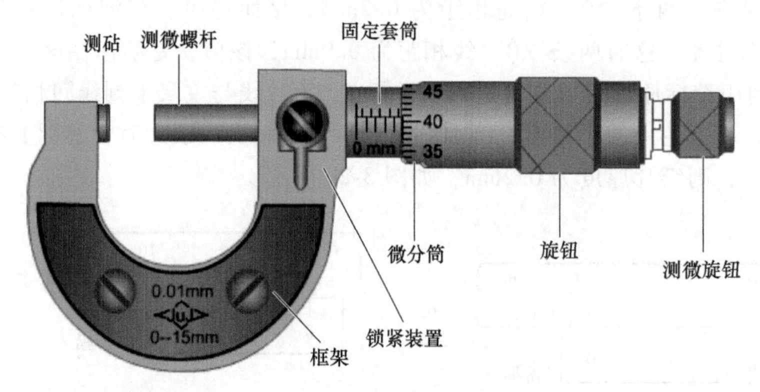

图 3-4　螺旋测微计

（2）螺旋测微计的原理

螺旋测微计是依据螺旋放大的原理制成的。微分筒转过一周，测微螺杆可前进或后退一个螺距距离 0.5mm。因此，沿轴线方向移动的微小距离，就能用圆周上的读数表示出来。微分筒转过一分度，相当于测微螺杆位移 0.5mm/50=0.01mm。所以，螺旋测微计可准确到 0.01mm。由于还能再估读一位，因此可读到毫米的千分位，即估读到 0.001mm。

（3）螺旋测微计的使用

测量时，使测砧和测微螺杆并拢时，微分筒上的刻度零点恰好与固定套筒上的刻度零点重合。旋出测微螺杆，并使测砧和测微螺杆的面正好接触待测长度的两端。读数时，以微分筒的端面作为读取整数的基准，看微分筒端面左边固定套筒上露出的刻度的数字，该数字就是主尺的读数，即整数。

固定套筒的基线是读取小数的基准。读数时，看微分筒上是哪一条刻线与固定套筒的基线重合。如果固定套筒上的 0.5mm 刻线没有露出，则微分筒上与基线重合的那条刻线的数字就是测量所得的小数。如果 0.5mm 刻线已经露出，则从微分筒上读得的数字再加上

0. 5mm，才是测量所得的小数。当微分筒上没有任何一条刻线与基线恰好重合时，应该估读到小数点后第 3 位数。上述两次读数（整数和小数）相加，即为所求的测量结果。

使用螺旋测微计应注意以下几点：

1）测量时，在测微螺杆快靠近被测物体时应停止使用旋钮，而改用微调旋钮，避免产生过大的压力，既可使测量结果精确，又能保护螺旋测微计。

2）在读数时，要注意固定套筒刻度尺上表示半毫米的刻线是否已经露出。

3）读数时，千分位有一位估读数字，不能随便扔掉，即使固定刻度的零点正好与可动刻度的某一刻度线对齐，千分位上也应读取为“0”。

4）当测砧和测微螺杆并拢时，微分筒的零点与固定套筒的零点不相重合时，将出现零点误差，应加以修正，即在最后测长度的读数上去掉零点误差的数值。

（4）读数范例

读数方法见图 3-5。

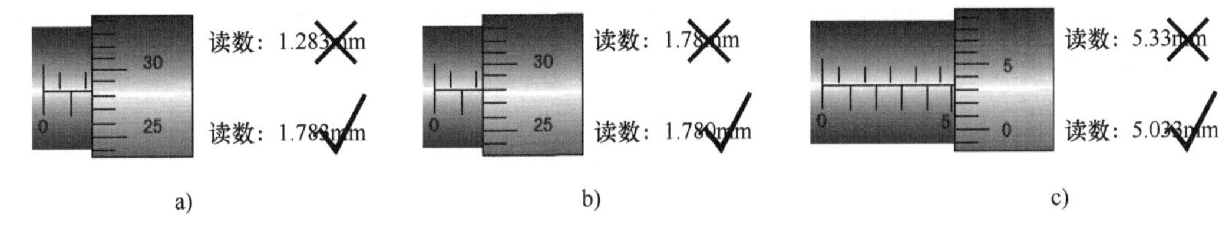

a)　　b)　　c)

图 3-5　螺旋测微计的读数图

【实验内容】

1. 用游标卡尺在圆柱的不同位置测量圆柱的长共 6 次，求其长度值。并计算相对误差和绝对误差。

（1）松开锁紧装置，检查是否有零差。

（2）测量圆柱高度。

2. 用螺旋测微计在圆柱的不同位置测圆柱的直径共 6 次，求其直径值。并计算相对误差和绝对误差。

（1）检查螺旋测微计是否有零差。

（2）用螺旋测微计测圆柱的直径。

3. 计算圆柱体的体积。

注意事项：

（1）要正视尺面，避开阳光的侧照，以减小视差。

（2）测微螺杆接近待测物时，不要直接旋转微分筒，而应旋转棘轮，以免压力过大，使测微螺杆上的螺纹发生形变。

（3）使用完后使测微螺杆间留有间隙，避免因热膨胀而损坏螺纹。

【数据记录与处理】

数据记录：

游标卡尺的规格及技术指标：量程　　　　分度值

螺旋测微计的规格及技术指标：量程　　　　分度值

零点读数：$D_0=$______，$H_0=$______。

填写基本测量数据表，见表 3-1。

表 3-1　基本测量数据表

测量次数	高 H/mm		直径 D/mm	
	H_i	$H_i-\overline{H}$	D_i	$D_i-\overline{D}$
1				
2				
3				
4				
5				
6				
平均	$\overline{H}$		$\overline{D}$	

计算下面的内容：

$$\overline{H}=\frac{1}{6}\sum_{i=1}^{6}H_i$$

$$\overline{D}=\frac{1}{6}\sum_{i=1}^{6}D_i$$

$$S_{\overline{D}}=\sqrt{\frac{\sum_{i=1}^{6}(D_i-\overline{D})^2}{6\times(6-1)}}$$

$$S_{\overline{H}}=\sqrt{\frac{\sum_{i=1}^{6}(H_i-\overline{H})^2}{6\times(6-1)}}$$

$$\Delta_D=\sqrt{S_{\overline{D}}^2+\frac{\Delta_{仪}^2}{3}}$$

$$\Delta_H=\sqrt{S_{\overline{H}}^2+\frac{\Delta_{仪}^2}{3}}$$

$$\overline{V}=\frac{1}{4}\pi(\overline{D}-D_0)^2(\overline{H}-H_0)$$

$$E_V=\frac{\Delta_V}{V}=\sqrt{\left(\frac{\Delta_H}{H}\right)^2+4\left(\frac{\Delta_D}{D}\right)^2}$$

$$\Delta_V=VE_V$$

$$V=\overline{V}\pm\Delta_V$$

【思考题】

（1）在长度的基本测量中，对读数位数的取法有何要求？

（2）游标卡尺和螺旋测微计是用什么方法来提高仪器精度的？

3.2　密度的测量

【实验目的】

1. 练习使用分析天平进行精密称衡。
2. 理解用阿基米德原理测量固体密度的方法。

【实验仪器】

阻尼式分析天平，游标卡尺，螺旋测微计，待测物。

（1）天平的构造

物理天平的原理就是利用一个等臂杠杆的原理制成的，它是一种比较仪器，只有和量具组砝码一起配合使用时，才成为一种测量仪器，其构造如图3-6所示。在横梁的中点和两端共有三个刀口，中间刀口安置在支柱顶端的玛瑙刀承上，作为横梁（杠杆）的支点；在两端的刀口上悬挂两个吊耳，吊耳用以悬挂托盘。横梁下装有一读数长指针，支柱上装有读数标尺；在底座左边装有托盘支架；制动旋钮可以使横梁升降；平衡螺母是天平空载时调平衡用的。

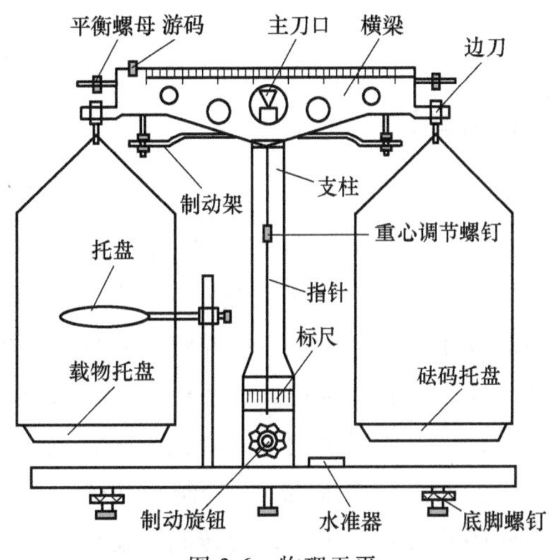

图3-6　物理天平

（2）天平的技术指标

最大称量：是指天平允许称量的最大质量。实验室常用的一种物理天平最大称量为500g。

感量或灵敏度：感量是指天平指针偏转标尺上1个分度格时，天平秤盘上应增加（或减少）的砝码值。感量的倒数称为天平的灵敏度。

最小分度：是横梁上的最小分格。横梁上有20个刻度，游码向右移动一个刻度，相当于在右盘上所加砝码的质量。TW05型物理天平的最小分度为0.05g砝码。天平的最小分度与感量大致相等。

【实验原理】

密度是物质的基本特性之一，它与物质的纯度有关。对物体密度的测量不仅为许多实验工作需要，而且在工业上常用来作原料成分的分析和纯度的鉴定。因此，学会一些测量密度的方法是十分必要和有用的。

1. 规则物体密度的测量

单位体积的物体具有的质量称为物质的密度。若一物体的质量为m，体积为V，则其密

度为

$$\rho=\frac{m}{V} \tag{3-1}$$

当一物体是形状简单并且规整的固体时，可以测量其外形尺寸，计算体积，再用天平测出质量，就可以得到密度。如果物体是一个直径为 d，高为 H 的圆柱体，其密度可表示为

$$\overline{\rho}=\frac{4\overline{m}}{\pi\ \overline{d}^2\overline{H}} \tag{3-2}$$

2. 流体静力称衡法测液体的密度

体积为 V 的重物在空气中称衡为 m，浸在已知密度 ρ_0 的液体中（常用水）称衡为 m_1，又将此重物浸在密度为 ρ' 的待测液体中称衡为 m'，则重物在待测液体中受到的浮力为 $(m-m')g$，此浮力等于 $\rho' gV$。考虑到 $(m-m_1)g=\rho_0 gV$，得待测液体的密度

$$\rho'=\frac{m-m'}{m-m_1}\rho_0 \tag{3-3}$$

【实验内容】

1. 称质量

（1）调水平：调节底脚螺钉使底座上的水准泡居中，保证支柱竖直。

（2）调零点：天平空载时，将游码移至零线，将两侧吊耳挂在相应的刀口上，慢慢转动制动旋钮，升起横梁，指针将左右摆动。观察摆动的平衡点，若平衡点不在标尺中央 0 刻线处，应转动制动旋钮，放下横梁，调节横梁上两边的平衡螺母的位置，再升起横梁，观察指针位置，如此反复调节，直到天平达到平衡。

（3）称衡（左称法）：先制动横梁，将待测物体放左盘中央，估计其质量，从大到小依次将砝码放入右盘中央，旋转制动旋钮，观察天平是否平衡，如不平衡，制动横梁后，判断应该加、减砝码或移动游码，直至横梁平衡。记下砝码和游码的读数，根据“左边=右边+游码”，算出待测物的质量 m。

（4）采用交换法（或复称法）消除天平两臂不等长测物体质量 m：先“左物右码”测得质量为 m'，后“左码右物”测得质量为 m''，则物体质量为 $m=\sqrt{m'm''}$。

（5）称量完毕，应将横梁放下置于制动架上，将吊耳从两侧刀口上取下，并将砝码放回盒中。

使用物理天平应注意以下几点：

1）天平的负载不能超过其最大称量，以免损坏刀口或压弯横梁。

2）常制动。在调节天平、取放物体、取放砝码（包括移动游码）以及不用天平时，都必须将天平制动，以免损坏刀口。只有在判断天平是否平衡时才将天平启动；天平的启动和制动的动作要轻；制动最好在天平指针接近标尺中线刻度时进行。

3）待测物体和砝码要放在盘的正中，砝码只准用镊子夹取，不得直接用手拿取，称量完毕，砝码必须放回砝码盒内的特定位置，不得随意乱放。

4）天平的各部件以及砝码都要注意防锈、防腐蚀，高温物体、液体及带腐蚀性的化学

药品不得直接放在盘内称衡。

用天平称量被测物体的质量，测六次。所得数据填写在表 3-2 中。

天平的规格：型号____________量程____________分度值____________

表 3-2 测圆柱体的质量

次数	1	2	3	4	5	6	平均
m/g							

2. 测圆柱体的高和直径

用螺旋测微计在不同位置上测圆柱体的高度 H，测量六次，用游标卡尺沿不同方位测量圆柱体的直径 d，测量九次。将测量结果分别填写到表 3-3 和表 3-4 中。

表 3-3 测圆柱体的高

次数	1	2	3	4	5	6	平均
H/mm							

表 3-4 测圆柱体的直径

次数	1	2	3	4	5	6	平均
d/mm							

【数据处理】

1. 计算密度

根据密度计算公式（3-2）和式（3-3）计算出圆柱体的密度 $\bar{\rho}$。

2. 误差分析

$$E_r(\rho)=\sqrt{\left(\frac{\Delta m}{\bar{m}}\right)^2+\left(2\frac{\Delta d}{\bar{d}}\right)^2+\left(\frac{\Delta H}{\bar{H}}\right)^2} \tag{3-4}$$

$$\Delta\rho=\bar{\rho}E_r(\rho) \tag{3-5}$$

最终结果有

$$\rho=\bar{\rho}\pm\Delta\rho \tag{3-6}$$

【思考题】

（1）用物理天平称衡物体时能不能把物体放在右盘而把砝码放在左盘？天平启动时能否加减砝码？能否用手拿取砝码？

（2）测量密度用的水是不是应该使用蒸馏水？用刚从水龙头里放出来的自来水可以吗？挂物体的线是用棉线、尼龙线，还是细钢丝好？

3.3 转动惯量的测量

刚体的机械运动可以分解为平动和转动。转动惯量是刚体转动时惯性大小的量度，是决定刚体转动特性的重要物理量，在许多研究领域和工业设计中都要知道其大小。刚体的转动惯量与自身的质量分布有关系。对于质量分布均匀、几何形状规则的刚体，可以由数学公式直接计算其转动惯量。对于质量分布不均匀、形状复杂且不规则的刚体，转动惯量的计算则很复杂，需要用实验的方法来测定。

转动惯量的测量，一般是使刚体以一定形式运动，通过表征这种运动特性的物理量与转动惯量的关系而进行转换测量的。常用的测量方法有动力法和振动法两种。

动力法是使物体在重力的作用下进行转动，再利用转动定律，通过对刚体转动时所受力矩和角加速度的测量来求得转动惯量的；振动法常用的有三线摆和扭摆法，它们都是利用刚体绕定轴摆动的规律来测量转动惯量的。

【实验目的】

1. 学习用恒力矩法（动力法）测定刚体转动惯量的原理和方法。
2. 观测刚体的转动惯量随其质量、质量分布及转轴不同而改变的情况，验证平行轴定理。
3. 学会使用智能计数器测量时间。

【实验仪器】

3.3　视频资源

ZKY—ZS 转动惯量实验仪，ZKY—J1 智能计时计数器。

【实验原理】

1. 用恒力矩法测定刚体转动惯量的原理

根据刚体的定轴转动定律

$$M=J\beta \tag{3-7}$$

只要测定刚体转动时的合外力矩 M 及该力矩作用下刚体转动的角加速度 β，则可以计算出该刚体的转动惯量 J。

设以某初始角度转动的空实验台转动惯量为 J_1，未加砝码时，在摩擦阻力矩 M_μ 的作用下，实验台将以角加速度 β_1 作匀减速运动，即

$$-M_\mu=J_1\beta_1 \tag{3-8}$$

将质量为 m 的砝码用细线绕在半径为 R 的实验台塔轮上，并让砝码下落，系统在合外力矩作用下将作匀加速运动。若砝码的加速度为 a，则细线所受张力为 $F_T=m(g-a)$。若此时实验台的角加速度 β_2，则有 $a=R\beta_2$。细线施加给实验台的力矩为 $F_TR=m(g-R\beta_2)\ R$，此时有

$$m(g-R\beta_2)R-M_\mu=J_1\beta_2 \tag{3-9}$$

将式（3-8）、式（3-9）联立消去 M_μ 可得

$$J_1=\frac{mR(g-R\beta_2)}{\beta_2-\beta_1} \tag{3-10}$$

式中，m 为砝码的质量；R 为塔轮半径；β_1 为实验台加砝码前匀减速运动的角加速度；β_2 为实验台加砝码后匀加速运动的角加速度。

同理，若在实验台上加上被测物体后系统的转动惯量为 J_2，加砝码前后的角加速度分别为 β_3、β_4，则有

$$J_2=\frac{mR(g-R\beta_4)}{\beta_4-\beta_3} \tag{3-11}$$

由转动惯量的叠加原理可知，被测试件的转动惯量

$$J_3=J_2-J_1 \tag{3-12}$$

2. 角加速度的测量

实验中采用智能计时计数器记录遮挡次数和相应的时间。固定在载物台圆周边缘相差 π 角的两遮光细棒，每转动半圈遮挡一次固定在底座上的光电门，及产生一个计数光电脉冲，计数器计下遮挡次数 k 和相应的时间 t。若从第一次挡光（$k=0$，$t=0$）开始计次、计时，且初始角速度为 ω_0，则对于匀变速运动中测量得到的任意两组数据（k_m，t_m）、（k_n，t_n），相应的 θ_m、θ_n 分别为

$$\theta_m=k_m\pi=\omega_0 t_m+\frac{1}{2}\beta t_m^2 \tag{3-13}$$

$$\theta_n=k_n\pi=\omega_0 t_n+\frac{1}{2}\beta t_n^2 \tag{3-14}$$

从式（3-13）、式（3-14）中消去 ω_0，可得

$$\beta=\frac{2\pi(k_n t_m-k_m t_n)}{t_n^2 t_m-t_m^2 t_n} \tag{3-15}$$

式中，k 为计数器遮挡的次数；t 为计数器遮挡的相应的时间。

3. 平行轴定理

理论分析表明，质量为 m 的物体围绕通过质心 O 的转轴转动时的转动惯量 J_0 最小。当转动轴平行移动距离 d 后，绕新转动轴的转动惯量为

$$J=J_0+md^2 \tag{3-16}$$

【实验仪器】

1. ZKY—ZS 转动惯量实验仪

转动惯量实验仪如图 3-7 所示，绕线塔轮通过特制的轴承安装在主轴上，使转动时摩擦力矩很小。

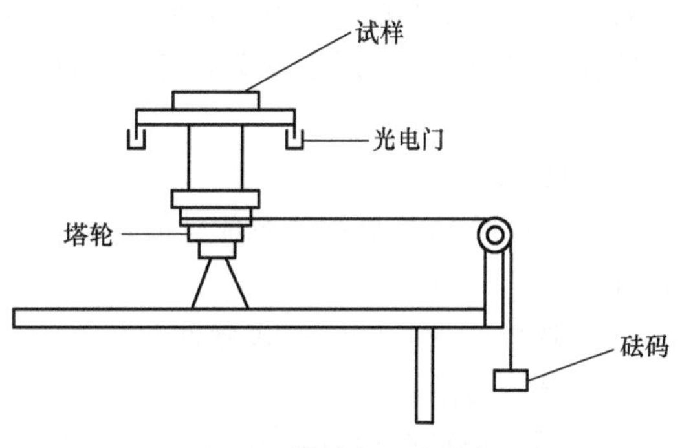

图 3-7 转动惯量实验仪

塔轮半径分别为 15mm、20mm、25mm、30mm、35mm，共 5 挡，可与大约 5g 的砝码 1 个及 4 个 10g 的砝码组合，产生大小不同的力矩。载物台用螺钉与塔轮连接在一起，随塔轮转动。随仪器配的被测试样有一个圆盘、一个圆环、两个圆柱。试样上几何尺寸及质量：圆盘质量 470g，半径 120mm；圆环质量 436g，外半径 120mm，内半径 105mm；圆柱质量 166g，半径 15mm。圆柱试样可插入载物台的不同孔，这些孔离中心分别为 45mm、60mm、75mm、90mm、105mm，便于验证平行轴定理。铝制小滑轮的转动惯量与实验台相比可以忽略不计。一只光电门测量，另一只作备用，可通过智能计数计时器上的按钮方便地切换。

2. 智能计时计数器简介

智能计时计数器配备一个9V直流电源输入端；122×32点阵图形LCD；三个操作按钮；“模式选择/查询下翻”按钮、“项目选择/查询上翻”按钮、“确定/开始/停止”按钮；4个信号源输入端，两个4孔输入端是一组，两个3孔输入端是另一组。4孔的A通道同3孔的A通道同属同一通道，不管接哪效果都一样；同样，4孔的B通道和3孔的B通道统属同一通道。

3. 智能计时计数器的操作

通电开机后显示“智能计时计数器，成都世纪中科”画面，延时一段时间后，显示操作界面。上行为测试模式名称和序号，例：“1 计时”表示按“模式选择/查询下翻”按钮选择测试模式。下行为测试项目名称和序号，例：“1-1 单电门”表示按“项目选择/查询上翻”按钮选择测试项目。

选择好项目后，按确定键，LCD将显示“选A通道测量”，然后通过按“模式选择/查询下翻”按钮和“项目选择/查询上翻”按钮进A或B通道选择，选择好以后再次按下“确定”键开始再测量。一般测量过程中将显示“测量中＊＊＊＊＊”，测量完后自动显示测量值，若该项目有几组数据，可按”查询下翻“按钮或“查询上翻”按钮进行查询，再次按下“确定”键退回到项目选择界面。如未测量完就按下“确定”键，则测量停止，将根据已测量到的内容进行显示，再次按下“确定”键将退回到项目选择界面。

注意：有A、B两个通道，每个通道都各有两个不同的插件（分别为电源5V的光电门4芯和电源9V的光电门3芯），同一通道不同插件的关系是互斥的，禁止同时接插同一通道不同插件。

【实验内容】

在桌面上放置ZKY—ZS转动惯量实验仪，并利用基座上的三颗调平螺钉将仪器调平。将滑轮支架固定在实验台面边缘，调整滑轮高度及方位，使滑轮槽与选取的绕线塔轮槽等高，且其方位相互垂直，如图3-7所示。通用电脑计时器上两路光电门的开关应一路接通，另一路断开作备用。当用于本实验时，建议设置1个光电脉计数1次，1次测量记录大约8组数。

1. 测量 β_1

通电开机后LCD显示“智能计时计数器，成都世纪中科”界面延时一段时间后，显示操作界面：

（1）选择“计时　1—2 多脉冲”。

（2）选择通道。

（3）用手轻轻拨动载物台，使实验台有一个初始转速并在摩擦阻力矩作用下匀减速转动。

（4）按“确定”键进行测量。

（5）载物台转动15圈后按“确定”键停止测量。

（6）查阅数据，并记录数据于表3 6中。采用逐差法处理数据，将第1和第5组、第2和第6组……分别组成4组，用式（3-15）计算对应各组的 β_1 值，然后求其平均值作为 β_1 的测量值。

（7）按“确定”键返回“计时 1—2多脉冲”界面。

2. 测量β_2

（1）选择塔轮半径R及砝码质量，将一端打结的细线沿塔轮上开的细缝塞入，并且不重叠地密绕于所选定半径的轮上，细线另一端通过滑轮扣连接砝码托上的挂钩，用于将载物台稳住。

（2）重复1中（1）、（2）。

（3）释放载物台，砝码重力产生恒力矩使实验台产生匀加速转动，记录8组数据后停止测量。查阅、记录数据于表3-6中并计算β_2的测量值。由式（3-10）可计算J_1的值。

3. 测量并计算实验台放上试样后的转动惯量J_2，并计算试样的转动惯量J_3并与理论值比较

将待测试样放上载物台并使试样几何中心轴与转轴中心重合，按与测量J_1同样的方法可分别测量未加砝码的角加速度β_3与加砝码后的角加速度β_4。由式（3-11）可计算J_2的值，已知J_1、J_2由式（3-12）可计算试样的转惯量J_3。

已知圆盘、圆柱绕几何中心轴转动的转动惯量理论值分别为

$$J=\frac{1}{2}mR^2 \tag{3-17}$$

$$J=\frac{1}{2}m(R_{外}^2+R_{内}^2) \tag{3-18}$$

计算试样的转动惯量并与理论值比较，计算测量值的相对误差

$$E=\frac{|J_{测}-J_{理}|}{J_{理}}\times 100\% \tag{3-19}$$

4. 验证平行轴定理

将两圆柱体对称插入载物台上与中心距离为d的圆孔中，测量并计算两圆柱体在此位置的转动惯量。将测量值与理论计算值比较，计算测量值的相对误差。

【数据记录与处理】

1. 测量实验台的角加速度

将测量结果填入表3-5内。

表3-5 测量实验台的角加速度

匀减速						匀加速 $R_{塔轮}$=______ mm，$m_{砝码}$=______ g					
k_m	1	2	3	4	平均	k_m	1	2	3	4	平均
t_m/s						t_m/s					
k_n	5	6	7	8		k_n	5	6	7	8	
t_n/s						t_n/s					
$\beta_1/(1/s^2)$						$\beta_2/(1/s^2)$					

根据$J_1=\dfrac{mR(g-R\beta_2)}{\beta_2-\beta_1}$，计算空实验台的转动惯量$J_1$。

2. 测量圆环的角加速度

将测量结果填入表3-6内。

表 3-6　测实验台加上圆环后的角加速度

$R_{外}$ =____ mm，$R_{内}$ =____ mm，$m_{圆环}$ =____ g

匀减速						匀加速 $R_{塔轮}$ =____ mm，$m_{砝码}$ =____ g					
k_m	1	2	3	4	平均	k_m	1	2	3	4	平均
t_m/s						t_m/s					
k_n	5	6	7	8		k_n	5	6	7	8	
t_n/s						t_n/s					
$\beta_3/(1/s^2)$						$\beta_4/(1/s^2)$					

计算 $J_2=\dfrac{mR(g-R\beta_4)}{\beta_4-\beta_3}$，根据 $J_{环}=J_2-J_1$ 求圆环的转动惯量 $J_{环}$。

3. 测量圆柱体的角加速度

将测量结果填入表 3-7 内。

表 3-7　测量两圆柱试样中心与转轴距离 d=______ mm 时的角加速度

$R_{圆柱}$ =____ mm，$m_{圆柱}\times2$ =____ g

匀减速						匀加速 $R_{塔轮}$ =______ mm，$m_{砝码}$ =______ g					
k_m	1	2	3	4	平均	k_m	1	2	3	4	平均
t_m/s						t_m/s					
k_n	5	6	7	8		k_n	5	6	7	8	
t_n/s						t_n/s					
$\beta_5/(1/s^2)$						$\beta_6/(6/s^2)$					

计算 $J_3=\dfrac{mR(g-R\beta_6)}{\beta_6-\beta_5}$，根据 $J_{柱}=(J_3-J_1)/2$ 求圆柱的转动惯量 $J_{柱}$。再根据 $J_0=\dfrac{1}{2}mr^2$ 和平行轴定理 $J'_{柱}=J_0+md^2$ 计算圆柱的转动惯量 $J'_{柱}$，比较二者求相对误差。

4. 测量实验台加圆盘试样后的角加速度

将测量结果填入表 3-8 内。

表 3-8　测量实验台加上圆盘试样后的角加速度

$R_{圆盘}$ =____ mm，$m_{圆盘}$ =____ g

匀减速						匀加速 $R_{塔轮}$ =______ mm，$m_{砝码}$ =______ g					
k_m	1	2	3	4	平均	k_m	1	2	3	4	平均
t_m/s						t_m/s					
k_n	5	6	7	8		k_n	5	6	7	8	
t_n/s						t_n/s					
$\beta_7/(1/s^2)$						$\beta_8/(1/s^2)$					

计算 $J_4=\dfrac{mR(g-R\beta_l)}{\beta_8-\beta_7}$，根据 $J_{圆盘}=J_4-J_1$ 求圆环的转动惯量 $J_{圆盘}$。

分别由式（3-17）和式（3-18）计算出圆环和圆盘的转动惯量理论值，并由式（3-19）

计算测量的相对误差 E。

【思考题】

1. 验证平行轴定理时，为什么不用一个圆柱体而采用两个圆柱体对称放置？

提示：若只用一个圆柱体，则圆盘会受到一个沿盘切向的力矩的作用，转动时间长，必然会导致摩擦力矩的增加，一方面增大了测量误差，另一方面影响仪器的使用寿命。如果采用两个圆柱体对称放置，两力矩大小相等，方向相反，于是相互抵消了。

2. 采用本实验测量方法，对测量试样的转动惯量的大小有什么要求吗？

提示：试样的测量公式为 $J=J_2-J_1$，其中 J 是试样的转动惯量，J_1 是实验台的转动惯量，J_2 是放上试样后实验台的转动惯量，由误差传递公式有：$\Delta_J=\sqrt{\Delta_{J_2}^2+\Delta_{J_1}^2}$，显然，当试样的转动惯量远小于实验台的转动惯量时，测量的相对误差会很大，所以，待测实验的转动惯量不能比实验台的转动惯量小很多。

3.4　弯梁法测量金属材料的弹性模量

描述固体材料抵抗形变能力的重要物理量叫弹性模量。它是材料力学中的概念，由英国物理学家托马斯·杨于 1807 年提出，它反映了材料形变与内应力的关系，是选择机械构件材料的依据，也是工程技术中常用的参数之一。

通过弯梁法测量固体材料的弹性模量，可以学习和掌握基本长度和微小位移量测量的方法和手段，提高学生的实验技能，是大学物理实验中一个十分重要的项目。传统的弯梁法测量固体材料弹性模量实验是采用光杠杆放大的方法测量微小位移量。随着科学技术的发展，微小位移量的测量技术愈来愈先进，在弯梁法测量固体材料弹性模量的基础上，通过位置传感器的输出电压与位移量线性关系的定标和微小位移量的测量，有利于联系科研和生产实际，使学生了解和掌握微小位移的非电量电测新方法。

【实验目的】

3.4　视频资源

1. 熟悉霍尔位置传感器的特性，掌握微小位移的非电量电测新方法。
2. 用弯梁弯曲法测定金属的弹性模量。
3. 练习用逐差法进行数据处理。

【实验仪器】

1. 直尺，游标卡尺，千分尺，20g 砝码盒。
2. FD—HY—I 型霍尔位置传感器法弹性模量测定仪一台，如图 3-8 所示。

【实验原理】

1. 位移传感器

位移传感器是将霍尔元件置于磁感应强度为 B 的磁场中，在垂直于磁场方向通以电流

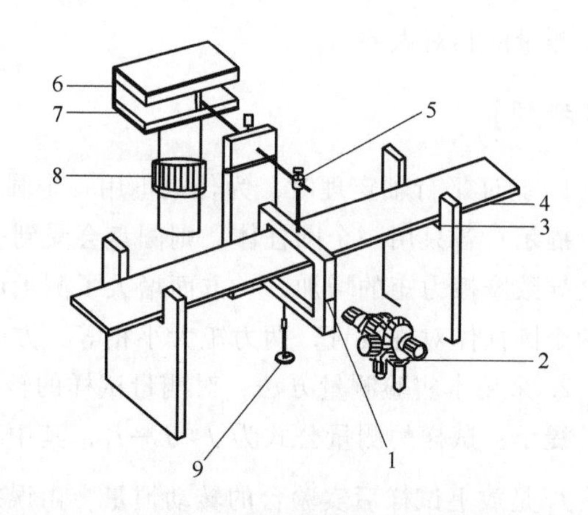

图 3-8　弹性模量测量装置图

1—铜刀口上的基线　2—读数显微镜　3—刀口　4—横梁　5—杠杆（顶端装有霍尔传感器）　6—磁铁盒　7—磁铁（N 极相对放置）　8—三维调节架　9—砝码

I，则与这二者相垂直的方向上将产生霍尔电势差

$$U_{\mathrm{H}} = KIB \tag{3-20}$$

式中，K 为元件的霍尔灵敏度。如果保持霍尔元件的电流 I 不变，而使其在一个均匀梯度的磁场中移动时，则输出的霍尔电势差变化量为

$$\Delta U_{\mathrm{H}} = KI\frac{\mathrm{d}B}{\mathrm{d}Z}\Delta Z \tag{3-21}$$

式中，ΔZ 为位移量。式（3-21）说明，当 $\frac{\mathrm{d}B}{\mathrm{d}Z}$ 为常数时，ΔU_{H} 与 ΔZ 成正比，取比例系数为 κ，则

$$\Delta U_{\mathrm{H}} = \kappa\Delta Z \tag{3-22}$$

为实现均匀梯度的磁场，可以如图 3-9 所示，将两块相同的磁铁（磁铁截面积及表面磁感应强度相同）相对放置，即 N 极与 N 极相对（S 极与 S 极相对），两磁铁之间留一等间距间隙，霍尔元件平行于磁铁放在该间隙的中轴上。间隙大小要根据测量范围的测量灵敏度要求而定，间隙越小，磁场梯度就越大，灵敏度就越高。磁铁截面要远大于霍尔元件，以尽可能地减小边缘效应影响，提高测量精确度。

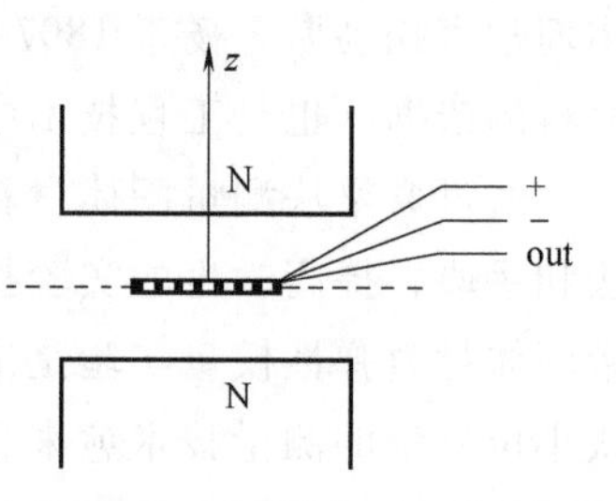

图 3-9　两磁铁位置示意图

若磁铁间隙内中心截面处的磁感应强度为零，霍尔元件处于该处时，输出的霍尔电势差应该为零；当霍尔元件偏离中心沿 Z 轴发生位移时，由于磁感应强度不再为零，霍尔元件也就产生相应的电势差输出，其大小可以用数字电压表测量。由此可以将霍尔电势差为零时元件所处的位置作为位移参考零点。

霍尔电势差与位移量之间存在一一对应关系，当位移量较小（<2mm）时，这一对应关系具有良好的线性。

2. 弹性模量

固体、液体及气体在受外力作用时，形状与体积会发生或大或小的改变，称之为形变。当外力不太大时，引起的形变也不会太大，若撤掉外力，形变随之会消失，这种形变称为弹性形变。

如一段固体棒，在其两端沿轴方向施加大小相等、方向相反的外力 F，其长度 l 发生改变 Δl，以 S 表示横截面面积，称 F/S 为应力，相对长变（$\Delta l/l$）为应变，在弹性限度内，根据胡克定律有

$$\frac{F}{S}=E\frac{\Delta l}{l} \tag{3-23}$$

式中，E 为弹性模量，也称杨氏模量，其数值与材料性质有关。

在待测样品发生微小弯曲时，梁中存在一个中性面，面以上的部分发生压缩，面以下的部分发生拉伸。总体说来，待测样品将发生应变，可用弹性模量来描写材料的性质，弹性模量为

$$E=\frac{d^3Mg}{4a^3b\Delta Z} \tag{3-24}$$

式中，d 为两刀口之间的距离；M 为所加砝码的质量；a 为梁的厚度；b 为梁的宽度；ΔZ 为梁中心由于外力作用而下降的距离；g 为重力加速度。

【实验步骤】

1. 霍尔位置传感器的定标

（1）调节三维调节架的上下前后位置的调节螺钉，使霍尔位置传感器探测元件处于磁铁中间的位置。

（2）用水准器观察是否在水平位置，若偏离则可用底座螺钉调节到水平位置。

（3）调节霍尔位置传感器的毫伏表：调节磁铁盒使磁铁转动，当毫伏表读数值很小时，停止调节，最后调节零电位器使毫伏表读数为零。

（4）调节读数显微镜：用眼睛观察显微镜中的十字线、分划板刻度线，并使其数字清晰，然后转动读数显微镜，使能清晰看到铜刀口上的基线。转动读数显微镜的鼓轮使刀口架的基线与读数显微镜内的十字刻度线吻合，记下初始读数值。

（5）逐次增加砝码 M_i（每次增加 10g 砝码），相应从读数显微镜上读出梁的弯曲位移 Z_i 及数字电压表相应的读数值 U_i（单位：mV），测量数据填入表 3-9 中。

2. 测量黄铜（铁）的弹性模量

测量横梁两刀口间的长度 d、不同位置横梁宽度 b 和横梁厚度 a。

【注意事项】

1. 用读数显微镜测量砝码的刀口架基线位置时，铜挂件不能晃动。

2. 在进行测量之前，要求杠杆水平、刀口垂直、挂砝码的刀口处于横梁中间。要防止风的影响，杠杆安放在磁铁的中间，注意不要与金属外壳接触，一切正常后加砝码，使横梁弯曲产生位移 ΔZ。

【数据记录与处理】

1. 霍尔位置传感器的定标

利用读数显微镜的读数和位置传感器的输出电压 U，用图解法求出霍尔位置传感器的灵

敏度$\dfrac{\Delta U_i}{\Delta Z_i}$，将所得数据填写到表 3-9 内。

表 3-9　霍尔位置传感器静态特性测量

序号 i	0	1	2	3	4	5	6	7	8	9	10
M/g	0	10	20	30	40	50	60	70	80	90	100
Z/mm											
U/mV											

用逐差法分 5 组求平均，求出位置传感器的灵敏度（即定标系数）κ。

$$\Delta\overline{U}=\frac{(U_5-U_0)+(U_6-U_1)+\cdots+(U_{10}-U_5)}{6}=\qquad \text{mV}$$

$$\Delta\overline{Z}=\frac{(Z_5-Z_0)+(Z_6-Z_1)+\cdots+(Z_{10}-Z_5)}{6}=\qquad \text{mm}$$

$$\kappa=\frac{\Delta\overline{U}}{\Delta\overline{Z}}=\qquad \text{mV/mm}$$

2. 测量弹性模量

将所得数据填写到表 3-10 内。

表 3-10　测量位移

加载砝码/g		0.00	20.00	40.00	60.00	80.00	100.00
电压/mV	铜片						
	铁片						

用逐差法求出 $M=60.00$g 时平均电压 $\Delta\overline{U}$，并根据定标得到的灵敏度 κ 求出位移量：

铜片：$\Delta Z=\dfrac{\Delta\overline{U}}{\kappa}=$______mm，$M=60$g

铁片：$\Delta Z=\dfrac{\Delta\overline{U}}{\kappa}=$______mm，$M=60$g

分别用螺旋测微计、游标卡尺和直尺测量横梁的 a、d、b，记录于表 3-11。

表 3-11　测量数据

序　号	1	2	3	4	5	平均
梁　宽　b/mm						
刀口间距 d/mm						
梁　厚　a/mm						

利用式（3-24）计算，求出铜片和铁片材料的弹性模量。

计算：

$$E_{铜}=\frac{d^3Mg}{4a^3b\Delta Z}= \qquad\qquad \mathrm{N/m^2}$$

$$E_{铁}=\frac{d^3Mg}{4a^3b\Delta Z}= \qquad\qquad \mathrm{N/m^2}$$

参考公认值：$E_{铁}=(1.9\sim2.1)\times10^{11}\mathrm{Pa}$

$E_{铜}=(1.05\sim1.3)\times10^{11}\mathrm{Pa}$

【思考题】

1. 弯曲法测弹性模量实验，测量误差主要有哪些？估算各因素的不确定度。
2. 用霍尔位置传感器法测位移有什么优点？
3. 在本实验中最需要保证的实验条件是什么？为什么要有限制地增加砝码？
4. 实验中如何确定支撑横梁的两刀口是否平行？

3.5 测金属丝的线膨胀系数

在工程结构的设计以及材料的加工、仪表的制造过程中，都必须考虑物体的“热胀冷缩”现象，因为这些因素直接影响到结构的稳定性和仪表的精度。

金属的线膨胀是金属材料受热时，在一维方向上伸长的现象。线膨胀系数是选材的重要指标。特别是新材料的研制，都得对材料的线膨胀系数作测定。本实验中所用的是百分表测微小长度的方法。

【实验目的】

3.5 视频资源

1. 掌握一种测线膨胀系数的方法，测定金属的线膨胀系数。
2. 学会百分表测定微小长度的原理和方法。
3. 学习用作图法处理数据。

【实验仪器】

金属线膨胀系数测定仪，百分表，温度计，钢卷尺。

【实验原理】

当固体温度升高时，分子间的平均距离增大，其长度增加，这种现象称为线膨胀。长度的变化大小取决于温度的改变、材料的种类和材料原来的长度。实验表明，在一定的温度范围内，原长为 L 的物体，受热后其伸长量 ΔL 与其温度的增加量 Δt 近似成正比，与原长 L 亦成正比，即

$$\Delta L=\alpha L\Delta t \tag{3-25}$$

式中，α 为固体的线膨胀系数。

不同的材料，线膨胀系数不同。对同一材料，α 本身与温度稍有关。但从实用的观点来说，对于绝大多数的固体在不太大的温度变化范围内可以把它看作常数。表 3-12 是几种常

见材料的线膨胀系数。

表 3-12　几种材料的线膨胀系数

材料	铜、铁、铝	普通玻璃、陶瓷	殷钢①	熔凝石英	蜡
α(数量级)	约 10^{-5}℃$^{-1}$	约 10^{-6}℃$^{-1}$	2×10^{-6}℃$^{-1}$	约 10^{-7}℃$^{-1}$	约 10^{-6}℃$^{-1}$

① 殷钢是一种铁镍合金。——编辑注

假设在温度 t_0 时杆长为 L，受热后温度到 t_n 时杆伸长量为 ΔL，则该材料在温度 $t_0 \sim t_n$ 的线膨胀系数为

$$\alpha = \frac{\Delta L}{L(t_n - t_0)} \tag{3-26}$$

可理解为当温度升高 1℃时，固体增加的长度和原长度的比，单位为℃$^{-1}$。

式（3-26）中，ΔL 是杆的微小伸长量，也是我们主要测量的量。金属丝伸长量的测量方法，采用的是百分表法。式（3-26）变为

$$\alpha = \frac{n_n - n_0}{L(t_n - t_0)} \tag{3-27}$$

式中，n_0、t_0 是百分表、温度计未加热前的示数；n_n、t_n 是百分表、温度计加热后的示数。

【实验内容】

1. 用卷尺测量杆长 L，然后把百分表和磁力插座放在金属杆上端并接触好。

2. 把温度计放入锁紧钉内，使温度计下段长度为 150~200mm，并将温度计小心插入金属筒内。

3. 记录实验开始前温度 t_0、百分表的读数。

4. 接通电源加热，注意温度计的读数上升情况。每隔 5℃ 记录一次温度计上的读数，同时记录百分表的相应数值。

【数据记录与处理】

将所得数据填写到表 3-13 中。

表 3-13　测定线膨胀系数

t_0 = ________，n_0 = ________，L= ________mm

温度	t_1	t_2	t_3	t_4	t_5	t_6
t_n/℃						
$(t_n - t_0)$/℃						
伸长长度	n_1	n_2	n_3	n_4	n_5	n_6
n_n/mm						
$(n_n - n_0)$/mm						

本实验用作图法处理数据。作 $(t_n-t_0)-(n_n-n_0)$ 图线，求出图线的斜率 κ。由 κ 值计算出线膨胀系数 α 大小。

3.6 金属电阻温度系数的测定

3.6 视频资源

【实验目的】

1. 了解和测量金属电阻与温度的关系。
2. 掌握金属电阻温度系数的测定原理及方法。

【实验仪器】

YJ—WH—I 材料与器件温度特性综合实验仪。

【实验原理】

1. 电阻温度系数

各种导体的电阻随着温度的升高而增大，在通常温度下，电阻与温度之间存在着线性关系，可表示为

$$R=R_0(1+\alpha t) \tag{3-28}$$

式中，R 为温度 t 时的电阻；R_0 为 0℃时的电阻；α 为电阻温度系数。严格来说，α 和温度有关，但在 0~100℃，α 的变化很小，可以看作不变。

2. 铂电阻

导体的电阻值随温度变化而变化，通过测量其电阻值推算出被测环境的温度，利用此原理构成的传感器就是热电阻温度传感器。能够用于制作热电阻的金属材料必须具备以下特性：

（1）电阻温度系数要尽可能大和稳定，电阻值与温度之间应具有良好的线性关系；

（2）电阻率高，热容量小，反应速度快；

（3）材料的复现性和工艺性好，价格低；

（4）在测量范围内物理和化学性质稳定。（目前，在工业应用最广的材料是铂铜。）

铂电阻与温度之间的关系，在 0~630.74℃用下式表示：

$$R_t=R_0(1+At+Bt^2) \tag{3-29}$$

在-200~0℃有

$$R_t=R_0[1+At+Bt^2+C(t-100℃)t^3] \tag{3-30}$$

式中，R_0 和 R_t分别为在 0℃和温度 t 时铂电阻的电阻值；A、B、C 为温度系数，由实验确定，$A=3.90802\times10^{-3}℃^{-1}$，$B=-5.80195\times10^{-7}℃^{-2}$，$C=-4.27350\times10^{-12}℃^{-4}$。由式（3-29）和式（3-30）可见，要确定电阻 R_t与温度 t 的关系，首先要确定 R_0的数值，R_0值不同时，R_t与 t 的关系不同。目前国内统一设计的一般工业用标准铂电阻 R_0 值有 100Ω 和 500Ω 两

种，并将电阻值 R_t 与温度 t 的相应关系统一列成表格，称其为铂电阻的分度表，分度号分别用 Pt100 和 Pt500 表示。

铂电阻在常用的热电阻中准确度较高，国际温标 ITS—90 中还规定，将具有特殊构造的铂电阻作为-259.66~961.78℃标准温度计使用，铂电阻广泛用于-200~850℃的温度测量，工业中通常在600℃以下。

【实验内容】

1. 实验步骤

（1）测 Pt100 的 R-t 曲线。

调节“设定温度粗选”和“设定温度细选”，选择设定所需温度点，打开“加热开关”，将 Pt100 插入恒温腔中，待温度稳定在所需温度（如 50.0℃）时，用数字多用表 200Ω 挡测出此温度时 Pt100 的电阻值。

（2）重复以上步骤，设定温度为 60.0℃、70.0℃、80.0℃、90.0℃、100.0℃，测出 Pt100 在上述温度点时的电阻值。

根据上述实验数据，绘出 R-t 曲线。

（3）求 Pt100 的电阻温度系数。

根据 R-t 曲线，从图上任取相距较远的两点（t_1，R_1）及（t_2，R_2），根据式（3-28）有

$$R_1 = R_0 + R_0 \alpha t_1$$

$$R_2 = R_0 + R_0 \alpha t_2$$

联立求解得

$$\alpha = (R_2 - R_1)/(R_1 t_2 - R_2 t_1) \tag{3-31}$$

2. 注意事项

（1）供电电源插座必须接地良好。

（2）在整个电路连接好之后才能打开电源开关。

将实验测得数据填写到表 3-14 中。

表 3-14　金属电阻温度系数的测定

t/℃	50.0	60.0	70.0	80.0	90.0	100.0
R/Ω						

【思考题】

1. 用于制作热电阻的金属必须具备哪些特征？
2. 根据 R-t 曲线求金属电阻温度系数 α 时，为什么从图上取相距较远的两点？

3.7　分光计的调整与使用

分光计是一种常用的光学仪器，实际上就是一种精密的测角仪。在几何光学实验中，主

要用来测定棱镜角、光束的偏向角等；而在物理光学实验中，加上分光元件（棱镜、光栅）即可作为分光仪器，用来观察光谱，测量光谱线的波长等。

分光计比较精密，结构较为复杂，使用时必须严格按照一定的步骤进行调整，才能得到较高精度的测量结果。分光计的调整原理、方法和技巧，在光学仪器中具有一定的代表性。

【实验目的】

3.7 视频资源

1. 了解分光计的结构及基本原理，学习分光计的调整技术。
2. 学习用自准法和反射法测量三棱镜的顶角。

【实验仪器】

分光计，光源（钠灯或汞灯），三棱镜，平面镜。

【实验原理】

如图 3-10a 所示为等边三棱镜。

1. 自准法测三棱镜顶角 α

如图 3-10b 所示，光线垂直入射于 AB 面，而沿原路反射回来，记下此时光线入射方位 T_1，然后使光线垂直入射于 AC 面，记下沿原路反射回来的方位 T_2，则 $\varphi=|T_2-T_1|$，而$\alpha=180°-\varphi$，即

$$\alpha=180°-|T_2-T_1| \tag{3-32}$$

2. 反射法测三棱镜顶角 α

如图 3-10c 所示，一束平行光射入三棱镜，经过 AB 面和 AC 面反射的光线分别沿 T_3 和 T_4方位射出，记下 T_3和 T_4方位，由几何学关系可知

$$\alpha=\frac{\theta}{2}=\frac{1}{2}|T_4-T_3| \tag{3-33}$$

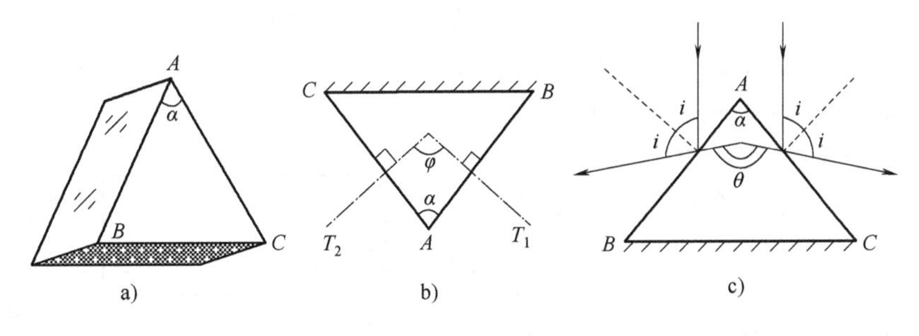

图 3-10 三棱镜

a）等边三棱镜 b）自准法 c）反射法

3. 分光计

分光计的型号很多，结构基本相同。分光计主要由底座、自准直望远镜、平行光管、载

物平台和刻度圆盘等几部分组成，每部分均有特定的调节螺钉，图 3-11 为 JJY 型分光计的结构外形图。分光计的下部是一个三脚底座，中心有一个竖轴称为分光计的中心轴，刻度盘和游标内盘套在中心轴上，可以绕中心轴旋转。

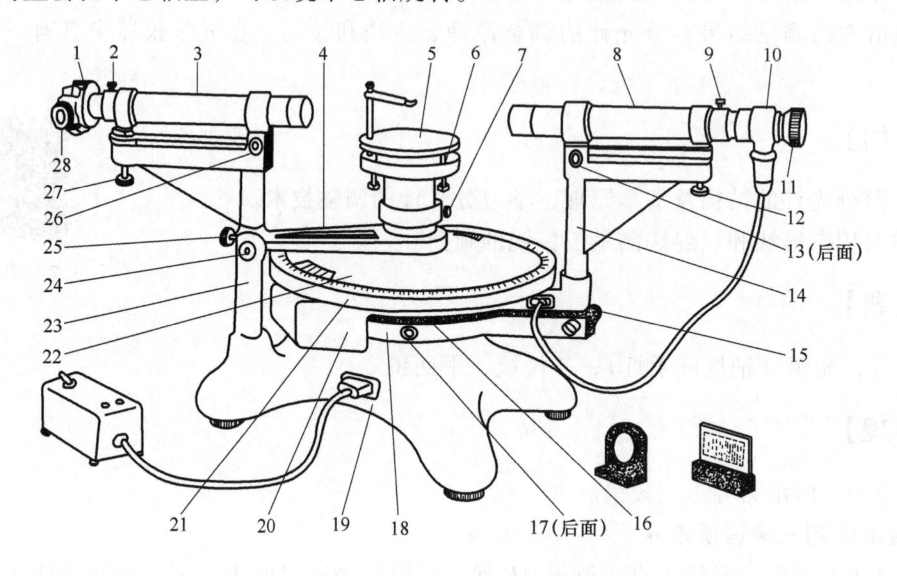

图 3-11　JJY 型分光计的结构外形图

1—狭缝装置　2—锁紧螺钉　3—平行光管镜筒　4—游标盘制动架　5—载物台　6—调平螺钉　7—锁紧螺钉　8—望远镜镜头　9—目镜筒锁紧螺钉　10—阿贝式自准直目镜　11—目镜视度调节手轮　12—仰角调节螺钉　13—水平方位调节螺钉　14—支撑臂　15—方位微调螺钉　16—转座与度盘止动螺钉　17—望远镜止动螺钉　18—制动架　19—底座　20—转盘平衡块　21—度盘　22—游标盘　23—立柱　24—微调螺钉　25—止动螺钉　26—水平方位调节螺钉　27—仰角调节螺钉　28—狭缝宽度调节手轮

1）平行光管　平行光管的作用是产生平行光。管的一端装有会聚透镜，另一端装有一套筒，其顶端为一宽度可调的狭缝。改变狭缝和透镜的距离，当狭缝位于透镜的焦平面上时，就可使照在狭缝的光经过透镜后成为平行光，射向位于平台上的光学元件，如图 3-12 所示。

2）自准直望远镜（阿贝式）　自准直望远镜的结构如图 3-13 所示。它由目镜、全反射棱镜、叉丝分划板及物镜组成。目镜装在 A 筒中，全反射棱镜和叉丝分划板装在 B 筒内，物镜装在 C 筒顶部，A 筒通过手轮可在 B 筒内前后移动，B 筒（连 A 筒）可在 C 筒内移动。叉丝分划板上刻有双“十”字叉丝和透光小“十”字刻线，并且上叉丝与小“十”字刻线对称于中心叉丝，全反射棱镜紧贴其上。开启光源 S 时，光线经全反射棱镜照亮小“十”字刻线。当小

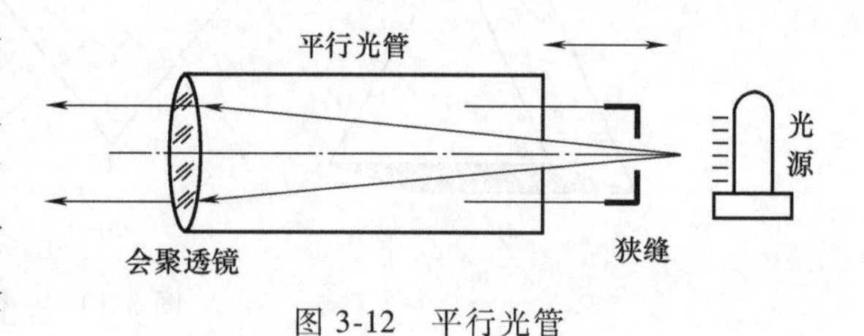

图 3-12　平行光管

“十”字刻线平面处在物镜的焦平面上时，从刻线出发的光线经物镜成平行光。如果有一平面镜将这平行光反射回来，再经物镜，必成像于焦平面上，于是从目镜中可以同时看到叉丝和小“十”字刻线的反射像，并且无视差，如图 3-14a 所示。如果望远镜光轴垂直于平面反

射镜，反射像将与上叉丝重合，如图 3-14b 所示。这种调望远镜使之适于观察平行光的方法称为自准法，这种望远镜称为自准直望远镜。

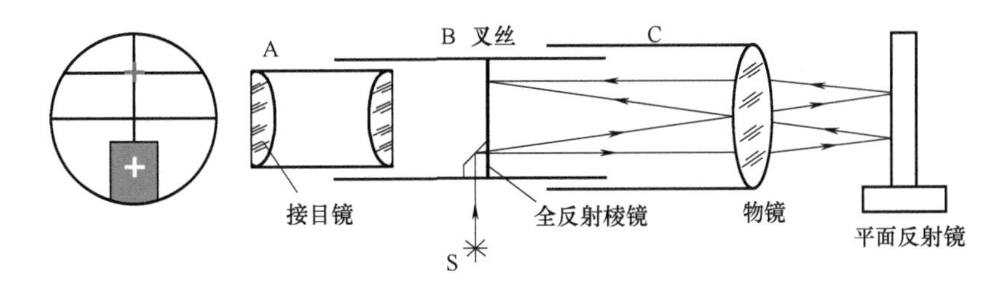

图 3-13　自准直望远镜

望远镜可通过螺钉 16 的固紧与主刻度盘固联，又可通过螺钉 17 的固紧与主轴固联，此时拧动望远镜微调螺钉 15，望远镜将连同主刻度盘绕主轴微动。

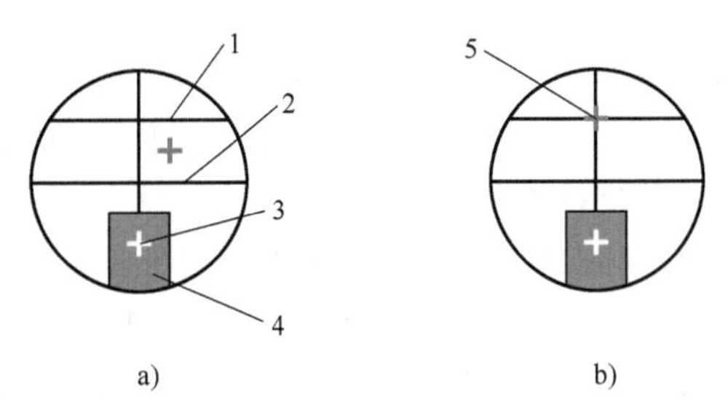

图 3-14　叉丝分划板和反射“十”字像
1—上叉丝　2—中心叉丝　3—透光“十”字刻线
4—绿色背景　5—“十”字刻线的反射像（绿色）

3）载物平台　载物平台用以放置光学元件，如棱镜、光栅等，在其下方有载物台调平螺钉三只，以调节平台倾斜度。用螺钉 7 可调节有载物平台的高度，并当固紧时平台与游标刻度盘固联。固紧螺钉 25 可使游标盘与主轴固联；拧动螺钉 24 可使载物台与游标盘一起微动。

4）刻度圆盘　圆盘上刻有角度数值的称主刻度盘，在其内侧有一游标盘，在游标盘上相对 180°处刻有两个游标。主刻度盘和游标刻度盘都垂直于仪器主轴，并可绕主轴转动。

读数系统由主刻度盘和角游标组成，沿度盘一周刻有 360 大格，每格 1°，每大格又分成两小格，所以每小格为 30′，主刻度盘内侧有一游标盘。主刻度盘可以和望远镜一起转动，游标盘可以和载物台一起转动。游标盘在它的对径方向有两个游标刻度，游标刻度的 30 小格对应主刻度盘刻度的 29 小格，所以这一读数系统的准确度为 1′。它的读数原理与游标卡尺完全相同。

【实验内容】

1. 分光计的调整

分光计常用于测量入射光和出射光之间的角度，为了能够准确测得此角度，必须满足两个条件：

1）入射光与出射光（如反射光与折射光等）均为平行光；

2）入射光与出射光都与刻度盘平面平行。

为此需对分光计进行调整：使平行光管发出平行光，其光轴垂直于仪器主轴（即平行于刻度盘平面）；使望远镜接受平行光，其光轴垂直于仪器主轴；并需调整载物平台，使其上旋转的分光元件的光学平面平行于仪器主轴。下面介绍调整方法。

（1）粗调

调节水平调节螺钉（图 3-11 之 13）使望远镜居支架中央，并目测调节望远镜俯仰螺钉（图 3-11 之 12），使光轴大致与主轴垂直，调节载物平台下方三只螺钉外伸部分等长，使平台平面大致与主轴垂直。这些粗调对于望远镜光轴的顺利调整至关重要。

（2）望远镜调焦于无穷远——自准法

1）调节要求　根据前述自准直原理，当叉丝位于物镜焦平面时，叉丝与小“十”字刻线的发射像共面，即绿“十”字与叉丝无视差，此时望远镜只接受平行光，或称望远镜调焦于无穷远。

2）调节方法　在载物平台上（如图 3-15 所示）放置平面反射镜，构成图 3-13 所示自准直光路。

开启内藏照明灯泡，照明透光小“十”字刻线。调节目镜 A（转动目镜筒手轮 A，筒壁螺纹结构使 A 筒在 B 筒内前后移动），改变目镜与叉丝分划板之间距离，直至看清分划板上的双“十”字形叉丝。旋转载物台，改变平面反射镜沿水平方向的方位，若平面反射镜的镜面在俯仰方向上已大致垂直于望远镜光轴，则在旋转载物台的过程中，总可以在某一位置，通过目镜看到一个绿色“十”字（可能不太清晰），如看不到则应视情况调节望远镜下方的俯仰螺钉或载物台下方的 b（或 c）螺钉，再一次粗调望远镜光轴大致与平面反射镜的镜面垂直。前后伸缩叉丝分划板套筒 B，改变叉丝与物镜之间距离，直到在目镜中清晰无视差地看到一个明亮的绿色小“十”字（透光小“十”字刻线的像）为止（见图3-14a）。

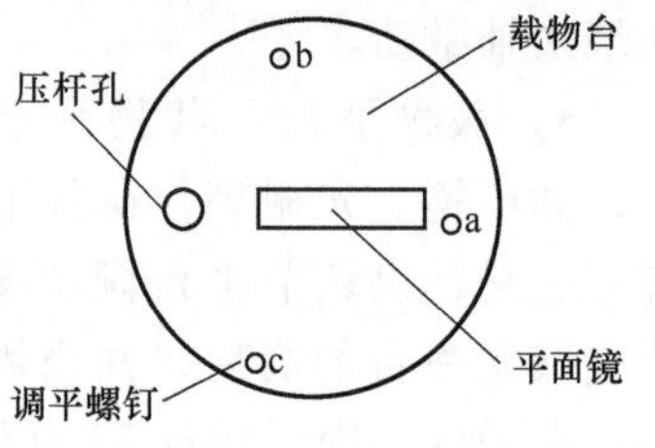

图 3-15　平面镜的放置

（3）调整望远镜光轴与仪器主轴垂直

1）调整原理　若望远镜光轴垂直于平面反射镜镜面，且平面镜镜面平行于仪器主轴，则望远镜光轴必垂直于仪器主轴。此时若将载物台绕仪器主轴转 180°，使平面镜另一面对准望远镜，望远镜光轴仍将垂直于平面镜。若望远镜光轴开始时垂直于平面镜，但不垂直于主轴，亦即平面镜镜面不平行于主轴，则将平面镜反转 180°后，望远镜光轴不再垂直于平面镜镜面。

由光路成像的原理知道，当望远镜光轴垂直于平面镜镜面时，反射像绿“十”字与上叉丝重合。若同时有平面镜镜面平行于仪器主轴，则平面镜反转 180°后，仍有望远镜光轴与平面镜垂直，绿“十”字仍与上叉丝重合。此时，必有望远镜光轴垂直于主轴。若平面镜镜面不平行于仪器主轴，则平面镜反转 180°后，绿“十”字与上叉丝将不再重合。

2）调整方法　在望远镜调焦于无穷远的基础上，观察绿色小“十”字，一般它会偏离上叉丝，调节载物台调平螺钉 b 或 c，使绿色小“十”字向上叉丝移近 1/2 的偏离距离，再调节望远镜俯仰调节螺钉，使绿色小“十”字与上叉丝重合，如图 3-16 所示，这时，望远镜光轴与平面镜镜面垂直。将平面镜反转 180°，重复调节载物台调节螺钉 b 或 c，并调节望远镜俯仰调节螺钉，使绿色小“十”字各自消除 1/2 与上叉丝的偏离量，再次使望远镜光轴与平面镜镜面垂直。如此重复几次，直至平面镜绕主轴旋转 180°，绿色小“十”字始终都落在上叉丝中心为止。每进行一次调节，望远镜光轴与主轴垂直状态及平面镜与主轴的平行状态就改善一次。

要多次调节，逐渐达到完全改善为止，故称为逐次逼近调节。又由于每次各调 1/2 偏离量，又称半调法。

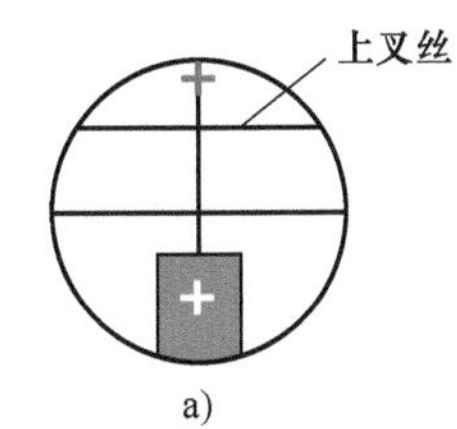

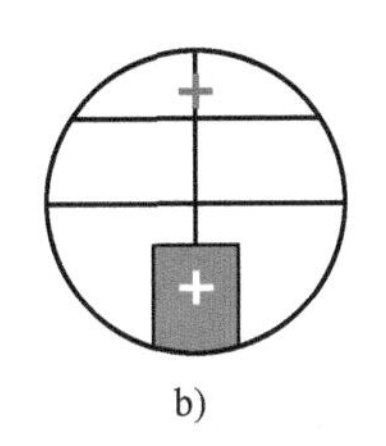

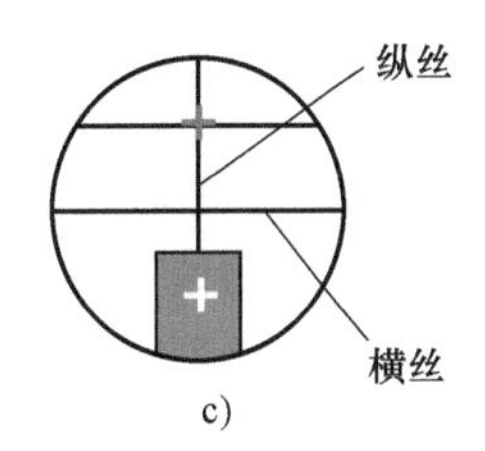

图 3-16 半调法

a）绿“十”字偏离上叉丝中央 b）调平台螺钉，减少1/2偏离 c）调望远镜俯仰，再减少1/2偏离，绿“十”字回到上叉丝中央

（4）调整叉丝分划板的纵丝与主轴平行

分划板的上叉丝与纵丝是相互垂直的。当纵丝与主轴不平行时，绕主轴转动望远镜，在望远镜视场中，会看到绿色小“十”字的运动轨迹与上叉丝相交。只要微微转动（不能有前后滑动）镜筒B，达到绿色小“十”字的运动轨迹与上叉丝重合，叉丝方向就调好了。

（5）平行光管的调整

1）使平行光管产生平行光 当被光所照明的狭缝刚好位于透镜的焦平面上时，平行光管出射平行光。

调整方法：将已调节好的望远镜对准平行光管，拧动狭缝宽度调节手轮（图3-11之28），打开狭缝，松开狭缝套管锁紧螺钉（图3-11之2），前后移动狭缝套管，当在已调焦无穷远的望远镜目镜中无视差地看到边缘清晰像时，平行光管即发出平行光。

2）调平行光管光轴与仪器主轴垂直 望远镜光轴已垂直主轴，若平行光管与其共轴，则平行光管光轴同样垂直主轴。

调节方法：调节平行光管的水平调节螺钉（图3-11之26），使平行光管居支架中央。望远镜在正对平行光管的位置，看清狭缝像，并使狭缝像与纵丝重合，转动平行光管俯仰调节螺钉（图3-11之27），使狭缝像的中点与中心叉丝重合（中心叉丝与狭缝中点都可视为望远镜与平行光管光轴所垂直通过的地方）。

2. 三棱镜的调整

将待测三棱镜按图3-17所示的位置摆放到载物平台上，首先调平台螺钉a、b或c，使三棱镜的两个反射面AB、AC与望远镜的光轴垂直。

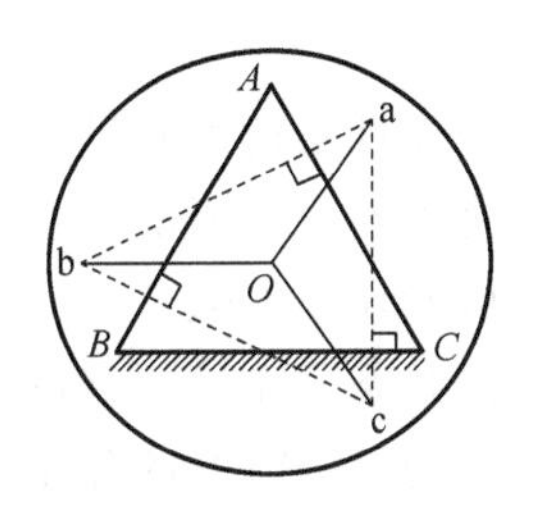

图 3-17 三棱镜放置方法

3. 测量

在正式测量前，调好分光计，要求达到：

（1）平面镜反射回来的绿色“十”字与叉丝无视差。

（2）平面镜正、反两面反射回来的绿色“十”字均与上叉丝重合，且转动平台过程中绿色“十”字沿上叉丝移动。

（3）狭缝像与叉丝无视差，且其中点与中心叉丝等高。

（4）用自准直法测三棱镜顶角。

将望远镜对准三棱镜的一个反射面，使分划板竖直线与“+”字像竖线重合，记录此时两对称游标中指示的读数T_1、T'_1。望远镜再转到另一反射面处，同样测量记录T_2、T'_2，可得$\varphi_1=|T_2-T_1|$，$\varphi'_1=|T'_2-T'_1|$。算出

$$\alpha=180°-\frac{1}{2}(\varphi_1+\varphi'_1)$$

反复测量6次，数据表格自拟。

（5）用反射法测三棱镜顶角。

将三棱镜顶角对准平行光管，点亮钠灯（或汞灯），由平行光管出射的平行光同时照射在AB和AC面上，转动望远镜，分别对准AB、AC面，调整望远镜方位，使分划板竖直线对准狭缝的像，记录两对称游标上指示的读数T_3和$T'_3(AB)$及T_4和$T'_4(AC)$，可得$\theta_1=|T_4-T_3|$，$\theta'_1=|T'_4-T'_3|$，则

$$\alpha=\frac{1}{2}\left[\frac{1}{2}(\theta_1+\theta'_1)\right]$$

反复测量6次，数据表格自拟。

注意：在推动望远镜时，应推动望远镜支臂（图3-11之14），切勿直接推镜筒，以免破坏望远镜与仪器主轴的垂直关系，造成角度测量的超差。

【数据记录与处理】

1. 原始数据列表表示（表格自己设计）。
2. 计算顶角α及其不确定度，写出测量结果。

【思考题】

1. 测量θ角时，望远镜由α_1经0转到α_2，则望远镜转过的角度$\theta=?$，如$\alpha_1=330°$，$\alpha_2=30°$，则$\theta=?$
2. 分光计为什么设置两个读数游标？
3. 对分光计的调整，你能提出什么好的方法？

<拓展>

分光计的调节技巧

分光计是精确测量角度的仪器，通过测量角度可以计算三棱镜的顶角、光栅常数、光波长等物理参量。要准确测量角度，就必须先调节好分光计。由于多数教材叙述的分光计调节方法可操作性不强，致使学生在做实验时常常感到无从下手，总是不能按时完成实验。下面总结的几条分光计调解技巧，具有很强的可操作性，能大大提高分光计的调节效率。

一台已调节好的分光计必须具备这样4个条件：①望远镜聚焦无穷远；②望远镜的光轴与分光计的中心轴垂直；③载物台与分光计的中心轴垂直；④平行光管发出的是平行光且平行光管的光轴与分光计的中心轴垂直。其中学生感到最难调的是①和②，下面以实验室最常用的分光计为例说明其调解技巧。

1. 从目镜中看清叉丝的调节技巧

接通电源，从望远镜目镜中可以看到分划板上叉丝“ǂ”和下面的绿窗，如图3-18所示。转动目镜调焦手轮，看清绿窗中的“+”即看清了叉丝，因为叉丝和绿窗中的“+”都在分划板上。一般教材都要求在未接通电源时转动目镜调焦手轮看清叉丝，这样做的弊端是：如果不对着光，目镜视场中一片黑暗，根本看不到叉丝；如果对着亮光，不用做任何调

整都能看到叉丝。

2. 望远镜聚焦无穷远调节技巧

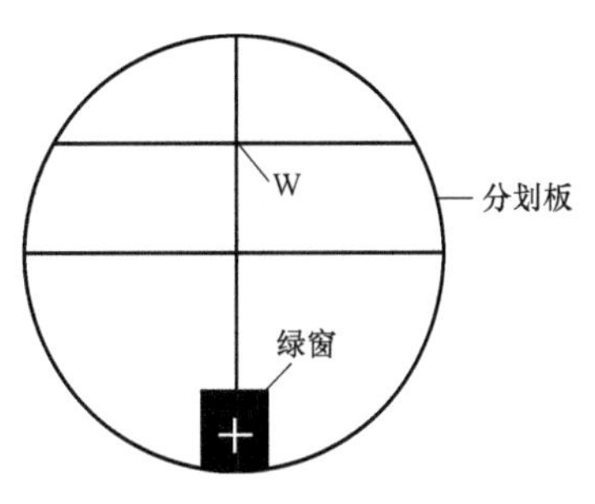

图 3-18 调节叉丝示意图

将平面镜紧贴在望远镜镜筒靠近载物台的一端，由于望远镜镜筒的前端面与望远镜的光轴大致垂直，因此平面镜镜面与望远镜的光轴大致垂直。此时从目镜中可直接看到绿窗中的“+”经平面镜反射回来的像，位置在竖直叉丝和短水平的交点 W 处附近（见图 3-18）。如果看到的绿“+”像是清晰的，说明望远镜已聚焦在无穷远；如果看到的是模糊的绿“+”像或绿团，只需松开目镜筒锁紧螺钉，前后移动目镜镜筒，即可看到清晰的绿“+”。一般教材都把这一步的调节放到粗调后，其缺点是：粗调很难把望远镜和载物台都调大致水平，即使调大致水平了，经平面镜反射回来的绿“+”像往往不清晰，且在目镜的视场中位置不确定，学生往往“视而不见”。

3. 望远镜光轴与分光计中心轴垂直的调节技巧

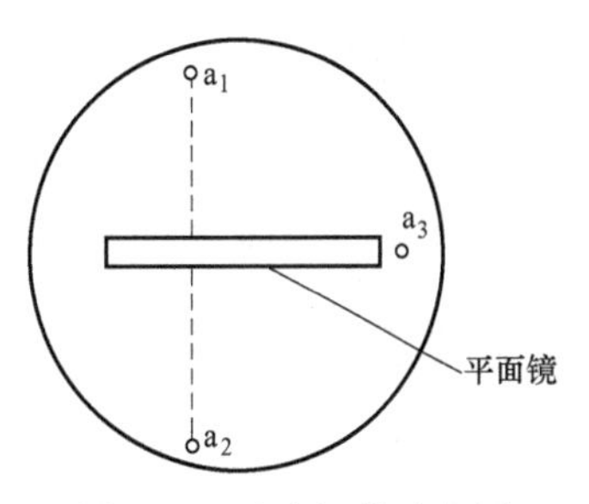

图 3-19 垂直调节示意图

经过以上两步的调节，就可对分光计进行粗调了。所谓粗调就是调节望远镜光轴仰角调节螺钉，使望远镜大致水平；调节载物台下的三个载物台调平螺钉，使载物台大致水平。将平面镜放到载物台上，使镜面与载物台下的两个调节螺钉的连线垂直，如图 3-19 所示。松开游标盘止动螺钉，转动载物平台，当平面镜与望远镜光轴垂直时，边缓慢左右转动载物平台，边从目镜视场中观察是否有经平面镜反射回来的绿“+”像。

如果在粗调的过程中，望远镜和载物台都大致调水平了，让平面镜的正反两面正对望远镜筒时，都应通过目镜观察到反射回来的绿“+”像。这样的粗调是非常理想的，但对第一次做实验的学生来说，粗调的效果往往不理想。无论平面镜的正面或反面正对望远镜筒，通过目镜均看不到反射回来的绿“+”像。遇到这种情况，一般的教材都要求学生重新粗调，但又没有可操作性的步骤，学生往往感到不知所措。这种情况的调节技巧是：转动载物平台，让平面镜与望远镜筒之间的夹角略大于 90°。沿着望远镜筒的外侧，直接往平面镜里看。根据平面镜对称成像原理，在平面镜里一定可以观察到望远镜内绿窗中的“+”字所成的像，该像位于望远镜筒在平面镜中所成的像内，如图 3-20 所示。即先在平面镜里找望远镜筒的像，在望远镜筒的像内可看到绿“+”像。利用各半调节法，分别调节望远镜光轴仰角调节螺钉和 a_1（调 a_2 也可，但只能始终选定一个调，另一个不能调。以下同)，使平面镜中的绿“+”像与望远镜的光轴等高。转动载物平台，让平面镜正对望远镜筒，通过目镜可看到反射回来的绿“+”像。转动载物平台，让平面镜的另一面正对望远镜筒，利用上述方法调节，可从目镜中观察到反射回来的绿“+”像。一旦平面镜的正反两面分别正对望远镜筒时，都能通过目镜观察到反射回来的绿“+”像，后面的调节就比较容易了。同样利用各半调节法，调节望远镜光轴仰角调节螺钉和 a_1（调 a_2 也可，但只能始终选定一个调，另一个不能调)，使平面镜的正反面分别正对望远镜筒时，都能通过目镜在竖直叉丝和短水平叉丝的交点 W 处观察到反射回来的绿“+”像。此时，望远镜光轴与分光计中心轴就垂直了。

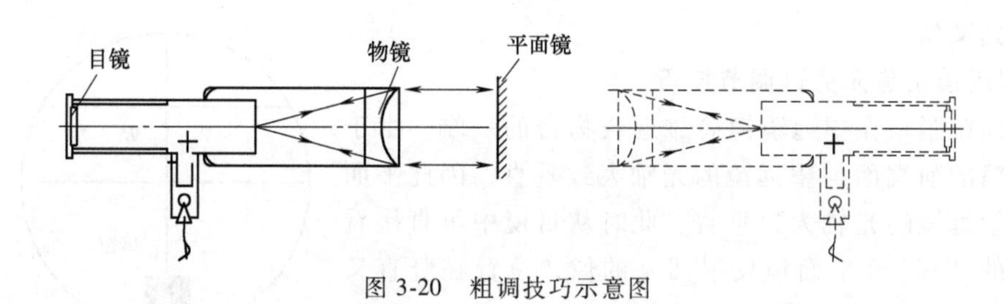

图 3-20　粗调技巧示意图

3.8　用分光计测折射率

折射率是物质的重要光学特性常数。测定折射率的常用方法有棱镜法、干涉法、多次反射法、偏振法和观察升高法。就其测量精度来说，以干涉法为最高，偏振法为最低。本实验主要讨论棱镜法，这种方法需用分光计。

【实验目的】

3.8　视频资源

1. 进一步熟悉分光计的调节和使用。
2. 用最小偏向角法测玻璃三棱镜对汞绿光的折射率。

【实验仪器】

分光计 1 台，玻璃三棱镜一个，低压汞灯一个。

【实验原理】

1. 最小偏向角法

如图 3-21 所示，入射光线经两次折射后，传播方向总的变化可用入射线和出射线的延长线之间的夹角 δ 来表示，δ 叫做偏向角。

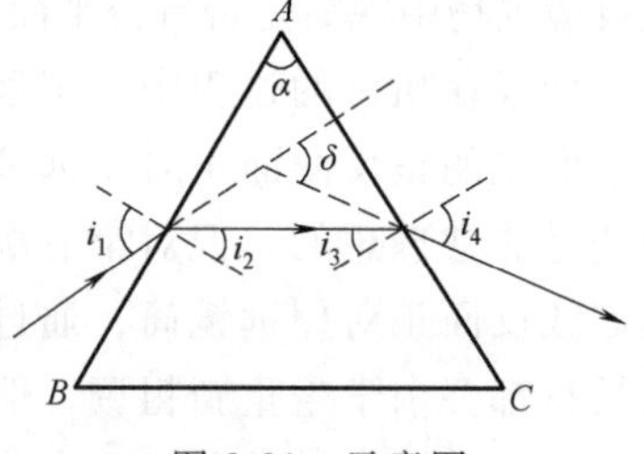

图 3-21　示意图

根据图中的几何关系可得

$$\delta=(i_1-i_2)+(i_4-i_3)=(i_1+i_4)-\alpha$$

其中，i_4与 i_3、i_2、i_1依次相关，对于给定的棱镜，顶角 α 是固定的，故 δ 只随入射角 i_1变化。对于某一 i_1值，偏向角有最小值 δ_{min}，称为最小偏向角。按求极值的方法和折射定律可得

$$n=\frac{\sin i_1}{\sin i_2}=\frac{\sin\dfrac{\delta_{min}+\alpha}{2}}{\sin\dfrac{\alpha}{2}}$$

如果测出三棱镜的顶角 α 和最小偏向角 δ_{min}，则可算出三棱镜的折射率 n。

2. 等顶角入射法

让入射光线沿折射面 AC 的法线方向入射，则入射角的两边和顶角 A 的两边垂直，如图 3-21 所示，则有 $i_1=\alpha$，即

$$n=\sqrt{\sin^2\alpha+\left(\cos\alpha+\frac{\sin i_4}{\sin\alpha}\right)^2}=\sqrt{1+2\sin i_4\cot\alpha+\left(\frac{\sin i_4}{\sin\alpha}\right)^2}$$

如果测出三棱镜的顶角 α 和出射角 i_4，就可算出三棱镜折射率 n。

【实验步骤】

1. 按分光计的调整要求调整分光计

调整方法参阅实验 3.7。

2. 最小偏向角的测量

平行光管狭缝对准前方水银灯光源，将三棱镜放在载物台上，并使棱镜折射面 AB 与平行光管光轴的夹角大约成 120°（即使入射角 i_1 为 45°~60°），如图 3-22 所示。

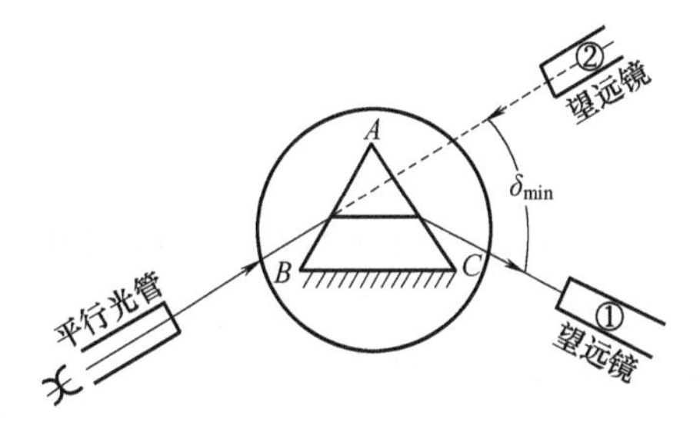

图 3-22 测最小偏向角方法

移动望远镜至图 3-22 中①的位置，再左、右微微转动望远镜，找出棱镜出射各种颜色水银灯光谱线（各种波长的狭缝像）。如果一时看不到光谱线，也可先用眼睛沿棱镜 AC 面射出的光线方向寻找。看到谱线后，再将望远镜转到眼睛所在的方位。轻轻转动载物台（改变入射角 i_1），在望远镜中将看到谱线跟着动，注意绿色谱线的移动情况。改变 i_1，使入射角 i_1 减小，即使谱线往 δ 减小的方向移动（向顶角 A 方向移动）。望远镜要跟踪光谱线的移动，直到棱镜继续转动，而谱线开始要反方向移动（即偏向角反而增大）为止。这个反向移动的转折位置，就是光线以最小偏向角射出的方向。固定载物台，使望远镜微动，中心竖线叉丝对准其中那条绿谱线（5461 Å）。

锁住游标盘。调整望远镜的位置，使分划板的竖直准线对准狭缝像的中间，记录该位置的两个游标读数 θ_1 和 θ'_1。

转动望远镜使其正对平行光管，观察入射光线。调整望远镜的位置，使竖直黑准线对准狭缝像，读出入射光线的方向 θ_2 和 θ'_2。最小偏向角为

$$\delta_{\min}=\frac{1}{2}(|\theta_1-\theta'_1|+|\theta_2-\theta'_2|)$$

转动游标盘即变动载物台的位置，重复测量 3 次，把数据填入表 3-15 中。

表 3-15 数据录入表

次数	最小偏向角位置		入射光线位置		$\delta_{A\min}=$ $\lvert\theta_1-\theta'_1\rvert$	$\delta_{B\min}=$ $\lvert\theta_2-\theta'_2\rvert$	$\delta_{\min}$
	游标 A θ_1	游标 B θ_2	游标 A θ'_1	游标 B θ'_2			
1							
2							
3							

【数据处理】

将 $\delta_{\min}$ 值和前一项实验中测得的 A 角平均值代入式

$$n=\frac{\sin i_1}{\sin i_2}=\frac{\sin\dfrac{\delta_{\min}+\alpha}{2}}{\sin\dfrac{\alpha}{2}}$$

计算 n_1、n_2、n_3，求出 $\bar{n}=\dfrac{n_1+n_2+n_3}{3}=$　　　。

【注意事项】

1. 测量时两个游标的值都应记录。

2. 计算望远镜的转角时，应注意两游标是否经过了刻度零线。若其中一个游标经过了刻度零线，则转过的角度为

$$\varphi=360°-|\varphi_1-\varphi_2|$$

对是否符合准确度等级做出结论。

【思考题】

1. 找最小偏向角时，载物台应向哪个方向转？

2. 玻璃对什么颜色折射率大？

3. 同一种材料，对红光和紫光的最小偏向角哪一个要小些？

4. 实验中测出汞光谱中绿光的最小偏向角后，固定载物台和三棱镜，是否可以直接确定其他波长的最小偏向角位置？

3.9　牛顿环

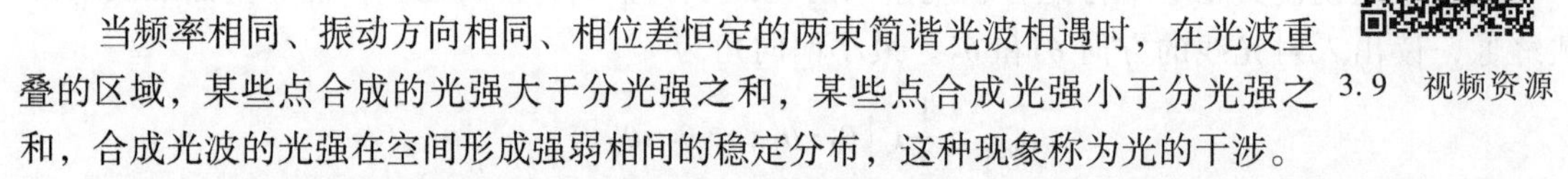

3.9　视频资源

当频率相同、振动方向相同、相位差恒定的两束简谐光波相遇时，在光波重叠的区域，某些点合成的光强大于分光强之和，某些点合成光强小于分光强之和，合成光波的光强在空间形成强弱相间的稳定分布，这种现象称为光的干涉。

实验中获得相干光的方法一般有两种：分波阵面法和分振幅法。“牛顿环”属于分振幅法产生的等厚干涉现象，它在光学加工中有着广泛的应用，例如测量光学元件的曲率半径等。这种方法适用于测量大的曲率半径。本实验用牛顿环测量薄凸透镜的曲率半径。

【实验目的】

1. 观察牛顿环等厚干涉现象，加深对光的波动性的认识。

2. 学会使用读数显微镜。

3. 学会使用牛顿环测透镜曲率半径的方法。

【实验仪器】

JXD—C 型读数显微镜，钠光灯，牛顿环装置，45°平面反射玻璃片。

【实验原理】

如图 3-22 所示，把一块曲率半径很大的平凸透镜的凸面放在一块光学平板玻璃上，在透镜的凸面和平板玻璃间形成一个上表面是球面，下表面是平面的空气薄层，其厚度从中心接触点到边缘逐渐增加。离接触点等距离的地方，厚度相同，等厚膜的轨迹是以接触点为中心的圆。若一单色光近乎垂直地射到平凸透镜上，光线经空气薄层上下两个面反射后相遇于 P 点，两相干光的光程为

$$\Delta_k = 2d_k + \frac{\lambda}{2} \tag{3-34}$$

式中，$\lambda/2$ 为光在平面玻璃上反射时因有相位跃变而产生的附加光程差。当光程差满足

$$\Delta_k = 2d_k + \frac{\lambda}{2} = k\lambda \quad (k=1,2,3,\cdots)\text{时，为明条纹}$$

$$\Delta_k = 2d_k + \frac{\lambda}{2} = (2k+1)\frac{\lambda}{2} \quad (k=0,1,2,3,\cdots)\text{时，为暗条纹}$$

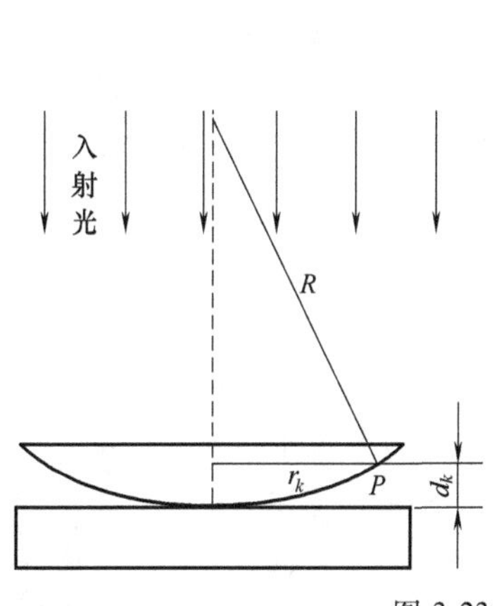

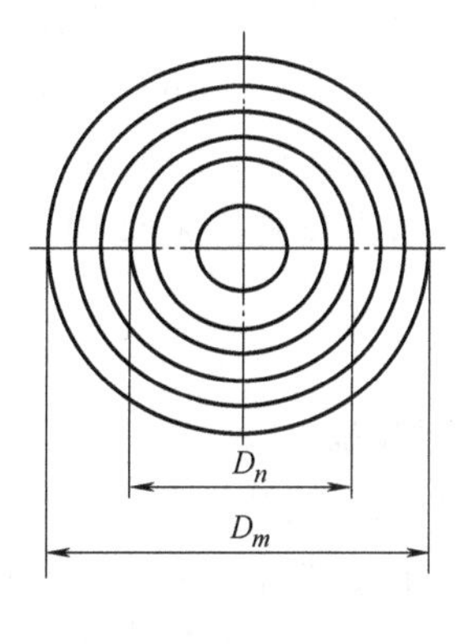

图 3-23　牛顿环

可见，在厚度 d_k 相同的地方为同一级干涉条纹，干涉条纹是明暗相间的同心圆环，称为牛顿环。透镜和平面玻璃的接触点处 $d_k=0$，对应的是零级暗环。

根据牛顿环的暗条纹（暗环）条件，当空气厚度满足条件

$$2d_k = k\lambda \tag{3-35}$$

时得到暗条纹。

又由图 3-23 的几何关系可得

$$r_k^2 = R^2 - (R-d_k)^2 = 2Rd_k - d_k^2 \tag{3-36}$$

因为 $R \gg d_k$，略去 d_k^2，再把式（3-35）代入式（3-36），得出暗环半径为

$$r_k^2 = kR\lambda \quad (k=0,1,2,3,\cdots) \tag{3-37}$$

式（3-37）表明，只要测出第 k 级牛顿环的半径和已知入射光的波长 λ，就可以计算出透镜的曲率半径 R；相反，当 R 已知时，可以算出 λ。

观察牛顿环时将会发现，牛顿环中心不是一个点，而是一个不甚清晰的暗圆斑。其原因是透镜和平玻璃接触时，由于接触压力引起变形，使接触处为一圆面；又因镜面上可能有微小的灰尘等存在，从而引起附加光程差。这都会给测量带来较大的系统错误。

我们可以通过测量距中心较远、比较清晰的两个暗环的半径的平方差来清除附加光程差带来的误差。取第 m 和 n 两级暗纹，则对应的半径，根据式（3-37）为

$$r_m^3 = mR\lambda$$

$$r_n^3 = nR\lambda$$

将两式相减，得

$$r_m^2 - r_n^2 = (m-n)R\lambda$$

可以证明 $r_m^2 - r_n^2$ 与附加的光程差无关。

由于暗环圆心不易确定，故取暗环的直径替换，因而透镜的曲率半径为

$$R = \frac{D_m^2 - D_n^2}{4(m-n)\lambda} \tag{3-38}$$

由式（3-38）可以看出：R 与环数差 $m-n$ 有关。

对于 $D_m^2 - D_n^2$，由几何关系可以证明，两同心圆直径的平方差等于对应弦的平方差。因此，测量时无须准确确定环心的位置，只要测出同心暗环对应的弦长即可。本实验中使用的光源为钠光灯，入射光波波长 $\lambda = 589.3\text{nm}$，只要测出 D_m 和 D_n，就可求得透镜的曲率半径。

【实验步骤】

1. 调节读数显微镜

图 3-24 为读数显微镜结构图。调节过程如下：

先调节目镜到清楚地看到叉丝，且分别与 x、y 轴大致平行，然后将目镜固定紧。调节显微镜的镜筒使其下降。（注意，应该从显微镜外面看，而不是从目镜中看。）靠近牛顿环时，再自下而上缓慢上升，直到从目镜中看清楚干涉条纹，且与叉丝无视差。

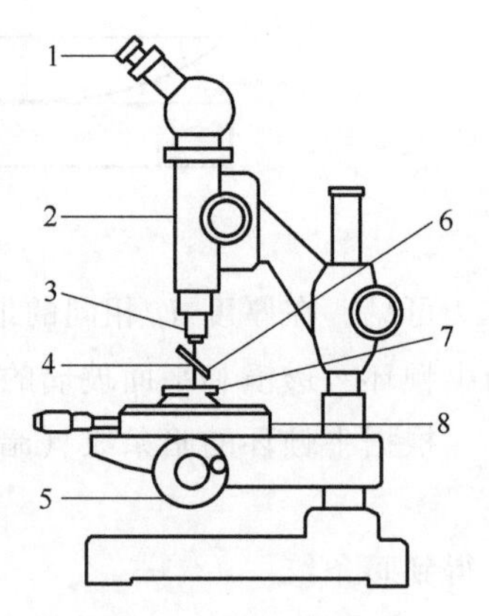

图 3-24　读数显微镜结构图

1—目镜　2—调焦手轮　3—物镜　4—钠灯　5—测微鼓轮　6—半反射镜　7—牛顿环　8—载物台

2. 测量牛顿环直径

转动测微鼓轮使载物台移动，并使主尺读数准线居主尺中央。旋转读数显微镜控制丝杆的螺旋，使叉丝的交点由暗斑中心向左移动，同时读出移过去的暗环数（中心暗斑环序为 0）。当数到 23 环时，再反向转动鼓轮。（注意：使用读数显微镜时，为了避免引起螺距差，移测时必须向同一方向旋转，中途不可倒退。）使竖直叉丝依次对准牛顿环左半部条纹暗环，分别记下相应要测环的位置：x_{20}、x_{19}、x_{18}、x_{17}、x_{16}，再测 x_{10}、x_9、x_8、x_7、x_6（下标为暗环序号）。当竖直叉丝移到环心另一侧后，继续测出右半部相应暗环位置读数：$x_6 \sim x_{10}$、$x_{16} \sim x_{20}$。将测量数据记录在表 3-16 中，用逐差法处理数据。

表 3-16　实验数据记录表格

钠光波长 $\lambda=589.3\text{nm}$　环数差 $m-n=10$　　　　单位：mm

暗环级数 (m)	暗环位置		D_m	暗环级数 (n)	暗环位置		D_n	$D_m^2-D_n^2$	R_i
	左	右			左	右			
20				10					
19				9					
18				8					
17				7					
16				6					

【数据处理】

计算出凸透镜的曲率半径的算术平均值$\overline{R}$和测量的不确定度 Δ_R。

$$\overline{R}=\frac{\sum R_i}{5}$$

不计 B 类不确定度，则测量的不确定度为

$$\Delta_R=tS_{\overline{R}}=t\sqrt{\frac{\sum(R_i-\overline{R})^2}{n(n-1)}}$$

式中，$n=5$；修正因子 $t=2.78$。

最后，测量结果表达式表示为

$$R=\overline{R}\pm u_R$$

【思考题】

1. 理论上牛顿环中心是个暗点，实际看到的往往是个忽明忽暗的斑，造成的原因是什么？对透镜曲率半径 R 的测量有无影响？为什么？

2. 牛顿环干涉条纹各环间的间距是否相等？为什么？

3. 试举例说明牛顿环在光学加工中的其他应用。

<拓展>

操作技巧

（1）相干光的调整

要求：显微镜视场中亮度一致。调整要领：调节显微镜与钠光灯的相对位置，保证钠光灯光线平行正射到物镜下方的45°反射玻璃上。

（2）读数显微镜调整

1）移动牛顿环仪使十字叉丝中心对准中心暗环的中心。

2）调节目镜看清十字准丝，为此需要调节目镜镜头。

3）转动目镜筒方位，使垂直准丝与主刻度尺垂直。

4）调节物镜调焦手轮，直到观察到的干涉条纹在 15 环处消除视差为止。

（3）注意事项

1）牛顿环仪、显微镜的光学表面不清洁时，要用专门的擦镜纸轻轻揩拭。

2）读数显微镜的测微鼓轮在测量过程中只能向一个方向旋转，中途不能反转。

3）在寻找最清晰的牛顿环时，为防止损坏显微镜物镜，正确的调节方法是旋转调焦手轮 2，使镜筒下 45°左右的半反透镜 P 尽量接近牛顿环，然后一边从目镜中观察，一边缓慢提升显微镜筒（反向旋转调焦手轮 2），使通过目镜看到的干涉圆环最清楚。

3.10　电表的改装与校准

电流计（表头）一般只能测量很小的电流和电压，若要用它来测量较大的电流和电压，就必须进行改装来扩大量程。各种多量程、多功能的电表（如万用表等）都是用表头改装、校准制作而成的。

3.10　视频资源

【实验目的】

将给定的表头改装成某量程的电流表和电压表。

【实验仪器】

表头，标准微安表，标准毫安表，标准电压表，电阻箱，滑线变阻器，直流电源，开关，导线等。

【预习题】

1. 如何测表头的内阻 R_g？

2. 能否把表头改装成任意量程的表？为什么？

3. 在校准量程时，如改装表读数偏高或偏低，应怎样调节分流电阻或分压电阻？

【实验原理】

1. 表头内阻的测定

要改装电表，必须要知道电表的内阻。测电表内阻的方法很多，下面仅介绍半值法和替法。

（1）半值法

测量线路如图 3-25 所示。图中 G 为待测表头，G_0 为微安表，r 为滑线式变阻器（作分压器用，R 为电阻箱，E 为直流稳压电源。断开 S_2，合上开关 S_1，将滑动变阻器的滑动头 C 从最下的 B 端向 A 端移动，使 G 满偏，记下 G 和 G_0 的读数。再合上 S_2，改变电阻箱 R 的阻值和滑动变阻器 r 的滑动头 C 的位置，使 G_0 的读数保持不变，C 的读数为原值的一半，这时流过电阻箱 R 上的电流与流过表头 G 的电流相等，则电阻箱 R 上的指示数与表头内阻相等，即 $R=R_g$。

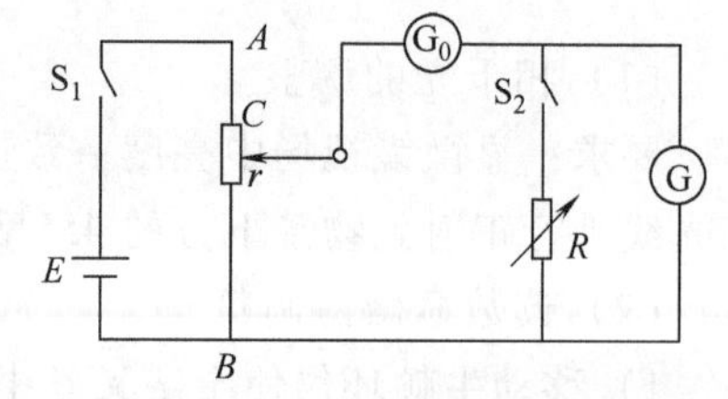

图 3-25　半值法测表头内阻

（2）替代法

测量线路如图 3-26 所示。将开关 S_2 扳向 1 端，合上开关 S_1，调节滑线变阻器滑动头 C，改变输出电压，使 G 满度（或某适当值），记下 G_0 的读数。断开 S_1，将 S_2 倒向 2 端，把电阻箱先调到 2000Ω 左右；合上 S，调节电阻箱 R 的值，使 G_0 保持原值不变，这时电阻箱 R 上的指示数等于表头内阻，即 $R=R_g$。

2. 用表头改装成电流表

表头只能用来测量小于其量程的电流，如欲测量超过其量程的电流，就必须扩大其量程，扩大量程的方法是在表头的两端并联一个分流电阻 R_s，如图 3-27 所示。图中虚线框内的表头和 R_s 组成一个新的电流表。

设新电表量程为 I，则当流入电流为 I 时，由于流入表头的电流为 I_g，所以流入分流电阻 R_s 上电流为 $I-I_g$，因电表与 R_s 并联，则有

$$I_gR_g=(I-I_g)R_s$$

R_g 是表头的内阻。由上式可算出应并联的分流电阻为

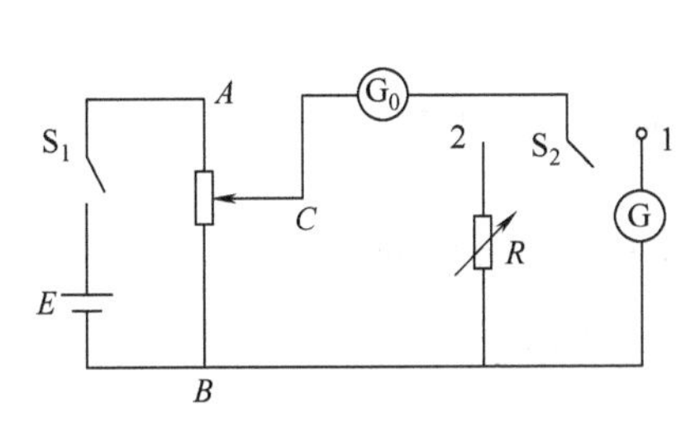

图 3-26 替代法测表头内阻

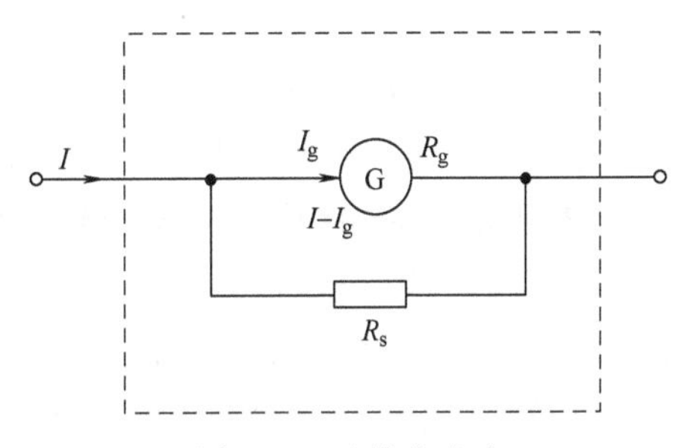

图 3-27 改装电流表

$$R_s=\frac{I_g}{I-I_g}R_g \tag{3-39}$$

令 $I/I_g=n$，n 称量程的扩大倍数，则分流电阻为

$$R_s=\frac{1}{n-1}R_g$$

当表头规格 I_g、R_g 已知时，根据所要扩大的倍数 n，就可算出 R_s。同一电表，并联不同的分流电阻，可得到不同量程的电流表。

3. 用表头改装成电压表

表头的满度电压也较小，仅为 $U_g=I_gR_g$，一般在 $10^{-2}\sim10^{-1}$V 量级，若要用它测量较大的电压，要在表头上串联分压电阻 R_p 来实现，如图 3-28 所示。虚线框中的电表和 R_p 组成一量程为 U 的电压表。

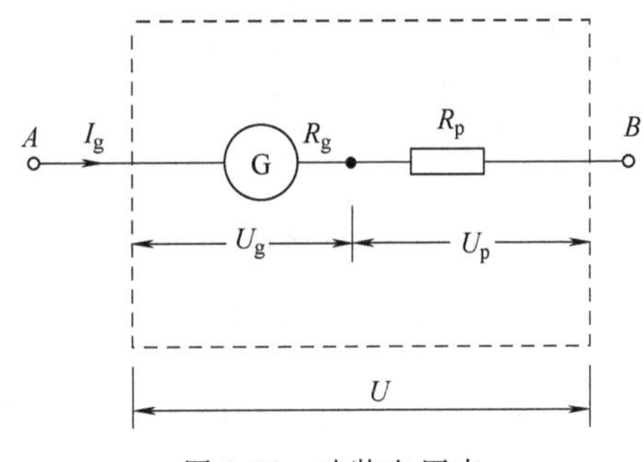

图 3-28 改装电压表

因为 $U=U_g+U_p$，$U_g=I_gR_g$，$U_p=I_gR_p$，所以

$$R_p=\frac{U}{I_g}-R_g \tag{3-40}$$

当表头的 I_g、R_g 已知时，根据需要的伏特计量程，由式（3-40）可以计算出应串联的电阻。同一电表串联不同的分压电阻 R_p，就可以得到不同量程的电压表。

4. 改装表的校准

电表经过改装或经过长期使用后，必须进行校准。其方法是将待校准的电表和一准确度等级较高的标准表同时测量一定的电流或电压，分别读出被校准的表各刻度的值 I 和标准表所对应的值 I_s，得到各刻度的修正值：$\delta I=I_s-I$，以 I 为横坐标、δI 为纵坐标画出电表的校正曲线，两个校准点之间用直线连接，整个图形是折线状，如图 3-29 所示。以后使用这个电表时，根据校准曲线可以修正电表的读数，得到较准确的结果。由校准曲线找出最大误差 δI_m，可计算出待校准电表的准确度等级 K。

电表等级标志着电表结构的好坏，低等级的电表其稳定性、重复性等性能都要差些。所以，校准也不可能大幅度地减小误差，一般只能减小半个数量级，而且如果电表使用的环境和校准的环境不同或校准日期过久，校准的数据也会失效。

【实验内容】

1. 表头内阻 R_g 的测定

用半值法或替代法测表头内阻，实验内容及方法见前面实验原理 1。

2. 将给定表头改装成 10mA 的电流表，并校准

（1）按图 3-30 连接线路，根据式（3-39）计算出分流电阻的阻值 R_s，并在电阻箱上调出 R_s 的值，同时调节滑线变阻器 r 至阻值较小的位置（靠近 B）。

（2）校准标准表和改装表 G 的机械零点。

（3）闭合电源开关 S，调节 r，使标准表的示数为 10mA，观察被改装表 G 是否刚好满标度，若不是，调节 R_s 使标准表为 10mA 时表头正好满标度，记下此时电阻箱的读数 R_s'，R_s' 为分流电阻的实际读数。

（4）电流表的校准。调节 r，使表头示数（取整格数）逐次变小，记下对应的标准电流表的读数 I_s。

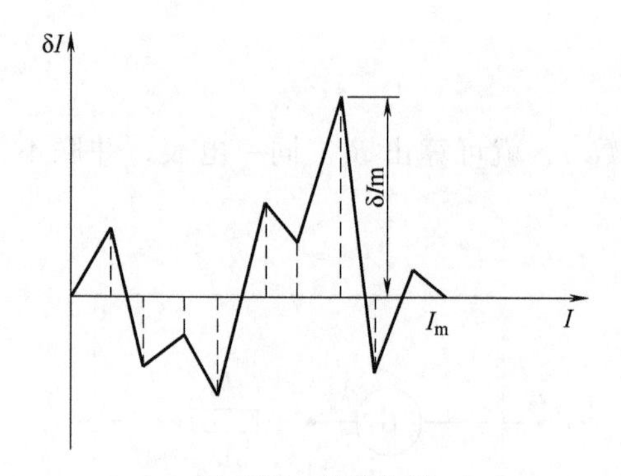

图 3-29　校准曲线

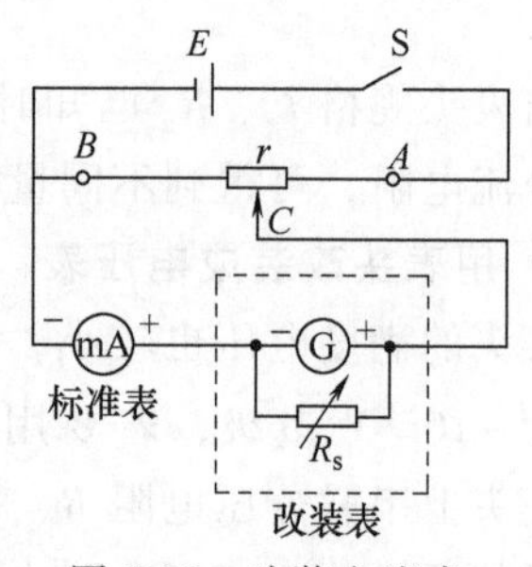

图 3-30　改装电流表

然后，再使表头示数逐次增大，记下对应标准电流表的读数 I_s'。分别取其平均值 $\left(I_s=\dfrac{I_s+I_s'}{2}\right)$。根据改装表和标准表的对应值，算出各点的修正值 $\delta I=I_s-I$，在坐标纸上画出以 δI 为纵坐标、I 为横坐标的 δI-I 校正曲线，并计算改装后电流表的准确度等级 K。

3. 将给定表头改装成 1V 的电压表，并校准

（1）按图3-31连接线路，根据式（3-40）计算出串联电阻 R_p，并在电阻箱上调出 R_p 的值，同时调节 r 使 BC 两端电压在较小的位置。

（2）标准表、表头机械调零。

（3）闭合电源开关S，调节 r，同时适当调节 R_p，使标准电压表读数为1V，使表头指针偏转满标度。记下此时的 R_p'。

（4）校准电压表。调节 r，使表头示数逐次变小（取整数格数），记下对应标准伏特表的读数 U_s，然后，再使电表示数逐次增加，记下对应标准伏特表读数 U_s'。分别取其平均值 $\overline{U_s}=\frac{1}{2}(U_s+U_s')$。根据改装表和标准表的对应值，算出各点的修正值 $\delta U=\overline{U_s}-U$，在坐标纸上面上作以 δU 为纵坐标、U 为横坐标的 δU-U 校正曲线，并计算改装后电压表的准确度等级 K。

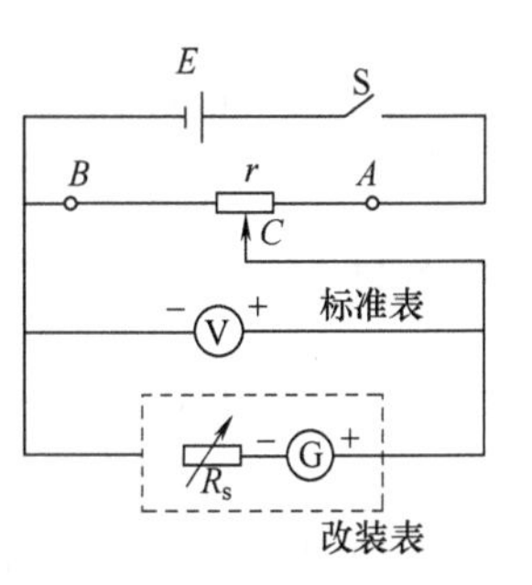

图3-31 改装电压表

【数据记录与处理】

1. 改装量程 10mA 的电流表

数据表格如表3-17所示。

表3-17 改装量程 10mA 的电流表

表头示数(格)	100.0	80.0	60.0	40.0	20.0	0.0
标准表读数 $I_{s\to}$/mA(电流减小)						
标准表读数 $I'_{s\leftarrow}$/mA(电流增大)						
标准表读数平均值 $\overline{I}_s$/mA						
修正值 $\delta I=\overline{I}_s-I$/mA						
改装表读数 I/mA	10.00	8.00	6.00	4.00	2.00	0.00
改装表等级 $K=\frac{\lvert\delta I\rvert_{max}}{量程}\times100$						

2. 改装量程为 1V 的电压表

数据表格如表3-18所示。

表3-18 改装量程为 1V 的电压表

表头示数(格)	100.0	80.0	60.0	40.0	20.0	0.0
标准表读数 $U_{s\leftarrow}$/V(电压增大)						
标准表读数 $U'_{s\to}$/V(电压减小)						
标准表读数平均值 $\overline{U}_s$/V						
修正值 $\delta U=(\overline{U}_s-U)$/V						
改装表准确度读数 U/V	1.00	0.80	0.60	0.40	0.20	0.00
改装表准确度等级 $K=\frac{\lvert\delta U\rvert_{max}}{量程}\times100$						

3. 参数设计

数据表格如表3-19所示。

表 3-19　表头参数

表头参数		分流电阻/Ω		分压电阻/Ω	
满刻度电流 I_g/μA	内阻 R_g/Ω	计算值 R_s	实际值 R_s'	计算值 R_p	实际值 R_p'

4. 作 δ*I*-*I* 校正曲线与 δ*U*-*U* 校正曲线

校正曲线应是各点逐次连接的折线。

【思考题】

1. 为什么校准电表时需要把电流（或电压）从大到小做一遍又从小到大做一遍？如果两者完全一致说明什么？两者不一致又说明什么？

2. 在 20℃时校准的电表拿到 30℃的环境中使用，校准是否仍然有效？这说明校准和测量之间有什么应注意的问题？

3. 要测量 0.5A 的电流，用下列哪个安培表测量误差最小？

（1）量程 $I_m=3A$，等级 $K=1.0$ 级。

（2）量程 $I_m=1.5A$，等级 $K=1.5$ 级。

（3）量程 $I_m=1A$，等级 $K=2.5$ 级。从结果的比较中得出什么结论？

4. 使用各种电表应注意哪些事项？

5. 电表改装前后，表头允许流过的最大电流和允许加在两端的最大电压是否发生变化？

<拓展>

改装微安表为欧姆表

用来测量电阻大小的电表称为欧姆表。根据调零方式的不同，可分为串联分压式和并联分流式两种。其原理电路如图 3-32 所示。

图中 E 为电源，R_3 为限流电阻，R_W 为调零电位器，R_X 为被测电阻，R_g 为等效表头内阻。图 3-32b 中，R_G 与 R_W 一起组成分流电阻。

欧姆表使用前先要调零点，即 a、b 两点短路（相当于 $R_X=0$），调节 R_W 的阻值，使表头指针正好偏转到满度。可见，欧姆表的调零是就在表头标度尺的满刻度（即量限）处，与电流表和电压表的零点正好相反。

在图 3-32a 中，当 a、b 端接入被测电阻 R_X 后，电路中的电流为

$$I=\frac{E}{R_g+R_W+R_3+R_X} \tag{3-41}$$

对于给定的表头和线路来说，R_g、R_W、R_3 都是常量。由此可见，当电源端电压 E 保持不变时，被测电阻和电流值有一一对应的关系。即接入不同的电阻，表头就会有不同的偏转读数，R_X 越大，电流 I 越小。短路 a、b 两端，即 $R_X=0$ 时，有

$$I=\frac{E}{R_g+R_W+R_3}=I_g \tag{3-42}$$

这时指针满偏。

当 $R_X=R_g+R_W+R_3$ 时有

$$I=\frac{E}{R_g+R_W+R_3+R_X}=\frac{1}{2}I_g \tag{3-43}$$

这时指针在表头的中间位置，对应的阻值为中值电阻，显然

$$R_{中}=R_g+R_W+R_3$$

当 $R_X=\infty$（相当于 a、b 开路）时，$I=0$，即指针在表头的机械零位。

所以欧姆表的标度尺为反向刻度，且刻度是不均匀的，电阻 R 越大，刻度间隔越密。如果表头的标度尺预先按已知电阻值刻度，就可以用电流表直接测量电阻了。

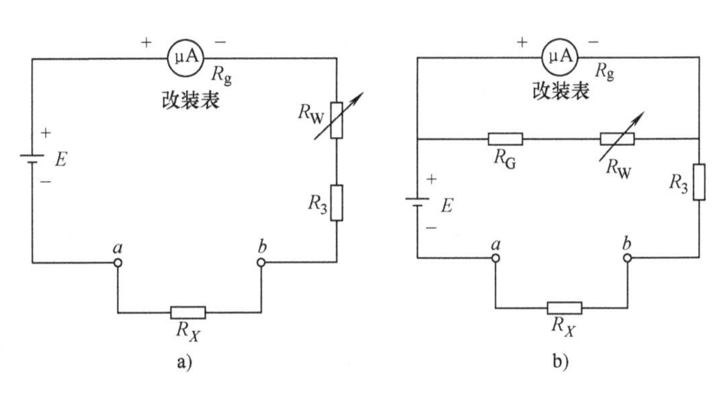

图 3-32 串联分压式和并联分流式欧姆表

a）串联分压式 b）并联分流式

3.11 电阻的伏安特性研究

伏安法测电阻方法简单，使用方便。为了研究材料的导电性，通常作出其伏安特性曲线，了解它的电压和电阻的关系。由于测量时电表被引入测量电路，电表内阻必然会影响测量结果，因而应考虑对测量结果进行必要的修正，以减小系统误差。

本实验根据电阻值不同的精度要求，采用不同的测量方法。从伏安特性曲线所遵循的规律，可以得出该元件的导电特性，以便确定它在电路中的作用。

【实验目的】

1. 练习使用电压表、电流表，掌握各元件伏安特性的测量方法，了解其系统误差，正确选择电路。
2. 了解系统误差的修正方法，掌握作图法处理实验数据。
3. 测绘线性电阻和晶体二极管的伏安特性曲线。

3.11 视频资源

【实验仪器】

直流电源，滑线变阻器，微安表，毫安表，电压表，待测电阻和晶体二极管，开关及导线。

【思考题】

1. 伏安法测电阻时，系统误差主要有哪些来源？

（1）电压表或电流表的读数不准；

（2）电压表和电流表不配套；

（3）电压表和电流表的内阻对测量的影响不可忽略；

（4）电源电压不稳定。

2. 用伏安法测电阻时，当待测电阻为几千欧、几欧时，分别应用哪种电路？

（1）电流表与待测电阻先串联后再一起与电压表并联；

（2）待测电阻与电压表并联后再与电流表串联；

（3）电流表与电压表并联后再与待测电阻串联。

【实验原理】

当直流电流通过待测电阻R_x时，用电压表测出R_x两端电压U，同时用电流表测出通过R_x的电流I，根据欧姆定律$R=U/I$算出待测电阻R_x的数值，这种方法称为伏安法。以测得的电压值为横坐标、相对应的电流值为纵坐标作图，所得流过电阻元件的电流随元件两端电压变化的关系曲线，称为电阻的伏安特性曲线。若所得结果是一直线，这类元件称为线性电阻（如金属膜电阻）；若不是直线，而是一条曲线，则这类元件称为非线性电阻（如二极管），如图3-33所示。

要测得一个元件的伏安特性曲线，就应该同时测量流过元件的电流及元件两端的电压。其电路连接有两种可能，分别如图3-34和图3-35所示。前者称为电流表内接，后者称为电流表外接。由于电表的影响，无论哪种接法，都会产生接入误差，下面对它们进行分析。

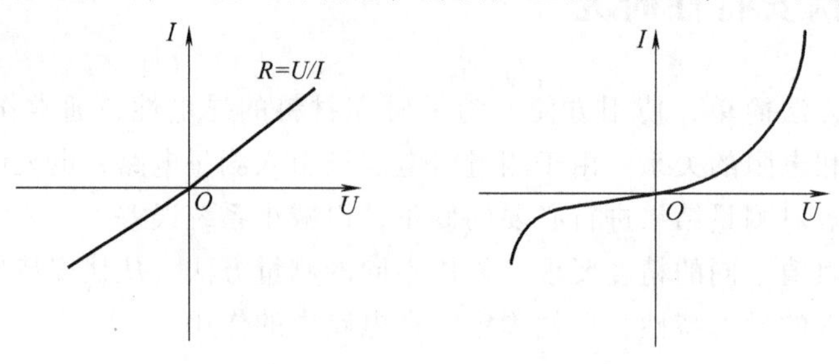

图3-33　电阻的伏安特性曲线

a）线性电阻伏安特性　b）非线性电阻伏安特性

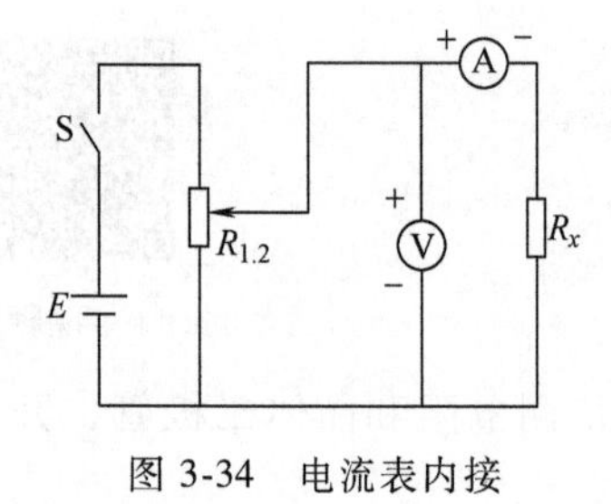

图3-34　电流表内接

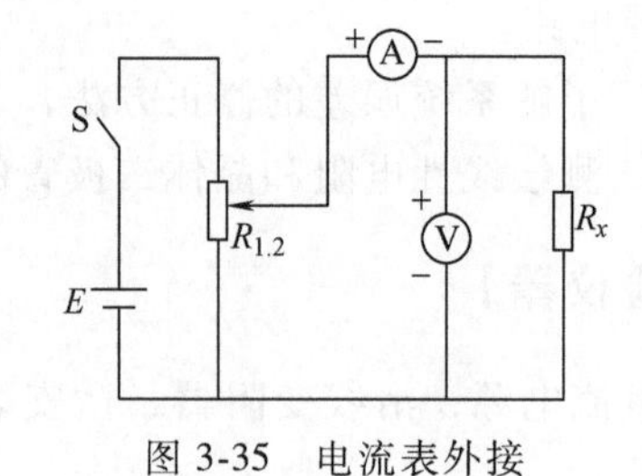

图3-35　电流表外接

1. 电流表内接

如图3-34所示，所测电流是流过R_x的电流，但所测电压是R_x和电流表上电压之和。设电流表内阻为R_A，由欧姆定律，电阻的测量值

$$R_{测}=\frac{U}{I}=\frac{U_x+U_A}{I_x}=R_x+R_A$$

其相对误差

$$E_1=\frac{\Delta R_x}{R_x}=\frac{R_{测}-R_x}{R_x}=\frac{R_A}{R_x}$$

此误差是由于电流表有内阻 R_A 引起的，可见用图 3-34 电流表内接时，测得的结果值 $R_{测}$ 比实际值 R_x 偏大。只有当 $R_x \gg R_A$ 时，用 $R_x \approx U/I$ 近似，才能保证有足够的准确度。R_A 的值一般比较小，约为几欧或更小，因此用此法测比较大的电阻（$R_x/R_A>100$）产生的误差就不大。

2. 电流表外接

如图 3-35 所示，所测电压是 R_x 两端电压，但所测电流是电压表上电流和 R_x 上电流之和。设电压表的电阻为 R_V，则电阻的测量值为

$$R_{测}=\frac{U}{I}=\frac{U}{U\left(\frac{1}{R_V}+\frac{1}{R_x}\right)}=\frac{R_V R_x}{R_V+R_x}$$

其相对误差为

$$E_2=\frac{|\Delta R_x|}{R_x}=\frac{|R_{测}-R_x|}{R_x}=\frac{R_x}{R_x+R_V}$$

此误差是由于电压表有内阻引起的，可见用图 3-35 电流表外接时，测得的电阻 $R_{测}$ 比实际值 R_x 偏小。只有当 $R_V \gg R_x$ 时，这种接法用 $R_x \approx U/I$ 近似，才能保证足够的准确度。R_V 的值一般比较大，在几千欧以上，因此用此法测比较小的电阻（比如几十欧以下）产生的误差就不大。

3. 半导体二极管

半导体二极管是一种常用的非线性电子元件，由 P 型、N 型半导体材料制成 PN 结经欧姆接触引出电极，封装而成。两个电极分别为正极、负极。二极管的主要特点是单向导电性，其伏安特性曲线如图 3-33b 所示。其特点是：在正向电流和反向电压较小时，伏安特性呈现为单调上升曲线；在正向电流较大时，趋近为一条直线；在反向电压较大时，电流趋近极限值——I_s，I_s 叫作反向饱和电流；在反向电流超过某一数值——U_b 时，电流急剧增大，这种情况称作击穿，U_b 叫作击穿电压。正向导通后锗管的正向电压降约为 0.2~0.3V，硅管约为 0.6~0.8V。

二极管的主要参数有：① 最大整流电流 I_f，即二极管正常工作时允许通过的最大正向平均电流；②最大反向电压 U_b，一般为反向击穿电压的一半；③反向电流 I_r，是反向饱和电流的额定值。

由于二极管具有单向导电性，它在电子电路中得到了广泛应用，常用于整流、检波、限幅、元件保护以及在数字电路中作为开关元件。

综上所述，由于电表的内阻存在，使得测量总存在一定的系统误差，究竟采用哪种接法，必须事先对 R_x、R_A、R_V 三者的相对大小有个粗略的估计，从而使所选取的电路测得的结果有足够的准确度。

【实验内容】

1. 测量线性电阻的伏安特性

(1) 选择电路：已知电压表内阻为几十千欧，毫安表内阻为几十欧，待测电阻 R_x 为几

十欧，选择合适电路，使测得的 R_x 误差较小。按图 3-35 连好电路，注意选择好电压表和电流表的量程，滑动变阻器触头处在电压表电压最小处。经教师检查后，接通电源。

（2）调节滑动变阻器，改变 R_x 上的电流、电压，注意勿使电表指针偏转超过电表量程，分别读出相对应的电流、电压值，将数据填入表 3-20 中。

（3）将电压调为零，改变加在电阻上的电压方向（可将 R_x 调转 180°连接），调节滑动变阻器，读出相应的电流、电压值，将数据填入表 3-20 中。

（4）以电压为横坐标、电流为纵坐标，绘出电阻的伏安特性曲线。

2. 测量半导体二极管的伏安特性

（1）测二极管的正向伏安特性：当二极管加正向电压时，管子呈低阻状态，采用电流表外接法，按图 3-36 连接电路，电压表量程取 1V 左右。经教师检查后，接通电源，从 0V 开始缓慢地增加电压（如取 0. 1V，0. 2V，…），在电流变化大的地方，电压间隔应取小一些，读出相应的电流值，直到流过二极管的电流为其允许最大电流 I_{max} 为止，将数据填入表 3-21 中，最后断开电源。

（2）测二极管的反向伏安特性：当二极管加反向电压时，管子呈高阻状态，采用电流表内接法，按图 3-37 连接电路。将毫安表换成微安表，电压表量程为 50V。经教师检查后，接通电源，调节变阻器逐步改变电压（如取 2. 00V，4. 00V，…），读出相应的电流值，并填入表 3-21 中。

（3）以电压为横轴、电流为纵轴，绘出二极管的伏安特性曲线。因正向电流数值为毫安，反向电流数值为微安，在纵轴上半段和下半段坐标纸上每小格代表的电流值可以不同，应分别标注清楚。

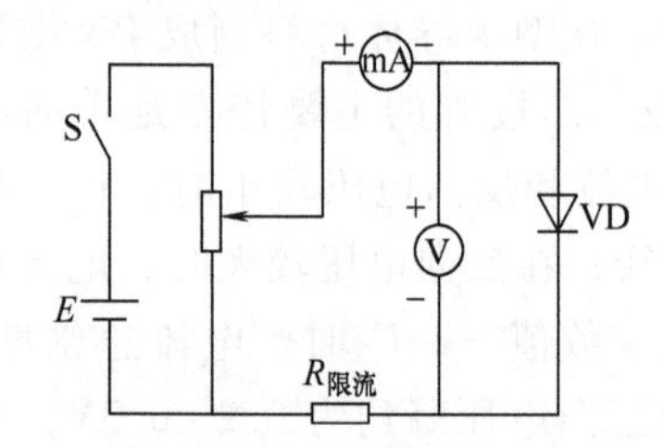

图 3-36　测二极管正向伏安特性

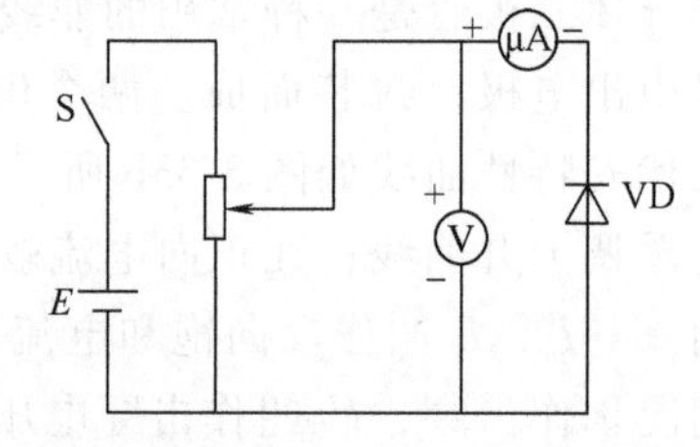

图 3-37　测二极管反向伏安特性

3. 注意事项

（1）电流表一定要串联在电路上，经教师检查后，方可进行实验。

（2）测二极管正向伏安特性时，毫安表读数不得超过二极管最大允许电流。

【数据记录与处理】

1. 线性电阻的伏安特性

表 3-20　线性电阻的伏安特性

次数	1	2	3	4	5	6	7	8
正电压/V								
电流/mA								
负电压/V								
电流/mA								

2. 测二极管的伏安特性

表 3-21 测二极管的伏安特性

次数	1	2	3	4	5	6	7	8
正电压/V								
电流/mA								
负电压/V								
电流/μA								

3. 数据处理

(1) 电流 I 为纵坐标、电压 U 为横坐标，绘制线性电阻、二极管的伏安特性曲线，注意坐标比例的选取。由于正、反电压的变化幅度和电流的变化幅度不同，应选取不同的比例，便于曲线能反映出测量的精度。

(2) 测量二极管正向电压时，因为电压表的接入，需注意电压表内阻值。如会引起实验误差，则应通过计算进行修正，并在上述图纸上画上修正曲线。

(3) 从二极管曲线上取若干的电压（如 0.500V、0.750V）时的电阻值。

【思考题】

1. 伏安法测电阻的接入误差是由什么因素引起的？电阻的伏安特性曲线的斜率表示什么？

2. 实验时，用电流表、电压表测 30Ω、2kΩ、1MΩ 电阻时，应采用哪种线路？

3.12 多用表的使用

多用表亦称万用表，它是把多量程的交、直流电流、电压以及欧姆表组合在一起的电工仪表。多用表种类繁多，但基本上可分为两大类：指针式和数字显示式。

【实验要求】

1. 初步了解多用表的结构和原理。
2. 掌握多用表的使用方法，特别是欧姆挡的使用方法。

【实验目的】

1. 练习使用万用表。
2. 用万用表测电压和电阻。

【实验仪器】

500 型指针式万用表，直流电源，滑线变阻器，变压器，电阻和导线若干。

本实验中所采用的 500 型指针式万用表，是一种高灵敏度、多量程携带式整流系仪表，它共有 24 个测量量限，能分别测量交、直流电压，直流电流，直流电阻及音频电平，适宜于无线电、电信及电工中的测量、维修之用。它主要由表头、转换开关、测量电路三部分组成。外形如图 3-38 所示。

使用方法介绍：

（1）零位的调整：使用之前应注意指针是否指在零位，若不指在零位时，应调整零位调节器使指针指零。

（2）直流电压测量：将测量杆红色短杆插在正插口，黑色短杆插在负插口，将选择旋钮旋至对应的位置上，即功能选择置于“$\underset{\simeq}{V}$”，量程选择到“$\underline{V}$”，并选择合适的量程。如果不能确定被测电压的大概值，应先将量程选择旋至最大量限上，根据电表指针的偏转情况，再选择合适的“$\underline{V}$”挡。

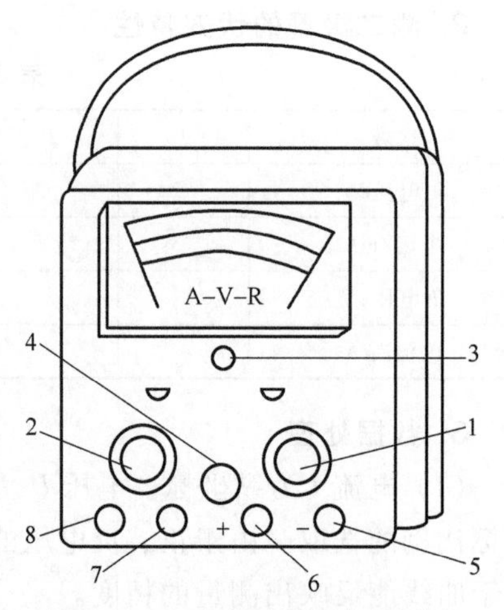

图 3-38　500 型万用电表面板图

1、2—电流、电压、电阻测量挡选择旋钮
3—仪表指针零位调整器　4—电阻挡零位调整器　5、6—测量表棒插孔
5、7—音频电平专用表棒插孔
5、8—交、直流 2500V 高电压专用插孔

（3）交流电压测量：将功能选择置于$\underset{\simeq}{V}$，量程选择拨到$\underset{\simeq}{V}$，其余同（2）。除 10V 挡用专用刻度 10V 读数外，其余均用≃标记的刻度线（第二条）读数。

（4）电阻测量：将功能选择置于“Ω”，量程选择拨到适当位置。先将测量杆两端短路，调节电位器（即电阻挡零位调整器）使指针在 0Ω 位置上，再将测量杆分开，测量未知电阻值，用 Ω 标记的刻度线读数，被测值为读数乘以所选量程的数量级。为了提高测量的准确度，指针最好指在中间一段刻度位置，即全刻度的（20%～80%）弧度。每次改变量程时，都要重新“校零”。

本仪表适合在室温 0～40℃、相对湿度为 85%以下的环境中工作。主要性能如表 3-22 所示。

表 3-22　500 型万用电表参数

量程	测量范围	灵敏度	精度等级	基本误差
直流电压	0V～2.5V～10V～50V～250V～500V	20kΩ/V	2.5	±2.5%
	2500V	4kΩ/V	4.0	±4%
交流电压	0V～10V～50V～250V～500V	4kΩ/V	4.0	±4%
	2500V	4kΩ/V	5.0	±5%
直流电流	0mA～50μA～1mA～10mA～100mA～500mA	—	2.5	±2.5%
电　阻	0Ω～2kΩ～20kΩ～200kΩ～2MΩ～20MΩ	—	2.5	±2.5%
音频电平	-10dB～+22dB	—	—	—

【实验原理】

1. 直流电流挡

如图 3-39 所示，系采用闭路抽头转换式分流电路来改变电流的量程。测量电流从“+”、“−”两端进出，分流电阻与表头组成一闭合电流。改变转换开关的位置，就改变了分流器的电阻，从而也就改变了电流量程。

2. 直流电压挡

如图 3-40 所示，被测电压加在“+”、“−”两端。各分压电阻采用串接抽头方式，量程越大，分压器电阻也越大。

电压表的内阻越高，从被测电路取用的电流越小，对被测电路的影响也就越小。电表的灵敏度，就是用电表的总内阻除以电压量程来表明这一特征的。如500型万用表在直流电压50V挡上，电表的总内阻为1000kΩ，则该挡的灵敏度为$\frac{1000\text{k}\Omega}{50\text{V}}=200\text{k}\Omega/\text{V}$。

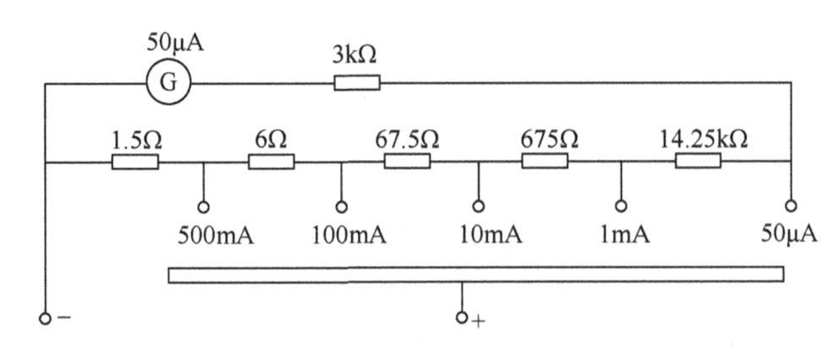

图3-39　直流电流的测量

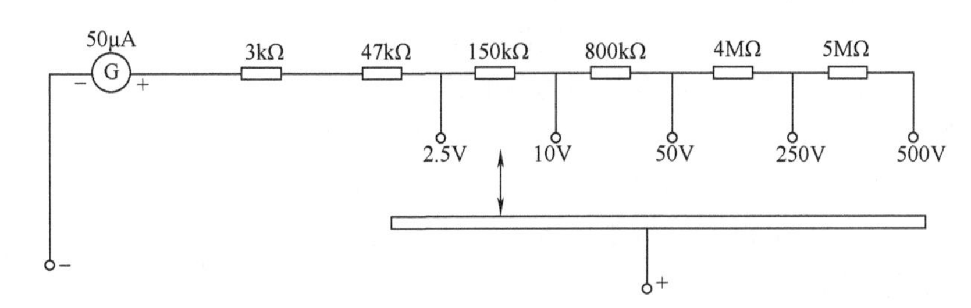

图3-40　直流电压的测量

3. 交流电压挡

如图3-41所示，由于磁电式仪表只能测量直流，测量交流时则必须附有整流元件，即图中的半导体二极管VD_1和VD_2。二极管只允许一个方向的电流通过，反方向的电流不能通过。被测交流电压也是加在“+”、“-”两端。在正半周时，设电流从“+”端流进，经二极管VD_1部分电流经表头流出；在负半周时，电流直接经VD_2从“+”端流出。可见，通过表头的是半波电流，读数应为该电流的平均值。为此表中有一交流调整电位器（图3-41的2.2kΩ电阻），用来改变表盘刻度。这样，指示读数便被折换为正弦电压的有效值。至于量程的改变，则和测量直流电压时相同。R_1，R_2，…是分压器电阻。

万用表交流电压挡的灵敏度一般比直流电压挡的低。500型万用表交流电压挡的灵敏度为4kΩ/V。

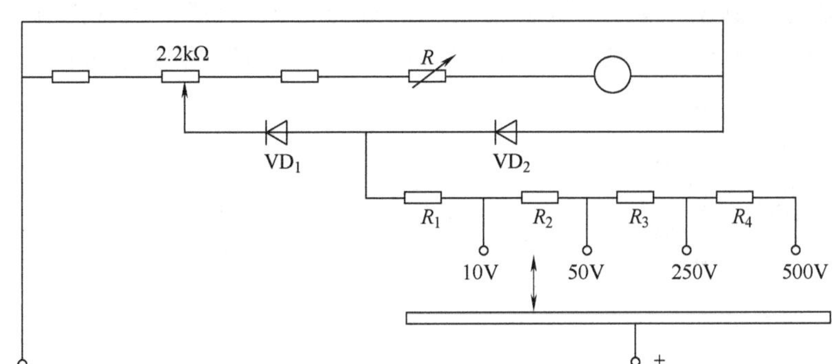

图3-41　交流电压的测量

普通万用表只适于测量频率为 45~1000Hz 的交流电压。

4. 直流电阻挡

当转换开关置于“Ω”挡时，多用表可用来测量电阻，它共有×1、×10、×100、×1k、×10k 五挡量程，测量结果用指针读数乘以所用倍率，即为被测电阻。

欧姆计的原理线路如图 3-42 所示。根据全电路欧姆定律，有

$$I_x=\frac{\varepsilon}{R_g+R+R_x} \tag{3-44}$$

由于 ε、R_g、R 为定值，故

$$I_x=f(R_x) \tag{3-45}$$

这样，只要将表头刻度盘电流读数改标成相应的电阻 R_x 的数值，就可用来测量电阻了。当 $R_x=0$ 时，通过电流为最大；当 $R_x=\infty$ 时，电流为零。因此欧姆表的刻度同直流电流刻度方向是相反的。又由于工作电流 I 与被测电阻 R_x 不成比例关系，所以就造成了欧姆表的刻度是不均匀的特点。

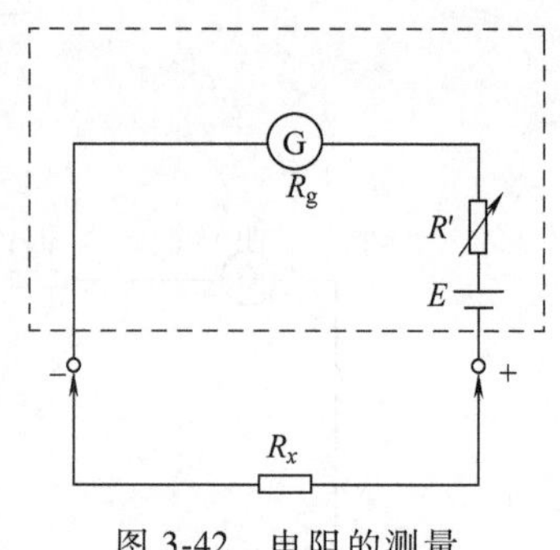

图 3-42　电阻的测量

从图 3-42 中分析，R_g+R'实际上是从测量端子看进去的电表的等效内阻。将表棒短路调 R'作“Ω 校正”，即指针指满度，简称“校零”。如果被测电阻刚好等于这个电路的等效内阻，则电路的总电阻就比“校零”时增加 1 倍，所以通过表头的电流刚好是“校零”时的一半，即指针指在表面的正中，这就是表面的中心阻值，亦称为欧姆中心。因此，欧姆计的某挡总内阻即为该挡的欧姆刻度中心值。在设计和制作欧姆计时，它是一个关键数值。

【实验内容】

1. 测量直流电压

按图 3-43 接好线路，将多用表功能选择置于“V̰”，量程选择拨到“V̲”，分别用 10V 和 2.5V 量程挡测量 U_{ab}、U_{bd}、U_{cd}、U_{bc} 及 U_{ad} 5 个电压并与理论值比较，将数据记入表 3-23中。

2. 测量电阻

如图 3-44 所示，将图 3-43 所示线路电源断开并取下电阻元件接线板（注意：不能在不断电不拆线的情况下测量电阻），将多用表功能选择置于“Ω”，量程选择用×100、×1k 和×10k挡分别测量标称值为 2kΩ、24kΩ 和 100kΩ 的 3 个电阻，结果记入表 3-24 中。

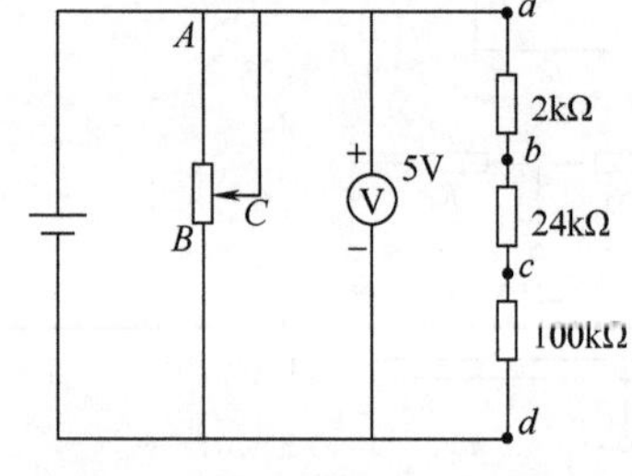

图 3-43　测量直流电压线路图

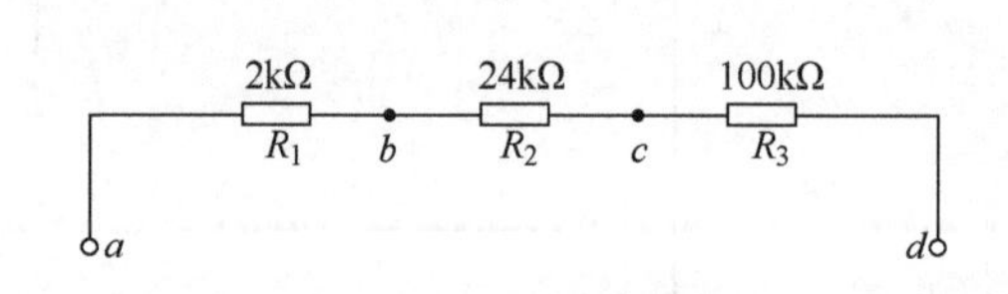

图 3-44　被测电阻图

3. 校准欧姆计

多用表的功能选择同步骤 2，量程选择用×100 挡，将多用表的两测量棒分别与电阻箱上标有“0”和“99999. 9Ω”字样的两接线柱连接，按表 3-25 中所列数据进行校准，并对该挡位的中值电阻校准。

4. 测量交流电压

将小型变压器初级接在 220V 交流电源上，多用表功能选择置于“V̰”，量程选择拨到“V̰”，并用 10V 挡，将多用表两测量棒插入小型变压器次级输出的两插孔内，测出次级线圈的输出电压，记入表 3-26 中。

5. 注意事项

1）多用表正在测量时，不能转动量程、功能转换旋钮，以免产生电弧，烧坏开关触头。

2）500 型万用表系采用左、右即图 3-38 中 1，2 两只选择旋钮交替选择功能和量程，容易弄错，故使用时要小心、谨慎。若测量交流电压时将选择旋钮选在“Ω”挡，就会立即烧坏仪表。

3）电压、电流刻度在某些挡位需要折算，使用时要弄清其最小分度值表示的读数。

4）测量电阻时，必须将被测电路中的电源切断，切勿带电测量电阻。

5）使用交、直流 2500V 量程进行测量时，应采用单手操作的方式进行，严防触电、电击事故发生。

6）仪表用完后，应将选择旋钮 1、2 转到“·”位置上，使仪表测量偏转线圈短路，形成阻尼。

【数据记录与处理】

表 3-23 直流电压的测量

测量对象	U_{ad}/V	U_{bd}/V	U_{cd}/V	U_{bc}/V	U_{ab}/V
多用表量程					
理论值					
测量值					

表 3-24 电阻的测量

测量对象	R_1/Ω	R_2/Ω	R_3/Ω
欧姆计量程			
标称值			
测量值			

表 3-25 校准欧姆计

欧姆计刻度	500	600	700	800	900	1k	2k	3k	4k
电阻箱的标称值/Ω									

中值电阻标称值 1kΩ，电阻箱校准中值电阻值＝　　kΩ。

【思考题】

1. 下列说法正确的是（　　）

A. 欧姆表的测量范围是从零到无穷；

B. 用不同挡位的欧姆表测量同一个电阻的阻值，误差是一样的；

C. 用欧姆表测电阻时，指针越接近中央，误差越大；

D. 用欧姆表测电阻时，若选不同量程，指针越靠近右端时，误差越小。

2. 用万用表欧姆挡测电阻，下列说法中哪些是正确的（　　）

A. 测量前必须调零，而且每测一次电阻都要重新调零；

B. 每次换挡后都必须重新调零；

C. 待测电阻如果是连在某电路中，应该把它先与其他元件断开，再进行测量；

D. 两个表笔与待测电阻接触良好才能测得较准，为此应当将两只手分别将两只表笔与电阻两端紧紧地捏在一起。

3. 用万用表测直流电压和测电阻时，若红表笔插入万用表的（+）插孔，则（　　）

A. 测电压时，电流从红表笔流入万用表，测电阻时电流从红表笔流出万用表；

B. 测电压、测电阻时电流均从红表笔流入万用表；

C. 测电压、测电阻时电流均从红表笔流出万用表；

D. 测电压时电流从红表笔流出万用表，测电阻时电流从红表笔流入万用表。

3.13　箱式电桥测电阻

利用桥式电路制成的电桥是一种比较法进行测量的仪器。电桥可以测量电阻、电容、电感等电学量，还可以测量一些非电学量。电桥不仅具有上述用途，而且还具有灵敏度和准确度高、结构简单、使用方便等特点，所以电桥法是电磁学实验中最重要的测量方法之一，在测量技术中有着广泛的应用。

电桥根据所使用的电源，可分为直流电桥和交流电桥。但它们有一个共同点，就是基本原理相同。本实验用直流电桥测电阻，主要介绍箱式电桥，该电桥主要用于$1\sim10^6\Omega$范围内的中值电阻的测量。

【实验目的】

3.13　视频资源

1. 掌握箱式电桥测电阻的原理和特点。
2. 学会用箱式电桥测电阻。
3. 掌握箱式电桥测电阻的方法。

【实验仪器】

箱式电桥，电阻箱，指针式灵敏电流计，滑线变阻器，直流稳压电源，待测电阻。

【实验原理】

1. 箱式电桥的测量原理——比较法

用伏安法测电阻时，除了因使用的电流表和电压表准确度不高带来的误差外，还存在线路本身不可避免地带来的误差。在伏安法线路上经过改进的电桥线路克服了这些缺点。它不用电流表和电压表（因而与电表的准确度无关），而是将待测电阻和标准电阻相比较以确定待测电阻是标准电阻的多少倍。由于标准电阻的误差很小，电桥法测电阻可达到很高的准确度。

如图 3-45 所示，四个电阻 R_1、R_2、R_x和 R_0 连成一个四边形，每一条边称作电桥的一个臂。对角 A 和 C 上加电源 E，对角线 B 和 D 之间连接检流计 G，所谓“桥”就是对 BD 这条对角线而言，它的作用是将“桥”的两个端点的电位直接进行比较，当 B、D 两点的电位相等时，检流计中无电流通过（即 $I_g=0$），这时称电桥达到了平衡。

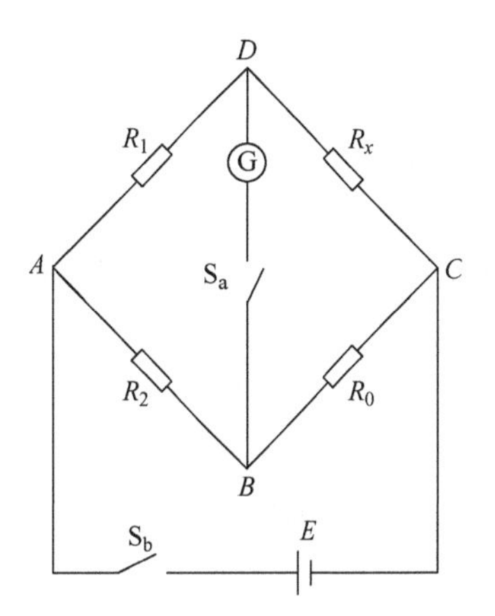

图 3-45 箱式电桥的电路原理图

当电桥平衡时，因 $I_g=0$，所以

$$I_1=I_x, \quad I_2=I_0 \tag{3-46}$$

又因 D、B 两点电位相等，根据欧姆定律有

$$I_1R_1=I_2R_2, \ I_xR_x=I_0R_0 \tag{3-47}$$

因此可得

$$R_x=\frac{R_1}{R_2}R_0= KR_0 \tag{3-48}$$

此时，当电桥平衡时，电桥相邻臂电阻之比值相等，或对臂电阻之乘积相等，若 R_1、R_2、R_0 为已知，R_x即可由式（3-48）求出。其中 $R_1/R_2=K$ 称为倍率，则

$$R_x=KR_0 \tag{3-49}$$

通常比率臂倍率 K 为 10 的整数次方，如 0.001、0.01、0.1、1、10、100、1000，故可方便地求 R_x。K 的选择：由 $R_x=KR_0$ 可知，R_x的有效位数由 K、R_0 的有效位数来决定，如果 R_1/R_2 的精度足够高，使比值 K 具有足够的有效位，视为常数，则 R_x由 R_0 来决定，因此 $K=R_x/R_0$。

为了消除 R_1/R_2 的比值的系统误差对测量结果的影响，实验中交换 R_0 和 R_x的位置再测一次，取两次测量结果 R_{x1}和 R_{x2}的平均值为 R_x，可得

$$R_x=\sqrt{R_{x1}R_{x2}}$$

电桥的实质是把未知电阻和标准的已知电阻相比较。标准电阻的误差很小，因此用电桥测量电阻可以达到很高的精确度。

2. 电桥测量电阻的误差来源

（1）平衡公式（3-49）是理想化的。实际的电桥中存在少量的接触电阻、接线电阻、漏电阻和接触电势等，这些都会带来误差。箱式电桥只适用 $1\sim10^6\Omega$ 的中值电阻。在这种情况下，上述因素对结果精度的影响可忽略不计。

（2）电桥是否平衡，实验上是通过检流计有无偏转来判断的。检流计的灵敏度总是有限的，例如我们实验中所用的张丝式指针检流计，指针偏转 1 格所对应的电流大约为10^{-6}A，当通过它的电流比 10^{-7}A 还要小时，指针的偏转小于 0.1 格，我们就很难觉察出来，假设电桥在 $R_1/R_2=1$ 调到了平衡，则有 $R_x= R_0$，这时若把 R_0 改变一个量 ΔR_0，电桥就应失去平衡，从而有电流 I_g 流过检流计，但若 I_g 小到我们觉察不出来检流计偏转时，那么我们就会认为电桥还是平衡的，因而得出 $R_x=R_0+\Delta R_0$，ΔR_0 就是由于检流计灵敏度不够而带来的测

量误差 ΔR_x。为此，我们引入电桥灵敏度 S 的概念，定义为

$$S=\frac{\Delta n}{\frac{\Delta R_x}{R_x}}=\frac{\Delta n}{\frac{\Delta R_0}{R_0}} \tag{3-50}$$

ΔR_x 是在电桥平衡后 R_x 的微小改变量（实际上待测电阻 R_x 是不能变的，在测 S 时，改变的是标准电阻 R_0），而 Δn 是由于电桥偏离平衡而引起的检流计的偏转格数，它越大，说明电桥越灵敏，带来的误差也就越小。例如 $S=100$ 格 $=1$ 格/1%，也就是当 R_x 改变 1%时，检流计可以有 1 格的偏转，通常我们可以觉察出 1/10 的偏转，也就是说，该电桥平衡后，R_x 只要改变 0.1%我们就可觉察出来，这样由于电桥灵敏度的限制所带来的误差肯定小于 0.1%。

由电桥灵敏度定义出发，忽略电源内阻，解基尔霍夫方程组，可以得到下面公式：

$$S=\frac{S_i E}{R_1+R_2+R_0+R_x+R_g\left(2+\frac{R_1}{R_x}+\frac{R_0}{R_2}\right)} \tag{3-51}$$

由此可见，检流计的灵敏度 S_i，电源电压 E，桥臂电阻的比例（R_1/R_x）、（R_0/R_2），桥臂电阻之和 $R_1+R_2+R_0+R_x$，以及检流计的内阻 R_g 都影响电桥灵敏度的大小。因此测量时，如果检流计与电源电压已选定，应根据待测电阻选择适当的比例臂以获得较高的电桥灵敏度。如发现电桥灵敏度偏低，可换用灵敏度更高的检流计，或在桥臂电阻额定功率允许情况下提高电源电压。

电桥灵敏度的高低取决于电源电压的高低、检流计本身的灵敏度、四个桥臂的搭配以及桥路电阻的大小，因此，其并非固定值。因实际测量时待测电阻 R_x 是不能变的，可以以标准电阻 R_0 的改变 $\Delta R_0/R_0$ 来代替 $\Delta R_x/R_x$。

【仪器介绍】

QJ23 型箱式直流单臂电桥采用箱式电桥线路，线路及板面布置如图 3-46 所示。比率臂 K（相当于图 3-46 中的 R_1/R_2）、比较臂电阻 R_0、检流计及电池组等都装在一个箱子内，测量 $1\sim10^6\Omega$ 范围内的电阻时极为方便。

QJ23 型箱式电桥板面各旋钮和接线柱的功能如下：

R_x：被测电阻接线柱。

B^+、B^-：外接电源接线柱。如用增加电源电压的办法作测量时，在这里按正、负接上电源，此电源即与内部 4.5V 电源串联。若只用内部电源时，应用连接片接于该两接线柱之间。

G 外接：外接检流计接线柱。当觉得电桥灵敏度不够高时，可在这里另接灵敏度更高的检流计。当用内附检流计时，应用连接片接于该两接线柱之间。

G 内接：用外接检流计时，需用连接片接于该两接线柱之间。使用完电桥或搬动电桥时，也应将连接片接于该两接线柱之间，使内附检流计短路。

B 按钮：电源按接开关。按下 B 则电源接入电路。若需长时间接通电源，按下 B 顺时针转 90°即可锁住。

G 按钮：检流计按接开关。按下 G 则检流计接入电路。若需长时间接通检流计，可按

下 G 顺时针转 90°锁住。

调节臂旋钮 R_s 用法同电阻箱。

比率臂旋钮 N：N 等于原理图中的 R_1/R_2，其值可以直接从比率臂旋钮上读出。被测电阻 $R_x=NR_s$。

调零旋钮：利用检流计上面的圆形旋钮，可左右微调检流计指针位置，使指针指在零点，转动时要轻微、缓慢，以免扭断检流计悬丝。

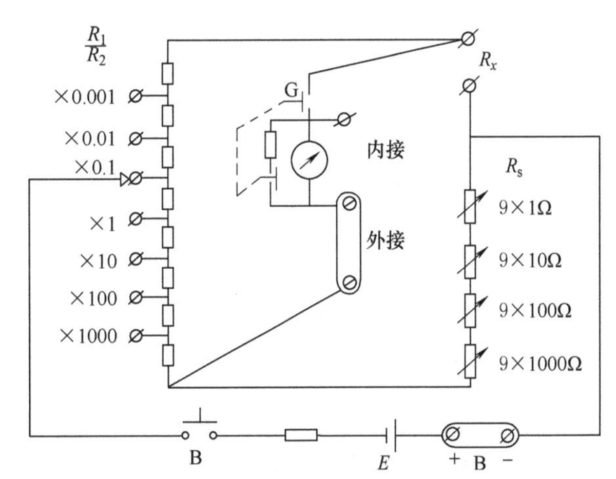

图 3-46 QJ23 型电桥原理图

【实验内容】

1. 用箱式电桥测量电阻

(1) 接通“内接”连接片，使用内部灵敏电流计，调节零旋钮。

(2) 在 R_x 两接线柱间接上被测电阻。

(3) 根据待测电阻的大致数值（可参看标称值或用万用电表粗测），选择合适的倍率，调节 R_0，使电桥平衡，测量时用跃接法按下 B 和 G 按钮（按下后立即松开），若指针偏向“+”方向，则增加 R_s 的数值；若偏向“−”方向，则减小 R_s，反复调节直至灵敏电流计偏转为零。

(4) 记下倍率和电阻读数盘上的值（即比较臂 R_0 的值）。

(5) 测电桥的灵敏度 S_0。电桥平衡后，使比较臂 R_0 改变 ΔR_0，破坏电桥平衡，记下灵敏电流计偏转格数 Δn。

(6) 选择合适的倍率测量几欧、几十欧、几百欧的电阻各一。

注意事项：

(1) 为保护灵敏电流计，一定要粗测电阻。

(2) 为了保证测量的准确度，选择适当的倍率，最好使比较臂 R_0 上的旋钮尽量都用上，以使比较臂能有四位读数，并避免因比例臂和比较臂选择不当而损坏仪器。

(3) 实验完毕，应检查各按钮开关是否均已松开，否则，将会损坏电源。

2. 用自组电桥测电阻 R_x

(1) 按图 3-47 放置好各元件，连接好电路，使保护电阻 R_g 为最大值，开启检流计锁扣，调节检流计使之指针为零。

(2) 用电阻箱、检流计组成电桥，取 R_x 粗测值为 60Ω，R_1、R_2 值见表 3-26，R_0 取 580Ω，电源电压 $E=3V$。

(3) 调 R_g 为最大值，接通电源，看灵敏电流计是否偏转。不断调节 R_0，观察检流计指针偏转方向和大小，随着电桥逐步逼近平衡逐步减少 R_g，直至 R_g 为零，指针又无偏转，即 $I_g=0$，电桥平衡，记下此时 R_0 值。

(4) 交换 R_1 和 R_2（或 R_0 与 R_x）位置，再重复上述测量。

(5) 在上述实验中，电桥平衡后，记下 R_0 值，再改变 R_0，使检流计偏转 5 格（$\Delta n=5$），记下 R_0 的改变值 ΔR_0。

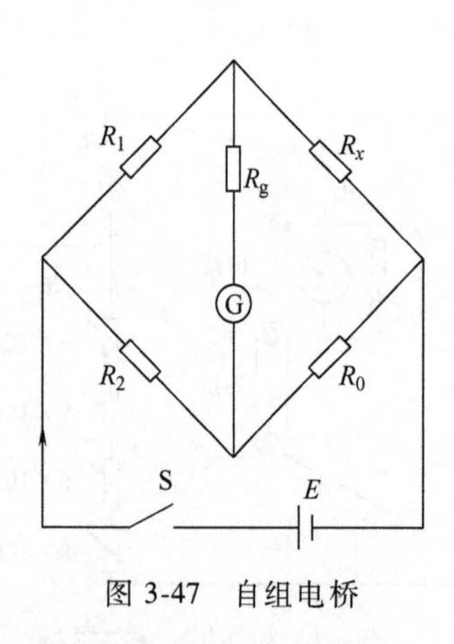

图 3-47 自组电桥

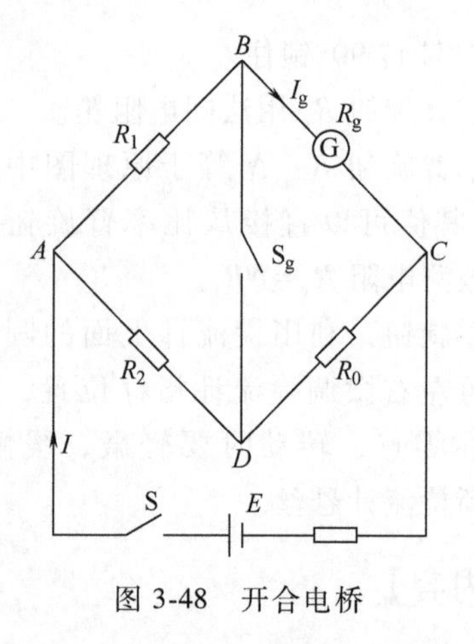

图 3-48 开合电桥

3. 用自准法测检流计内阻

按图 3-48 连接电路，该电路图与图 3-47 不同之处在于在对角线上没有平衡指示器，只有一个开关，靠开关开合时位于桥臂上的检流计表示值是否改变来判断电桥是否平衡，被测表兼作平衡指示仪表，R 为限流电阻，$R>\frac{E}{I}=\frac{E}{2I_g}$，保证 $I_x<I_g$。调节 R_0，使开关打开和闭合时，检流计值不变，即电阻 $R_g=\frac{R_1}{R_2}R_0$，当取 $R_1=R_2$时，$R_x=R_0$。

【数据记录】

1. 用箱式电桥测量电阻

将测量数据填入表 3-26 中。

表 3-26 箱式电桥测量电阻

	R_0/Ω	倍率 K	R_x/Ω	$\Delta R_0/\Omega$	Δn	S
1						
2						
3						

2. 用自组电桥测电阻

将测量数据填入表 3-27 中。

表 3-27 自组电桥测电阻

	换臂前			换臂后		
R_1/Ω	100	200	300	100	200	300
R_2/Ω	1000	2000	3000	1000	2000	3000
R_0/Ω						
R_x/Ω						
$\overline{R}_x/\Omega$						
R_0(平衡值)	ΔR_0(改变量)			$S=\frac{\Delta n}{\Delta R_0/R_0}$		

【思考题】

1. 下列因素是否会使电桥测量误差增大？

（1）电源电压不太稳定；（2）检流计没有调好零点；（3）检流计灵敏度不够高。

2. 电桥灵敏度是什么意思？

3. 为什么用箱式电桥测电阻一般比伏安法测量的准确度高？

3.14　静电场的描绘

模拟法本质上是用一种易于实现、便于测量的物理状态或过程来模拟不易实现、不便测量的状态和过程，但是要求这两种状态或过程有一一对应的两组物理量，且满足相似的数学形式及边界条件。一般情况，模拟可分为物理模拟和数学模拟。物理模拟就是保持同一物理本质的模拟，对一些物理场的研究主要采用物理模拟，例如用光测弹性模拟工件内部应力的分布等。数学模拟也是一种研究物理场的方法，它是把不同本质的物理现象或过程，用同一数学方程来描绘。对一个稳定的物理场，若它的微分方程和边界条件一旦确定，则其解是唯一的。如果描述两个不同本质的物理场的微分方程和边界条件相同，则它们解的数学表达式是一样的。只要对其中一种易于测量的场进行测绘，并得到结果，那么与它对应的另一个物理场的结果也就知道了。模拟法在工程设计中有着广泛的应用。

【实验目的】

3.14　视频资源

1. 学习用模拟法研究静电场。

2. 描绘长平行导线的模拟电场及同轴柱面的场的电场线。

【实验仪器】

GVZ—3 型导电微晶静电场描绘仪。

【实验原理】

带电物体周围存在着电场，带电物体间通过场相互作用。带电体周围的电场强度分布与带电体的形状、大小、所在点的位置和带电体所带的电荷量有关。知道了电场强度的分布就可以计算出相互作用力的大小，但是电场强度是矢量，不但有大小而且有方向。故在一些电子器件中，有时需知道其中的电场分布，一般都用实验的方法来确定。直接测量电场有很大的难度，所以实验时常用一种物理实验的方法——模拟法，即仿造一个电场（模拟场）与原电场完全一样。当用探针去测模拟场时，也不受干扰，因此可间接地测出模拟场中各点的电位，连接各等电位点作出等位线。根据电力线与等位线的垂直关系，描绘出电力线，即可形象地了解电场情况，加深对电场强度、电位和电位差等概念的理解。

由于真正的静电场中没有运动的电荷，不能使电表的指针偏转。如果将带电体放在各向同性的导电介质里，维持带电体间电位差不变，介质便会有恒定不变的电流，这样就可用电压表测量介质中各点的电位值；再根据电位变化的最大方向可计算出电场强度。理论和实验都能证明，导电介质里由恒定电流建立的电场（恒定电流场）与静电场的规律完全相似，因此在恒定电流场中测量到的电位分布可应用到静电场中去，这种比拟方法叫做模拟法。

为了克服直接测量静电场的困难，我们可以仿造一个与静电场分布完全一样的电流场，用容易直接测量的电流场模拟静电场。

静电场与稳恒电流场本是两种不同场，但是它们两者之间在一定条件下具有相似的空间分布，即两场遵守的规律在形式上相似。它们都可以引入电位 U，而且电场强度 $E=-\Delta U/\Delta l$；它们都遵守高斯定理：对静电场，电场强度在无源区域内满足以下积分关系：

$$\oint \boldsymbol{E}\cdot \mathrm{d}\boldsymbol{S}=0 \qquad \oint \boldsymbol{E}\cdot \mathrm{d}\boldsymbol{l}=0$$

对于稳恒电流场，电流密度矢量 $\boldsymbol{J}$ 在无源区域内也满足类似的积分关系：

$$\oint \boldsymbol{J}\cdot \mathrm{d}\boldsymbol{S}=0 \qquad \oint \boldsymbol{J}\cdot \mathrm{d}\boldsymbol{l}=0$$

由此可见，$\boldsymbol{E}$ 和 $\boldsymbol{J}$ 在各自区域中满足同样的数学规律。若稳恒电流空间均匀充满了电导率为 σ 的不良导体，不良导体内的电场强度 $\boldsymbol{E}'$ 与电流密度矢量 $\boldsymbol{J}$ 之间遵循欧姆定律

$$\boldsymbol{J}=\sigma\boldsymbol{E}'$$

因而，$\boldsymbol{E}$ 和 $\boldsymbol{E}'$ 在各自的区域中也满足同样的数学规律。在相同边界条件下，由电动力学的理论可以严格证明：像这样具有相同边界条件的相同方程，其解也相同。因此，我们可以用稳恒电流场来模拟静电场。也就是说，静电场的电力线和等位线与稳恒电流场的电流密度矢量和等位具有相似的分布，所以测定出稳恒电流场的电位分布也就求得了与它相似静电场的电场分布。

我们以同轴圆柱形电缆的“静电场”和相应的模拟场——“稳恒电流场”来讨论这种等效性。在真空中有一半径 r_a 的长圆柱导体 A 和一个内径 r_b 的长圆筒导体 B，它们同轴放置，分别带等量异号电荷。由高斯定理可知，在垂直于轴线上的任何一个截面 S 内，有均匀分布辐射状电力线，这是一个与坐标 Z 无关的二维场。在二维场中电场强度 $\boldsymbol{E}$ 平行于 xy 平面，其等位面为一簇同轴圆柱面。因此，只需研究任一垂直横截面上的电场分布即可。

距轴心 O 半径为 r 处的各点电场强度为

$$E=\frac{\lambda}{2\pi\varepsilon_0 r}$$

式中，λ 为 A（或 B）的电荷线密度。其电位为

$$U_r=U_a-\int_{r_a}^{r}\boldsymbol{E}\cdot \mathrm{d}\boldsymbol{r}=U_a-\frac{\lambda}{2\pi\varepsilon_0}\ln\frac{r}{r_a} \tag{3-52}$$

若 $r=r_b$ 时，$U_b=0$，则有

$$\frac{\lambda}{2\pi\varepsilon_0}=\frac{U_a}{\ln\frac{r_b}{r_a}}$$

代入式（3-52）得

$$U_r=U_a\frac{\ln\frac{r_b}{r}}{\ln\frac{r_b}{r_a}} \tag{3-53}$$

距中心 r 处电场强度为

$$E_r=\frac{\mathrm{d}U_r}{\mathrm{d}r}=\frac{U_a}{\ln\frac{r_b}{r_a}}\cdot\frac{1}{r} \tag{3-54}$$

其中 A、B 间不是真空，而是充满一种均匀的不良导体，且 A 和 B 分别与电流的正负极相连，如图 3-49 所示，同轴电缆模拟电极间形成径向电流，建立一个稳恒电流场 E_r'。可以证明不良导体中的电场强度 E_r'与原真空中的静电场 E_r 是相同的。

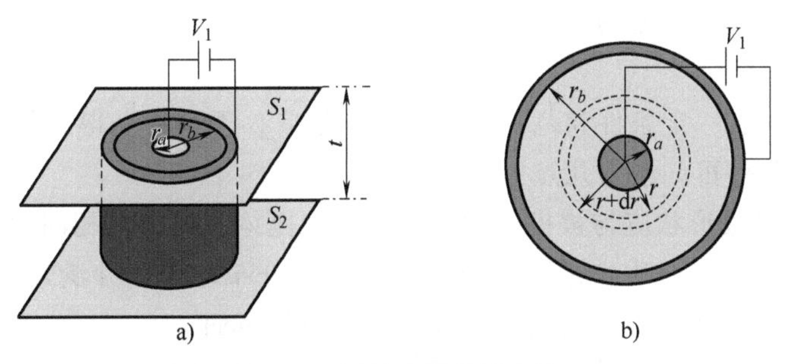

图 3-49　同轴电缆模拟电极

取厚为 t 的圆柱形同轴不良导体片来研究，材料的电阻率为 ρ，则半径为 r 的圆周到半径为（$r+\mathrm{d}r$）的圆周之间的不良导体薄块的电阻为

$$\mathrm{d}R=\frac{\rho}{2\pi t}\cdot\frac{\mathrm{d}r}{r} \tag{3-55}$$

半径 r 到 r_b 之间的圆柱片电阻为

$$R_{rr_b}=\frac{\rho}{2\pi t}\int_r^{r_b}\frac{\mathrm{d}r}{r}=\frac{\rho}{2\pi t}\ln\frac{r_b}{r} \tag{3-56}$$

由此可知半径 r_a 到 r_b 之间圆柱片的电阻为

$$R_{r_ar_b}=\frac{\rho}{2\pi t}\ln\frac{r_b}{r_a} \tag{3-57}$$

若设 $U_0=0$，则径向电流为

$$I=\frac{U_a}{R_{r_ar_b}}=\frac{2\pi tU_a}{\rho\ln\frac{r_b}{r_a}} \tag{3-58}$$

距中心 r 处的电位为

$$U_r=IR_{rr_b}=U_a\frac{\ln\frac{r_b}{r}}{\ln\frac{r_b}{r_a}} \tag{3-59}$$

则稳恒电流场 E_r'为

$$E_r'=-\frac{\mathrm{d}U_r'}{\mathrm{d}r}=\frac{U_a}{\ln\frac{r_b}{r_a}}\cdot\frac{1}{r} \tag{3-60}$$

可见式（3-53）与式（3-59）具有相同形式，说明稳恒电流场与静电场的电位分布函数完全相同，即柱面之间的电位 U_r 与 $\ln r$ 均为直线关系。并且（U_r/U_a）相对电位仅是坐标的函数，与电场电位的绝对值无关。显而易见，稳恒电流的电场 E' 与静电场 E 的分布也是相同的。因为

$$E'=-\frac{\mathrm{d}U_r'}{\mathrm{d}r}=-\frac{\mathrm{d}U_r}{\mathrm{d}r}=E \tag{3-61}$$

实际上，并不是每种带电体的静电场及模拟场的电位分布函数都能计算出来，只有 σ 分布均匀的几种形状对称、规则的特殊带电体的场分布才能用理论严格计算。上面只是通过一个特例，证明了用稳恒电流场模拟静电场的可行性。

1. 模拟条件

模拟方法的使用有一定条件和范围，不能随意推广，否则将会得到荒谬的结论。用稳流电场模拟静电场的条件可归纳为几点：

（1）稳流场中电极形状应与被模拟的静电场的带电体几何形状相同。

（2）稳流场中的导电介质应是不良导体且电阻率分布均匀，并满足 $\sigma_{电极} \geqslant \sigma_{导电质}$ 才能保证电流场中的电极（良导体）的表面也近似是一个等位面。

（3）模拟所用电极系统与被模拟电极系统的边界条件相同。

2. 测绘方法

电场强度 $\boldsymbol{E}$ 在数值上等于电位梯度，方向指向电位降落的方向。考虑到 $\boldsymbol{E}$ 是矢量，U 是标量，从实验测量来讲，测量电位比测定电场强度容易实现，所以可先测绘等位线，然后根据电力线与等位线正交原理，画出电力线。这样就可由等位线的间距、电力线的疏密和指向，将抽象的电场形象地反映出来。

3. 实验装置

GVZ—3 型导电微晶静电场描绘仪（包括导电玻璃、双层固定支架、同步探针等）如图 3-50 所示，支架采用双层式结构，上层放记录纸，下层放导电玻璃。电极已直接制作在导电玻璃上，并将电极引线接出到外接线柱上，电极间制作有电导率远小于电极且各向均匀的导电介质。接通直流电源就可进行实验。在导电玻璃和记录纸上方各有一探针，通过金属探针臂把两探针固定在同一手柄座上，两探针始终保持在同一铅垂线上。移动手柄座时，可保证两探针的运动轨迹是一样的。由导电玻璃上方的穿梭针找到待测点后，按一下记录纸上方的探针，在记录纸上留下一个对应的标记。移动同步探针在导电玻璃上找出若干电位相同的点，由此即可描绘出等位线。

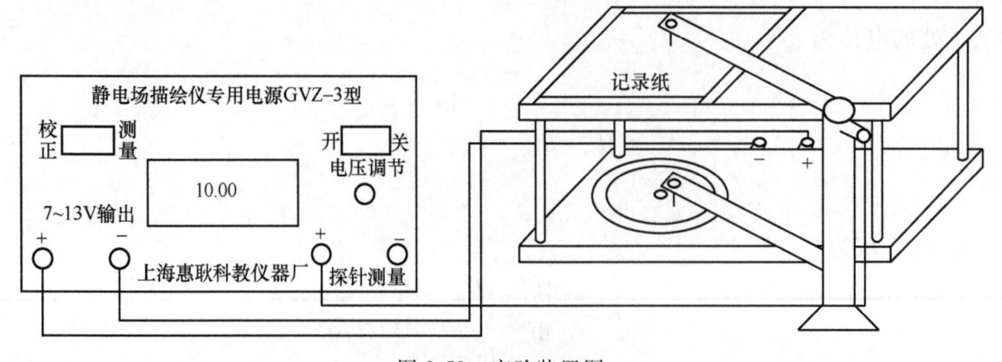

图 3-50　实验装置图

【实验内容】

1. 测绘同轴圆柱形电缆的模拟电场

(1) 在描绘架上铺平白纸，用橡胶磁条吸住。将导电微晶的内外两电极分别与直流稳压电源的正负极相连接，将探针测量的正极与探针相连。把探针移离导电微晶纸，打开电源，将电源调至“校正”位置，旋转电压调节使电压表的示值（即内外电极间电压）为10.00V。

(2) 将电源调至“测量”位置，此时电压表显示的示值就是探针与负极之间的电压值。当电压表显示读数认为需要记录时，轻轻按下记录纸上的探针并在白纸上旋转一下即能清楚记下黑色小点，记录电压，为了实验清楚快捷，每等位线记8~10点，然后连接即可。移动探针使电压表读数为5.00V，按一下记录纸上的探针记下该点位置。在5.00V等位线上大致均匀地记录10个等位点。

(3) 根据对称的性质，依次再描出电压为2V、4V、6V、8V的等位点。

(4) 用铅笔把各组等位点连成等位线。再根据电力线和等位线垂直的性质，画出五条对称分布的电力线，并用箭头标出电力线方向。

2. 用以上方法描绘长平行导线的模拟电场

3. 描绘一个劈尖电极和一个条形电极形成的静电场分布

将电流电压调到10V，将记录纸铺在上层平板上，从1V开始，平移同步探针，用导电微晶上方的探针找到等位点后，按一下记录纸上方的探针，测出一系列等位点，共测9条等位线，在每条等位线上找10个以上的点，在电极端点附近应多找几个等位点。画出等位线，再作出电场线，作电场线时要注意：电场线与等位线正交，导体表面是等位面，电场线垂直于导体表面，电场线发自正电荷而终止于负电荷，疏密要表示出电场强度的大小，根据电极正、负画出电场线方向。

【注意事项】

1. 两极板切忌短路。

2. 移动探针要轻要慢，以防损坏导电微晶。

3. 不能用其他笔在记录纸上画，记录纸必须保持平整，否则记录纸不能看成均匀的不良导体的薄层，模拟电场和原静电场的分布将不相同。

【思考题】

1. 如何从等位线和电场线的分布看出电场强度的大小和方向?

2. 用电流场模拟静电场的条件是什么?

<拓展>

本实验用矩形导电纸条模拟匀强电场。用楔形导电纸条代替同轴圆柱面电荷电场，虽然极板不是弧形的，但由于楔形纸条开角很小，且纸条尖端几乎处于极板所在处，所以可以认为其电场分布与同轴圆柱面一扇形区域内的分布相同。

由于测量工具的引入会产生分流现象，所以为了不破坏电场的分布情况，可采用补偿法测量。

1. 实验仪器（如图 3-51 和图 3-52 所示）

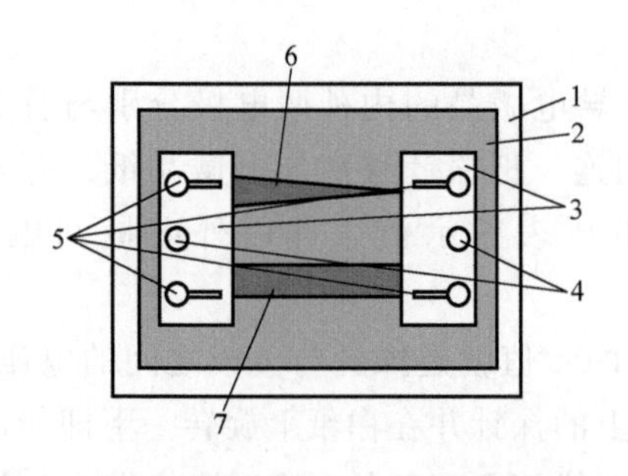

图 3-51　模拟法测绘静电场实验仪面板

1—底座　2—皮垫　3—极板　4—接线柱　5—固定螺钉　6—楔形导电纸条　7—矩形导电纸条

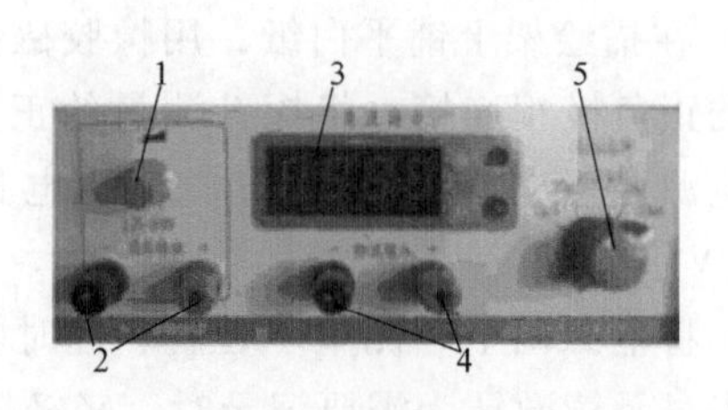

图 3-52　模拟法测绘静电场实验仪——电源及检流计

1—电压调节　2—稳压输出　3—检流计显示　4—检流输入　5—检流计档位选择

2. 操作技巧

（1）将楔形纸条与矩形纸条夹到极板下，并注意以下几点：

1）要让导电纸条完全压在极板下面，超出极板部分的电场线会发生变形，影响测量；

2）极板应相互平行；

3）矩形纸条应与极板垂直；

4）应尽可能使楔形纸条的尖端压在极板下面，而不是纸条的中部；

5）应使楔形纸条夹成等腰三角形，而不是直角三角形；

6）不要让两个导电纸条碰在一起，以免影响电场分布。

（2）按图 3-53 连接电路。

（3）先将滑线变阻器滑至最大，以便从电压表上读出电源电压，调节旋钮使电源电压不过大或过小，3.5V 比较合适。

（4）滑动滑片使电压表示数按 0.6、1.2、1.8、2.4、3.0 变化，在导电纸条上移动探针，当检流计指零时，点出痕迹，在同一电位应多测几个点。注意以下几点：

1）检流计应选择 2mA 挡，过大会增加测量误差，过小会增加测量难度；

2）如果移动探针较难使检流计指零，可在测量点附近缓慢转动指针以达到目的。

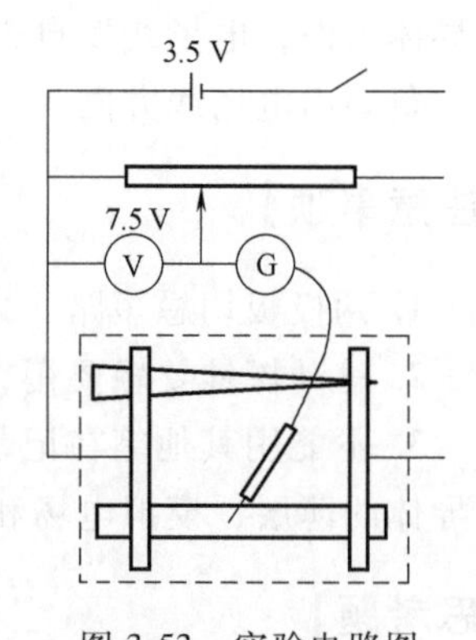

图 3-53　实验电路图

（5）取下纸条，将测量点在背面连成等位线，并标明相应电位和零电位。

3.15　铁磁材料的磁滞回线和基本磁化曲线

【实验目的】

1. 认识铁磁物质的磁化规律。

2. 测定样品的基本磁化曲线，作 μ-H 曲线。

3. 测绘样品的磁滞回线。

3.15 视频资源

【实验仪器】

磁滞回线实验仪，磁滞回线测试仪。

【实验原理】

铁磁物质是一种性能特异、用途广泛的材料。铁、钴、镍及其众多合金以及含铁的氧化物（铁氧体）均属铁磁物质。其特征是在外磁场作用下能被强烈磁化，故磁导率 μ 很高。另一特征是磁滞，即磁化场作用停止后，铁磁质仍保留磁化状态，图 3-54 为铁磁物质的磁感应强度 B 与磁化强度 H 之间的关系曲线。

图 3-54 中的原点 O 表示磁化之前铁磁物质处于磁中性状态，即 $B=H=0$，当磁场 H 从零开始增加时，磁感应强度 B 随之缓慢上升，如线段 Oa 所示，继之 B 随 H 迅速增长，如 ab 所示，其后 B 的增长又趋缓慢，并当 H 增至 H_s 时，B 到达饱和值 B_s，$OabS$ 称为起始磁化曲线。图 3-54 表明，当磁场从 H_s 逐渐减小至零时，磁感应强度 B 并不沿起始磁化曲线恢复到“O”点，而是沿另一条新的曲线 SR 下降，比较线段 OS 和 SR 可知，H 减小 B 相应也减小，但 B 的变化滞后于 H 的变化，这现象称为磁滞，磁滞的明显特征是当 $H=0$ 时，B 不为零，而保留剩磁 B_r。

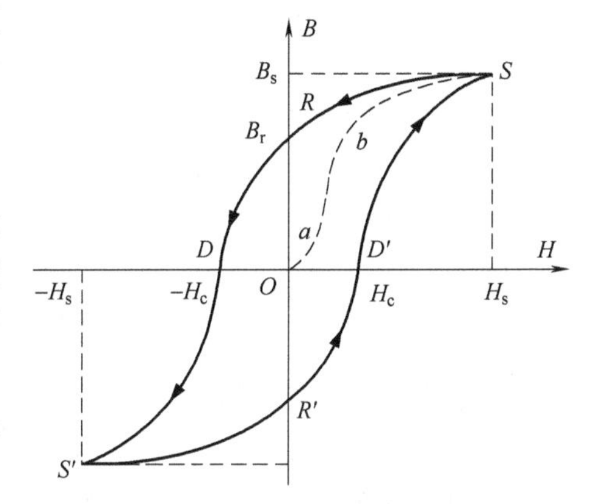

图 3-54 铁磁质起始磁化曲线和磁滞回线

当磁场反向从 O 逐渐变至 $-H_c$ 时，磁感应强度 B 消失，说明要消除剩磁必须施加反向磁场，H_c 称为矫顽力，它的大小反映铁磁材料保持剩磁状态的能力，线段 RD 称为退磁曲线。

图 3-54 还表明，当磁场按 $H_s \to O \to -H_c \to -H_s \to O \to H_c \to H_s$ 次序变化时，相应的磁感应强度 B 则沿闭合曲线 $SRDS'R'D'S$ 变化，此闭合曲线称为磁滞回线。所以，当铁磁材料处于交变磁场中时（如变压器中的铁心），将沿磁滞回线反复被磁化→去磁→反向磁化→反向去磁。在此过程中要消耗额外的能量，并以热的形式从铁磁材料中释放，这种损耗称为磁滞损耗。可以证明，磁滞损耗与磁滞回线所围面积成正比。

应该说明：当初始态为 $H=B=0$ 的铁磁材料在交变磁场强度由弱到强依次进行磁化时，可以得到面积由小到大向外扩张的一簇磁滞回线，如图 3-55 所示，这些磁滞回线顶点的连线称为铁磁材料的基本磁化曲线，由此可近似确定其磁导率 $\mu=B/H$，因 B 与 H 非线性，故铁磁材料的 μ 不是常数而是随 H 而变化。铁磁材料的相对磁导率可高达数千乃至数万，这一特点是它用途广泛的主要原因之一。

可以说磁化曲线和磁滞回线是铁磁材料分类和选用的主要依据，图 3-56 为常见的两种典型的磁滞回线，其中软磁材料的磁滞回线狭长，矫顽力、剩磁和磁滞损耗均较小，是制造变压器、电机和交流磁铁的主要材料。而硬磁材料的磁滞回线较宽、矫顽力大、剩磁强，可用来制造永磁体。

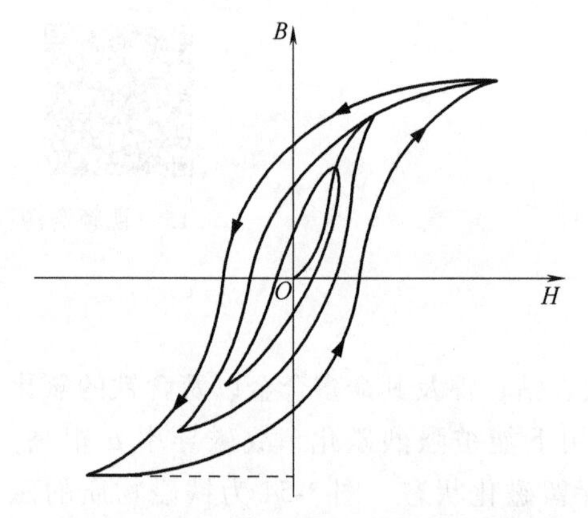

图 3-55　同一铁磁材料的一簇磁滞回线

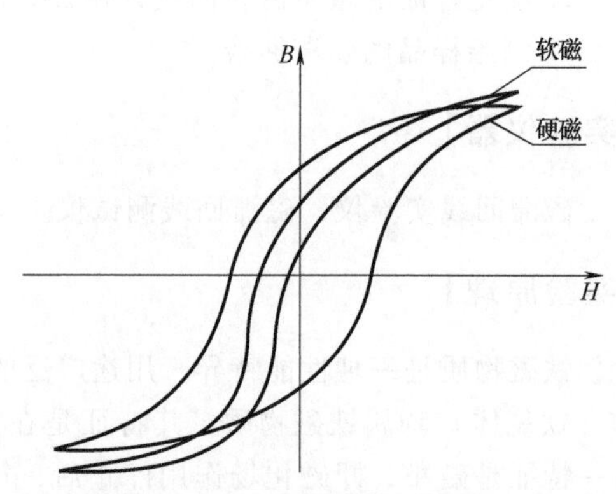

图 3-56　不同铁磁材料的磁滞回线

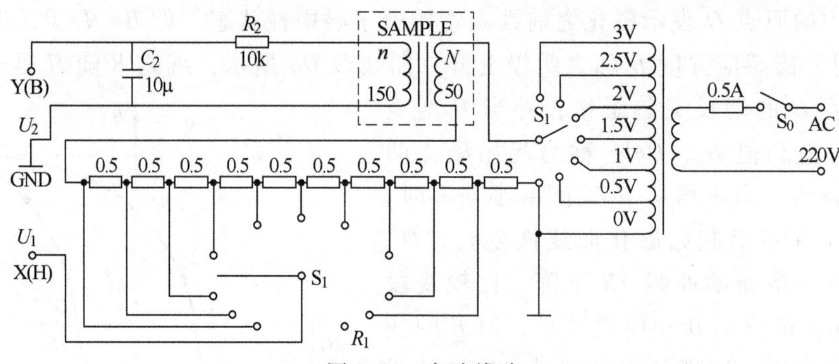

图 3-57　实验线路

实验电路及实验装置如图 3-57 及图 3-58 所示。待测样品为 E_1 型矽钢片，N 为励磁绕组，n 为用来测量磁感应强度 B 而设置的大绕组。R_1 为励磁电流取样电阻，设通过 N 的交流励磁电流为 i，根据安培环路定理，样品的磁化场强 $H=Ni/L$（L 为样品的平均磁路），因为

$$i=U_1/R_1$$

所以
$$H=\frac{NU_1}{LR_1} \tag{3-62}$$

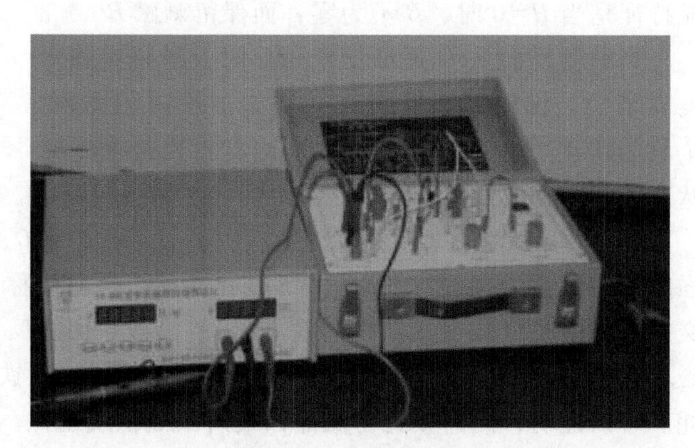
图 3-58　实验装置图

式中，N、L、R_1 均为已知常数，所以由 U_1 可确定 H。

在交变磁场下，样品的磁感应强度瞬时值 B 是测量绕组 n 和 R_2C_2 电路给定的，根据法拉第电磁感应定律，由于样品中的磁通 Φ 的变化，在测量线圈中产生的感生电动势的大小为

$$\mathscr{E}_2=n\frac{\mathrm{d}\Phi}{\mathrm{d}t}$$

$$\Phi=\frac{1}{n}\int\mathscr{E}_2\mathrm{d}t$$

$$B=\frac{\Phi}{S}=\frac{1}{nS}\int \mathscr{E}_2 \mathrm{d}t \tag{3-63}$$

如果忽略自感电动势和电路损耗，则回路方程为

$$\mathscr{E}_2=i_2R_2+U_2$$

式中，i_2 为感生电流；U_2 为积分电容 C_2 两端电压。

设在 Δt 时间内，i_2 向电容 C_2 的充电电荷量为 Q，则

$$U_2=\frac{Q}{C_2}$$

所以

$$\mathscr{E}=i_2R_2+\frac{Q}{C_2}$$

如果选取足够大的 R_2 和 C_2，使 $i_2R_2 \gg Q/C_2$，则

$$\mathscr{E}_2=i_2R_2$$

因为

$$i_2=\frac{\mathrm{d}Q}{\mathrm{d}t}=C_2\frac{\mathrm{d}U_2}{\mathrm{d}t}$$

所以

$$\mathscr{E}_2=C_2R_2\frac{\mathrm{d}U_2}{\mathrm{d}t} \tag{3-64}$$

由式（3-63）、式（3-64）两式可得

$$B=\frac{C_2R_2}{nS}U_2 \tag{3-65}$$

式中，C_2、R_2、n 和 S 均为已知常数，所以由 U_2 可确定 B。

【实验内容】

1. 测绘待测样品的磁滞回线

(1) 电路连接　选样品 1 按实验仪上所给的电路图连接线路，并令 $R_1=2.5\Omega$，“U 选择”置于 0 位。

(2) 样品退磁　开启实验仪电源，对试样进行退磁，即顺时针方向转动“U 选择”旋钮，令 U 从 0 增至 3V，然后逆时针方向转动旋钮，将 U 从最大值降为 0，其目的是消除剩磁，确保样品处于磁中性状态，即 $B=H=0$，如图 3-59 所示。

(3) 测量磁滞回线数据　将“U 选择”置于 1.5 处。按动测试仪上的“复位”按钮，然后连续按动 7 次“功能”按钮，随即按动“确认”按钮。待 B 显示窗显示“GOOD”之后，连续按两次“功能”按钮。连续按动“确认”按钮将显示一组 B、H 数据的序号及 B、H 数据。每隔十点记录一组数据，记录在表 3-29 中，直至结束。B 的实验值为显示窗值，H 的实验值为显示窗的显示值。用坐标纸以 B 和 $H\times10^2$ 绘制磁滞回线。

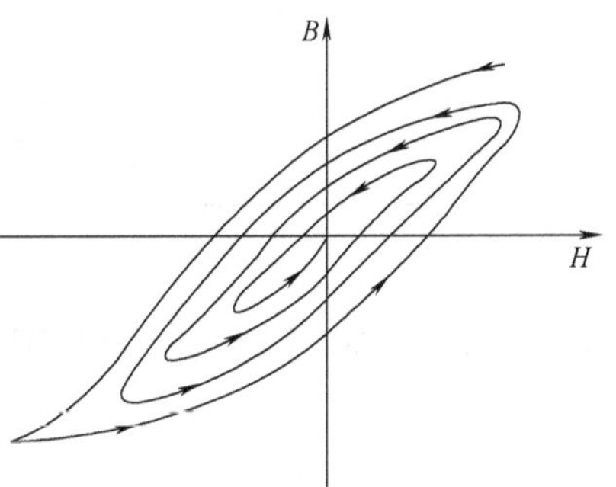

图 3-59　退磁示意图

2. 测量基本磁化曲线

(1) 令 $R_1=2.5\Omega$，“U 选择”置于 0.5 位。连续按动 7 次“功能”按钮，随即按动“确认”按钮。待 B 显示窗显示“GOOD”之后，连续按五次“功

能”按钮，然后按“确认”按钮，这时就显示 $U=0.5\text{V}$ 时的 H_m、B_m 值。

（2）依次取 $U=1.0\text{V}$，1.2V，1.5V，直到 3.0V，重复上一步，记录数据于表 3-28 中。

（3）用坐标纸以 B 和 $H\times10^2$ 绘制 B-H 曲线，并将原点和第一点之间用平滑凹曲线连接好。这就是基本磁化曲线。

【数据记录】

将所测数据记录到表 3-28 和表 3-29 中。

表 3-28　基本磁化曲线

U/V	H/(A/m)	B/T
0.5		
1.0		
1.2		
1.5		
1.8		
2.0		
2.2		
2.5		
2.8		
3.0		

表 3-29　B-H 磁滞回线

NO.	H/(A/m)	B/T	NO.	H/(A/m)	B/T	NO.	H/(A/m)	B/T
1			110			220		
10			120			230		
20			130			240		
30			140			250		
40			150			260		
50			160			270		
60			170			280		
70			180			290		
80			190			300		
90			200					
100			210					

3.16　示波器的调整与使用

阴极射线示波器简称示波器，是常用的电子仪器之一。它可以将电压随时间变化的规律显示在荧光屏上，以便研究。因此，一切可以转化为电压的电学量（如电流、电功率、阻抗等)、非电学量（如温度、位移、速度、压力、光强、磁场、频率等）以及它们随时间的变化过程，都可用示波器观察。由于电子射线惯性小，又能在荧光屏上显示出可见的图像，所以特别适用于观察测量瞬时变化过程。示波器是一种用途广泛的测量工具。

【实验要求】

3.16　视频资源

1. 掌握示波器显示波形的原理，并了解示波器的构造。
2. 学习使用示波器和信号发生器。

【实验目的】

1. 初步掌握示波器各个旋钮的作用和使用方法。
2. 观察信号电压波形及测量其电压、频率和周期。

【实验仪器】

1. 实验仪器

（1）SS—5702 示波器。

（2）探头。

（3）XJ1630 型函数信号发生器。

2. SS—5702 示波器面板介绍

序号①~㉔在前面板上，㉕~㉘在后面板上，如图 3-60 所示。

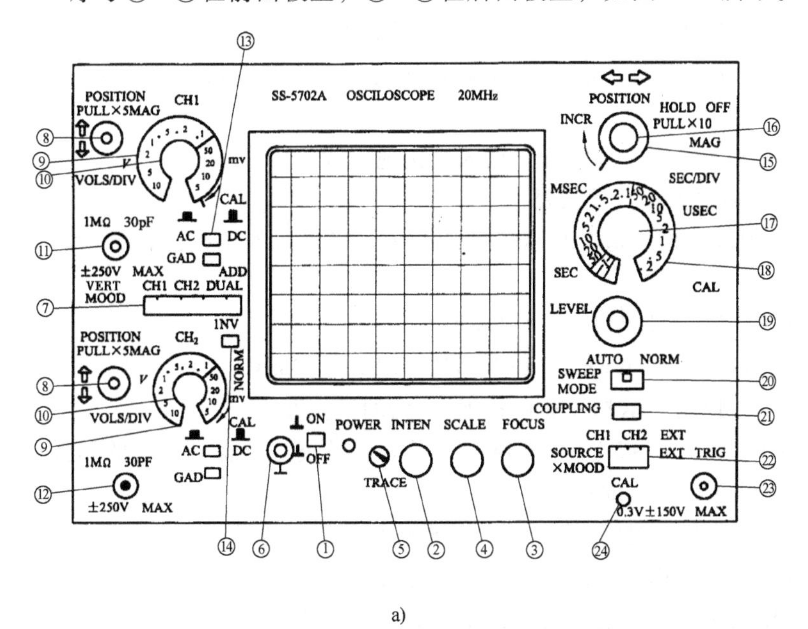

a)

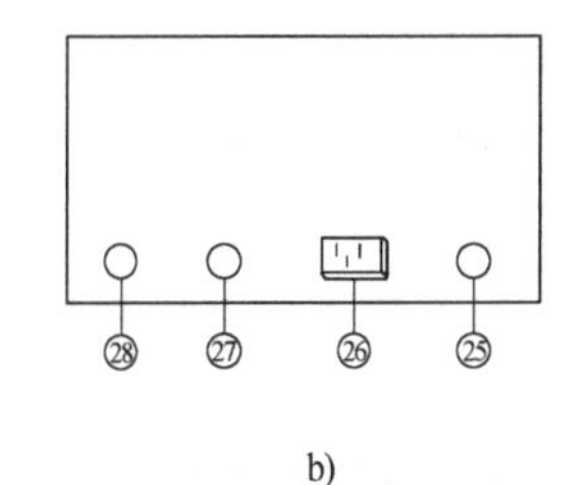

b)

图 3-60　示波器面板分布图

a）前面板分布图　b）后面板分布图

其中：

① 电源（POWER）：电源线路开关。接通仪器时，指示灯亮。

② 辉度（INTEN）：控制显示亮度。

③ 聚焦（FOCUS）：供调出最佳清晰度。

④ 刻度照明（SCALE）：控制刻度照明的亮度。

⑤ 扫迹旋转（TRACE ROTATION）：机械地控制扫迹与水平刻度线平行。

⑥ 接地：输入信号源与本仪器连接的接地端。

⑦ 垂直方式（*Y* 方式）：选择垂直工作方式和 *X-Y* 工作方式。

以下方式可供选择：

通道 1　CH1：仅显示通道 1。在 *X-Y* 显示时，通道 1 的作用由触发源开关决定。

通道 2　CH2：仅显示通道 2。在 *X-Y* 显示时，通道 2 的作用也由触发源开关决定。

双踪（DUAL）：两个通道的信号双踪显示。在这一方式下，将扫描速度置于每格 0.5ms 范围时为断续显示，置于每格 0.2ms 以上范围时为交替显示。

相加（ADD）：加入通道 1 和通道 2 输入端的信号代数相加并在示波管屏幕上显示其和。通道 2 “极性” 开关可使显示为 CH1+CH2 或 CH1-CH2。

⑧ 位移（拉出增益×5）（PULL×5MAG）：控制所显示波形的垂直位移。此旋钮也是用作控制灵敏度扩展 5 倍的推拉开关。

⑨ 伏特/格（VOLTS/DIV）：按 1~2~5 序列分 11 挡选择垂直偏转因数。要获得校正的偏转因数，微调旋钮必须置于校正（CAL）位置。

⑩ 微调（VARIABLE）：提供在 “伏特/格” 开关各校正挡位之间连续可调的偏转因数。

⑪、⑫ 通道 1、通道 2 输入端（CH1、CH2　INPUT）：通道 1、通道 2 偏转信号或 *X-Y* 显示方式下的 *Y* 轴、*X* 轴偏转信号的输入端。

⑬ 交流—地—直流（AC—GND—DC）：用以选择以下耦合方式的开关。

AC：信号经电容耦合到垂直放大器，信号的直流成分被阻断。低频极限（低端 -3dB 点）约为 4Hz。

GND：输入信号从垂直放大器的输入端断开且输入端接地，输入信号不接地。

DC：输入信号的所有成分都送入垂直放大器。

⑭ 极性（POLARITY）：用以转换通道 2 显示极性的开关。当按钮处于按入位置时，极性反相。

⑮ ⟺位移（⟺POSITION）：控制显示的水平位移。

⑯ 扫描长度（拉出扩展 10 倍）（SWEEP　LENGTH（PULL×10MAG））：控制显示扫描长度的旋钮。此旋钮也是用作控制显示扫描速度扩展 10 倍的推拉开关。

⑰ 时间/格（TIME/DIV）：以 1~2~5 顺序分 18 级选择扫描速度。要得到校正的扫描速度，“微调” 旋钮必须置于校正（CAL）位置。

⑱ 微调（VARIABLE）：提供在 “时间/格” 开关各校正挡位之间连续可调的扫描速度。

⑲ 电平/触发极性（LEVEL/SLOPE）：控制触发电平的旋钮，这一旋钮也是用于控制选择触发极性的推拉开关。旋钮处于推入状态时为正向触发，拉出时为负向触发。

⑳ 扫描方式（SWEEP MODE）：用以选择以下几种方式：

AUTO：扫描可由重复频率 50Hz 以上和在由 “耦合方式” 开关确定的频率范围内的信号触发。当 “电平” 旋钮旋至触发范围以外或无触发信号加至触发电路时，由自激扫描产生一个基准扫迹。

NORM：扫描可由在 “耦合方式” 开关所确定的频率范围以内的信号所触发。当 “电平”旋钮旋至触发范围以外或无触发信号加至触发电路时，扫描停止。

㉑ 耦合方式（COUPLING）：选择以下触发信号耦合方式：

AC（EXT DC）：选择内触发时为交流耦合，选择外触发时为直流耦合。交流耦合截止到直流和衰减低于约 20Hz 的信号，高于约 20Hz 的信号可以通过。直流耦合允许从直流至 20MHz 的各种触发信号通过。

TV. V：这种耦合方式适用于全电视信号的测试。

㉒ 触发源（SOURCE）：选择触发信号源。

CH1/CH2：置于这两个位置时为内触发。当“垂直工作方式”开关置于“双踪”时，下列信号被用于触发：当触发源开关处于 CH1 位置时，连接到 CH1 INPUT 端的信号用于触发；处于 CH2 位置时连接到 CH2 INPUT 的信号用作触发；当“垂直工作方式”开关置于 CH1 或 CH2 时，触发信号源开关的位置也应相应置于 CH1 或 CH2。

EXT：触发信号从连接到触发信号输入端的信号中取得。

㉓ 输入端（INPUT）：外触发信号或外水平信号输入端。

㉔ 校正输出（CAL OUT）：0.3V 校正电压输出端。

㉕ *Z* 轴输入端（*Z* AXIS INPUT）：外辉度调制信号输入端。

㉖ 交流电源输入端（AC LINE INPUT）：连接电源线的插口。

㉗ 保险（FUSE）：容纳 0.3A 慢熔断保险管的保险座。

㉘ 连接大地的接地端。

3. XJ1630 型函数信号发生器面板介绍

前面板和后面板的布局图如图 3-61 所示。

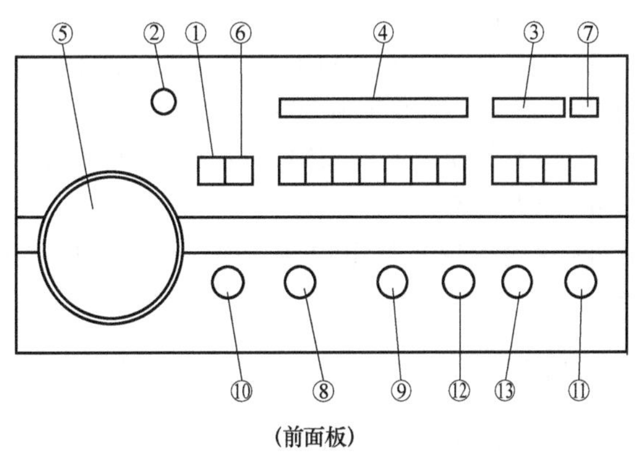

(前面板)

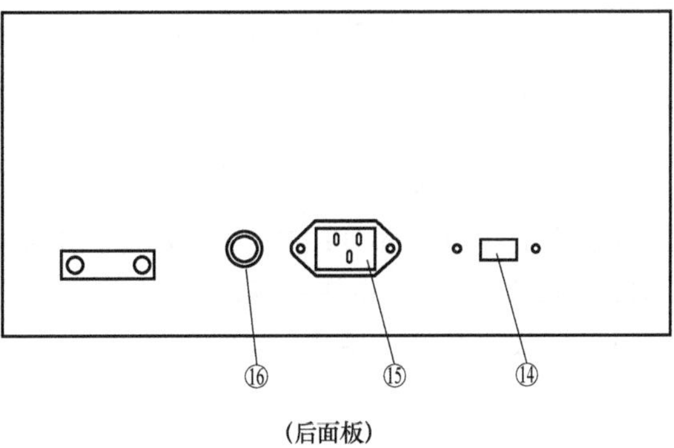

(后面板)

图 3-61 XJ1630 型函数信号发生器面板分布图

前面板上各控制机件的名称和作用：

① 电源开关（POWER）：仪器的电源开关，揿入（ON）为电源接通。

② 指示灯：电源通指示灯亮。

③ 函数开关（FUNCTION）：由 3 个互锁的按键开关组成，用来选择输出波形：方波、三角波、正弦波。每按一次仅可对 3 种波形中的一种进行选择。

④ 频率挡级（RANGE）：由 7 个按键组成的一组互锁开关，用来选择信号的频率挡级。每按一次仅可对 7 挡频率中的一挡进行选择。该 7 挡频率挡级为：1、10、100、1k、10k、100k、1M（Hz）。

⑤ 度盘读数调节器：为一个带有度盘指针的可调电位器，可以调节信号的输出频率。其最大读数为 2.0×频率挡级，最小读数为 0.1×频率挡级。

注：该电位器可以 360°旋转，但仪器

选择的有效调节范围为300°。面板上没有刻度指示的扇形区为无效区域，度盘指针位于该区域时，仪器不能正确工作，但不是故障。

⑥ 反向控制器（INVERT）：当按键弹出时，输出脉冲信号不反向；揿入时，输出脉冲信号反向。

⑦ 衰减器（ATTENUATOR）：按键弹出时，输出信号不衰减，当揿入时，输出信号衰减30dB。

⑧ 直流偏置（DC OFF SET）：当该旋钮被拉出时，可有一个直流偏置电压被加到输出信号上，该直流偏置电压可在-10~+10V变化。当该旋钮被推入时，输出信号没有加上直流偏置电压。

⑨ 信号幅度（AMPLITUDE）：可控制输出信号幅度的大小。顺时针方向旋转到底输出信号幅度为最大。

⑩ 占空系数锯齿波/脉冲（DUTY RAMP/PULSE）：该控制器用来调整方波或三角波的占空系数，当控制器置于校准位置“CAL”时（反时针旋转到底），占空系数约50%，输出的为方波。正弦波、三角波，其度盘指示的频率为有效。

当置于非校准位置时，可以连续调节脉冲的占空系数，其变化为10%~90%。

⑪ 信号输出（OUT PUT）：该连接器对正弦波、方波、三角波、脉冲、锯齿波各种波形可输出信号。

⑫ 同步输出信号［SYNC OUT（TTL）］：该连接器提供了一个与TTL电平兼容的同步输出信号。该信号不受函数开关（FUNCTION）③与幅度控制器（AMPLITUDE）⑨的影响。同步输出信号的频率与该仪器输出信号的频率相同。

⑬ 压控振荡输入（VCF IN）：当一个外部直流电压0~5V DC由VCF IN输入时，函数发生器的信号频率变化为100∶1。

⑭ 电源转换开关（LINE VOLTAGE SELECTOR）可选择220V或110V的供电电源。

⑮ 电源插座。

⑯ 保险丝座：供电电源220V时，用0.25A保险丝；供电电源110V时，用0.5A保险丝。

【预习题】

1. 荧光屏上所观察到的波形实际上是哪两个波形的合成？
2. 示波器显示完整稳定波形的充要条件是什么？

【实验原理】

1. 示波器的结构

示波器主要由五部分组成：示波管、扫描发生器、触发系统（同步电路）、放大系统（X轴、Y轴放大器）、电源系统。

（1）示波管的基本结构

示波管的基本结构如图3-62所示，主要包括电子枪、偏转系统和荧屏二个部分。

1）电子枪　电子枪由灯丝、阴极、控制栅板、聚焦阳极和加速阳极五部分组成。

灯丝：加热阴极。

阴极：发射电子。

控制栅板：它的电位比阴极低，对阴极发射出来的电子起控制作用，只有速度较大的电子才能穿过栅板的小孔，然后在阳极加速下奔向荧光屏。示波器面板上的“亮度”调整就是通过调节栅板电位以控制射向荧光屏的电子流密度，从而改变了屏上的光点亮度。

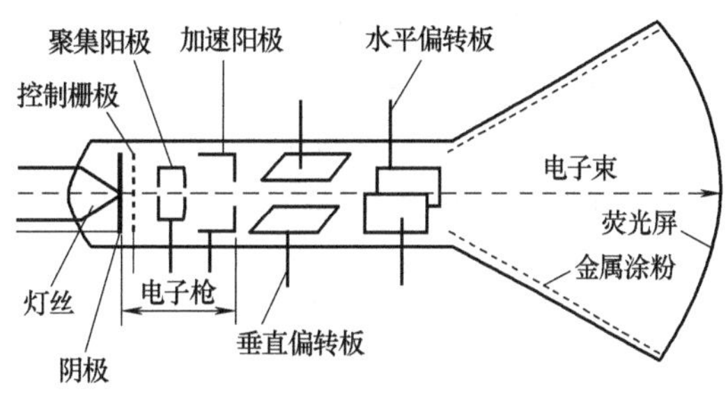

图 3-62 示波管的结构简图

聚焦阳极、加速阳极：阳极电位比阴极高很多，电子被它们之间的电场加速形成射线。示波器面板上的“聚焦”调节，就是调整聚焦阳极电位，使荧光屏上的光点为明亮、清晰的小圆点。“辅助聚焦”调节，就是调加速阳极电位。

2）偏转系统 偏转系统是由竖直偏转板和水平偏转板组成的。在偏转板上加以适当电压，电子束通过时，其运动方向发生偏转，从而使电子束在荧光屏上产生的光点位置也发生改变。

3）荧光屏 荧光屏涂有荧光粉，电子打上去它就发光，形成光点。

（2）扫描与触发系统

把一个电压随时间变化的信号加在示波器垂直偏转板上，即 Y 轴上，只能从荧光屏上观察到光点在垂直方向的运动，当信号频率较大时，只能看到一条垂直的亮线，而看不到电压随时间变化的波形。如果在水平偏转板上（即 X 轴上）加上一个电压随时间成正比的信号，即锯齿波线性扫描电压，使电子束在垂直方向运动的同时，沿水平方向匀速线性运动（水平扫描），把垂直方向的运动在水平方向“展开”，就可在荧光屏上显示出电压随时间变化的波形。

如果要在荧光屏上得到稳定不变的波形，X 轴的信号电压频率与 Y 轴信号电压频率必须成整数比，即

$$f_Y/f_X = n,\ n = 1, 2, 3, \cdots \tag{3-66}$$

如果扫描信号（X 轴信号即锯齿波）频率不是 Y 轴信号频率的整数倍，则每次扫描所得到波形将不会完全重合，因而从荧光屏上看到的是不稳定的波形。为了观察到稳定的波形，示波器面板上设有扫描速率转换开关与扫描微调旋钮，用来调节扫描信号频率。扫描速率 V_X（时间/格）反映了锯齿波频率，它代表光点在水平方向自左向右运动 1cm（格）所需时间。要准确满足式（3-66），仅靠人工调节是不够的。示波器必须有同步或触发系统，其作用是迫使锯齿频率与输入信号频率时刻同步，起到频率自动跟踪调节作用。

（3）电压放大系统

要使光点在荧光屏上移动一定的距离，必须在偏转板上加足够的电压。被测信号的电压一般较低。为了使电子束能在荧光屏上获得明显的偏移，必须设置垂直（Y 轴）和水平（X 轴）放大器，对被测信号进行电压放大。

2. 示波器波形显示原理

（1）示波器的扫描

若将一个周期性的交变信号（如正弦电压信号 $U_y = U_0\sin\omega t$）加到 Y 偏转板上，而 X 偏

转板不加信号电压，则荧光屏上的光点只是作上下方向的正弦振动，振动的频率较快时，荧光屏上呈现一条竖直亮线。要在荧光屏上展现出正弦波形，这就需要光点沿 X 轴方向展开，必须在 X 偏转板上加随时间作线性变化的电压，即上述的锯齿波电压，又称扫描电压。

在 Y 轴转板上的信号电压与 X 轴偏转板上的扫描电压同时作用下，电子束既有 Y 方向的偏转，又有 X 方向的偏转，穿过偏转板的电子束就可在荧光屏上显示出信号电压的波形，若扫描电压和信号电压周期完全一致，则荧光屏上显示的图形是一个完整的正弦波，如图 3-63 所示。

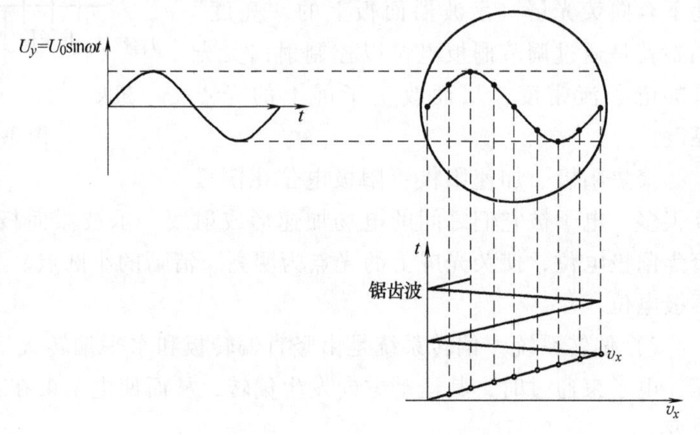

图 3-63 显示正弦波的原理

(2) 示波器的整步

要看到输入信号的一个完整波形，必须使扫描电压的周期大于或等于输入信号的周期。而欲看到一个稳定波形，则要求扫描电压周期每个相同的相位点都时刻与输入信号的相同相位点保持不变，即要求扫描电压周期 T_s 与输入信号电压周期 T_i 的关系必须是整倍量，即

$$T_s = nT_i \quad (n=1,2,3,\cdots)$$

这就是示波器显示完整稳定波形的充要条件。n 表示完整稳定波形的数目。

一般情况下，被测信号周期 T_i 与扫描信号周期 T_s 难以调节成准确的整数倍，为此，采用输入信号去控制扫描信号的频率（或周期），使 $T_s=nT_i$ 严格成立，电路的这个控制作用，称为整步（或称同步）。

【实验内容】

1. 实验步骤

(1) 熟悉示波器上各旋钮的功能和用法（表 3-30）。

(2) SS—5702A 型示波器使用前要检查各旋钮的位置和正常工作的波形图。

表 3-30 控制机件和位置

控制机件	作用位置	控制机件	作用位置
垂直位移↑↓	居中	微调(CH1)	CAL
水平位移	居中	耦合方式	AC(EXT DC)
辉度	居中	触发源	CH1
垂直方式	CH1	时间/格	0.2ms
扫描方式	AUTO	伏特/格	50mV
DC—⊥—AC	⊥	扫描长度	顺时针旋到底

接通电源开关，大约15s后出现扫描基线，调节“水平位移”、“垂直位移”钮，使扫迹移至荧光屏观测区域的中央。调“辉度”旋钮使扫迹的亮度适中，调节“聚焦”旋钮使扫迹纤细清晰。用探头将本机0.3V、1kHz的校准信号连接到通道1输入端，输入耦合置于“AC”位置，将探头衰减比置于“×1”，调节“电平”旋钮使仪器触发，使屏上显示幅度为6格、周期为5格的方波。

（3）观察待测信号波形。

用导线连接函数信号发生器信号输出端（此信号当作未知信号）和示波器通道1（或通道2）输入端。（注意：函数信号发生器任选一波形、频率和输出电压，通过示波器来观察波形，测频率、电压）将示波器控制器置于下列位置：

垂直位移	中间位置
水平位移	中间位置
辉度	居中
垂直方式	CH1（CH2）
交流—地—直流	AC
扫描方式	AUTO
微调	CAL
耦合方式	AC（EXT DC）
触发源	CH1（CH2）

调节“电平”旋钮，使荧光屏上显示稳定的波形，调节“伏特/格”旋钮，使波形幅度适当，调节“时间/格”挡位，使信号易于观测。

（4）测量。

1）电压测量 在测量时一般把“VOLTS/DIV”开关的微调装置以顺时针方向旋至满度的校准位置，这样可以按“VOLTS/DIV”的指示值直接计算被测信号的电压幅值。

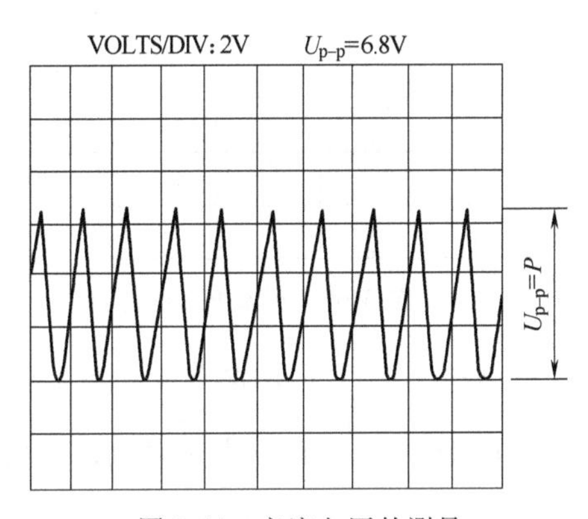

图3-64 交流电压的测量

交流电压的测量：当只需测量被测信号的交流成分时，应将Y轴输入耦合方式开关置“AC”位置，调节“VOLTS/DIV”开关，使波形在屏幕中显示的幅度适中，调节“电平”旋钮使波形稳定，分别调节Y轴和X轴位移，使波形显示值方便读取，如图3-64所示。根据“VOLTS/DIV”的指示值和波形在垂直方向显示的坐标（DIV），按下式读取：

$$U_{p-p}=V/\mathrm{DIV}\times H(\mathrm{DIV})$$

$$U_{有效值}=\frac{U_{p-p}}{2\sqrt{2}}$$

$$\mathrm{VOLTS/DIV}:2\mathrm{V},U_{p-p}=6.8\mathrm{V}$$

$$\mathrm{VOLTS/DIV}:0.5\mathrm{V},U=1.8\mathrm{V}$$

直流电压的测量：当需要测量被测信号的直流成分的电压时，应先将Y轴耦合方式开关置“GND”位置，调节 Y 轴位移使扫描线在一个合适的位置上，再将耦合方式开关转换到“DC”位置，调节“电平”使波形同步。根据波形偏移原基线的垂直距离，用上述方法读取该信号的各个电压值，如图 3-65 所示。

2）时间测量　对某信号的周期或该信号任意两点间时间参数的测量，可首先按上述操作方法，使波形获得稳定同步后，根据该信号周期或需测量的两点间在水平方向的距离乘以“SEC/DIV”开关的指示值获得。当需要观察该信号的某一细节（如快跳变信号的上升或下降时间）时，如图 3-66 所示，可将“SEC/DIV”开关的扩展旋钮拉出，使显示的距离在水平方向得到 5 倍的扩展，调节 X 轴位移，使波形处于方便观察的位置，此时测得的时间值应除以 5。

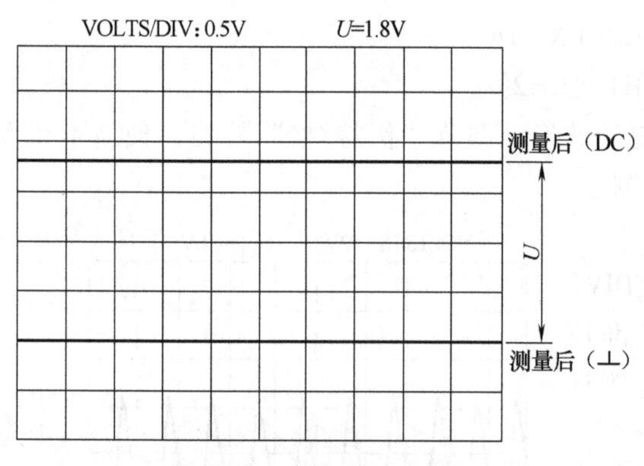

图 3-65　直流电压的测量

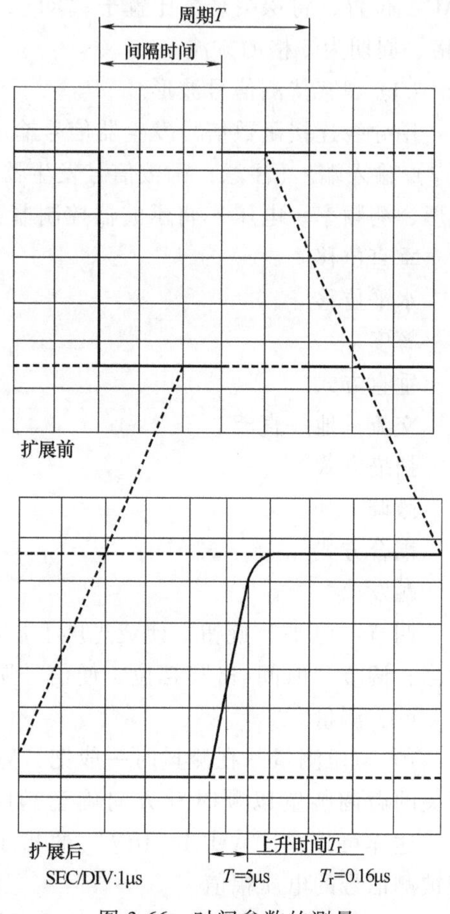

图 3-66　时间参数的测量

3）频率测量　周期倒数法：对于重复信号的频率测量，可先测出该信号的周期，再根据公式 $f(\mathrm{Hz})=\dfrac{1}{T(s)}$ 计算出频率值，若被测信号的频率较高，即使将“SEC/DIV”开关已调至最快挡，屏幕中显示的波形仍然较密，为了提高测量精度，可根据 X 轴方向 10DIV 内显示的周期数用下式计算：

$$f(\mathrm{Hz})=\frac{N(\text{周期数})}{\text{SEC/DIV 指示值}\times 10}$$

李萨如图法：如果 X 轴和 Y 轴偏转板同时加上频率分别为 f_x 和 f_y 的正弦电压，光点的运动是两个相互垂直的简谐振动的合成。若 f_x 与 f_y 的比值为简单整数比，则光点合成运动的轨迹是一个封闭的图形，称为李萨如图形。调节输入信号频率，当封闭图形稳定时，测出图形与坐标轴 X、Y 的切点数 N_x、N_y，按 $N_xf_x=N_yf_y$ 计算被测信号的频率。

将示波器进行 X-Y 显示，借助一个频率已知的信号形成李萨如图形，如图 3-67 所示。

f_y:f_x	1:1	1:2	1:3	2:3	3:2	3:4	2:1
李萨如图形					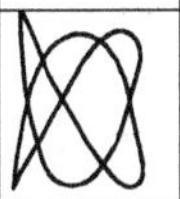	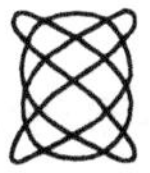	
N_x	1	1	1	2	3	3	2
N_y	1	2	3	3	2	4	1
f_x/Hz							
f_y/Hz							

图 3-67　李萨如图形

2. 注意事项

(1) 接入电源前，要检查电源电压和仪器规定的使用电压是否相符。

(2) 各旋钮转动时切忌用力过猛。

(3) 为了保护荧光屏不被灼伤，使用时，光点亮度不能太强，而且也不能让光点长时间停在荧光屏的一点上。

(4) 示波器应聚焦良好。

【数据记录】

数据表格分别如表 3-31、表 3-32 所示。

表 3-31　观察与测量电压波形

波形	电压峰-峰值			周　期			频　率
	V/div	div	U_{p-p}/V	ms/div	Div	T_y/ms	f_y/Hz

表 3-32　观察李萨如图形，测正弦信号频率

李萨如图形	f_x/Hz	N_y	N_x	$f_y=\frac{N_x}{N_y}f_x$/Hz	$\bar{f}_y$/Hz

【思考题】

1. 用示波器观察正弦波时，在荧光屏上出现下列现象：①屏上呈现一竖直亮线；②屏上呈现一水平亮线；③屏上呈现一光点。试解释。

2. 示波器电平旋钮的作用是什么？什么时候需要调节它？观察李萨如图形时，能否用它把图形稳定下来？

3. 欲用示波器观察回路电流随时间变化的波形，应采用什么线路实现？试绘出线路图并加以说明。

【附】YB4320/20A/40/60 示波器介绍

YB4320/20A/40/60 前面板示意图如图 3-68 所示，后面板示意图如图 3-69 所示。

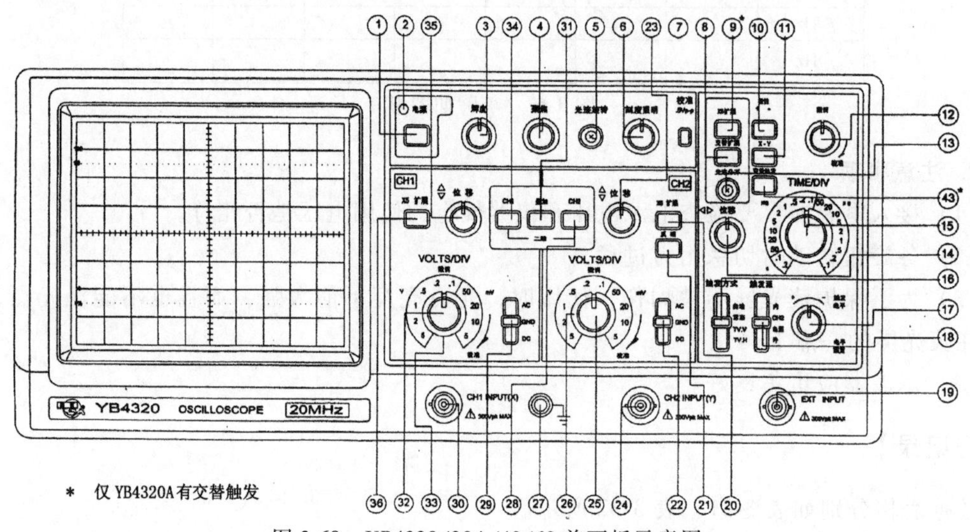

* 仅 YB4320A有交替触发

图 3-68 YB4320/20A/40/60 前面板示意图

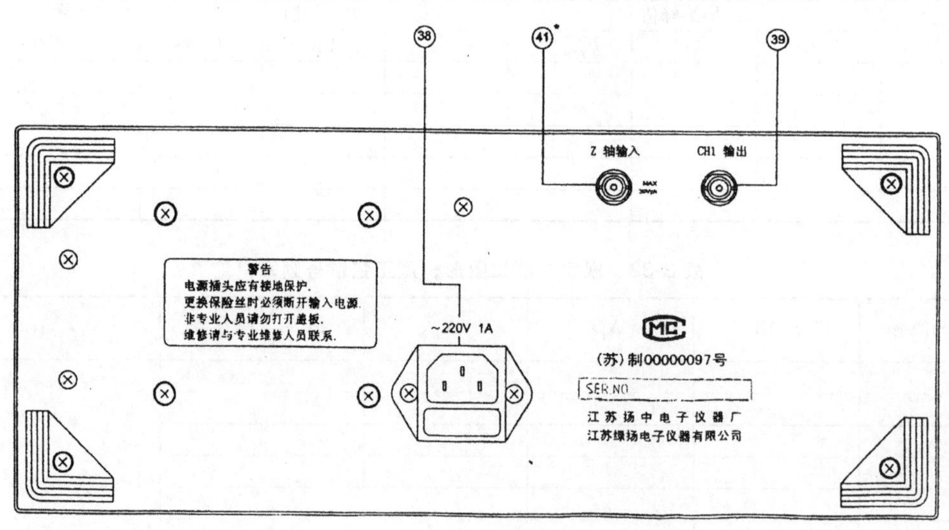

* 仅 YB4320A有 CH1输出

图 3-69 YB4320/20A/40/60 后面板示意图

面板控制键作用说明：

1. 主机电源

㊳ 交流电源插座，插座下端装有保险丝。

检查电压选择器上标明的额定电压，并使用相应的保险丝。该电源插座用于连接交流电源线。

① 电源开关（POWER）：将电源开关按键弹出即为“关”位置，将电源线接入，按电源开关，以接通电源。

② 电源指示灯：电源接通时指示灯亮。

③ 亮度旋钮（INTENSITY）：顺时针方向旋转旋钮，亮度增加。

接通电源之前将该旋钮逆时针方向旋转到底。

④ 聚焦旋钮（POCUS）：用亮度控制钮将亮度调节至合适的标准，然后调节聚焦控制钮直至轨迹达到最清晰的程度。虽然调节亮度时聚焦可自动调节，但聚焦有时也会轻微变化，如果出现这种情况，需重新调节聚焦。

⑤ 光迹旋转旋钮（TRACE ROTATION）：由于磁场的作用，当光迹在水平方向轻微倾斜时，该旋钮用于调节光迹与水平刻度线平行。

⑥ 刻度照明控制钮（SCALE ILLUM）：该旋钮用于调节屏幕刻度亮度。如果该旋钮顺时针方向旋转，亮度将增加。该功能用于黑暗环境或拍照时的操作。

2. 垂直方向部分

㉚ 通道1输入端［CH1 INPUT(X)］：该输入端用于垂直方向的输入。在 X-Y 方式时输入端的信号成为 X 轴信号。

㉔ 通道2输入端［CH2 INPUT(Y)］：和通道1一样，但在 X-Y 方式时输入端的信号仍为 Y 轴信号。

㉒、㉙ 交流—接地—直流耦合选择开关（AC—GND—DC）：选择垂直放大器的耦合方式。

交流（AC）：垂直输入端由电容器来耦合。

接地（GND）：放大器的输入端接地。

直流（DC）：垂直放大器输入端与信号直接耦合。

㉖、㉝ 衰减器开关（VOLT/DIV）：用于选择垂直偏转灵敏度的调节。如果使用的是10∶1的探头，计算时将幅度×10。

㉕、㉜ 垂直微调旋钮（VARIBLE）：垂直微调用于连续改变电压偏转灵敏度。此旋钮在正常情况下应位于顺时针方向旋到底的位置。将旋钮逆时针方向旋到底，垂直方向的灵敏度下降到2.5倍以上。

⑳、㊱ CH1×5扩展、CH2×5扩展（CH1×5MAG、CH2×5MAG）：按下×5扩展按键，垂直方向的信号扩大5倍，最高灵敏度变为1mV/div。

㉓、㉟ 垂直移位（POSITION）：调节光迹在屏幕中的垂直位置。

垂直方式工作按钮（VERTICAL MODE）：选择垂直方向的工作方式。

㉞ 通道1选择（CH1）：屏幕上仅显示CH1的信号。

㉘ 通道2选择（CH2）：屏幕上仅显示CH2的信号。

㉞、㉘ 双踪选择（DUAL）：同时按下CH1和CH2按钮，屏幕上会出现双踪并自动以断续或交替方式同时显示CH1和CH2上的信号。

㉛ 叠加（ADD）：显示CH1和CH2输入电压的代数和。

㉑ CH2极性开关（INVERT）：按此开关时CH2显示反相电压值。

3. 水平方向部分

⑮ 扫描时间因数选择开关（TIME/DIV）：共20挡，在0.1μs/div～0.2s/div范围选择扫

描速率。

⑪ X-Y 控制键：如 X-Y 工作方式时，垂直偏转信号接入 CH2 输入端，水平偏转信号接入 CH1 输入端。

㉓ 通道 2 垂直移位键（POSITION）：控制通道 2 在屏幕中的垂直位置，当工作在 X-Y 方式时，该键用于 Y 方向的移位。

⑫ 扫描微调控制键（VARIBLE）：此旋钮以顺时针方向旋转到底时处于校准位置，扫描由 TIME/DIV 开关指示，该旋钮逆时针方向旋转到底，扫描减慢 2.5 倍以上。正常工作时，该旋钮位于校准位置。

⑭ 水平移位（POSITION）：用于调节轨迹在水平方向移动。顺时针方向旋转该旋钮向右移动光迹，逆时针方向旋转向左移动光迹。

⑨ 扩展控制键（MAG×5）、(MAG×10，仅 YB4360)：按下去时，扫描因数×5 扩展或×10 扩展。扫描时间是 TIME/DIV 开关指示数值的 1/5 或 1/10。

例如，×5 扩展时，100μs/DIV 为 20μs/DIV。

部分波形的扩展：将波形的尖端移到水平尺寸的中心，按下×5 或×10 扩展按钮，波形将扩展 5 倍或 10 倍。

⑧ ALT 扩展按钮（ALT　MAG）：按下此键，扫描因数×1、×5 或×10 同时显示，此时要把放大部分移到屏幕中心，按下 ALT　MAG 键（见图 3-70）。

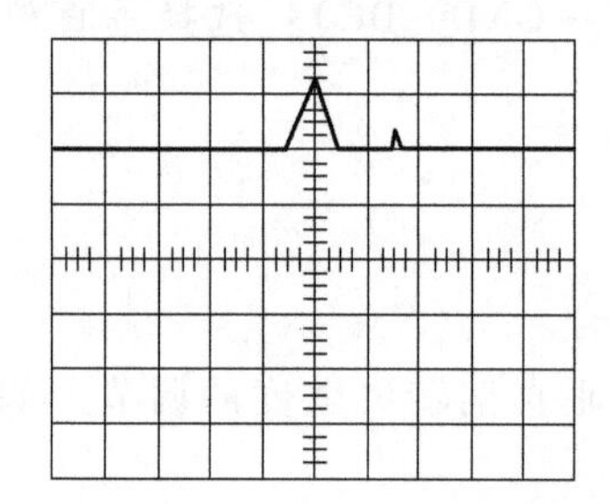
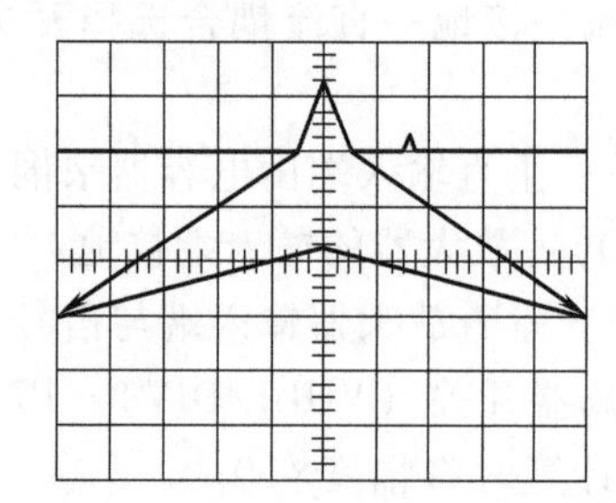

图 3-70　ALT　MAG（×10）

扩展以后的光迹可由光迹分离控制键⑬移位距×1 光迹 1.5DIV 或更远的地方。

同时使用垂直双踪方式和水平 ALT　MAG 可在屏幕上同时显示 4 条光迹。

4. **触发**（TRIG）

⑱ 触发源选择开关（SOURCE）：选择触发信号源。

内触发（INT）：CH1 或 CH2 上的输入信号是触发信号。

通道 2 触发（CH2）：CH2 上的输入信号是触发信号。

电源触发（LINE）：电源频率成为触发信号。

外触发（EXT）：触发输入上的触发信号是外部信号，用于特殊信号的触发。

㊸ 交替触发（ALT TRIG）：在双踪交替显示时，触发信号交替来自于两个 Y 通道，此方式可用于同时观察两路不相关信号。

⑲ 外触发输入插座（EXT INPUT）：用于外部触发信号的输入。

⑰ 触发电平旋钮（TRIG LEVEL）：用于调节被测信号在某一电平触发同步。

⑩ 触发极性按钮（SLOPE）：触发极性选择。用于选择信号的上升沿和下降沿触发（见

图 3-71)。

⑯ 触发方式选择（TRIG MODE）。

自动（AUTO）：在自动扫描方式时扫描电路自动进行扫描。在没有信号输入或输入信号没有被触发同步时，屏幕上仍然可以显示扫描基线。

常态（NORM）：有触发信号才能扫描，否则屏幕上无扫描线显示。当输入信号的频率低于 20Hz 时，请用常态触发方式。

TV. H：用于观察电视信号中行信号波形。

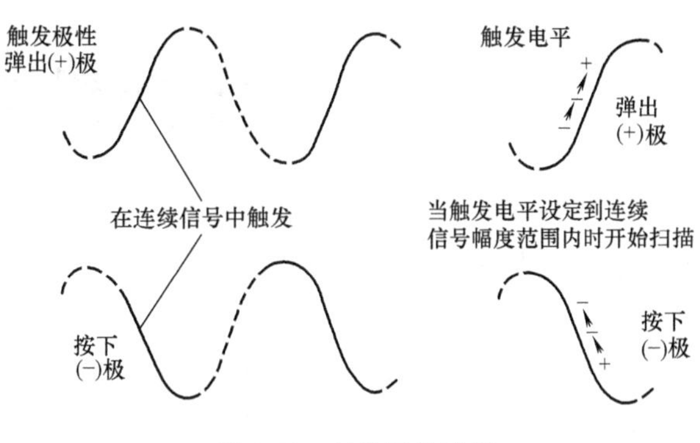

图 3-71　触发极性选择

TV. V：用于观察电视信号中场信号波形。

注意：仅在触发信号为负同步信号时，TV. V 和 TV. H 同步。

㊶ Z 轴输入连接器（后面板）（Z AXIS INPUT）：Z 轴输入端。加入正信号时，辉度降低；加入负信号时，辉度增加。常态下的 $5U_{p-p}$ 的信号就能产生明显的调辉。

㊴ 通道 1 输出（CH1 OUT）：通道 1 信号输出连接器，可用于频率计数器输入信号。

⑦ 校准信号（CAL）：电压幅度为 $0.5U_{p-p}$、频率为 1kHz 的方波信号。

㉗ 接地柱⊥：这是一个接地端。

第4章 综合性实验

4.1 声速测定

声波是一种在弹性媒质中传播的机械波。频率在 20Hz~20kHz 的声波可被人听到，称为可闻声波；频率低于 20Hz 的称为次声波；频率高于 20kHz 的称为超声波。后两种波不能被人听到。超声波具有波长短、能定向发射等优点。

超声波在媒质中的传播速度与媒质的特性及状态等因素有关，因而通过媒质中的声速测量，可以了解被测媒质的特性或状态的变化。这在工业生产上有实用意义，例如：测量氯气、硫酸等气体或溶液的浓度，测定固体材料的弹性模量，还可以进行超声定位、探伤、测距等。所以对媒质中声速的测量，在工业生产中具有一定的实用意义。

本实验只研究声波在空气中的传播，并测定其传播速度。

【实验要求】

4.1 视频资源

1. 熟悉信号发生器、示波器的使用。
2. 熟悉超声波的产生和接收原理，学习测量空气中声速的方法。
3. 加深对波的相位、波的振动合成理论的理解。

【实验目的】

测量声波在空气中的传播速度。

【实验仪器】

本实验的主要仪器是声速测量仪。声速测量仪必须配上示波器和信号发生器才能完成测量声速的任务。SW—1 型声速测量仪如图 4-1 所示。

声速测量仪是利用压电体的逆压电效应，即在信号发生器产生的交变电压下，使压电体产生机械振动，而在空气中激发出声波。本仪器采用锆钛酸铅制成的压电陶瓷管，将它黏结在合金铝制成的阶梯形变幅杆上，再将它与信号发生器连接组成声波发生器。当压电陶瓷处于一交变电场时，会发生周期性的伸长与缩短。当交变电场频率与压电陶瓷管的固有频率相同时振幅最大。这个振动又被传递给变幅杆，使它产生沿轴向的振动，于是变幅杆的端面在空气中激发声波。本仪器的压电陶瓷管的振动频率在 40kHz 以上，相应的超声波的波长约为几毫米。由于它的波长短，定向发射性能好，因此是较理想的波源。变幅杆的端面直径比波长大很多，可以近似地认为在发射面远处的声波为平面波。

超声波的接收则是利用压电体的正压电效应，将接收的声振动转化成电振动。为使此电振动增强，特加一选频放大器加以放大，再经屏蔽线输给示波器观察。接收器安装在可移动的机构上，这个机构包括支架、丝杆、可移动底座（其上装有指针）、带刻度的手轮，并通过定位螺母套在丝杆上，由丝杆带动做平移。在声速测量仪器上装有螺旋测微读数系统（仪器精密度为0.01mm）。作为发射超声波用的换能器 S_1 固定在一端。另一只接收超声波用的换能器 S_2 装在测微螺杆上，可随鼓轮转动而移动，两只换能器的相对位移可由螺旋测微读数系统读出。接收器的位置由主尺、刻度手轮的位置决定。主尺位于底座上面，最小分度值为1mm。手轮与丝杆相连，手轮上分100分格，每转1周，接收器平移1mm，故手轮每转一小格接收器平移0.01mm，可估读到0.001mm。

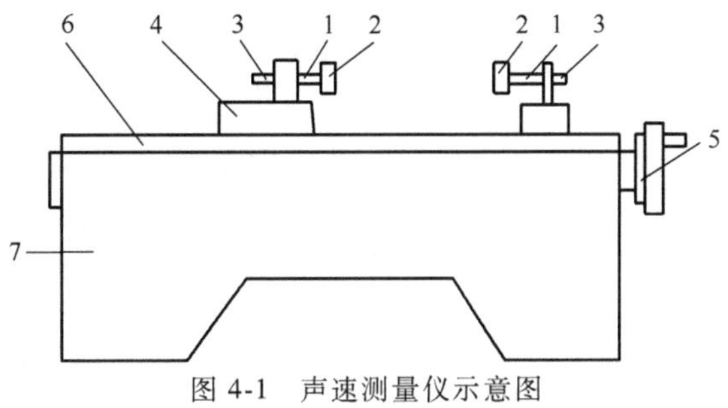

图4-1　声速测量仪示意图

1—压电换能器　2—增强片　3—变幅杆　4—可移动底座　5—刻度鼓轮　6—标尺　7—底座

【预习题】

1. 测量声速用什么方法？具体测量的是哪些物理量？
2. 两种测量方法对示波器的使用有何不同？

【实验原理】

已知波速 v、波长 λ 和频率 f 之间的关系为

$$v=\lambda f \tag{4-1}$$

因此，实验中可以通过测定声波的波长 λ 和频率 f，求得声速 v。由于使用交流信号控制发声器，所以声波的频率就是交流信号的频率，可以从信号发生器直接读出。声波的波长则常用位相比较法（行波法）和共振干涉法（驻波法）来测量。

1. 位相比较法（行波法）

设 S_1 为发声器，S_2 为接收器，在发射波和接收波之间产生相位差

$$\Delta\phi=\phi_2-\phi_1=2\pi\frac{x}{\lambda}=2\pi f\frac{x}{v} \tag{4-2}$$

因此，可以通过测量 $\Delta\phi$ 来求得声速。$\Delta\phi$ 的测定可以用示波器观察相互垂直振动合成的李萨如图形的方法进行。

设输入示波器 x 轴的入射波的振动方程为

$$x=A_1\cos(\omega t+\phi_1)$$

输入示波器 y 轴由 S_2 接收的波的振动方程为

$$y=A_2\cos(\omega t+\phi_2)$$

则合振动方程为

$$\frac{x^2}{A_1^2}+\frac{y^2}{A_2^2}-\frac{2xy}{A_1A_2}\cos(\phi_2-\phi_1)=\sin^2(\phi_2-\phi_1) \tag{4-3}$$

此方程的轨迹为椭圆，其长短轴和方位由相位差 $\Delta\phi=\phi_2-\phi_1$ 决定。当 $\Delta\phi=0$ 时，则轨迹为图4-2a所示的直线；当 $\Delta\phi=\frac{\pi}{4}$时，则轨迹为图4-2b所示的椭圆；当 $\Delta\phi=\frac{\pi}{2}$时，则轨迹为

图 4-2c 所示的正椭圆；当 $\Delta\phi=\frac{3}{4}\pi$ 时，则轨迹为图 4-2d 所示的椭圆；当 $\Delta\phi=\pi$ 时，则轨迹为图 4-2e 所示的直线。由式（4-2）知，若 S_2 向离开 S_1 的方向移动的距离 $x=\frac{\lambda}{2}$，则 $\Delta\phi=\pi$。随着 S_2 的移动，$\Delta\phi$ 随之在 $0\sim\pi$ 内变化，李萨如图形也随之由图 4-2 中的图 a 向图 e 变化。

若 $\Delta\phi$ 角变化 π，则会出现图 4-2a~e 的重复图形。与这种图形重复变化相应的 S_2 移动的距离为 $\lambda/2$，由此可以得出声波的波长 λ，然后由式（4-1）求得声速 v。

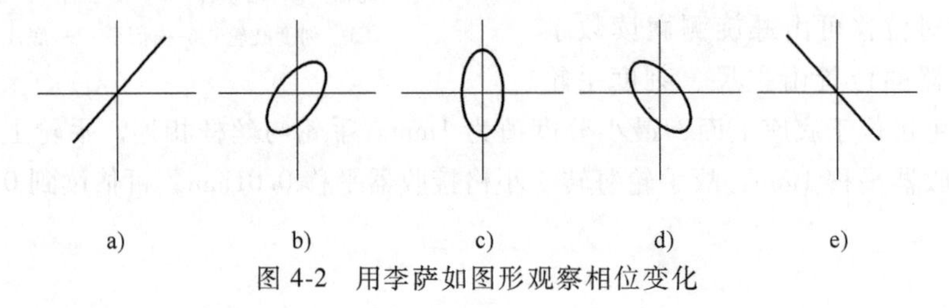

图 4-2　用李萨如图形观察相位变化

2. 共振干涉法（驻波法）

由声源 S_1 发出的平面简谐波沿 x 轴正方向传播，接收器 S_2 在接收声波的同时还反射一部分声波。这样，由 S_1 发出的声波和由 S_2 反射的声波在 S_1、S_2 之间形成干涉而出现驻波共振现象。

设沿 x 轴正方向入射波的方程为

$$y_1=A\cos2\pi\left(ft-\frac{x}{\lambda}\right)$$

沿 x 轴负方向反射波方程为

$$y_2=A\cos2\pi\left(ft+\frac{x}{\lambda}\right)$$

在两波相遇处产生干涉，在空间某点的合振动方程为

$$y=y_1+y_2=A\cos2\pi\left(ft-\frac{x}{\lambda}\right)+A\cos2\pi\left(ft+\frac{x}{\lambda}\right)=\left(2A\cos\frac{2\pi}{\lambda}x\right)\cos2\pi ft \tag{4-4}$$

式（4-4）为驻波方程。

当 $\left|\cos2\pi\frac{x}{\lambda}\right|=1$ 或 $2\pi\frac{x}{\lambda}=n\pi$ 时，在 $x=n\frac{\lambda}{2}$（$n=1, 2, \cdots$）位置上，声波振动振幅最大为 $2A$，称为波腹。

当 $\left|\cos2\pi\frac{x}{\lambda}\right|=0$ 或 $2\pi\frac{x}{\lambda}=(2n-1)\frac{\pi}{2}$时，在 $x=(2n-1)\frac{\lambda}{4}$（$n=1, 2, 3, \cdots$）位置上，声波振动振幅为 0，称为波节，其余各点的振幅在零和最大值之间。

叠加的波可以近似地看作具有驻波加行波的特征。由驻波的性质可知，当接收器端面按振动位移来说处于波节时，则按声压来讲是处于波腹。当发生共振时，接收器端面近似为波节，接收到的声压最大，经接收器转换成电信号也最强。当接收器端面移到某个共振位置时，示波器出现了最强的电信号；继续移动接收器，当示波器再次出现最强的电信号时，则接收器移动的距离为 $\lambda/2$，从而可以得出波长 λ，由式（4-1）求得声速 v。

【实验内容】

1. 用位相比较法（行波法）**测声速**

（1）按图4-3接好电路，根据函数信号发生器输出信号幅度及压电陶瓷换能器的共振频率f_0确定声源（发射端）激励信号，并在测量过程中保持不变，并从信号发生器上记下f_0。对SW—1型声速测量仪，由信号发生器输出40kHz左右的正弦波加在声速测量仪的发声器S_1上，用示波器观察接收波的波形。微调信号发生器的输出频率，找到接收波振幅最大处，此时信号发生器的输出频率为压电陶瓷换能器的共振频率f_0。

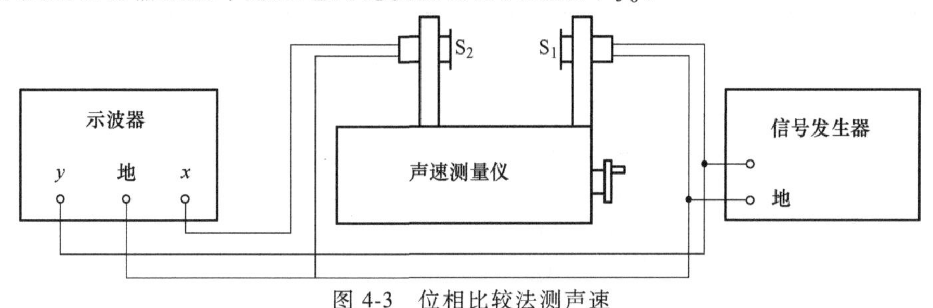

图4-3 位相比较法测声速

（2）在上述共振频率f_0下，使S_2靠拢S_1，然后缓慢移离S_1。当示波器上出现45°斜线时，记下S_2的位置x_1。

（3）依次移动S_2，记下示波器直线由图4-2a变为图e和由图e再变为图a时，游标尺的读数x_2，x_3，…值共12个。

2. 共振干涉法（驻波法）**测声速**

（1）按图4-4接好电路，信号发生器与步骤1一样处于f_0频率状态下。

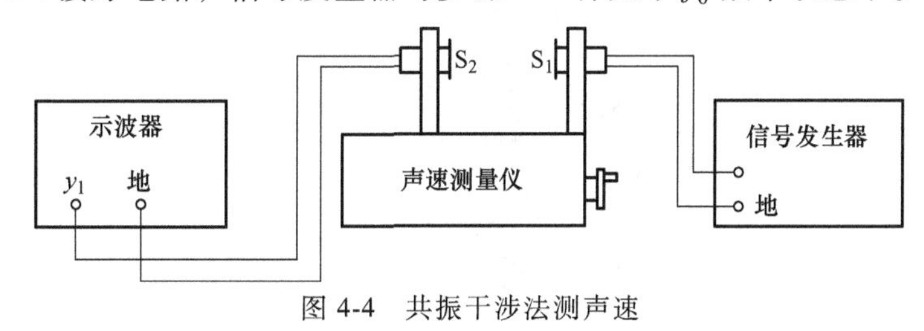

图4-4 共振干涉法测声速

（2）在共振频率f_0下，将S_2移向S_1处，再缓慢移离S_1。当示波器上出现振幅最大时，记下游标尺的读数x'_1。

（3）依次移动S_2，记下各振幅最大时的x'_2，x'_3，…值共12个。

3. 注意事项

（1）使用前应搞清楚各仪器的操作规程，并按操作规程使用。

（2）实验中移动S_2时要缓慢，并时刻注意示波器上图形的变化，不能因图形变化过度而使刻度手轮回转。

（3）换能器的发射面和接收面应尽量保持平行。

【数据记录与处理】

声速测量数据如表4-1所示。

表 4-1　声速测量数据表

位相法	x_1	x_2	x_3	x_4	x_5	x_6	f_0/Hz
	x_7	x_8	x_9	x_{10}	x_{11}	x_{12}	
	Δx_{7-1}	Δx_{8-2}	Δx_{9-3}	Δx_{10-4}	Δx_{11-5}	Δx_{12-6}	$\overline{\lambda}$
	λ_1	λ_2	λ_3	λ_4	λ_5	λ_6	

用逐差法处理数据。分别算出用位相法和共振法测得的波长 λ 和 λ'，然后分别算出 v 和 v'。

$$\Delta x_{7-1}=x_7-x_1=3\lambda \qquad \lambda_1=$$
$$\Delta x_{8-2}=x_8-x_2=3\lambda \qquad \lambda_2=$$
$$\Delta x_{9-3}=x_9-x_3=3\lambda \qquad \lambda_3=$$
$$\Delta x_{10-4}=x_{10}-x_4=3\lambda \qquad \lambda_4=$$
$$\Delta x_{11-5}=x_{11}-x_5=3\lambda \qquad \lambda_5=$$
$$\Delta x_{12-6}=x_{12}-x_6=3\lambda \qquad \lambda_6=$$

把等式两边相加，有

$$\sum_{i=1}^{6}\Delta x_{(6+i)-i}=18\lambda$$

所以平均波长为

$$\overline{\lambda}=\frac{1}{18}\sum_{i=1}^{6}\Delta x_{(6+i)-i}$$

可得

$$\overline{S}_{\lambda}=\sqrt{\frac{\sum\lambda_i-\overline{\lambda}^2}{k(k-1)}}=$$

$$\Delta_{仪x}=\Delta_{仪f}=$$

$$\Delta_{\lambda}=\sqrt{\overline{S}_{\lambda}^2+\frac{\Delta_{仪x}^2}{3}}=$$

$$\Delta_f=\Delta_{仪f}=$$

$$\overline{v}=\overline{\lambda}\cdot f_0=$$

$$E_v=\sqrt{\left(\frac{\Delta_{\lambda}}{\overline{\lambda}}\right)^2+\left(\frac{\Delta_f}{f_0}\right)^2}=$$

$$\Delta_v=\overline{v}\cdot E_v=$$

$$v=\overline{v}\pm1.96\Delta_v=$$

同样进行共振法数据处理，可得

$$v'=\overline{v}'\pm1.96\Delta_{v'}$$

【思考题】

1. 如何调节与判断测量系统是否处于共振状态？

2. 在实验过程中，刻度手轮应保持朝一个方向旋转，为什么？

【附】函数信号发生器的误差

各种型号的函数信号发生器的误差如表 4-2 所示。

表 4-2 各种型号的函数信号发生器的误差

型号		误差
EM	1634 1635 1636	≤±5%
EM	1633 1642 1643 1644	≤±1%
YB1634		≤±1%
XJ1630		≤±5%

$$\Delta_{仪f}=读数\times误差$$

YB1600P 系列函数信号发生器前面板及后面板如图 4-5 和图 4-6 所示。

① 电源开关（POWER）：将电源开关按键弹出即为“关”位置，将电源线接入，按下电源开关以接通电源。

② LED 显示窗口：此窗口指示输出信号的频率，当“外测”开关按入时，显示外测信号的频率。如超出测量范围，溢出指示灯亮。

③ 频率调节旋钮（FREQUENCY）：调节此旋钮改变输出信号频率，顺时针旋转，频率增大；逆时针旋转，频率减小，微调旋钮可以微调频率。

④ 占空比（DUTY）：占空比开关，占空比调节旋钮，将占空比开关按入，占空比指示灯亮，调节占空比旋钮，可改变波形的占空比。

⑤ 波形选择开关（WAVE FORM）：按对应波形的某一键，可选择需要的波形。

⑥ 衰减开关（ATTE）：电压输出衰减开关，两挡开关组合为 20dB、40dB、60dB。

⑦ 频率范围选择开关（兼频率计闸门开关）：根据所需要的频率，按其中一键。

⑧ 计数、复位开关：按计数键，LED 显示开始计数，按复位键，LED 显示全为 0。

⑨ 计数/频率端口：计数、外测频率输入端口。

⑩ 外测频开关：此开关按入 LED 显示窗显示外测信号频率或计数值。

⑪ 电平调节：按入电平调节开关，电平指示灯亮，此时调节电平调节旋钮，可改变直流偏置电平。

⑫ 幅度调节旋钮（AMPLITUDE）：顺时针调节此旋钮，增大电压输出幅度；逆时针调节此旋钮，可减小电压输出幅度。

⑬ 电压输出端口（VOLTAGE OUT）：电压输出由此端口输出。

⑭ TTL/CMOS 输出端口：由此端口输出 TTL/CMOS 信号。

⑮ 功率输出端口：功率输出由此端口输出。

⑯ 扫频：按入扫频开关，电压输出端口输出信号为扫频信号，调节速率旋钮，可改变扫频速率，改变线性/对数开关可产生线性扫频和对数扫频。

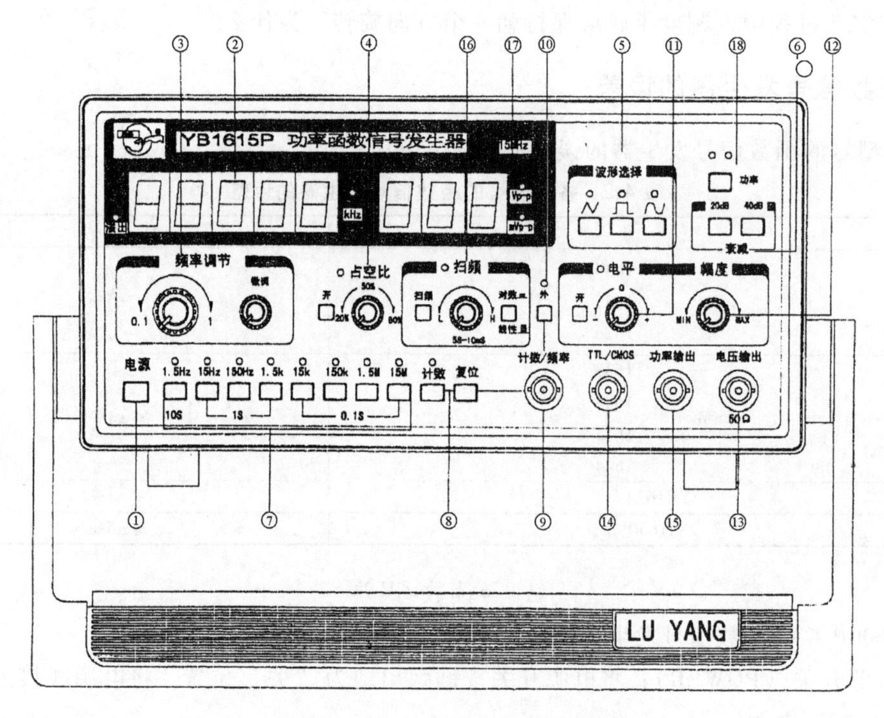

图 4-5　YB1600P 系列函数信号发生器前面板

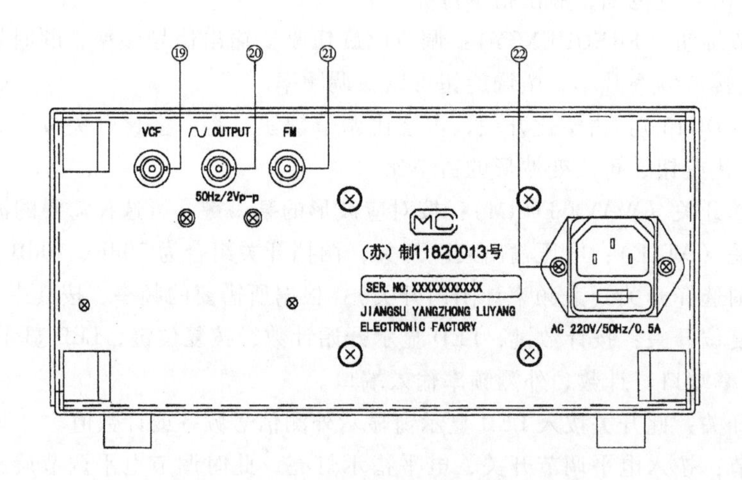

图 4-6　YB1600P 系列函数信号发生器后面板

⑰ 电压输出指示：3 位 LED 显示输出电压值，输出 500Ω 负载时应将读数除以 2。

⑱ 功率按键：按入按键上方，左边绿色指示灯亮，功率输出端口输出信号，当输出过载时，右边红色指示灯亮。

⑲ VCF：由此端口输入电压控制频率变化。

⑳ 50Hz 正弦波输出端口：50Hz 约 $2V_{p-p}$ 正弦波由此端口输出。

㉑ 调频（FM）输入端口：外调频波由此端口输入。

㉒ 交流电源 220V 输入插座。

基本操作方法如下：

打开电源开关之前，首先检查输入的电压，将电源线插入后面板上的电源插孔，如表 4-3 所示设定各个控制键。

表 4-3 各个控制键的设定

电源(POWER)	电源开关键弹出
衰减开关(ATTE)	弹出
外测频(COUNTER)	外测频开关弹出
电平	电平开关弹出
扫频	扫频开关弹出
占空比	占空比开关弹出

所有控制键如上设定后，打开电源。函数信号发生器默认 10k 挡正弦波，LED 显示窗口显示本机输出信号频率。

（1）将电压输出信号由幅度（VOLTAGE OUT）端口通过连接线送入示波器 Y 输入端口。

（2）三角波、方波、正弦波产生。

1）将波形选择开关（WALE FORM）分别按正弦波、方波、三角波，此时示波器屏幕上将分别显示正弦波、方波、三角波。

2）改变频率选择开关，示波器显示的波形以及 LED 窗口显示的频率将发生明显变化。

3）幅度旋钮（AMPLITUDE）顺时针旋转至最大，示波器显示的波形幅度将≥$20U_{p-p}$。

4）将电平开关按入，顺时针旋转电平旋钮至最大，示波器波形向上移动；逆时针旋转，示波器波形向下移动，最大变化量±10V 以上。注意：信号超过±10V 或±5V（50Ω）时被限幅。

5）按下衰减开关，输出波形将被衰减。

（3）计数、复位。

1）按复位键，LED 显示全为 0。

2）按计数键、计数/频率输入端输入信号时，LED 显示开始计数。

（4）斜波产生。

1）波形开关置“三角波”。

2）占空比开关按入指示灯亮。

3）调节占空比旋钮，三角波将变成斜波。

（5）外测频率。

1）按入外测开关，外测频指示灯亮。

2）外测信号由计数/频率输入端输入。

3）选择适当的频率范围，由高量程向低量程选择合适的有效数，确保测量精度。（注意：当有溢出指示时，请提高一挡量程）

（6）TTL 输出。

1）TTL/CMOS 端口接示波器 Y 轴输入端（DC 输入）。

2）示波器将显示方波或脉冲波，该输出端可作 TTL/CMOS 数字电路实验时钟信号源。

（7）扫频（SCAN）。

1）按入扫频开关，此时幅度输出端口输出的信号为扫频信号。

2）线性/对数开关，在扫频状态下弹出时为线性扫频，按入时为对数扫频。

3）调节扫频旋钮，可改变扫频速率，顺时针调节，增大扫频速率；逆时针调节，减小扫频速率。

（8）VCF（压控调频）。

由 VCF 输入端口输入 0~5V 的调制信号，此时，幅度输出端口输出为压控信号。

（9）调频（FM）。

由 FM 输入端口输入电压为 10Hz~20kHz 的调制信号，此时，幅度端口输出为调频信号。

（10）50Hz 正弦波。

由交流 OUTPUT 输出端口输出 50Hz 约 $2V_{p-p}$ 的正弦波。

（11）功率输出。

按入功率按键，上方左侧指示灯亮，功率输出端口有信号输出，改变幅度电位器，输出幅度随之改变，当输出过载时，右侧指示灯亮。

4.2　压力传感器特性研究及其应用

在物理实验、科学研究和生产过程中，需要测量各种物理量，其中不少是非电量。由于电学量在测量、传送、记录等方面有很多的优点，所以现代测量技术中对非电量测量亦广泛使用电测法。

将非电量信号转换成电量信号的装置叫做传感器。传感器是现代检测和控制系统的重要组成部分。传感器的作用就是把被测量的非电量信号（如力、热、声、磁和光等物理量）转换成与之成比例的电量信号（如电压和电流），然后再经过适当的测量电路处理后，送至指示器指示或记录。这种非电量至电量的转换是应用不同物体的某些电学性质与被测量之间的特定关系来实现的，例如利用电阻效应、热电效应、磁电效应、光电效应和压电效应等关系。应用不同物体的独特的物理变化，可设计和制造出适用于各种不同用途的传感器。压力传感器是最基本的传感器之一。

【实验目的】

4.2　视频资源

1. 了解非电量电测的一般原理和测量方法。
2. 掌握压力传感器的构造、原理、测量方法和特性。
3. 了解非平衡电桥的原理，以及用逐差法处理数据的方法。

【实验仪器】

YJ—YL—Ⅰ压力传感器特性及应用综合实验仪，游标卡尺，千分尺，砝码，测件和 U 形金属框。

实验装置如图 4-7 和图 4-8 所示。

【实验原理】

非电量电测系统一般由传感器、测量电路和显示记录三部分组成，它们的关系如图4-9所示。现在以应变电阻片做成的压力传感器为例进一步讨论如何实现将“力”的测量转变为“电压”测量的电测系统。

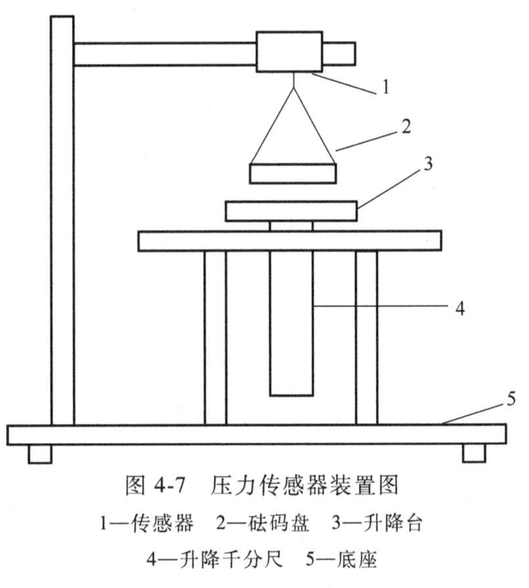

图 4-7 压力传感器装置图

1—传感器 2—砝码盘 3—升降台
4—升降千分尺 5—底座

1. 压力传感器

由于导体的电阻与材料的电阻率以及它的几何尺寸有关，当导体承受机械形变时，其长度和截面积都要发生变化，从而导致其电阻发生变化，因此电阻应变片能将机械构件上应力的变化转换为电阻的变化。

应变电阻片是用一根很细的康铜电阻丝弯曲后用胶粘贴在衬底（用纸或有机聚合物薄膜制成）上，电阻丝两端有引出线用于外接。康铜丝的直径在0.012~0.050mm之间。电阻丝受外力作用拉长时电阻要增加，压缩时电阻要减小，这种现象称为“应变效应”，这种电阻片取名为“应变电阻片”。将应变电阻片粘贴在弹性材料上，当材料受外力作用产生形变时，电阻片跟着形变，这时电阻值发生变化，通过测量电阻值的变化就可反映出外力作用的大小。实验证明，在一定范围内电阻的变化和电阻丝轴向长度的变化成正比。即

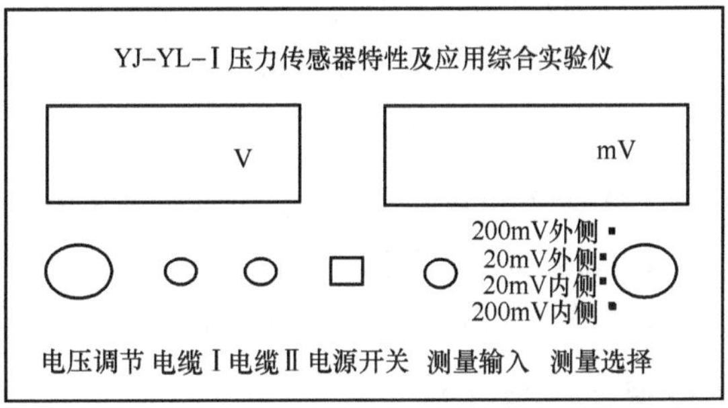

YJ-YL-Ⅰ压力传感器特性及应用综合实验仪
V
mV
200mV外侧
20mV外侧
20mV内侧
200mV内侧
电压调节 电缆Ⅰ 电缆Ⅱ 电源开关 测量输入 测量选择

图 4-8 YJ—YL—Ⅰ压力传感器特性及应用综合实验仪

$$\frac{\Delta R}{R} \propto \frac{\Delta L}{L} \tag{4-5}$$

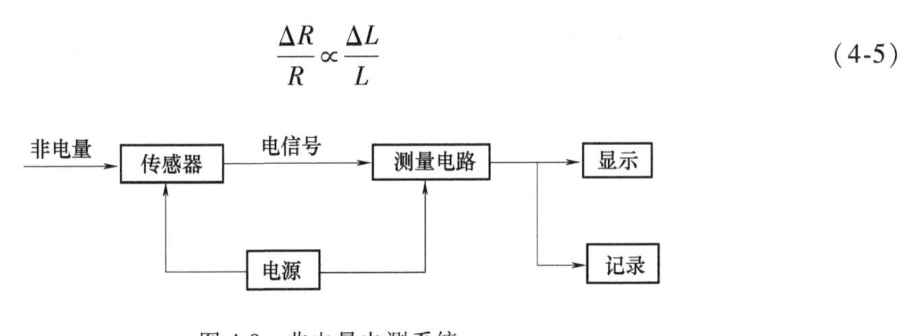

图 4-9 非电量电测系统

压力传感器是将四片电阻片分别粘贴在弹性平行梁A的上下表面适当的位置，如图4-10所示。R_1、R_2、R_3、R_4是四片电阻片，梁的一端固定，另一端自由，用于加载荷外力$\boldsymbol{F}$。弹性梁受载荷作用而弯曲，梁的上表面受拉，电阻片R_1、R_2亦受拉伸作用电阻增大，梁的下表面受压，R_3、R_4电阻减小。这样，外力F的作用通过梁的形变而使四个电阻片电阻值发生变化，这就是压力传感器。

2. 用标准砝码测量应变式传感器的压力特性，计算其灵敏度

按顺序增加砝码的数量（每次增加 10g），记下感应器对应的输出电压 U；再逐一减少砝码，记下传感器对应的输出电压 U'，求出其平均值 $\overline{U}$。

用逐差法求压力传感器的灵敏度 $S=\Delta U/\Delta mg=$______ mV/N。

3. 利用压力传感器的特性，测物质的密度

用游标卡尺和千分尺分别测得圆柱体的高和直径，计算出圆柱体的体积 V，用传感器测量物质的质量 m，则密度 $\rho=m/V$。

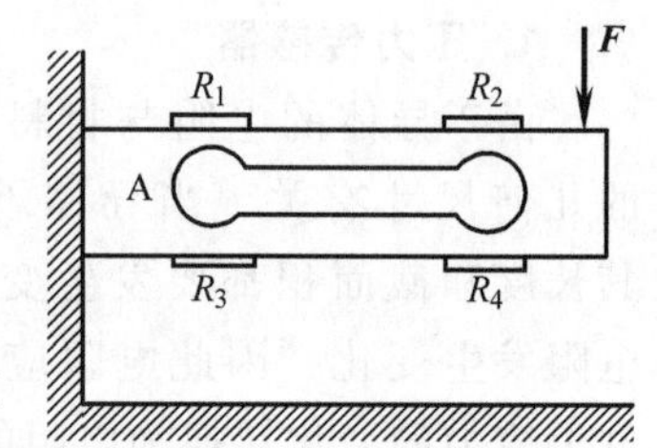

图 4-10　压力传感器

【实验内容】

1. 传感器的灵敏度 S 的测量

（1）开机预热。

（2）将传感器的输出电缆线接入实验仪电缆座Ⅱ，测量选择置于内测 20mV 或 200mV。接通电源，调节工作电压为 2V，按顺序增加砝码的数量（每次 10g）至 100g，分别测传感器的输出电压。

（3）按顺序减去砝码的数量（每次减去 10g）至 0g，分别测出传感器的输出电压。

（4）利用逐差法处理数据，求灵敏度 S。

（5）改变工作电压分别为 5V 和 8V，重复（2）、（3）、（4），测其相应的灵敏度 S。

（6）描绘压力特性曲线，工作电压一定时，即有 $\overline{U}=f(m)$。

（7）描绘电压特性曲线，压力一定（10g）时，工作电压和输出电压的关系即为 $\overline{U}=f(V)$。

2. 物质密度的测量

用游标卡尺和千分尺进行测量。

【数据记录与计算】

将所得数据填入到表 4-4a 和表 4-4b。

表 4-4a　压力传感器的压力特性测量

	m/g	0	10	20	30	40	50	60	70	80	90	100
2V	加 U											
	减 U'											
	$\overline{U}$											
5V	加 U											
	减 U'											
	$\overline{U}$											
8V	加 U											
	减 U'											
	$\overline{U}$											

表 4-4b　压力传感器的电压特性测量

工作电压/V	2	3	4	5	6	7	8	9	10
输出电压/mV									

用逐差法分 5 组求平均，求出压力传感器的灵敏度（即定标系数）：$S=\Delta U/\Delta mg$

2V：$S=$ 　　　　mV/N

5V：$S=$ mV/N

8V：$S=$ mV/N

将所得数据填写到表 4-5。

表 4-5 物质密度测定

测量次数	h/cm	D/cm	V/cm^3	m/g	$\rho=m/V/(g/cm^3)$
1					
2					
3					
4					
5					

与公认值 $\rho=2698.9kg\cdot m^{-3}$ 相比较，计算绝对误差和相对误差。

【思考题】

1. 压力传感器是怎样将压力转化为电压输出的?
2. 什么是传感器的灵敏度？由测量结果可见，它与什么有关?

4.3 液体表面张力系数的测量

【实验目的】

1. 用砝码对力敏传感器进行定标，计算该传感器的灵敏度，学习传感器的定标方法。
2. 观察拉脱法测液体表面张力的物理过程和物理现象，并用物理学基本概念和定律进行分析和研究，加深对物理规律的认识。
3. 测量纯水（或其他液体）的表面张力系数。

【实验仪器】

YJ—YL—Ⅰ压力传感器特性及应用综合实验仪，实验装置，标准砝码（500mg 7 个），10g 传感器。

实验装置如图 4-7 和图 4-8 所示。

【实验原理】

1. 压力传感器的压力特性

应变片可以把应变的变化转换为电阻的变化，为了显示和记录应变的大小，还需把电阻的变化再转化为电压或电流的变化。最常用的测量电路为电桥电路。

为了消除电桥电路的非线性误差，通常采用非平衡电桥进行测量。

2. 用标准砝码测量应变式传感器的压力特性，计算其灵敏度

（1）按顺序增加砝码的数量（每次增加 500mg），测传感器的输出电压 U_1；

（2）再逐一减砝码，记下输出电压；

（3）用逐差求出传感器的敏感度

$$K=\Delta U/\Delta m \quad (\text{mV/g})$$

3. 液体表面张力系数测量

将一表面洁净的U形金属框竖直地浸入液体中，令其底面保持水平，然后轻轻提起。由于表面张力的作用，金属框四周将带起一部分液膜，液面呈弯曲形状，如图4-11所示。

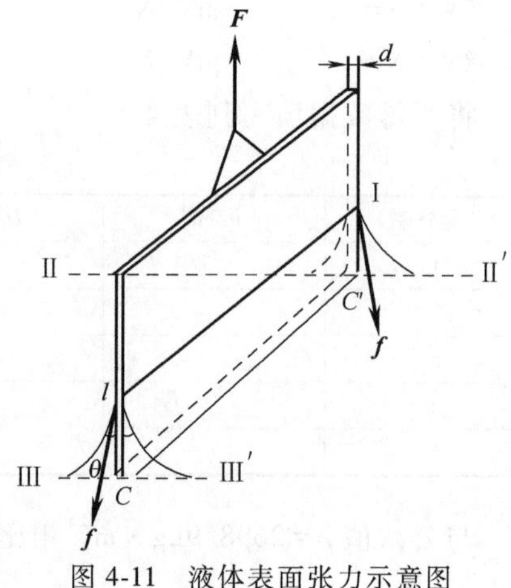

图4-11 液体表面张力示意图

这时，金属框在竖直方向受力为（1）向上的拉力F；（2）金属框所受的表面张力$2f\cos\theta$，θ为液体表面与金属框的接触角，考虑θ很小，$\cos\theta=1$，$2f\cos\theta=2\alpha(d+l)$；（3）金属框所黏附液膜的重力为$ldh\rho g$，$l$为金属框的长度，$h$为液膜拉脱前的高度，$d$为金属片的厚度。当金属框脱离液体时诸力平衡条件为

$$F=2\alpha(d+l)+ldh\rho g \tag{4-6}$$

$$\alpha=\frac{F-ldh\rho g}{2(d+l)} \tag{4-7}$$

【实验内容】

1. 将传感器输出电缆线接入实验仪电缆座Ⅱ，测量选择置于内测20mV（或200mV）。接通电源，调节工作电压为5V，开机预热15min。

2. 清洗器皿和金属框。

3. 在器皿内放入被测液体并安放在升降台上。

4. 将砝码盘挂在力敏传感器的钩上。

5. 待整机已预热15min后，可对力敏传感器定标，安放砝码时应尽量轻。

6. 换金属框前应先测定金属框的厚度和框的内空长度，然后挂上金属框，在测定液体表面张力系数过程中，可观察到液体产生的浮力与张力的情况与现象，顺时针转动千分尺时，液体液面上升，当金属框均浸入液体中时，改为逆时针转动千分尺，这时液面往下降，使金属线框上边刚好与液面重合（为便于观察，实验时可用白纸作背景，从下往斜上观察），记下此时升降装置的千分尺读数h_1，继续逆时针转动千分尺使液面往下降，观察金属框从液体中拉起时的物理过程和现象；特别应注意记录金属框中液膜刚好拉破瞬间数字电压表读数值为U_1，同时停止转动千分尺，记录液膜拉破后数字电压表读数为U_2，然后记下千分尺的读数h_2。

【数据记录与处理】

1. 压力传感器定标

压力传感器上分别加各种质量的砝码，测出相应的电压输出值，实验结果见表4-6。

表4-6 压力传感器定标

物体质量 m/g	0.000	0.500	1.000	1.500	2.000	2.500	3.000	3.500
输出电压 U/mV								

经最小二乘法（或逐差法）得仪器的灵敏度 $K=$____ mV/N。

2. 用温度计测量待测液体的温度 t

3. 水的表面张力系数的测量

用游标卡尺测量金属框内空长度：$l=$____ mm，用千分尺测金属框厚度 $d=$____ mm，调节升降装置千分尺，记录液膜在刚好拉破时数字电压表读数 U_1、拉破后数字电压表读数 U_2，结果见表 4-7。

表 4-7 纯水的表面张力系数测量（水的温度 $t=$____℃）

测量次数	h_1/mm	h_2/mm	$ldh\rho g/\times10^{-3}$N	U_1/mV	U_2/mV	Δ/mV	$F/\times10^{-3}$N	$\alpha/\times10^{-3}$N/m
1								
2								
3								
4								
5								

在此温度下水的表面张力系数为______ N/m。经查表，$t=25$℃时水的表面张力系数为 71.96mN/m，百分误差为______%。

【思考题】

1. 在测液体表面张力的实验中，引起误差的因素有哪些？操作时应注意什么？
2. 测液体表面张力系数时，U 形框为什么要水平放置？

4.4 用分光计测光栅常数和波长

衍射光栅是一种分辨率很高的色散元件，它广泛应用于光谱分析中。随着现代技术的发展，它在计量、无线电、天文、光通信、光信息处理等许多领域中都有重要的应用。

【实验目的】

4.4 视频资源

1. 熟悉分光计的操作。
2. 用已知波长测光栅常数。
3. 用测出的光栅常数测某一谱线的波长。

【实验仪器】

分光计及附件一套，汞灯光源一个，光栅一片。

【实验原理】

普通平面光栅是在一块基板玻璃片上用刻线机画出一组很密的等间距的平行线构成的。光射到每一刻痕处发生散射，刻痕起不透光的作用，光只能从刻痕间的透明狭缝中通过。因此，可以把光栅看成一系列密集、均匀而又平行排列的狭缝。透光宽度为 a，刻痕宽度为 b。

光照射到光栅上，通过每个狭缝的光都发生衍射，而衍射光通过狭缝后便互相干涉。因此，本实验光栅的衍射条纹应看作是衍射与干涉的总效果。

下面分析平行光垂直照射到光栅的情况（见图4-12）。

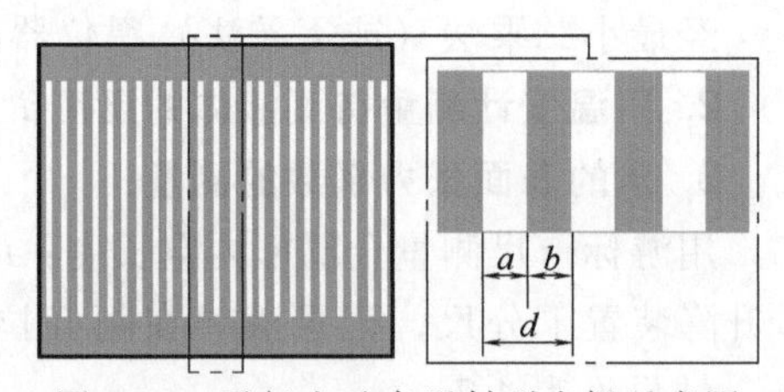

图 4-12　平行光垂直照射到光栅示意图

设波长为 λ，光栅狭缝和刻痕的宽度分别为 a 和 b，则通过各狭缝以角度 φ 衍射的光，经透镜会聚后如果是互相加强时，在其聚焦的平面上就得到明亮的干涉条纹。根据光的干涉条件，光程差等于波长的整数倍或零时形成亮条纹。衍射光的光程差为 $(a+b)\sin\varphi$，于是，形成亮纹的条件为

$$(a+b)\sin\varphi=K\lambda,\quad K=0,\pm1,\pm2,\cdots$$

或

$$d\sin\varphi=K\lambda \tag{4-8}$$

式中，$d=a+b$ 称为光栅常数；λ 为入射光光波长；K 为明条纹（光谱线）的级数；φ 是 K 级明条纹的衍射角。

$K=0$ 的亮条纹叫中央明纹或零级条纹，$K=\pm1$ 为左右对称分布的一级明纹，$K=\pm2$ 为左右对称的二级明纹，以此类推。

单色光光栅衍射光谱及复合光光栅衍射光谱分别如图 4-13、图 4-14 所示。

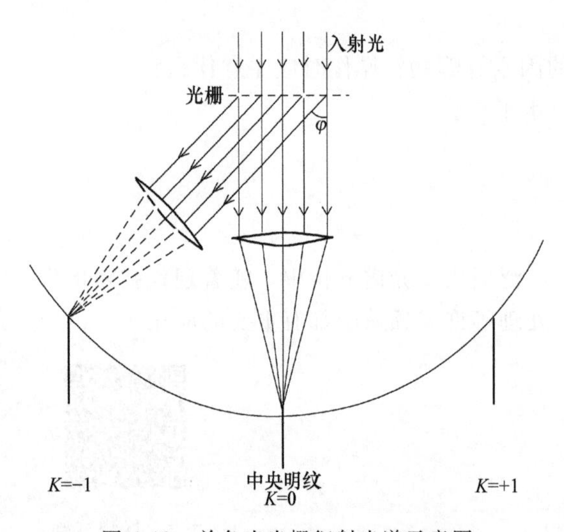

图 4-13　单色光光栅衍射光谱示意图

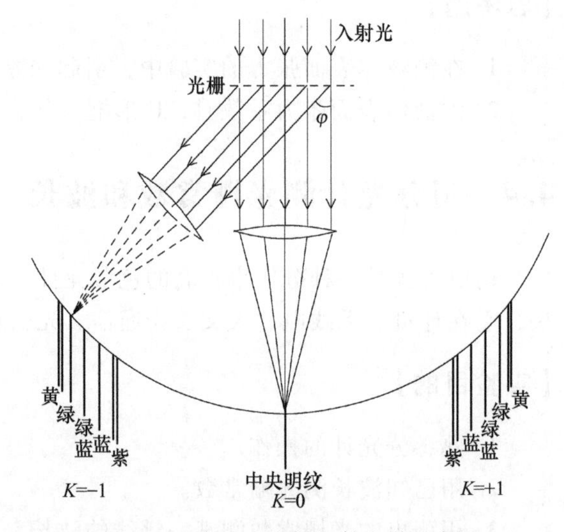

图 4-14　复合光光栅衍射光谱示意图

若在光栅片上每厘米刻有 n 条刻痕，则光栅常数 $d=(a+b)=\dfrac{1}{n}\mathrm{cm}$。当 d 已知时，只要测出某级条纹所对应的衍射角 φ，通过式（4-8）即可算出波长 λ。当 λ 已知时，只要测出某级条纹所对应的衍射角 φ，通过式（4-8）可计算出光栅常数。

在 λ 和（$a+b$）一定时，不同级次的条纹衍射角不同。如果（$a+b$）很小，则光栅衍射的各级亮条纹分得很开，有利于精密测量。另外，如果 K 和（$a+b$）一定，则不同波长的光对应的衍射角也不同。波长愈长衍射角愈大，有利于把不同波长的光分开。所以，光栅是一种优良的光学元件。

当入射光为复合光时，在相同的 d 和相同级别 K 时，衍射角 φ 随波长增大而增大，这

样复合光就可以分解成各种单色光，如图 4-14 所示。根据光栅方程，若已知光栅常数，条纹级别能数出来，我们可以根据衍射角测量某光的波长。

波长测量表达式为

$$\lambda=\frac{d\sin\varphi}{K} \tag{4-9}$$

【实验步骤】

1. 调整分光计

参照实验 3.7，调整望远镜使其能接收平行光，且其光轴与分光计的中心垂直；调整载物台平面水平且垂直中心轴；调整平行光管发出平行光，且光轴与望远镜同轴。

2. 测定光栅常数

（1）放置光栅

如图 4-15 所示，将光栅放在载物台上，先用目视使光栅平面与平行光管光轴大致垂直（拿光栅时不要用手触摸光栅表面，只能拿光栅的边缘），使入射光垂直照射到光栅表面。

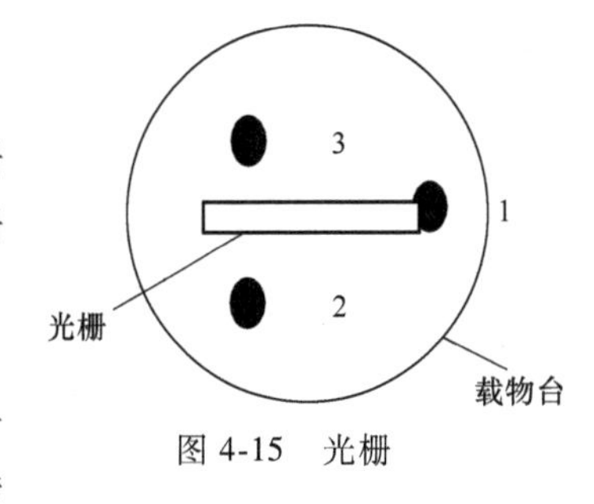

图 4-15 光栅

（2）调节光栅平面与平行光管光轴垂直

接上目镜照明的电源，从目镜中看光栅反射回来的亮十字像是否与分划板上方的十字线重合。如果不重合，则旋转游标盘，先使其纵线重合（注意：此时狭缝的中心线与亮十字的纵线、分划板的纵线三者重合），再调节载物台的调平螺钉 2 或 3 使横线重合（注意：决不允许调节望远镜系统），然后旋紧游标盘制动螺钉，定住游标盘，从而定住载物台。

（3）观测干涉条纹

去掉目镜照明器上的光源，放松望远镜制动螺钉，推动支臂旋转望远镜，从目镜观察各级干涉条纹是否都在目镜视场中心对称，否则调节载物台下调平螺钉 1，使之中心对称，直到中央明条纹两侧的衍射光谱基本上在同一水平面为止。

（4）测衍射角

推动支臂使望远镜和刻度盘一起旋转，并使分划板的十字线对准右边绿色谱线第一级明纹的左边缘（或右边缘）；旋紧望远镜制动螺钉，旋转望远镜微调螺钉，精确对准明纹的左边缘（或右边缘，注意对以后各级明纹都要对准同一边缘），从 A、B 两个游标读取刻度数，记录为 $\varphi_{左}$、$\varphi_{右}$。同理测出左边绿色谱线第一级明纹的刻度数 $\varphi'_{左}$、$\varphi'_{右}$，则第一级明纹的衍射角（衍射光谱对中央明纹对称，两个位置读数之差的 1/2 即为衍射角）为

$$\varphi=\frac{1}{4}(|\varphi_{左}-\varphi_{右}|+|\varphi'_{左}-\varphi'_{右}|) \tag{4-10}$$

将 φ 代入式（4-8）求得 d_1。用上述同样的方法测得绿谱线第二级明纹的衍射角，同理求得 d_2，则所测光栅常数为

$$d=\frac{d_1+d_2}{2}$$

3. 测定未知光波的波长

转动望远镜，让十字叉丝一次对准 0 级左、右两边 $K=\pm1$、$K=\pm2$ 的黄线亮纹，按上述

相同的方法，测出其衍射角 $\varphi_{左}$、$\varphi_{右}$。将已知 d 代入式（4-9），测得 λ_1、λ_2，则未知光波波长为

$$\lambda=\frac{\lambda_1+\lambda_2}{2}$$

【数据记录与处理】

测定光栅常数

将相关数据填入表 4-8～表 4-11 中。

表 4-8　测定光栅常数数据表　$K=\pm1$

次	+1		−1		$\varphi=\frac{1}{4}(\lvert\varphi_{左}-\varphi'_{左}\rvert+\lvert\varphi_{右}-\varphi'_{右}\rvert)$	$\bar{\varphi}$
	$\varphi_{左}$	$\varphi_{右}$	$\varphi'_{左}$	$\varphi'_{右}$		
1						
2						
3						
4						
5						

表 4-9　测定光栅常数数据表　$K=\pm2$

次	+2		−2		$\varphi=\frac{1}{4}(\lvert\varphi_{左}-\varphi'_{左}\rvert+\lvert\varphi_{右}-\varphi'_{右}\rvert)$	$\bar{\varphi}$
	$\varphi_{左}$	$\varphi_{右}$	$\varphi'_{左}$	$\varphi'_{右}$		
1						
2						
3						
4						
5						

表 4-10　测定黄光数据表　$K=\pm1$

次	+1		−1		$\varphi=\frac{1}{4}(\lvert\varphi_{左}-\varphi'_{左}\rvert+\lvert\varphi_{右}-\varphi'_{右}\rvert)$	$\bar{\varphi}$
	$\varphi_{左}$	$\varphi_{右}$	$\varphi'_{左}$	$\varphi'_{右}$		
1						
2						
3						
4						
5						

表 4-11　测定黄光数据表　$K=\pm2$

次	+2		−2		$\varphi=\frac{1}{4}(\lvert\varphi_{左}-\varphi'_{左}\rvert+\lvert\varphi_{右}-\varphi'_{右}\rvert)$	$\bar{\varphi}$
	$\varphi_{左}$	$\varphi_{右}$	$\varphi'_{左}$	$\varphi'_{右}$		
1						
2						
3						
4						
5						

1. $i=0$ 时，测定光栅常数 d。$\lambda=546.1\text{nm}$（绿光），$\Delta_{仪}=0$。

$$\Delta_{\varphi}=\sqrt{\frac{\sum(\varphi-\varphi_i)^2}{5-1}}$$

$$\Delta_d=\frac{\lambda\cos\varphi}{\sin^2\varphi}\Delta_\varphi,\ E_d=\frac{\Delta_d}{\overline{d}}\times100\%$$

结果表达式： $d=(\overline{d}\pm\Delta_d)$

2. $i=0$ 时，测定紫光或者黄光波长。$\Delta_{仪}=0$。

$$\overline{\lambda}_{黄}=\frac{d\sin\overline{\varphi_{黄}}}{k},\ \Delta_{\lambda_{黄}}=\sqrt{\sin^2\overline{\varphi}\cdot\Delta_d^2+\overline{d}^2\cos^2\overline{\varphi}\cdot\Delta_\varphi^2}$$

$$E_{\lambda_{黄}}=\frac{\Delta\overline{\lambda}_{黄}}{\overline{\lambda}_{黄}}\times100\%$$

$$\lambda_{黄}=\overline{\lambda}_{黄}\pm\Delta\lambda_{黄}$$

【思考题】

1. 什么是最小偏向角？如何找到最小偏向角？
2. 分光计的主要部件有哪四个？分别起什么作用？
3. 调节望远镜光轴垂直于分光计中心轴时很重要的一项工作是什么？如何才能确保在望远镜中能看到由双面反射镜反射回来的绿十字叉丝像？
4. 为什么利用光栅测光波波长时要使平行光管和望远镜的光轴与光栅平面垂直？
5. 用复合光源做实验时观察到了什么现象，怎样解释这个现象？

4.5 光电效应法测定普朗克常量

光照射到金属上能使电子从金属表面逸出，这种现在被称为光电效应。但是，这些规律无法用经典的电磁波理论解释。通过对光电效应现象进行了大量的实验研究，爱因斯坦在普朗克量子假说的基础上圆满地解释了光电效应，总结出一系列实验规律，并可以测定普朗克常量。

【实验目的】

4.5 视频资源

1. 通过实验了解光的量子性。
2. 了解光电效应的规律。
3. 验证爱因斯坦方程，求出普朗克常量。

【实验仪器】

HK—Ⅱ型普朗克常量测定仪 1 套，其中包括：GDH—1 型光电管（带暗盒）、CX—50WHg 仪器用高压汞灯、外径为 36mm 的 CX 型滤光片（共有 5 片）、GD—Ⅱ型微电流测量放大器、电缆线 2 根。

【实验原理】

在光的照射下，电子从金属表面逸出的现象称为光电效应，所产生的电子称为光电子。其基本规律为：

（1）光电流与光强成正比；

(2) 光电效应存在一个阈频率，当入射光的频率低于某一阈值 ν_0 时，不论光的强度如何，都没有光电子产生；

(3) 光电子的初动能与光强无关，但与入射光的频率成正比；

(4) 光电效应是瞬时效应，一经光线照射，立刻产生光电子。

然而用经典波动理论是无法对上述实验事实做出圆满解释的。

爱因斯坦认为，从一点发出频率为 ν 的光以 $h\nu$ 为能量单位（光量子）的形式一份一份地向外辐射，而不是按麦克斯韦电磁学说指出的那样以连续分布的形式把能量传播到空间的。当频率为 ν 的光以 $h\nu$ 为能量单位作用于金属中的一个自由电子，而自由电子获得能量后，克服金属表面的逸出功 W_s 逸出金属表面，其初动能为$\frac{1}{2}mv^2$，有

$$\frac{1}{2}mv^2 = h\nu - W_s \quad 或 \quad h\nu = \frac{1}{2}mv^2 + W_s \tag{4-11}$$

此式为爱因斯坦光电效应方程。式中，h 为普朗克常量，公认值为 6.6260755×10^{-34}J · s；ν 为入射光频率；m 为电子的质量；v 为光电子逸出金属表面的初速度；W_s 为受光照射的金属材料的逸出功。

在式（4-11）中，$mv^2/2$ 是没有受到空间电场的阻止从金属中逸出的光电子的最大初动能。入射到金属表面的光频率越高，逸出来的电子初动能就越大。正因为光电子具有最大初动能，所以即使阳极不加电压也会有光电子到达阳极而形成光电流，甚至阳极相对于阴极电位为负时也会有光电子到达阳极。直到阳极电位低于某一数值时，所有光电子都不能到达阳极，光电流为零。此时相对于阴极为负值的阳极电位 U_s，被称为光电效应的截止电位（或称截止电压），此时有

$$eU_s - \frac{1}{2}mv^2 = 0 \tag{4-12}$$

将式（4-12）代入式（4-11），有

$$eU_s = h\nu - W_s \tag{4-13}$$

由于金属材料的逸出功 W_s 是金属的固有属性，对于给定的金属材料 W_s 为一个定值，它与入射光的频率无关。令 $W_s = h\nu_0$，ν_0 为“红限”频率，即具有“红限”频率 ν_0 的光子恰恰具有逸出功 W_s 的能量，而没有多余的动能。

将式（4-13）改写为

$$U_s = \frac{h\nu}{e} - \frac{W_s}{e} = \frac{h}{e}(\nu - \nu_0) \tag{4-14}$$

式（4-14）表明：截止电压 U_s 是入射光频率的线性函数。当入射光的频率 $\nu = \nu_0$ 时，截止电压 U_s 为零，便没有光电子逸出。上式的斜率 $K = \frac{h}{e}$是一个正常数，有

$$h = eK \tag{4-15}$$

可见，只要用实验方法测出不同频率下的截止电压 U_s，然后再作出 $U_s-\nu$ 直线，并求出该直线的斜率 K，即可应用式（4-15）求出普朗克常量 h 的数值。其中 $e = 1.60\times10^{-19}$C 是电子的电荷量。

图 4-16 是用真空光电管进行光电效应实验的原理图。

频率为 ν、强度为 P 的光线照射到光电管阴极上，即有光电子从阴极逸出，如图 4-16 所示。若在阴极 K 和阳极 A 之间加有正向电压 U_{AK}，它使电极 K、A 之间建立起的电场对从阴

极逸出的光电子起加速作用，随着电压 U_{AK} 的增加，到达阳极的光电子（光电流）将逐渐增多（大）。当正向电压 U_{AK} 增加到 U_m 之后，光电流不再增大或增大很小时，此时即称饱和状态，对应的光电流即为饱和光电流。如图 4-16 所示，若在阴极 K 和阳极 A 之间加反向电压 U_{KA}，它使电极 K、A 之间建立起的电场对阴极逸出的光电子起减速作用，随着电压 U_{KA} 的增加，到达阳极的光电子（光电流）将逐渐减少（小）。当 $U_{KA}=U_s$ 时，光电流降为零。

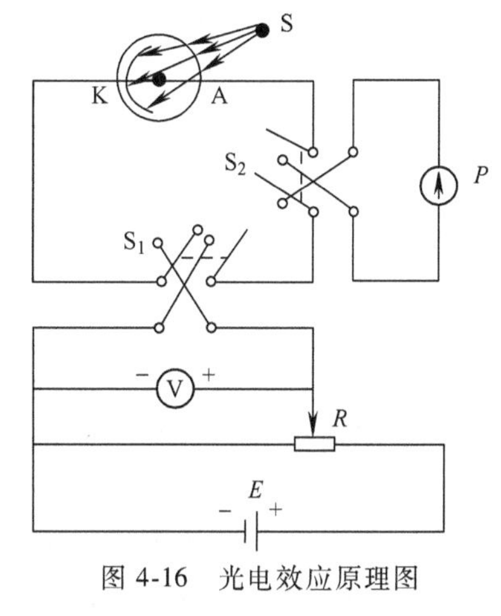

图 4-16　光电效应原理图

应当指出，由于光电管结构等各种原因，用光电管在光照射下进行实验时，伴随着下列两个物理过程：

（1）收集极的光电子发射：当光束入射到阴极上后，必然有部分漫反射到收集极上，致使它也能发射光电子。而外电场对这些光电子却是一个加速场，因此，它们很容易到达阴极，形成阳极反向电流。

（2）当光电管不受任何光照射时，在外加电压下，光电管仍有微弱电流流过，我们称之为光电管的暗电流。形成暗电流的主要原因之一是光电管阴极与收集极之间的绝缘电阻（包括管座以及光电管玻璃壳内、外表面等的漏电阻），另一原因是阴极在常温下的热电子发射等。从实测情况来看，光电管的暗特性即无光照射时的伏安特性曲线，基本上接近线性。

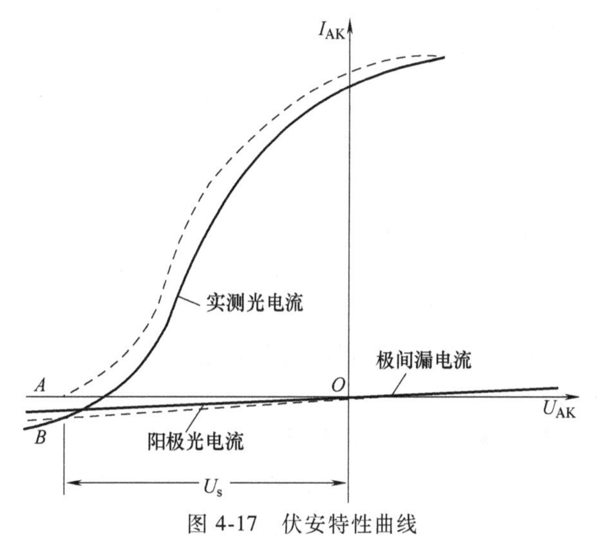

图 4-17　伏安特性曲线

由于上述两个因素的影响，使实际测得的 *I-U* 曲线如图 4-17 所示。这里的 *I*，实际上是阴极光电流、阳极反向电流和暗电流的代数和。因此所谓的外加截止电压，并不是电流 *I* 为零时 *A* 点对应的电压值，而是曲线上 *B* 点（抬头点）所对应的外电压值。（想一想，为什么？）

准确地找出每种频率入射光所对应的外加截止电压，是本次实验的关键所在。

光电效应法测定普朗克常量，从原理上来看是一个并不太复杂的实验。但是，由于存在光电管收集极（阳极）的光电子发射以及弱电流测量上的困难等问题，使得由 *I-U* 曲线上确定截止电位值有很大的任意性，不够严格，这是造成实验误差较大的主要原因。

【实验内容】

1. 测试前的准备

（1）将光源、光电管暗盒、微电流放大器安放在适当位置，暂不连线，并将微电流放大器前面板上（见图 4-18）各开关、旋钮置于下列位置：

“电流表正负换挡开关”置“+”，“电流换挡开关”置“调零”挡；“电压表量程换挡”置“-3V”挡；“电压调节”调到反时针最小。

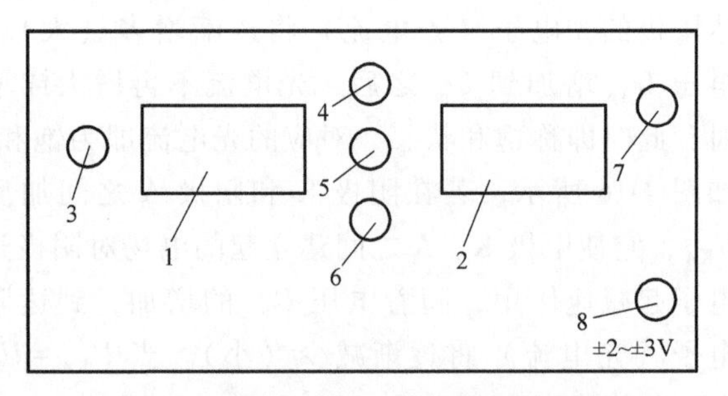

图 4-18 微电流放大器前面板示意图

1—微电流指示 2—电压指示 3—电流换挡开关
4—微电流调零 5—调满度 6—电流表正负换挡
7—电压调节 8—电压表量程换挡

（2）将光源上出光孔和暗盒上入光孔分别用挡光盖盖上；把光电管暗盒上 A 端和接地端用屏蔽电缆与微电流放大器背板上的“电压输出”端连接，光电管暗盒上 K 端用电缆接在背板的“电流输入”端上。

（3）打开微电流放大器电源开关（在背板上），让其预热 20~30min；打开光源开关，让汞灯预热 15~20min。

（4）让光源出光孔与暗盒入光孔水平对准，二者间距保持 30~50cm 为宜。

（5）待微电流放大器充分预热后，先调整零点，后校正满度，即把“电流换挡开关”拨至“调零”，然后调节“调零旋钮”至电流指示为“00.0”（数字显示）；接着把“电流换挡开关”拨至“满度”，然后调节“满度旋钮”至电流指示“-100.0”位置。这样反复几次，直至拨“电流换挡开关”至调零和满度时，电流表分别指示为零和满偏（-100μA）为止。

2. 测量光电管的暗电流*

（1）将测量放大器“电流换挡开关”倍率旋钮置“10^{-7}”。取下光源出光孔挡光盖，此时暗盒上入光孔挡光盖不能摘。

（2）顺时针缓慢旋转“电压调节”旋钮，并合适地改变“电压量程”和“电压极性”开关。仔细记录，从-2~0V 每隔 0.2V 测得相对应电压下的相应电流值（电流值=倍率×电表读数×μA），此时所读得的值即为光电管的暗电流，自己设计表格记录数据，作暗电流特性曲线。

3. 测量光电管 *I-U* 特性

（1）将电压调至-3V，微电流放大器“倍率”置“$\times10^{-6}$”挡。

（2）在暗盒光窗口上取去遮光罩，装上孔径为 5mm 的光阑，再装上 365 型滤色片（型号在滤色片外框上注明）；用“电压调节”旋钮将电压由-3V 缓慢升高至+3V，每隔 0.5V 记录一个电流值，但在-2~0V 电流开始变化区间细测一下（每隔 0.1V 记录一个电流值）。将数据记入表 4-12 中。

（3）依次从暗盒光窗口上分别装上 405、436、546、577 型滤色片，重复步骤（1）和（2），测出其伏安特性。

（4）选择合适的坐标纸，作出不同波长频率的 I-U 曲线，参见图 4-19。从曲线中仔细找出各反向光电流开始变化的点（抬头点），确定 I_{KA} 的截止电压 U_s，并记录在表 4-13 中。

（5）以频率 ν 为横坐标，截止电压 U_s 为纵坐标作图。如果光电效应遵从爱因斯坦方程，$U_s=f(\nu)$ 关系曲线应该是一条直线，参见图 4-20。求出直线的斜率 $K=\dfrac{\Delta U_s}{\Delta \nu}$。利用 $h=eK=1.6\times10^{-19}K$ 求出普朗克常量。对实验结果进行分析和讨论。

（6）改变光源与暗盒间的距离 L 或光阑孔径（5mm、10mm、12mm），重做上述实验。（备注：选做。）

【数据记录与处理】

将相关数据填写到表 4-12 中。

表 4-12 测量数据

距离 $L=$ cm $\Phi=$ mm

波长/nm	365	405	436	546	577
频率/$\times10^{14}$Hz	8.22	7.41	6.88	5.49	5.20
U_s/V					

结果处理 $h=eK=1.6\times10^{-19}\dfrac{\Delta U_s}{\Delta \nu}=$_________。

【思考题】

1. 光电效应的基本规律是什么？
2. 爱因斯坦光电效应方程的物理意义是什么？
3. 在什么条件下光照射金属表面，其表面有光电子逸出？

【注意事项】

1. 更换滤色片时应先将光源窗口盖住，以免光直接照射光电管而影响使用寿命。实验完毕或仪器存放时必须将光电管窗口和光源窗口盖住。

2. 实验过程中，仪器如果不使用时，需将汞灯和光电管暗箱用遮光盖盖上，使光电管暗箱处于完全避光状态。切忌汞灯直接照射光电管。

图 4-19 和图 4-20 为 I-U 曲线和 U_s-ν 关系函数曲线。

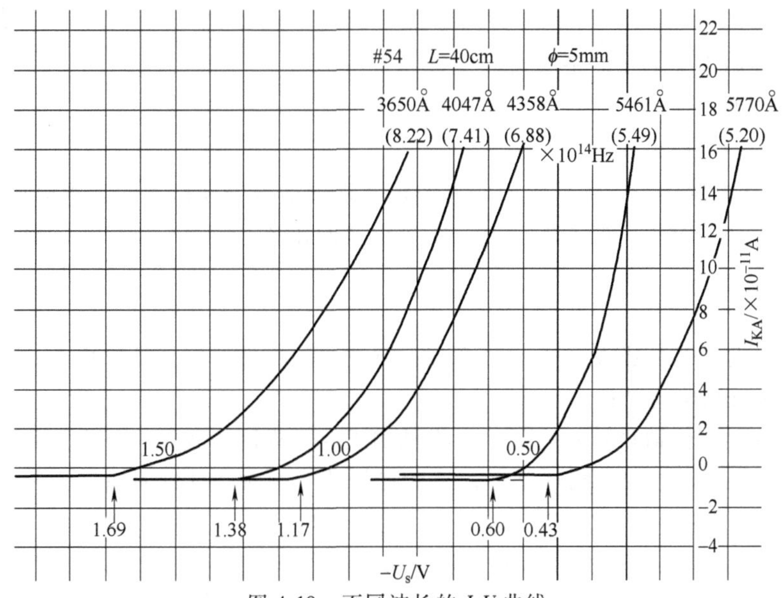

图 4-19 不同波长的 I-U 曲线

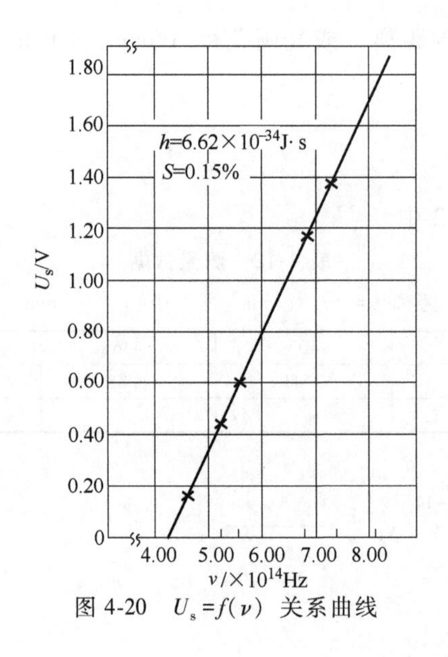

图 4-20　$U_s=f(\nu)$ 关系曲线

4.6　密立根油滴实验测量电子电荷

电子电荷的数值是一个基本的物理常数，对于它的准确测定具有重要的意义。从1906年开始，美国人密立根便致力于细小油滴上微量电荷的测量，历时11年，测量了上千个细小油滴，终于在1917年以确凿的实验数据，首次令人信服地证明了电荷的分立性。他由于这一杰出贡献而获得1923年的诺贝尔物理学奖。实验的结论证明了任何带电物体所带的电荷都是某一最小电荷——基本电荷的整数倍；明确了电荷的不连续性，并精确地测定了这一基本电荷的数值，即 $e=(1.602\pm0.002)\times10^{-19}$C。

【实验目的】

4.6　视频资源

1. 学习用油滴实验测量电子电荷的原理和方法。
2. 验证电荷的不连续性。
3. 测量电子的电荷量。
4. 了解 CCD 摄像机、光学系统的成像原理及视频信号处理技术的工程应用等。
5. 训练学生实验过程中严谨的态度、实事求是的作风。

【实验仪器】

实验仪由主机、CCD 成像系统、油滴盒、监视器和喷雾器等部件组成。

密立根油滴仪结构简介：

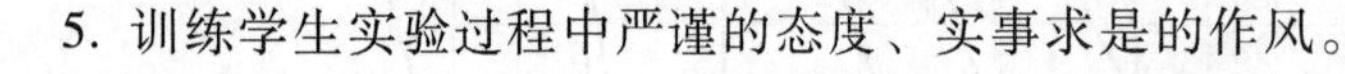

(1) 油滴盒是本仪器很重要的部件，机械加工要求很高，其结构如图 4-21 所示。

上、下极板之间通过胶木圆环支撑，三者之间的接触面经过机械精加工后可以将极板间的不平行度、间距误差控制在 0.01mm 以下。这种结构基本上消除了极板间的“势垒效应”及“边缘效应”，较好地保证了油滴室处在匀强电场之中，从而有效地减小了实验误差。胶木圆环上开有两个进光孔和一个观察孔，光源通过进光孔给油滴室提供照明，而成像系统则

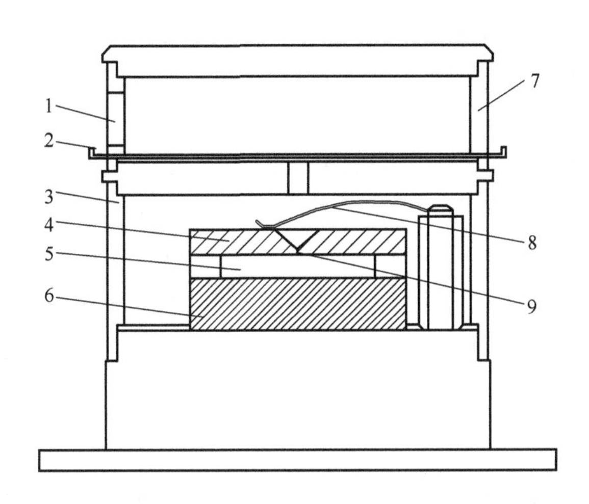

图 4-21　油滴盒装置示意图

1—喷雾口　2—进油量开关　3—防风罩　4—上极板　5—油滴室　6—下极板　7—油雾杯　8—上极板压簧　9—落油孔

通过观察孔捕捉油滴的像。照明由带聚光的高亮发光二极管提供，其使用寿命长、不易损坏。油雾杯可以暂存油雾，使之不会过早地散逸。进油量开关可以控制落油量。防风罩可以避免外界空气流动对油滴的影响。

（2）主机包括可控高压电源、计时装置、A/D 采样、视频处理等单元模块。CCD 成像系统包括 CCD 传感器、光学成像部件等。油滴盒包括高压电极、照明装置、防风罩等部件。监视器是视频信号输出设备。主机部件示意如图 4-22 所示。

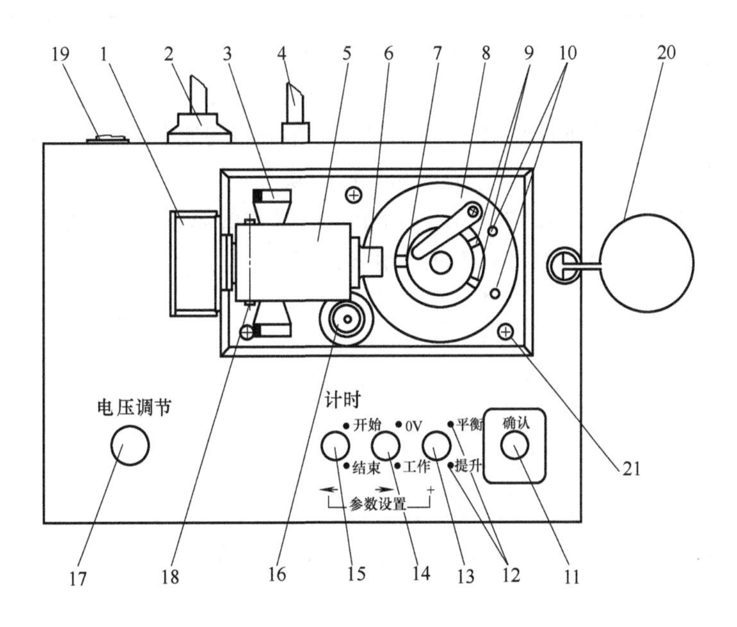

图 4-22　主机部件示意图

1—CCD 盒　2—电源插座　3—调焦旋钮　4—Q9 视频接口　5—光学系统　6—镜头　7—观察孔　8—上极板压簧　9—进光孔　10—光源　11—确认键　12—状态指示灯　13—平衡/提升切换键　14—0V/工作切换键　15—计时开始/结束切换键　16—水准泡　17—电压调节旋钮　18—紧定螺钉　19—电源开关　20—油滴管收纳盒安放环　21—调平螺钉（3 颗）

CCD 模块及光学成像系统用来捕捉暗室中油滴的像，同时将图像信息传给主机的视频处理模块。实验过程中可以通过调焦旋钮来改变物距，使油滴的像清晰地呈现在 CCD 传感器的窗口内。

“电压调节”旋钮可以调整极板之间的电压大小，用来控制油滴的平衡、下落及提升。计时“开始/结束”按键用来计时、“0V/工作”按键用来切换仪器的工作状态、“平衡/提升”按键可以切换油滴平衡或提升状态、“确认”按键可以将测量数据显示在屏幕上，从而省去了每次测量完成后手工记录数据的过程，使操作者把更多的注意力集中到实验本质上来。

【实验原理】

1. 静态平衡法

用喷雾器将油滴喷入两块相距为 d 的水平放置的平行极板之间，如图 4-23 所示，油滴在喷射时由于摩擦一般都是带电的。设油滴的质量为 m，所带电荷量为 q，两极板间加的电压为 U，则油滴在平行极板间将同时受到两个力的作用，一个是重力 mg，另一个是静电力 qE。如果调节两极板间的电压 U 可使两力相互平衡，这时

$$mg = qE = q\frac{U}{d} \tag{4-16}$$

可见，测出了 U、d、m，即可知道油滴所带的电荷量 q。由于油滴的质量很小（约 10^{-15}kg），必须采用特殊的方法才能加以测定。

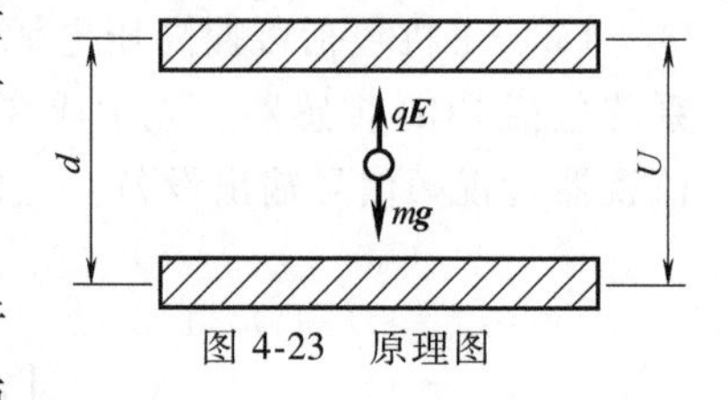

图 4-23　原理图

2. 油滴质量 *m* 的测定

平行板间不加电压时，油滴受重力作用而加速下降。由于空气阻力的作用，下降一段距离达到某一速度 v_g 后，阻力 f_r 与重力 mg 平衡（空气浮力忽略不计），如图 4-24 所示，油滴将匀速下降，由斯托克斯定律知

$$f_r = 6\pi a\eta v_g = mg \tag{4-17}$$

式中，η 为空气的黏度；a 为油滴的半径（由于表面张力的原因，油滴总是呈小球状）。

设油的密度为 ρ，油滴的质量 m 又可以用下式表示：

$$m = \frac{4}{3}\pi a^3 \rho \tag{4-18}$$

合并式（4-17）和式（4-18），得到油滴的半径

$$a = \sqrt{\frac{9\eta v_g}{2\rho g}} \tag{4-19}$$

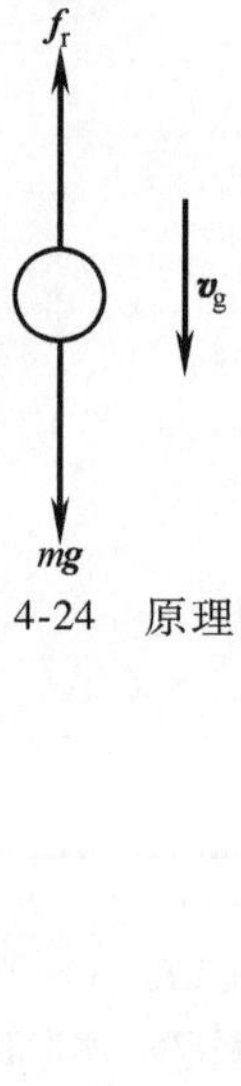

图 4-24　原理图

对于半径小到 10^{-6}m 的小球，油滴半径近似于空气中孔隙的大小，空气介质不能再认为是连续的，而斯托克斯定律只能对连续介质才正确。空气的黏度应做如下修正：

$$\eta' = \frac{\eta}{1+\dfrac{b}{pa}}$$

这时斯托克斯定律修正为

$$f_{\mathrm{r}}=\frac{6\pi a\eta v_{\mathrm{g}}}{1+\frac{b}{pa}}$$

式中，$b=8.47\times10^{-3}\mathrm{m}\cdot\mathrm{Pa}$，为修正常数；$p$ 为大气压强，单位用厘米汞高。则

$$a=\sqrt{\frac{9\eta v_{\mathrm{g}}}{2\rho g}\frac{1}{1+\frac{b}{pa}}} \tag{4-20}$$

式（4-20）中根号中还包含油滴的半径 a，但因它是处于修正项中，不需要十分精确，故它仍可用式（4-19）计算。将式（4-20）代入式（4-18）得

$$m=\frac{4}{3}\pi\left(\frac{9\eta v_{\mathrm{g}}}{2\rho g}\frac{1}{1+\frac{b}{pa}}\right)^{3/2}\rho \tag{4-21}$$

3. 匀速下降速度 v_{g} 的测定

当两极板间的电压 $U=0$ 时，设油滴匀速下降的距离为 l，时间为 t_{g}，则

$$v_{\mathrm{g}}=\frac{l}{t_{\mathrm{g}}} \tag{4-22}$$

由式（4-22）、式（4-21）、式（4-16）得

$$q=\frac{18\pi}{\sqrt{2\rho g}}\left[\frac{\eta l}{t_{\mathrm{g}}\left(1+\frac{b}{pa}\right)}\right]^{3/2}\frac{d}{U} \tag{4-23}$$

实验发现，对于同一颗油滴，如果我们设法改变它的电荷量，则能够使油滴达到平衡的电压必须是某些特定值 U_n。研究这些电压变化的规律，可以发现，它们都满足下列方程：

$$q=ne=mg\frac{d}{U_n}$$

式中，$n=\pm1$，±2，…；而 e 则是一个不变的值。

对于不同的油滴，可以发现有同样的规律，而 e 值是共同的常数。这就证明了电荷的不连续性，并存在着最小的电荷单位，即电子的电荷值 e。

$$ne=\frac{18\pi}{\sqrt{2\rho g}}\left[\frac{\eta l}{t_{\mathrm{g}}\left(1+\frac{b}{pa}\right)}\right]^{3/2}\frac{d}{U_n} \tag{4-24}$$

式（4-23）、式（4-24）是用平衡法测量油滴电荷的理论公式。

【实验内容及步骤】

学习控制油滴在视场中的运动，并选择合适的油滴测量基本电荷。要求至少测量 3 个不同的油滴，每个油滴的测量次数为 5 次。

1. 调整仪器

（1） 水平调整

调整实验仪主机的调平螺钉（俯视时，顺时针调节平台降低，逆时针调节平台升高），直到水准泡正好处于中心（注意：严禁旋动水准泡上的旋钮）。将实验平台调平，使平衡电

场方向与重力方向平行，以免引起实验误差。极板平面是否水平决定了油滴在下落或提升过程中是否发生左右漂移。

（2）喷雾器调整

将少量钟表油缓慢地倒入喷雾器的储油腔内，使钟表油湮没提油管下方，油不要太多，以免实验过程中不慎将油倾倒至油滴盒内堵塞落油孔。将喷雾器竖起，用手挤压气囊，使得提油管内充满钟表油。

（3）仪器硬件接口连接

主机接线：电源线接交流 220V/50Hz。

监视器：视频线缆输入端接“VIDEO”，另一 Q9 端接主机“视频输出”。DC12V 适配器电源线接 220V/50Hz 交流电压。前面板调整旋钮自左至右依次为显示开关、返回键、方向键、菜单键（建议亮度调整为 20、对比度调整为 100）。

（4）实验仪联机使用

a. 打开实验仪电源及监视器电源，监视器出现仪器名称及研制公司界面。

b. 按主机上任意键：监视器出现参数设置界面，首先，设置实验方法，然后根据该地的环境适当设置重力加速度、油密度、大气压强、油滴下落距离。“←”表示左移键、“→”表示为右移键、“+”表示数据设置键。

c. 按确认键后出现实验界面：计时“开始/结束”键为结束、“0V/工作”键为 0V、“平衡/提升”键为“平衡”。

（5）CCD 成像系统调整

打开进油量开关，从喷雾口喷入油雾，此时监视器上应该出现大量运动油滴的像。若没有看到油滴的像，则需调整调焦旋钮或检查喷雾器是否有油雾喷出。

2. 正式测量

（1）开启电源，整机开始预热，预热时间不得少于 10min。进入实验界面将工作状态按键切换至“工作”，红色指示灯点亮；将“平衡/提升”按键置于“平衡”。

（2）将平衡电压调整为 400V 左右，通过喷雾口向油滴盒内喷入油雾，此时监视器上将出现大量运动的油滴。选取合适的油滴，仔细调整平衡电压 U_n，使其平衡在起始（最上面）格线上。

（3）将“0V/工作”状态按键切换至“0V”，此时油滴开始下落，当油滴下落到有“0”标记的格线时，立即按下计时开始键，同时计时器启动，开始记录油滴的下落时间 t。

（4）当油滴下落至有距离标记的格线时（如 1.6），立即按下计时结束键，同时计时器停止计时，油滴立即静止，“0V/工作”按键自动切换至“工作”。通过“确认”按键将这次测量的“平衡电压和匀速下落时间”结果同时记录在监视器屏幕上。

（5）将“平衡/提升”按键置于“提升”，油滴将向上运动，当回到高于有“0”标记格线时，将“平衡/提升”键切换至平衡状态，油滴停止上升，重新调整平衡电压。（注意：如果此处的平衡电压发生了突变，则该油滴得到或失去了电子。这次测量不能作数，从步骤（2）开始重新找油滴。）

（6）重复步骤（3）～（5）并将数据（平衡电压 U_n 及下落时间 t）记录到屏幕上。当 5 次测量完成后，按“确认”键，系统将计算 5 次测量的平均平衡电压 $\overline{U}_n$ 和平均匀速下落时间 $\bar{t}$，并根据这两个参数自动计算并显示出油滴的电荷量 q_i。

(7) 重复步骤 (2) ~ (6)，共找 3 颗油滴，并测量每颗油滴的电荷量 q。

实验结束，整理好实验仪器。

【数据记录与处理】

表 4-13 测量数据

油滴序号 i	测量次数	平衡电压 U_n/V	下降时间 t_g/s	平均电荷量 $\bar{q}_i/\times10^{-19}$C	量子数 n	基本电荷量 $e_i/\times10^{-19}$C
	1					
	2					
1	3					
	4					
	5					
	1					
	2					
2	3					
	4					
	5					
	1					
	2					
3	3					
	4					
	5					
平均						

数据处理：

$$q=\frac{18\pi}{\sqrt{2\rho g}}\left[\frac{\eta l}{t_g\left(1+\dfrac{b}{pa}\right)}\right]^{3/2}\frac{d}{U}$$

式中，$\rho=981\text{kg}\cdot\text{m}^{-3}$，为油的密度；$g=9.80\text{m}\cdot\text{s}^{-2}$，为重力加速度；$\eta=1.83\times10^{-5}\text{kg}\cdot\text{m}^{-1}\cdot\text{s}^{-1}$，为空气的黏度；$l=2.00\times10^{-3}\text{m}$，为油滴匀速下降距离；$b=8.47\times10^{-3}\text{m}\cdot\text{Pa}$，为修正常数；$p=76.0\text{cmHg}$，为大气压强；$d=5.00\times10^{-3}\text{m}$，为平行极板距离。

将以上数据代入公式得

$$q=\frac{1.43\times10^{-14}}{\left[t_g(1+0.02\sqrt{t_g})\right]^{3/2}}\cdot\frac{1}{U}$$

由于油的密度 ρ、空气的黏度 η 都是温度的函数，重力加速度 g 和大气压 p 又随实验地点和条件的变化而变化，因此，上式的计算是近似的。其引起的误差约为 1%，但运算方便多了，这是可取的。

为了证明电荷的不连续性和所有电荷都是基本电荷 e 的整数倍，并得到基本电荷 e 值，我们就应对实验测得的各个电荷值求出它们的最大公约数，此最大公约数就是基本电荷 e 值。但由于实验所带来的误差，求最大公约数比较困难，因此常用“倒过来验证”的办法进行数据处理。即用实验测得的每个电荷值 q 除以公认的电子电荷值 $e=1.60\times10^{-19}\text{C}$，得到一个接近于某一整数的数值，这个整数就是油滴所带的基本电荷的数目 n；再用实验测得的电荷值除以相应的 n，即得到电子的电荷值 e。

【思考题】

1. 在调平衡电压的同时，可否加上升降电压？
2. 若所加的平衡电压没有使油滴完全静止，将对测量结果有何影响？
3. 若油滴在视场中不是垂直下降，试找出其原因。
4. 在跟踪某一油滴时，油滴为什么有时会突然变得模糊起来或消失？应如何控制？
5. 怎样使油滴匀速下落？

【注意事项】

1. CCD 盒、紧固螺钉、摄像镜头的机械位置不能变更，否则会对像距及成像角度造成影响。
2. 仪器使用环境：温度为 0~40℃ 的静态空气中。
3. 注意调整进油量开关，应避免外界空气流动对油滴测量造成影响。
4. 仪器内有高压电，实验人员避免用手接触电极。
5. 实验前应对仪器油滴盒内部进行清洁，防止异物堵塞落油孔。
6. 注意仪器的防尘保护。

4.7　霍尔效应测磁场

在工业、国防、科研中都需要对磁场进行测量，测量磁场的方法有多种，如冲击电流计法、核磁共振法、天平法、电磁感应法和霍尔效应法等。

本实验介绍霍尔效应法测磁场。测量原理简单，方法简便，测试灵敏度高。

【实验目的】

1. 了解用霍尔元件测磁场的原理。
2. 学习使用箱式电位差计。
3. 测量通电螺线管内轴向磁场分布。

【实验仪器】

1. 霍尔元件测螺线管内轴向磁场装置 1 台。
2. UJ33a 直流电位差计 1 台。
3. 直流稳压电源 1 台，最大输出电流 1A。
4. 安培表（量程为 1A）、毫安表（量程为 20mA）各 1 块。
5. 滑线变阻器（500~1000Ω）1 个。
6. 双刀双掷开关 3 只，干电池（1.5V）1 节，导线若干。

【实验原理】

如图 4-25 所示，将一块导体通上电流置于磁场中，磁场方向与电流方向垂直，在导体两侧方向上将出现一电势差，用电压表进行测量即可得到一个电压 U_H。这个现象是德国物理学家霍尔在1879年发现的。后来人们发现用半导体片代替导体片，效果要好得多。

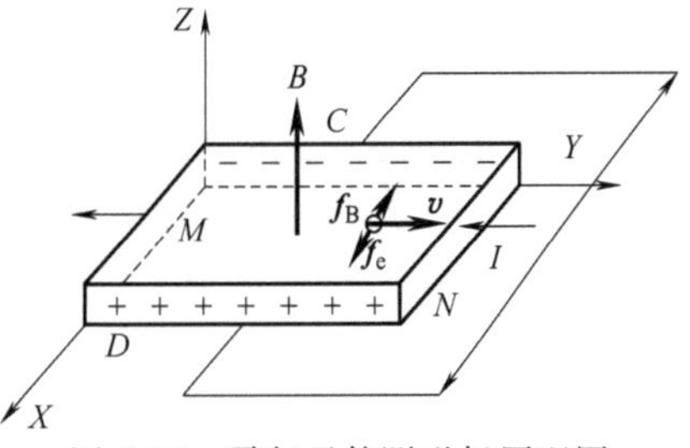

图 4-25 霍尔元件测磁场原理图

霍尔效应测磁场原理

运动电荷在磁场中将受到洛伦兹力。图4-25中，设通过霍尔元件的电流是由于电子导电形成的，电流沿图中 Y 轴负向，电子运动速度 $\boldsymbol{v}$ 沿 Y 轴正向，洛伦兹力 $\boldsymbol{f}_\mathrm{B}$ 沿 X 轴负向，其大小

$$f_\mathrm{B}=evB$$

f_B 使负电荷积累到与 Y 轴平行的一个侧面上，在另一个侧面上便积累了正电荷。这样在图4-25中形成了一个沿 X 轴方向的电场，该电场对负电荷的作用力 f_e 与洛伦兹力相反，其大小

$$f_\mathrm{e}=eE$$

当 $f_\mathrm{B}=f_\mathrm{e}$ 即 $evB=eE$ 时达到动态平衡。经过简单的计算可知，达到平衡时在霍尔元件的 X 方向测得的霍尔电压为

$$U_\mathrm{H}=K_\mathrm{H}IB \tag{4-25}$$

式中，K_H 叫霍尔元件灵敏度，它与元件的材料和尺寸有关。实际上它还随温度变化，在实验中作为常数对待，单位为mV/(mA · kGs)（1kGs = 0.1T）。这样，给出 K_H 值后（由教师给定）即可由

$$B=\frac{U_\mathrm{H}}{IK_\mathrm{H}} \tag{4-26}$$

算出磁感应强度 B 值。式（4-26）中 U_H 值一般为毫伏数量级，可由电位差计测出，I 为毫安量级，可在实验中由毫安表读出来。分析图4-25还可知，当霍尔片电流改变方向或磁场改变方向时，都可使 U_H 值改变，当霍尔片电流方向和磁场方向均已知时，可由 U_H 的极性判断霍尔元件载流子类型。

【实验内容及步骤】

（1）对照图4-26，熟悉图中标号1、2、3、4、5、6接点的位置，将限流用滑线变阻器 R 调至最大，将电流表选择好挡位，按霍尔元件电流10mA、励磁电流0.5A选择挡位。

（2）对照图4-26接好线路，无误后合上各双刀双掷开关，调节稳压电源使励磁电流为

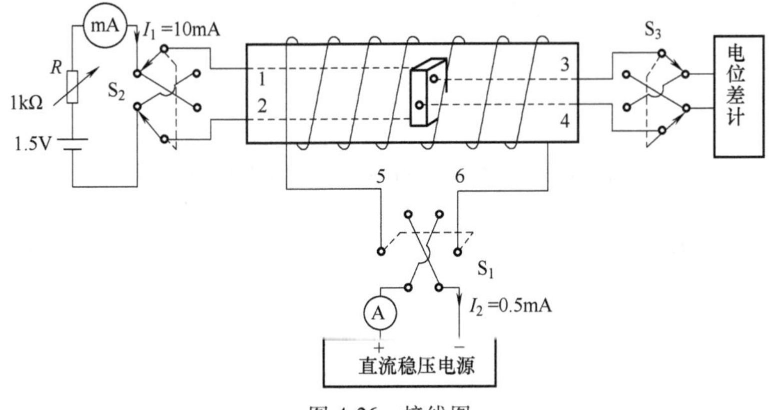

图 4-26 接线图

0.5A，调节变阻器 R 使霍尔片控制电流为 10mA，注意 3、4 两线与电位差计相连时，双刀双掷开关合上的方向应使 3、4 极性及信号极性一致。

（3）按电位差计面板上的说明调整电位差计，依表 4-14 给出的数据，调节霍尔元件在螺线管中位置，测出每种情况下各个位置的 U 值。表 4-14 中位置刻度可在实验装置与调节霍尔片位置的旋钮相连的软尺上读出，表 4-14 中 U_H 按式（4-25）计算，B 按式（4-26）计算。

注意事项

（1）霍尔元件最大允许电流为 40mA（参考厂家给定的参数），使用时绝不允许超过，否则会损坏元件。

（2）接入螺线管的励磁电流不大于 1A，实际上大于 0.5A 时螺线管便开始发热。测量数据时一般先合上 S_1，让螺线管通电 5~10min 以使温度达到平衡。

（3）图 4-26 中的 S_1、S_2、S_3 为双刀双掷开关，用它们改变电流或电压的方向很方便。S_1 或 S_2 中之一改变闭合方向时，与电位差计“未知”接线柱相连的 S_3 也要随之改变闭合方向，以保证电位差计输入极性正确。由于伴随效应的影响，有时在测量过程中信号极性会自己反向，这时也要变换电位差计的输入极性，否则各倍率旋钮全部为零还无法使指针指零。

【数据记录与处理】

表 4-14　数据记录表

位置刻度数据	0	0.5	1	2	3	4	5	7	9	11	12	13	14
U_1(+10mA+0.5A)													
U_2(−10mA+0.5A)													
U_3(−10mA−0.5A)													
U_4(+10mA−0.5A)													
U_H/V													
B/mT													

报告要求

将数据表格重画，填入实测数据和经计算后的 U_H 及 B 值，以霍尔片位置为横坐标、磁感应强度为纵坐标，作出螺线管磁场分布图。

【思考题】

1. 试由测量结果计算不等位电动势 U_0 的大小。
2. 用本实验装置能否测量霍尔元件灵敏度 K_H？如何进行测量？

4.8　电阻特性的研究

4.8.1　热敏电阻温度特性的研究

热敏电阻是对温度变化表现非常敏感的一种半导体电阻元件，它能测量出温度的微小变化，并且体积小、工作稳定、结构简单。因此，它在测量技术、无线电技术、自动化和遥感等方面都有广泛的应用。

【实验目的】

1. 了解热敏电阻的基本结构及应用。
2. 了解和测量热敏电阻阻值与温度的关系。

【实验仪器】

YJ—WH—Ⅰ材料与器件温度特性综合实验仪。

【实验原理】

热敏电阻是其电阻阻值随温度显著变化的一种热敏元件。我们以负温度系数 NTC 为例，研究其温度特性。

电阻温度特性的通用公式为

$$R_T = A\exp(B/T) \tag{4-27}$$

式中，R_T为温度 T 时的电阻值；T 为热力学温度（以 K 为单位）；A 和 B 分别为具有电阻量纲和温度量纲，并且与热敏电阻的材料和结构有关的常数。

由式（4-27）可得到当温度为 T_0时的电阻值 R_0，即

$$R_0 = A\exp(B/T_0) \tag{4-28}$$

由式（4-27）和式（4-28），可得

$$R_T = R_0 A\exp[B(1/T - 1/T_0)] \tag{4-29}$$

对上式两边取对数，则有

$$\ln R_T = \ln R_0 + B(1/T - 1/T_0) \tag{4-30}$$

从上式可以看出，$\ln R_T$与 $1/T$ 呈线性关系，直线的斜率就是常数 B。

热敏电阻的温度系数定义

$$\alpha_T = (1/R_T)\frac{\mathrm{d}R_T}{\mathrm{d}T} = -B/T^2$$

【实验内容及步骤】

（1）调节“设定温度粗选”和“设定温度细选”，选择设定所需温度点，打开“加热开关”，将热敏电阻插入恒温腔中，待温度稳定在所需温度（如 50.0℃）时用数字多用表 20k 挡测出此温度时的电阻值。

（2）重复以上步骤，设定温度为 60.0℃、70.0℃、80.0℃、90.0℃、100.0℃，测出热敏电阻在上述温度点时的电阻值。

（3）根据上述实验数据，绘出 R-t 曲线。

（4）利用热敏电阻测温。将热敏电阻插入待测物中，测出此时的电阻值，再由 R-t 定标曲线，查出待测温度。

【数据记录】

将相关数据填写到表 4-15 中。

表 4-15　热敏电阻温度与电阻关系

温度/℃	50.0℃	60.0℃	70.0℃	80.0℃	90.0℃	100.0℃
电阻/Ω						

【思考题】

1. 热敏电阻的阻值与温度是线性关系吗？
2. 什么是热敏电阻的温度系数？

4.8.2　光敏电阻的光电特性研究

【实验目的】

1. 了解光敏电阻光电特性，即供电电压一定时，电流与照度的关系。
2. 了解光敏电阻的伏安特性，即射入照度一定时，电流与电压的关系。

【实验原理】

光敏电阻是一种当光照射到材料表面上被吸收后，在其中激发载流子，使材料导电性能发生变化的内光电效应器件。最简单的光敏电阻的原理和符号如图 4-27 所示，它由一块涂在绝缘基底上的光电导体薄膜和两个电极所构成。当加上一定电压后，光生载流子在电场的作用下沿一方向运动，在电路中产生电流，这就达到了光电转换的目的。

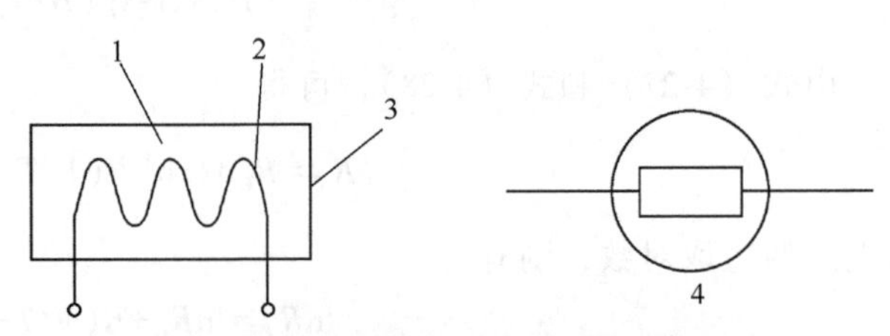

图 4-27　光敏电阻的原理和符号

1—光电导体膜　2—电极　3—绝缘基底　4—电路符号

【实验仪器】

直流稳压电源，光敏电阻，光谱调整系统，光敏电阻、相关信号处理单元。

【实验内容及步骤】

1. 光敏电阻的光电特性研究

直流稳压电源置±12V 挡，光敏电阻探头用专用导线一端连接后，插入照度实验架上传感器安装孔，导线另一端插入面板上“光敏电阻 T_i”插口。

（1）开启电流及光强开关，并将光强/加热开关置“5”挡，此时入射照度最大。同时检查加热开关是否关闭。

（2）在“光敏电阻单元”如图 4-28 所示接线。

（3）检查接线是否正确。

（4）关闭光强开关，记下电流表的读数（暗电流），并将数据填入表 4-16。随后将光强、加热开关置“1”挡。

表 4-16 数据表

光强	0	1	2	3	4	5
电流/mA						

（5）开启光强开关，记下电流表读数，并逐步将“光强/加热”开关转换到“5”挡，记下每一挡的电流表读数，并填入表 4-16。

（6）作出照度-电流曲线，如图 4-29 所示。

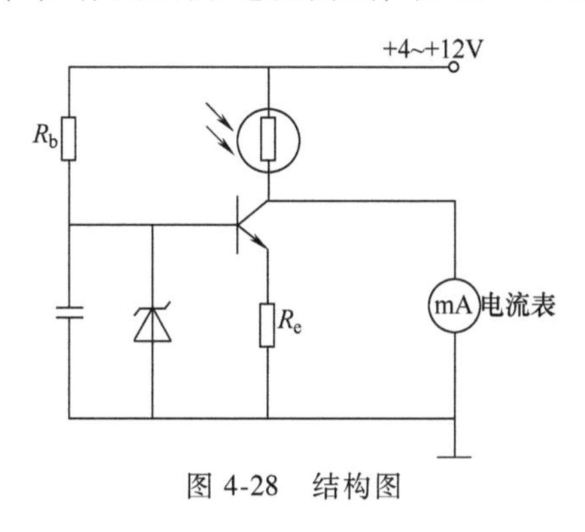

图 4-28 结构图

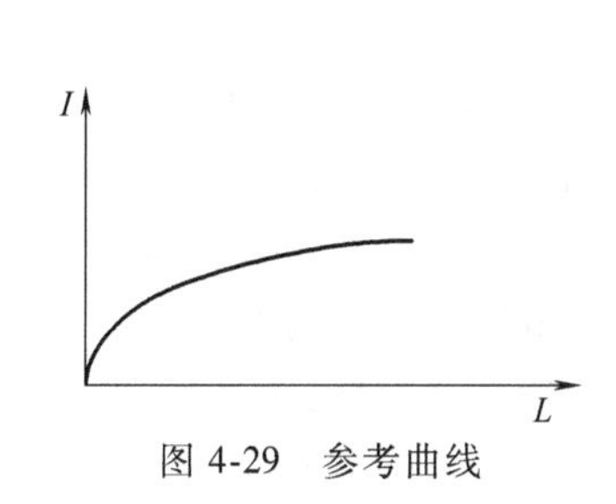

图 4-29 参考曲线

2. 光敏电阻的伏安特特性

直流稳压电源置±12V 挡，光敏电阻探头用专用导线一端连接后，插入照度实验架上传感器安装孔，导线另一端插入面板上“光敏电阻 T_i”插口。

（1）开启电源及光强开关，并将光强/加热开关置“5”挡，此时入射照度最大。同时检查加热开关是否关闭。

（2）在“光敏电阻单元”如图 4-28 所示接线。

（3）检查接线是否正确。

（4）直流稳压电源转置“±4V”挡，保持“光强/加热”开关在“5”挡。

（5）记下此时电流表读数，并填入表 4-17。

表 4-17 数据表

电压/V	4	6	8	10	12
电流/mA					

（6）将“直流稳压电源”分挡逐步调整至±12V，逐一记下电流表读数，并填入表 4-17。

（7）作出 V-I 曲线。

（8）将“光强/加热”开关分步调至“4”~“3”挡，直流稳压电源置±4V 挡，重复上述（5）~（7）步，比较三条 U-I 曲线有什么不同。

4.9 数字万用表实验

随着大规模集成电路的发展，传统指针式电表已逐渐被数字式电表所取代。传统指针式电表测量精度低、体积大、读数不便，作为实验仪器容易损坏；而数字式电表恰恰能弥补它的不足，正广泛应用于各个方面。

【实验目的】

1. 了解数字万用表的特性、组成和工作原则。
2. 掌握分压、分流电路的计算和连接。
3. 学会数字万用表的校准方法和使用方法。

【实验仪器】

WS—Ⅰ数字万用表设计性实验仪，三位半或四位半数字万用表。

【实验原理】

1. 数字万用表的特性

与指针式万用表相比较，数字万用表有如下优良特性：

1） 高准确度和高分辨力；
2） 电压表具有高的输入阻抗；
3） 测量速率快；
4） 自动判别极性；
5） 全部测量实现数字直读；
6） 自动调零；
7） 抗过载能力强。

当然，数字万用表也有一些弱点，如：

1） 测量时不像指针式仪表那样能清楚直观地观察到指针偏转的过程，在观察充放电等过程时不够方便；

2） 数字万用表的量程转换开关通常与电路板是一体的，触点容量小，耐压不很高，有的机械强度不够高，寿命不够长，导致用旧以后换挡不可靠；

3） 一般万用表的 V/Ω 挡共用一个表笔插孔，而 A 挡单独用一个插孔。使用时应注意根据被测量调换插孔，否则可能造成测量错误或仪表损坏

2. 数字万用表的基本组成

数字万用表的基本组成如图 4-30 所示。

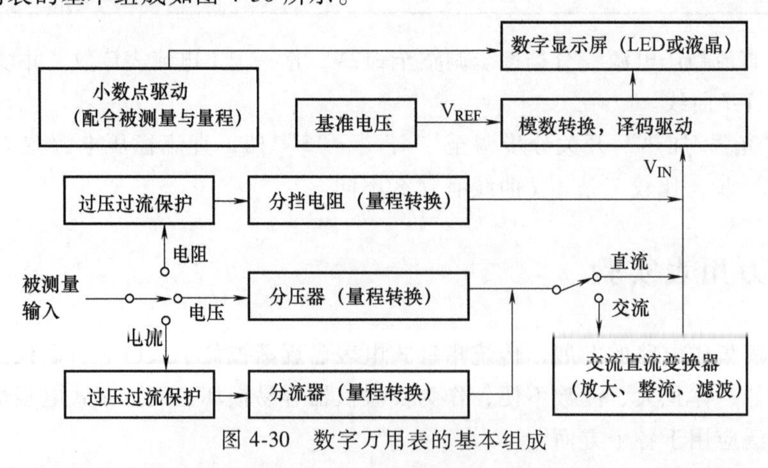

图 4-30　数字万用表的基本组成

3. 直流电压测量电路

在数字电压表头前面加一级分压电路（分压器），可以扩展直流电压测量的量程。如图 4-31 所示，U_0为电压表头的量程（如 200mV），r 为其内阻（如 10MΩ），r_1、r_2为分压电阻，U_{i0}为扩展后的量程。

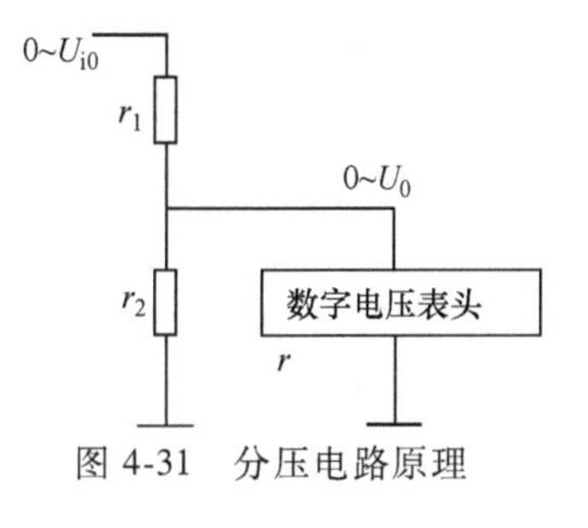

图 4-31　分压电路原理

由于 $r \gg r_2$，所以分压比为

$$\frac{U_0}{U_{i0}}=\frac{r_2}{r_1+r_2}$$

扩展后的量程为

$$U_{i0}=\frac{r_1+r_2}{r_2}U_0$$

多量程分压器原理电路如图 4-33 所示，5 挡量程的分压比分别为 1、0.1、0.01、0.001 和 0.0001，对应的量程分别为 2000V、200V、20V、2V 和 200mV。

采用图 4-32 所示的分压电路虽然可以扩展电压表的量程，但在小量程挡明显降低了电压表的输入阻抗，这在实际使用中是所不希望的。所以，实际数字万用表的直流电压挡电路为图 4-33 所示，它能在不降低输入阻抗的情况下，达到同样的分压效果。

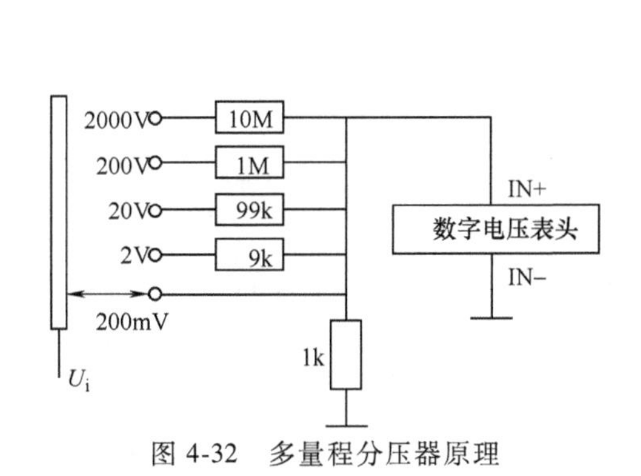

图 4-32　多量程分压器原理

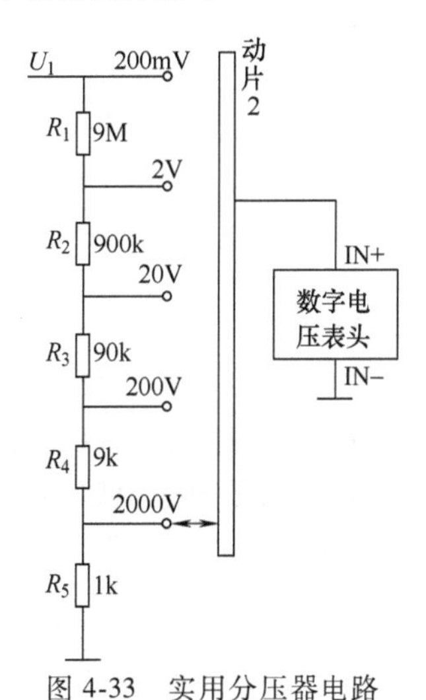

图 4-33　实用分压器电路

例如，其中 200V 挡的分压比为

$$\frac{R_4+R_5}{R_1+R_2+R_3+R_4+R_5}=\frac{10\text{k}}{10\text{M}}=0.001$$

其余各挡的分压比可同样算出。

实际设计时是根据各挡的分压比和总电阻来确定各分压电阻的。如先确定

$$R_{总}=R_1+R_2+R_3+R_4+R_5=10\text{M}\Omega$$

再计算 2000V 挡的电阻

$$R_5=0.0001R_{总}=1\text{k}\Omega$$

再逐挡计算 R_4、R_3、R_2、R_1。

尽管上述最高量程挡的理论量程是2000V，但通常的数字万用表出于耐压和安全考虑，规定最高电压量限为1000V。

换量程时，多刀量程转换开关可以根据挡位自动调整小数点的显示，使用者可方便地直读出测量结果。

4. 直流电流测量电路

测量电流的原理是：根据欧姆定律，用合适的取样电阻把待测电流转换为相应的电压，再进行测量。如图4-34所示，由于$r \gg R$，取样电阻R上的电压降为

$$U_i = I_i R$$

即被测电流

$$I_i = U_i / R$$

若数字表头的电压量程为U_0，欲使电流量程为I_0，则该挡的取样电阻（也称分流电阻）为

$$R = U_0 / I_0$$

如$U_0 = 200\text{mV}$，则$I_0 = 200\text{mA}$挡的分流电阻为$R = 1\Omega$。

多量程分流器原理电路如图4-35所示。

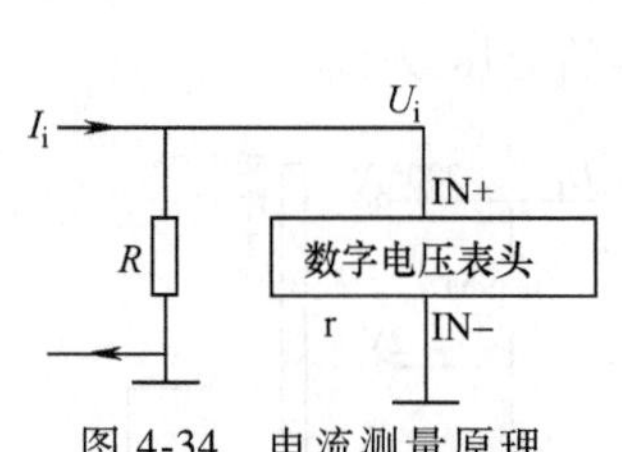

图4-34　电流测量原理

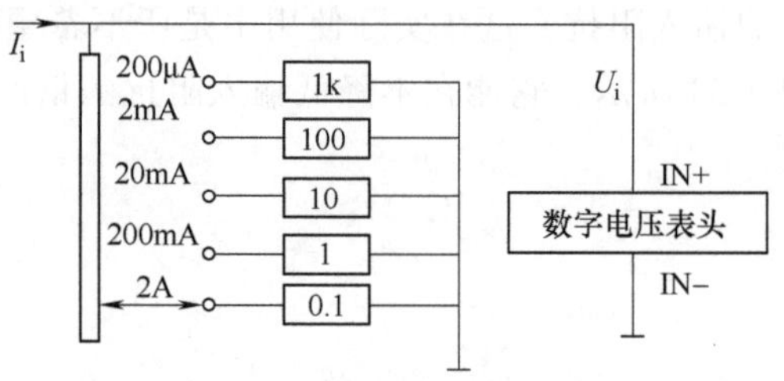

图4-35　多量程分流器电路

图4-35中的分流器在实际使用中有一个缺点，就是当换挡开关接触不良时，被测电路的电压可能使数字表头过载，所以，实际数字万用表的直流电流挡电路为如图4-36所示。

图4-36中各挡分流电阻的阻值是这样计算的：先计算最大电流挡的分流电阻R_5，即

$$R_5 = \frac{U_0}{I_{m5}} = \frac{0.2}{2}\Omega = 0.1\Omega$$

再计算下一挡的R_4，即

$$R_4 = \frac{U_0}{I_{m4}} - R_5 = \left(\frac{0.2}{0.2} - 0.1\right)\Omega = 0.9\Omega$$

依次可计算出R_3、R_2和R_1，请同学们自己练习。

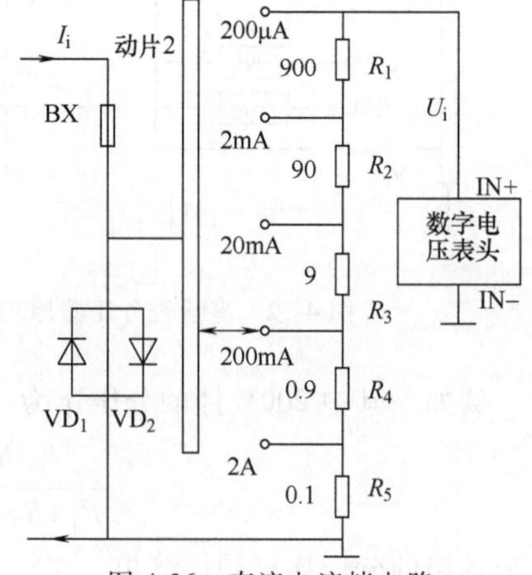

图4-36　直流电流挡电路

图4-36中的BX是2A熔丝（保险丝）管，电流过大时会快速熔断，起过流保护作用。两只反向连接且与分流电阻并联的二极管VD_1、VD_2为塑封硅整流二极管，它们起双向限幅过压保护作用。正常测量时，输入电压小于硅二极管的正向导通压降，二极管截止，对测量毫无影响。一旦输入电压大于0.7V，二极管立即导通，两端电压被限制住（小于0.7V），保护仪表不被损坏。

用 2A 挡测量时，若发现电流大于 1A，则应不使测量时间超过 20s，以避免大电流引起的较高温升影响测量精度甚至损坏电表。

5. 交流电压、电流测量电路

数字万用表中交流电压、电流测量电路是在直流电压、电流测量电路的基础上，在分压器或分流器之后加入了一级交流-直流（AC-DC）变换器，图 4-37 为其原理简图。

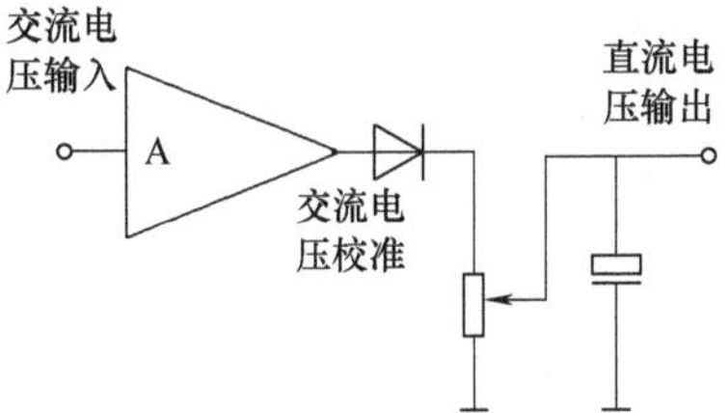

图 4-37 AC-DC 变换器原理简图

该 AC-DC 变换器主要由集成运算放大器、整流二极管、*RC* 滤波器等组成，还包含一个能调整输出电压高低的电位器，用来对交流电压挡进行校准之用。调整该电位器可使数字表头的显示值等于被测交流电压的有效值。

同直流电压挡类似，出于对耐压、安全方面的考虑，交流电压最高挡的量限通常限定为 700V（有效值）。

6. 电阻测量电路

数字万用表中的电阻挡采用的是比例测量法，其原理电路如图 4-38 所示。

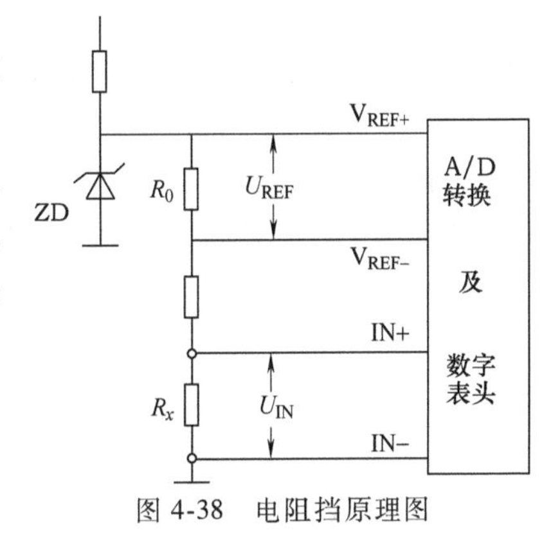

图 4-38 电阻挡原理图

由稳压管 ZD 提供测量基准电压，流过标准电阻 R_0 和被测电阻 R_x 的电流基本相等（数字表头的输入阻抗很高，其取用的电流可忽略不计）。所以 A/D 转换器的参考电压 U_{REF} 和输入电压 U_{IN} 有如下关系：

$$\frac{U_{REF}}{U_{IN}}=\frac{R_0}{R_x}$$

即

$$R_x=\frac{U_{IN}}{U_{REF}}R_0$$

根据所用 A/D 转换器的特性可知，数字表显示的是 U_{IN} 与 U_{REF} 的比值，当 $U_{IN}=U_{REF}$ 时显示“1000”，$U_{IN}=0.5U_{RFE}$ 时显示“500”，依此类推。所以，当 $R_x=R_0$ 时，表头将显示“1000”，当 $R_x=0.5R_0$ 时显示“500”，这称为比例读数特性。因此，我们只要选取不同的标准电阻并适当地对小数点进行定位，就能得到不同的电阻测量挡。

如对 200Ω 挡，取 $R_{01}=100\Omega$，小数点定在十位上。当 $R_x=100\Omega$ 时，表头就会显示出 100.0Ω。当 R_x 变化时，显示值相应变化，可以从 0.1Ω 测到 199.9Ω。

又如对 2kΩ 挡，取 $R_{02}=1\text{k}\Omega$，小数点定在千位上。当 R_x 变化时，显示值相应变化，可以从 0.001kΩ 测到 1.999kΩ。

其余各挡道理相同，同学们可自行推演。

数字万用表多量程电阻挡电路如图 4-39 所示。

由以上分析可知

$$R_1=R_{01}=100\Omega$$

$$R_2=R_{02}-R_{01}=(1000-100)\Omega=900\Omega$$

$$R_3=R_{03}-R_{02}=10\text{k}\Omega-1\text{k}\Omega=9\text{k}\Omega$$

……

图 4-39 中由正温度系数（PTC）热敏电阻 R_t 与晶体管 VT 组成了过压保护电路，以防误用电阻挡去测高电压时损坏集成电路。当误测高电压时，晶体管 VT 发射极将击穿，从而限制了输入电压的升高。同时 R_t 随着电流的增加而发热，其阻值迅速增大，从而限制了电流的增加，使 VT 的击穿电流不超过允许范围。即 VT 只是处于软击穿状态，不会损坏，一旦解除误操作，R_t 和 VT 都能恢复正常。

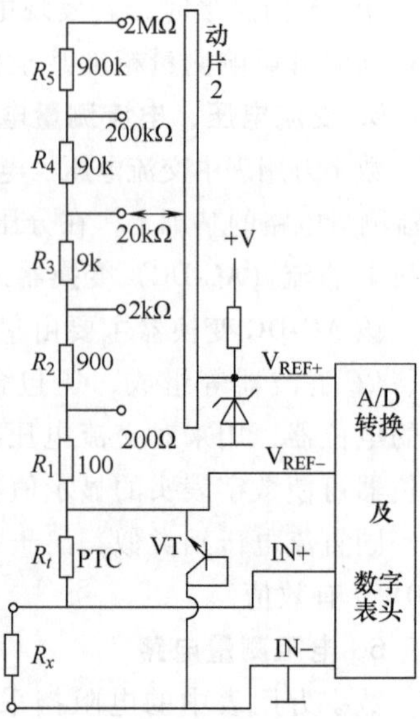

图 4-39　过压保护电路

【实验内容及步骤】

1. 电阻的测量

1）由于电阻挡基准电压为 1V，所以在进行电阻测试时，选择参考电压为 1V 的设置，即拨位开关 K1-2 拨到 ON，其他拨到 OFF，使 $R_{int}=470\text{k}\Omega$。这样可以保证在 $R_x=0$ 时，R_s 上的电压最大为 1V，即参考电压 $(V_r+)-(V_r-)\leqslant 1\text{V}$。

2）进行 2kΩ 挡校准。把高精度电阻箱的电阻值给定为 1500Ω；拨位开关 K2-1 拨到 ON，其他拨到 OFF。使对应的 ICL7107 模块中数码管的相应小数点点亮，显示 X · XXX；按图 4-40 所示方式接线。

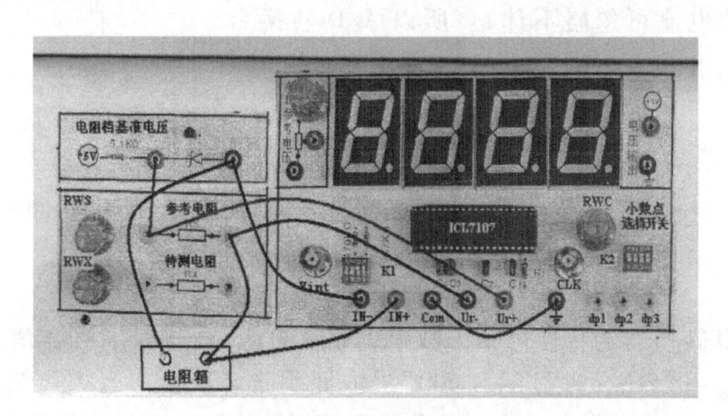

图 4-40　电阻的测量

3）观察模数转换模块中显示值是否为 1.500；若有些许差异，稍微调节 RWS 使模块显示数值为 1.500。

4）调节外接高精度电阻箱，使显示模块输出读数分别为：1.999kΩ，1.800kΩ，1.600kΩ，…，0.200kΩ，0.000kΩ；同时记录下电阻箱的电阻值。再以模块显示的读数为横坐标，以电阻箱的读数为纵坐标，绘制校准曲线。

2. 直流电压的测量　200mV 挡量程的校准

1）拨位开关 K1-4 拨到 ON，其他拨到 OFF，使 $R_{int}=47\text{k}\Omega$。（注：拨位开关 K1 和 K2，拨到上方为 ON，拨到下方为 OFF）调节 AD 参考电压模块中的电位器，同时用万用表 200mV 挡测量其输出电压值，直到万用表的示数为 100mV 为止。

2）调节直流电压电流模块中的电位器，同时用万用表 200mV 挡测量该模块电压输出值，使其电压输出值为 0~199.9mV 的某一具体值（如：150.0mV）。

3）拨位开关 K 2-3 拨到 ON，其他拨到 OFF，使对应的 ICL7107 模块中数码管的相应小数点点亮，显示 XXX · X。

4）按图 4-41 所示方式接线。

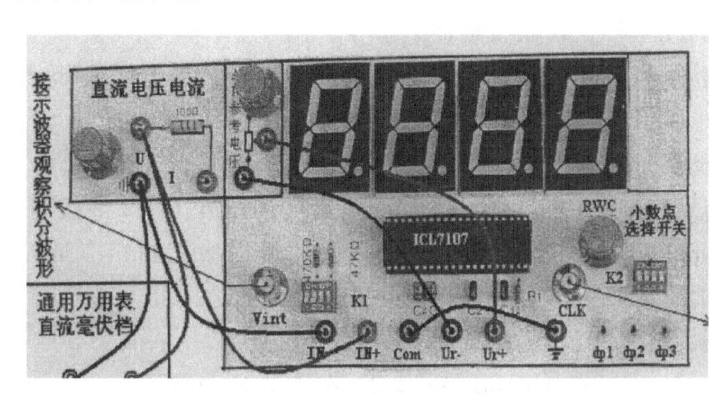

图 4-41　直流电压的测量

5）调节直流电压电流模块中的电位器，减小其输出电压，使模块输出电压为 199. 9mV，180. 0mV，160. 0mV，…，20. 0mV，0mV；并同时记录下方万用表所对应的读数。再以模块显示的读数为横坐标，以万用表显示的读数为纵坐标，绘制校准曲线。

6）若输入的电压大于 200mV，请先采用分压电路并改变对应的数码管再进行，请同学们自行设计实验。注意在测量高压时，务必在测量前确定线路连接正确，避免伤亡事故。

3. 直流电流的测量　20mA 挡量程校准

1）测量时可以先把直流电压电流模块中的电位器逆时针旋到底，即使输出电流为 0。

2）拨位开关 K1-4 拨到 ON，其他拨到 OFF，使 $R_{int}=47k\Omega$。调节 AD 参考电压模块中的电位器，同时用万用表 200mV 挡测量输出电压值，直到万用表的示数为 100mV 为止。

3）拨位开关 K2-2 拨到 ON，其他拨到 OFF，使对应 ICL7107 模块中数码管的相应小数点点亮，显示 XX · XX。

4）按照图 4-42 所示方式接线、供电。向右旋转调节直流电压电流模块中的电位器，使万用表显示为 0~19. 99mA 的某一具体值（如：15. 00mA）。

5）观察模数转换模块中显示值是否为 0 ~ 19. 99mA 中的前述的某一具体值（如 15. 00mA）。若有些许差异，稍微调整 AD 参考电压模块中的电位器模块中的电位器模块显

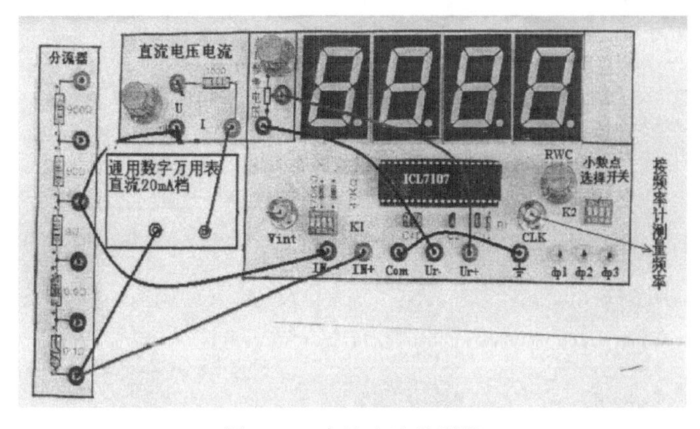

图 4-42　直流电流的测量

示数值为0~19.99mA中的前述的某一具体值（如：15.00mA）。调节直流电压电流模块中的电位器，减小其输出电流，使显示模块输出电流为19.99mA，18.00mA，16.00mA，…，2.00mA，0.00mA；并同时记录下万用表所对应的读数。再以模块显示的读数为横坐标，以万用表显示的读数为纵坐标，绘制校准曲线。

万用表设计实验量程转换开关模块，通过拨动转换开关，可以使S2插孔依次和插孔A、B、C、D、E相连并且相应的量程指示灯亮，同时S1插孔依次与插孔a、b、c、d、e相连。KS1这组开关用于设计时控制模块小数点位的点亮，KS2用于分压器、分流器以及分挡电阻上，实现多量程测量。在进行多量程扩展时，注意把拨位开关K2都拨向OFF，然后把插孔a、b、c、d、e和dp1、dp2、dp3连接组合成需要的量程（控制相应量程的小数点位），当拨位量程转换开关时，dp1、dp2、dp3中有且只有一个通过a、b、c、d、e与KS1相连，从而对应的小数点将被点亮，具体的接线是：

$$dp1 \to b, dp1 \to e, dp2 \to c, dp3 \to a, dp3 \to d$$

【注意事项】

1. 实验时应当“先接线，再加电；先断电，再拆线”，加电前应确认接线无误，避免短路。

2. 即使加有保护电路，也应注意不要用电流挡或电阻挡测量电压，以免造成不必要的损失。

3. 当数字表头最高位显示“1”而其余位都不亮时，表明输入信号过大，即超量程。此时应尽快换大量程挡或减小（断开）输入信号，避免长时间超量程。

4. 自锁紧插头插入时不必太用力就可接触良好，拔出时应手捏插头旋转一下就可轻易拔出，避免硬拔硬拽导线，拽断线芯。

【思考题】

1. 怎样确定小数点的位置？

2. 为什么实验仪器交流量的误差大于直流量的误差？

设计性研究性实验

5.1 设计性研究性实验的性质和任务

5.1.1 设计性研究性实验概述

我们针对实验教学“开发学生智能，培养与提高学生科学实验能力和素养”的根本目的，在对学生进行一定数量的基础性和综合性实验训练的基础上，开设了设计性研究性实验。设计性研究性实验是一种介于基础教学实验与实际科学实验之间的，具有对科学实验全过程进行初步训练特点的教学实验。

设计性研究性实验是指给定实验目的、要求和实验条件，由学生自行设计实验方案并加以实现的实验。开设设计性研究性实验的目的在于激发学生学习的主动性和创新意识，培养学生独立思考、综合运用知识和文献、提出问题和解决复杂问题的能力。让学生的科研能力在学校期间能够得到初步训练，创新思维能够得到培养，并在未来的工作中有所创造和开拓，达到培养学生自学和查阅文献、书刊、手册的能力，训练其初步的科学研究能力。

设计性研究性实验的核心是设计和选择实验方案，并在实验中检验方案的正确性与合理性。设计一般包括两个方面：根据题目与实验精度要求，确定实验所应用的原理，选择实验方法与测量方法；选择测量条件与配套的仪器、装置，确定测量数据的处理方法。

在进行设计性研究性实验时，应考虑各种系统误差出现的可能性，分析其产生的原因以及如何从众多的测量数据中发现和检验系统误差的存在，估算其大小，又如何消除或减小系统误差的影响。这需要涉及较深的误差理论知识，更需要具备丰富的科学实验专门知识。

5.1.2 设计性研究性实验的实施程序

1. 确立实验题目

根据实验室提供的器材和实验选题，结合自己的兴趣、特长确立实验题目。

2. 查阅文献资料

根据实验题目要求查找、收集、整理、分析各种有关资料。

3. 确定方案

以理论为依据，建立物理模型，拟定实验方法，选择配套仪器。

4. 实验过程

严格操作、仔细观察、积极思维、实事求是、分析处理。

5. 分析讨论

从大量的实验数据结果中综合分析，作出判断。

6. 论文报告

包括实验任务、理论依据、实验方法、仪器装置、实验结果、讨论分析、参考文献。

以上是科学实验的一般过程，中间许多环节都要经过多次反复不断地加以完善。在具体过程中，步骤并不是单向地从上到下一步步地进行，要经过实践、反馈、修正、实践……这样多次的反复。

5.2　实验方案的选择

实验方案的选择包括：实验方法、测量方法、测量仪器、测量条件及数据处理方法的选择，综合分析和误差估算，选择能达到设计要求的最佳方案。

5.2.1　实验方法的选择

根据研究对象，查阅相关资料，收集各种可能的实验方法，即根据一定的物理原理，确立被测量与可测量之间关系的各种可能的方法。然后，比较各种方法局限性及能达到的实验精度、适用条件、实验成本及实施的现实可能性，以确定最佳实验方案。最佳是指满足精度要求，实验条件允许，方法可行的方法。

例如，电表内阻的测量，经过资料收集可提供的实验方法有伏安法、替代法、半偏法、电压比较法、电桥法、补偿法等。这些方法各有优缺点，要进行综合分析比较，分析各种方法可能引入的系统误差及消除误差的办法，确定数据处理方法，同时考虑测量的精确度、实验条件和实验的可能性，最后确定最佳实验方法。

5.2.2　测量方法的选择

物理量的测量方法可分为两大类，一类是从被测量的定义出发进行测量，另一类是根据被测量和其他物理量之间的函数关系进行测量。有的物理量要用特定的工具进行测量，即只有一种测量方法，但有的物理量有多种测量方法，这时就要进行选择。

在选定了实验方案之后，就需要进一步对实验中可能的误差来源、性质、大小作出初步的估算，并针对不同性质的误差及其来源，选定适当的测量方法，力求测量误差最小。

下面举一个具体例子来进一步说明。

例如，用米尺测量如图 5-1 所示两个圆孔的中心间距 L，经过分析可知，有以下四种测量方法：

1）直接测量 L，但因两孔中心很难确定，一般不采用此方法。

2）$L=L_1+\dfrac{d}{2}+\dfrac{D}{2}$

3）$L=L_2-\dfrac{d}{2}-\dfrac{D}{2}$

4）$L=\dfrac{(L_1+L_2)}{2}$

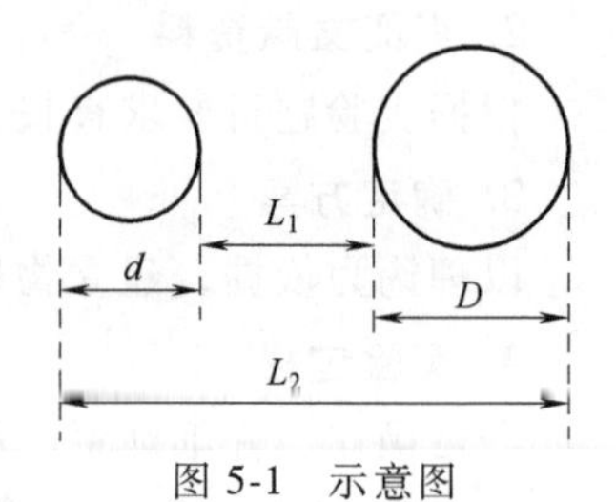

图 5-1　示意图

由误差分析可知，在用同一米尺的情况下，设米尺的误差为 u_0，则有

$$u_2=u_3=\sqrt{u_0^2+\frac{u_0^2}{4}+\frac{u_0^2}{4}}=\frac{\sqrt{6}}{2}u_0$$

$$u_4=\sqrt{\frac{u_0^2}{4}+\frac{u_0^2}{4}}=\frac{\sqrt{2}}{2}u_0$$

显然，第 4 种测量方法具有最小的测量误差，也就是说在实际测量中不必对直径进行测量。

5.2.3 测量仪器的选择与配套

1. 测量仪器的选择

测量仪器的选择包括仪器的分辨率、仪器的精确度、仪器的量程及仪器的价格等四个方面。应根据被测量量值的大小选取量程。在满足测量要求的条件下，应选用较小的量程。在满足分辨率和精确度要求的条件下，应尽可能选择价格较低的仪器。分辨率是指该测量仪器所能够测量的最小值。精确度是指常用仪器最大误差 $\Delta_{仪}$ 的标准误差 $\Delta_{仪}/3$ 及各自的相对误差表征。

根据实验精度要求和不确定度“等量分配”的原则，来选择合适的仪器。

例如，要求测量圆柱体的体积 V，测量结果的相对不确定度 $E_r \leqslant 0.5\%$。圆柱体的体积为

$$V=\frac{\pi}{4}D^2h$$

相对不确定度为

$$E_r=\frac{\Delta_V}{V}=\sqrt{\left(\frac{2\Delta_D}{D}\right)^2+\left(\frac{\Delta_h}{h}\right)^2}$$

下面分不同情况讨论：

(1) 当 $h \geqslant D$ 时（圆棒或细丝）

这时带有不确定度 Δ_D 的分项对总不确定度 Δ_V 的影响远大于带有 Δ_h 项的影响，于是

$$\frac{\Delta_V}{V}=\sqrt{\left(\frac{2\Delta_D}{D}\right)^2}$$

$$E_r=\frac{\Delta_V}{V}\times 100\%=\frac{2\Delta_D}{D}\times 100\% \leqslant 0.50\%$$

当 $D \approx 5\text{mm}$ 时，要求 $\Delta_D \leqslant 0.0125$，而 $\Delta_D \approx \Delta_{仪}$，这时可选用分度值=0.004 的千分尺。

(2) 当 $h \leqslant$ D 时（圆板）

这时类似有

$$E_r=\frac{\Delta_V}{V}\times 100\%=\frac{\Delta_h}{h}\times 100\% \leqslant 0.50\%$$

当 $h \approx 10\text{mm}$ 时，则 $\Delta_h \approx \Delta_{仪} \leqslant 0.05\text{mm}$，这时可选用分度值=0.02mm 的游标卡尺。

(3) 当 $h=D$ 时

这种情况则依据误差均分原则（即规定各部分不确定度对总不确定度的影响都相同）来分析选择仪器。有

$$\frac{\Delta_h}{h}=\frac{2\Delta_D}{D}=\frac{1}{2}E_r\leqslant 0.025\%$$

2. 实验仪器的配套

所谓配套，就是要在电源选择、精度配合、灵敏度选择、阻抗匹配等方面进行认真分析，使仪器或各部件的特性能得到充分发挥，在操作上不会造成困难，又不会造成经济上的浪费。

仪器的选择是按照“不确定度等量分配原理”进行选择的。有些不确定度分量由于条件等原因已经确定，无法改变。对于这种情况，可先从总不确定度中除去这一部分，再将其余的分量按“不确定度等量分配原理”估算。

另外若按“不确定度等量分配原理”设计实验，估算的结果可能使一些物理量的测量条件很容易满足，而另一些物理量的测量条件很难满足，或者要用贵重的仪器才能满足测量条件。对于这种情况，则可以在均分情况下，对难以满足测量条件的物理量适当放宽测量条件，降低容易满足测量条件物理量的不确定度量值，保证测量结果的合成不确定度满足设计目标的要求。

例如，用秒摆（周期为秒的单摆）测定重力加速度 g，要求测量结果精确到 1.0%，则测量摆长 L 和测量周期 T 的仪器如何配置？

根据题意，摆是秒摆，所以周期 $T=1.00\text{s}$，假定摆长 $L=50.0\text{cm}$，要求 g 的不确定度为 1.0%，则 $E_g=\Delta_g/g\leqslant 0.01$，预先约定 $g=980\text{cm/s}^2$，则

$$\Delta_g=9.80\text{cm/s}^2$$

按理论公式

$$g=4\pi^2\frac{L}{T^2}$$

由不确定度公式得

$$\Delta_L=\frac{\Delta_g}{\sqrt{n}\left(\dfrac{\partial g}{\partial L}\right)}=\frac{9.80}{\sqrt{2}\ \dfrac{4\pi^2}{T^2}}=\frac{9.80}{\sqrt{2}\ \dfrac{4\times 3.142^2}{1.00^2}}\text{cm}=0.18\text{cm}$$

$$\Delta_T=\frac{\Delta_g}{\sqrt{n}\left(\dfrac{\partial g}{\partial T}\right)}=\frac{9.80}{\sqrt{2}\ \dfrac{8\pi^2L}{T^3}}=\frac{9.80}{\sqrt{2}\ \dfrac{8\times 3.142^2\times 50.0}{1.00^3}}\text{s}=0.0018\text{s}$$

$$\Delta_{L仪}=\Delta_L=0.18\text{cm}$$

$$\Delta_{T仪}=\Delta_T=0.0018\text{s}$$

根据估算结果，摆长 L 的测量可选用最小分度值为 1mm 的米尺。周期 T 的测量，若只测 1 次，应选用 1ms 的数字毫秒计与之配套；若测 50 周期的时间，则选用 0.01s 的电子秒表与之配套。

5.2.4　测量条件的选择

测量条件是实验方法对实验装置及实验装置在测量中应处的状态提出的要求，是一切能影响测量结果，本质上又可控制的全部因素。

确定测量的最有利条件，也就是确定在什么条件下进行测量引起的误差最小。这个条件

可以由误差函数对自变量求偏导并令其为零而得到。对于一元函数，只需求一阶导数和二阶导数，令一阶导数等于零，解出相应的变量表达式，代入二阶导数式，若二阶导数大于零，则该表达式即为测量条件的最有利条件。

例如，如图 5-2 所示，用滑线式电桥测电阻时，滑线臂在什么位置时，才能使待测电阻的相对误差最小。

图中 R_s 为已知标准电阻。L_1 和 L_2（$L_2=L-L_1$）为滑线电阻的两臂长。当电桥平衡时

$$R_x=R_s\frac{L_1}{L_2}=R_s\frac{L-L_2}{L_2}$$

其相对误差为

$$E_r=\frac{\Delta R_x}{R_x}=\frac{L}{(L-L_2)L_2}\Delta L_2$$

因相对误差 E_r 是 L_2 的函数，所以相对误差为最小条件是

$$\frac{\partial E_r}{\partial L_2}=\frac{L(L-2L_2)}{(L-L_2)^2L_2{}^2}=0$$

可解得

$$L_2=\frac{L}{2}$$

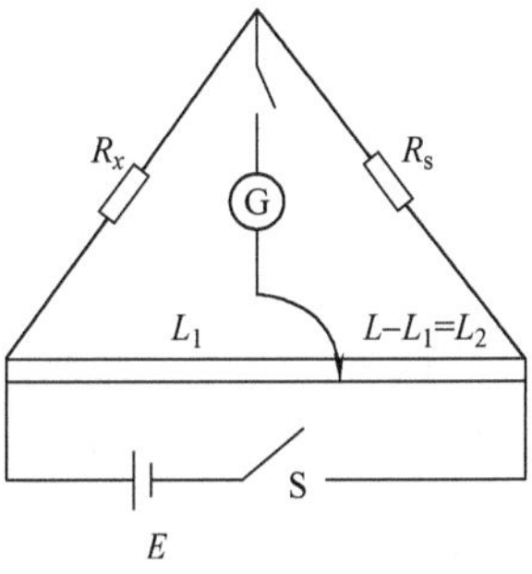

图 5-2　滑线式电桥测电阻示意图

因此，$L_1=L_2=L/2$ 是滑线式电桥测量电阻最有利的测量条件。

5.2.5　数据处理方法的选择

合理地选择数据处理方法，可以测出不能直接测量的或不易测准的物理量。

1. 测出不能直接测量的物理量

例如，单摆（图 5-3）摆角为零时的周期公式为 $T_0=2\pi\sqrt{\frac{L}{g}}$，摆角不为零时，若取二级近似，单摆的周期公式为 $T=T_0\left(1+\frac{1}{4}\sin^2\theta\right)$，只要测出不同 θ 下的 T 值，即可用回归法求出实验无法测定的 T_0 值。

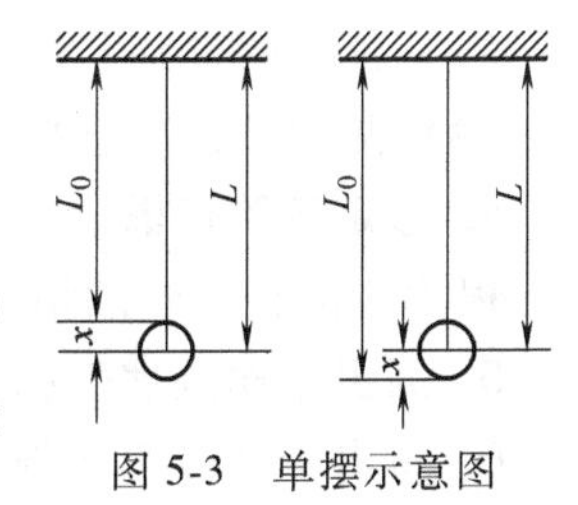

图 5-3　单摆示意图

2. 测量不易测准的物理量

例如，单摆摆长是摆的悬点到摆球质心之间的距离。实验中能够精确测量的是悬线长度 L_0，而不是摆长 L，因为小球质心的位置受小球制造上各种因素的影响，无法精确地测准，把 L 改写成 L_0+x，或 L_0-x，则

$$T^2=\frac{4\pi^2}{g}L_0+\frac{4\pi^2}{g}x \quad 或 \quad T^2=\frac{4\pi^2}{g}L_0-\frac{4\pi^2}{g}x$$

这样，测出不同 L_0 下的 L 值，用最小二乘法拟合直线，由截距即可定出不易测准的 x 值。

3. 绕过不易测定的物理量

用数据处理方法可绕过某些不易测出的量而求出所需要的物理量。例如，用简谐振动测定弹簧振子的劲度系数 k。

已知 $T=2\pi\sqrt{\frac{m}{k}}$，所以测出简谐振动的周期 T 及弹簧振子系统的等效质量 m，就可以求出 k 来。但是，实际上等效质量

$$m=m_V+m_e$$

其中 m_V 是振动体的质量，m_e 是弹簧的等效质量。由于 m_e 是不易确定的，因此 m 也无法确定。于是直接由 $T=2\pi\sqrt{\frac{m}{k}}$ 求 k 也就困难了。将 $T=2\pi\sqrt{\frac{m}{k}}$ 改为

$$T^2=4\pi^2\frac{m_V+m_e}{k}$$

用图解法（或回归法）可以绕过 m_e 的测量而解决问题。即改变 m_V，测出相应的周期 T，用 T^2-m_V 图线的斜率，可以求出 k。

5.2.6　设计性研究性实验的要求

为了保证设计性研究性实验的顺利进行，事先必须拟定合理的实验程序。才能使操作、观察、测量、记录都能有条不紊地进行。

1. 实验任务

2. 实验要求

3. 实验方案

（1）物理模型的比较与选择，写出最终选择的实验方案的原理及理论公式，公式适用的条件；画出实验用的原理图；

（2）实验方法的比较与选择；

（3）仪器的选择与配套；

（4）测量条件的选择。

4. 拟定实验步骤

根据所测物理量的情况，安排好测量顺序，拟定出实验步骤及注意事项。

5. 列出数据处理表格

6. 写出论文或实验报告

写出论文或实验报告，对实验结果进行分析，提出改进意见。

5.3　重力加速度的测定

【实验目的】

1. 精确测定当地的重力加速度，在确定测量方法后，设法消除各种因素的影响，使测量的精度提高。

2. 分析研究测定重力加速度的多种方法。

【实验要求】

1. 写出原理及公式，阐述设计思路。

2. 简述测量步骤。
3. 设计数据表格，记下实验数据，对数据进行处理。
4. $E_g \leqslant 1.0\%$，对实验结果进行分析讨论。
5. 谈谈本实验的收获、体会或改进意见。
6. 写出实验报告。

【实验仪器】（仅供参考）

单摆，复摆，三线摆，焦利秤，气垫导轨系统，自由落体仪，计数计时器，气源，稳压电源，频闪仪，照相机，游标卡尺，测速仪，秒表，小钢球，投影仪，物理天平，米尺等。

【思考题】

1. 比较不同方法测量重力加速度 g 的优缺点。
2. 分析所用实验方法的系统误差产生原因，找出消除或修正系统误差的方法。

<提示>

方法 1 单 摆 法

原理简述

一根不能伸缩的细线，上端固定，下端悬挂一个金属小球，当细线质量比小球质量小很多，而且球的直径又比细线的长度小很多时，就可以把小球看作一个不计细线质量的质点。如果把悬挂的小球（摆球）自平衡位置拉至一边（摆角 $\theta<5°$），然后释放，摆球即在平衡位置左右作周期性摆动，这种装置称为单摆，如图 5-4 所示。

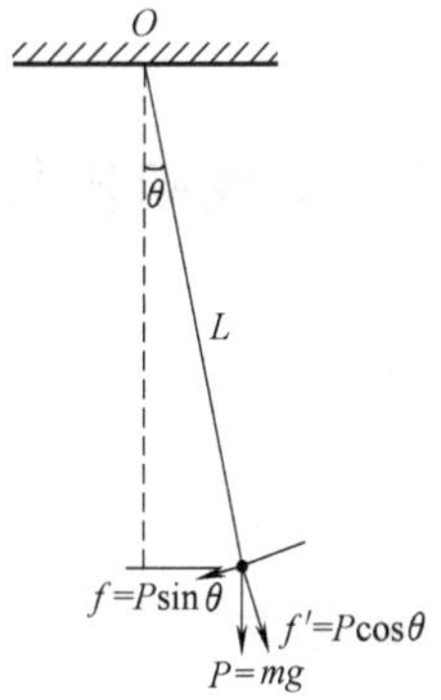

单摆简谐振动的圆频率为

$$\omega=\sqrt{\frac{g}{L}}$$

于是单摆的运动周期

$$T=\frac{2\pi}{\omega}=2\pi\sqrt{\frac{L}{g}}$$

则

$$g=4\pi^2\frac{L}{T^2} \tag{5-1}$$

图 5-4 单摆的受力分析

若测得 L、T，代入式（5-1）即可求得当地的重力加速度 g。若测出不同摆长 L 下的周期 T，作 $T_i^2-L_i$ 图线，由直线的斜率也可求出当地的重力加速度 g。

方法 2 自由落体法

原理简述

仅在重力作用下，物体从静止开始下落的运动是匀加速直线运动，其加速度称为重力加速度 g。而运动规律满足

$$h=v_0t+\frac{1}{2}gt^2 \tag{5-2}$$

当 $v_0=0$ 时

$$h=\frac{1}{2}gt^2 \quad 或 \quad g=\frac{2h}{t^2} \tag{5-3}$$

只要测出物体下落的时间 t 和 t 时间内物体下落的距离 h，就可以求得重力加速度 g。

方法 3　气垫导轨法

原理简述

如图 5-5 所示，将气垫导轨调整为具有一倾角 θ，物体沿该斜面下滑时，其加速度

$$a=g\sin\theta \tag{5-4}$$

由于 θ 角很小，$\sin\theta\approx\frac{h}{L}$，故

$$g=\frac{a}{\sin\theta}=\frac{a}{h}L \tag{5-5}$$

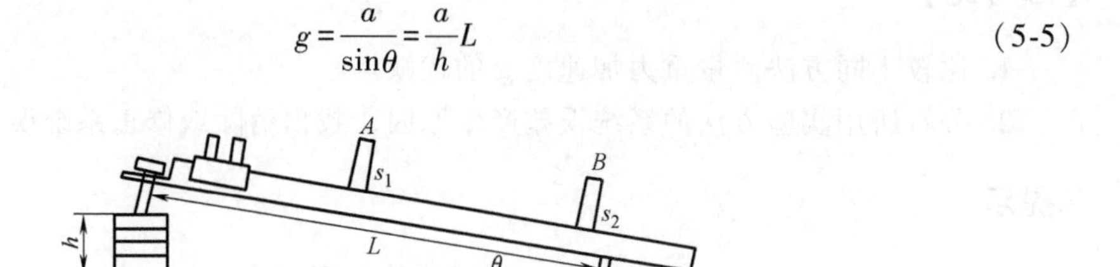

图 5-5　实验原理图

若测出物体经过 A 和 B 时的瞬间速度为 v_1 和 v_2，由匀变速直线运动公式 ${v_2}^2={v_1}^2+2as$ 可得

$$a=\frac{{v_2}^2-{v_1}^2}{2(s_2-s_1)} \tag{5-6}$$

式中，s_1、s_2分别为光电门 A 和 B 的位置坐标。由式（5-5）和式（5-6）即可求得重力加速度的值。

5.4　不规则固体密度的测定

【实验目的】

通过已学知识，自行设计测量不规则固体密度的实验方法两种以上。

【实验要求】

1. 写出原理及公式，阐述设计思路。
2. 简述测量步骤。
3. 设计数据表格，记下实验数据，对数据进行处理。
4. $E\leqslant1.0\%$，对实验结果进行分析讨论。
5. 谈谈本实验的收获、体会或改进意见。
6. 写出实验报告。

【实验仪器】（仅供参考）

焦利秤，物理天平，量筒，量杯，烧杯，形状不规则固体（鹅卵石、石蜡块），水，细

线等。

5.5 电表内阻的测定

【实验目的】

根据电学知识，设计多种（例如：替代法、半偏法、伏安法、电桥法等）测定电表内阻的方法。

【实验要求】

1. 写出原理及公式，画出电路图，阐述设计思路。
2. 简述测量步骤。
3. 设计数据表格，记下实验数据，对数据进行处理。
4. 对实验结果进行分析讨论。
5. 谈谈本实验的收获、体会或改进意见。
6. 写出实验报告。

【实验仪器】（仅供参考）

微安表两个，电阻箱（0.1级）一个，滑线变阻器，直流稳压电源，开关，导线若干。

【注意事项】

1. 电路图中凡有电表处都要标明极性。
2. 电路图中凡有电表处必须注明量程。

<提示>

方法1 伏 安 法

图5-6为伏安法测电阻的电路。图中a为电流表外接法，b为电流表内接法。在测量过程中对因电流表、电压表内阻引起的测量误差，可以分别用公式$R_X=\dfrac{U}{I}-R_A$和$R_X=\dfrac{U}{I-U/R_V}$进行修正。

方法2 惠斯通电桥法

图5-7为惠斯通电桥法测电阻的电路。其中R_1、R_2为比例臂，R_S为比较臂，R_X为待测电阻，适当调整各臂的电阻值，可以使流过检流计的电流为零，即$I_g=0$。这时，称电桥达到了平衡。根据分压器原理及电桥平衡可以分析出

$$R_X=\frac{R_1}{R_2}R_S$$

方法3 电桥伏安法

图5-8为电桥伏安法测电阻的电路。通过调节分压电阻器R_1阻值大小，可使通过检流

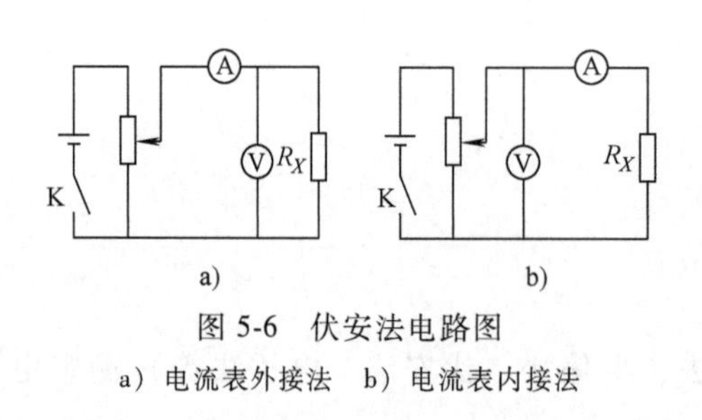

图 5-6　伏安法电路图
a）电流表外接法　b）电流表内接法

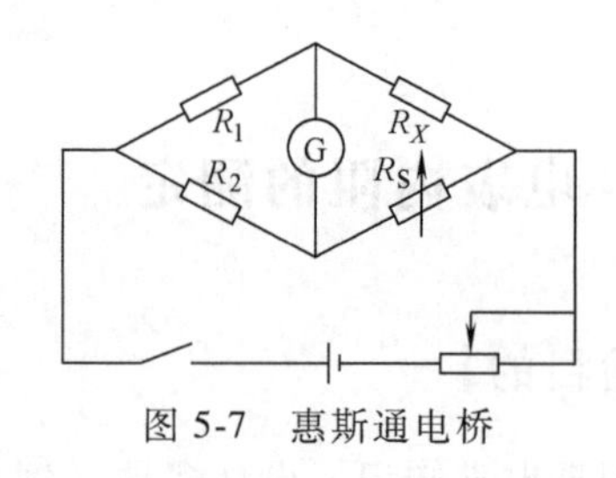

图 5-7　惠斯通电桥

计的电流为零，即 $I_g=0$。此时，电流表中测得的仅是流经待测电阻 R_X 的电流，电压表、电流表的示数之比，即为待测电阻 R_X 的阻值。

方法 4　补偿法测电压

图 5-9 为补偿法测电压的电路。它利用补偿电路之间的平衡来测量电压，不需从回路中分出电流，因此电流表中测得的仅是流经待测电阻 R_X 的电流，解决了伏安法测量中的系统误差问题。补偿电压与 R_X 两端连接，检流计接在补偿电路中以判断平衡。补偿电压是滑线变阻器 R_0 的分压，其大小通过 R_0 的滑动头调节，并由电压表测量，此时电压表、电流表的示数之比，即为待测电阻 R_X 的阻值。

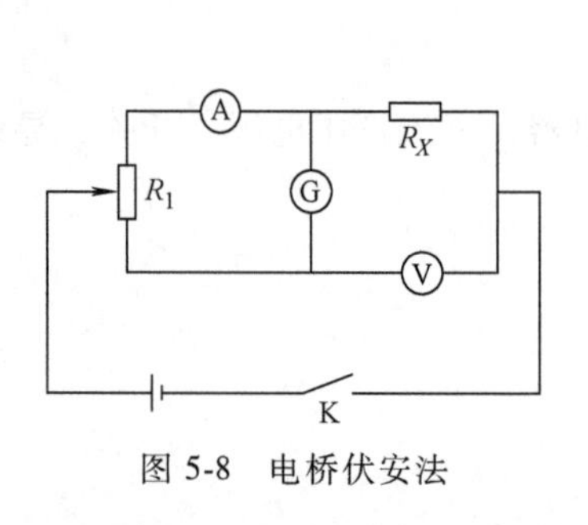

图 5-8　电桥伏安法

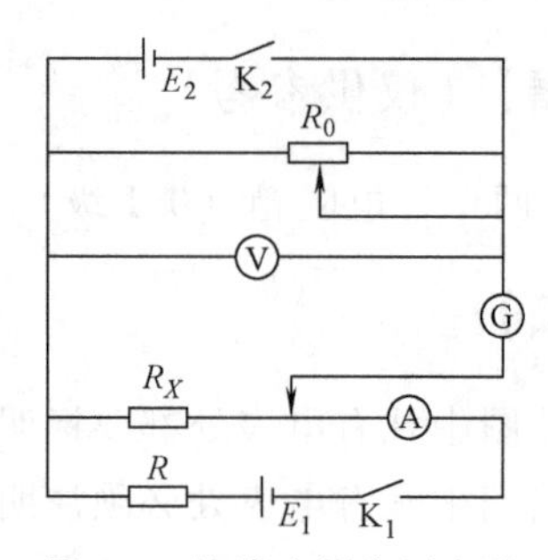

图 5-9　补偿法测电压电路

方法 5　双补偿法测电阻

图 5-10 为双补偿法测电阻的电路，虚线左侧为电流补偿部分，右侧为电压补偿部分。测量时先调节电流补偿部分，调节 R_1 使 G_1 示值为零。然后调节电压补偿部分，闭合开关后，调节 R_0 使 G_2 示值为零，此时电压表、电流表的示数之比，即为待测电阻 R_X 的阻值。

考虑到待测量的要求、仪表的规格和为便于精细调节需附加的一些元件，其实测电路如图 5-11 所示（本线路可测量低、中、高的电阻，对不同阻值范围元件的选取是不同的）。

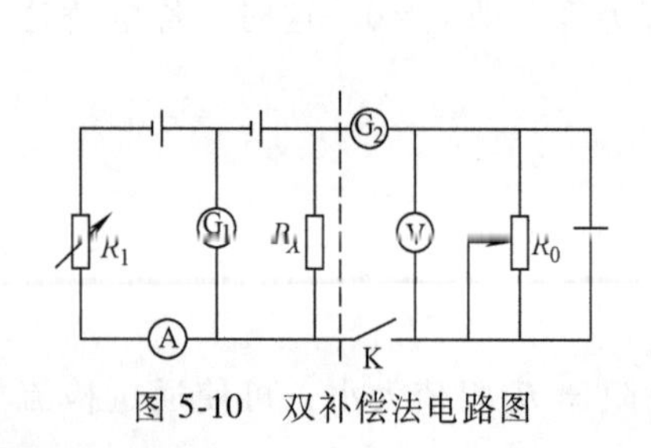

图 5-10　双补偿法电路图

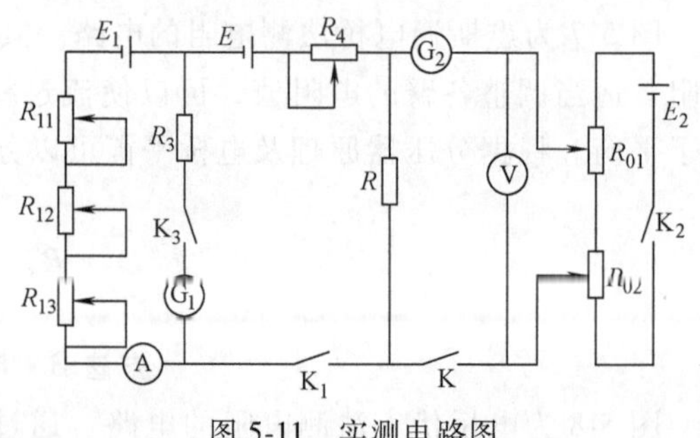

图 5-11　实测电路图

5.6　望远镜与显微镜的组装

【实验目的】

1. 研究透镜成像规律和望远镜、显微镜原理。
2. 在光具座上设计组装望远镜和显微镜。
3. 设计测试放大率的装置，并用实验方法测出望远镜和显微镜的放大率。

【实验要求】

1. 写出原理及公式，画出光路图，阐述设计思路。
2. 简述测量步骤。
3. 设计数据表格，记下实验数据，对数据进行处理。
4. 对实验结果进行分析讨论。
5. 谈谈本实验的收获、体会或改进意见。
6. 写出实验报告。

【实验仪器】（仅供参考）

光具座一台，各种焦距的凸透镜和凹透镜若干，光源，物屏，像屏，平面镜，米尺及透明尺，读数显微镜等。

【思考题】

对于在光具座上构建的望远镜和显微镜如何调焦以获得清晰的成像？

【实验原理】

1. 显微镜

显微镜是观察微小物体的光学仪器，其光路如图5-12所示。物镜L_o的焦距非常短（f_o<1cm），目镜L_e的焦距比物镜的焦距长，但也不超过几个厘米，分划板P与物镜L_o之间的距离为l。

物屏y在物镜焦点F_o外一点，并调节y与L_o之间的距离，使其通过物镜L_o成一放大倒立的实像y′于分划板P处。然后通过目镜L_e观察像y′，先调节目镜L_e与分划板P之间的距离，以使人眼看清分划板P，当看清y′时，也同时看清了分划板P。目镜L_e起到了一个放大镜的作用，又将y′成一放大、倒立的虚像y″（分划板P也同时成放大的虚像P′，并与y″重合），则人眼观察的微小物体y被大大地放大成y″了。可以通过改变分划板P与L_o之间的距离l，以获得显微镜的不同放大率。

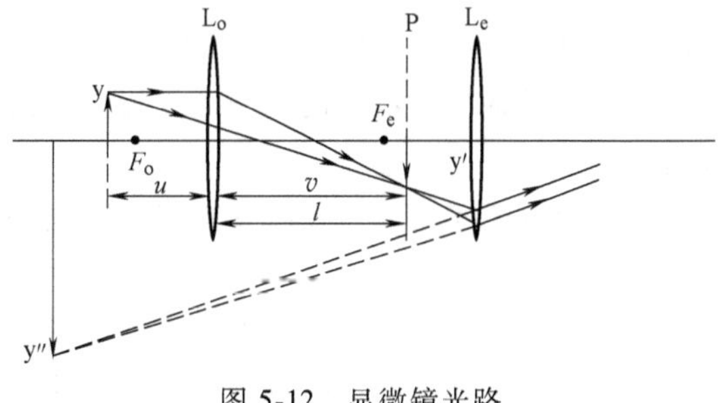

图5-12　显微镜光路

2. 望远镜

望远镜的光路如图 5-13 所示。无穷远处的物 y 上的一点（图中未画出）发出的光（平行光）经物镜 L_o 成实像 y' 于 L_o 的焦平面处（处于目镜 L_e 的焦点 F_e 内），分划板 P 也处于 L_o 的焦平面处，则与分划板 P 重合。如物 y 不处于无穷远处，则 y' 与 P 位于 F_o 之外。人眼通过目镜 L_e 看 y'' 的过程与显微镜的观察过程相同。由此可见，人眼通过望远镜观察物体，相当于将远处的物体拉到了近处观察，实质上起到了视角放大的作用。

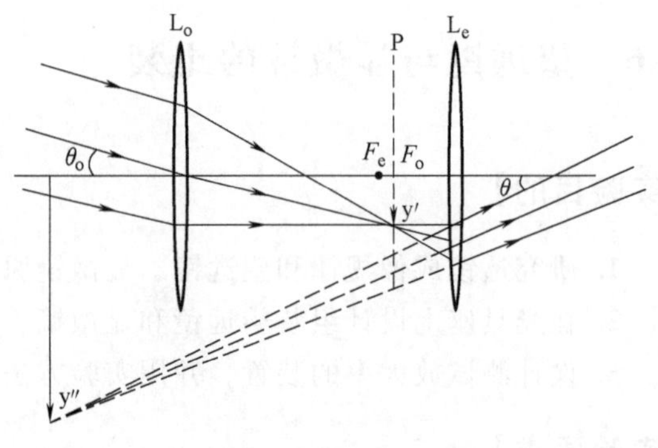

图 5-13 望远镜光路图

【操作技巧】

1. 自组一台聚焦于无穷远处的望远镜

本实验所需的器件为目镜、分划板、物镜、物屏。由于聚焦于无穷远处的望远镜要求分划板与物镜之间的距离等于物镜的焦距，因此该实验首先要进行物镜焦距的测量。测量光路如图 5-14 所示。

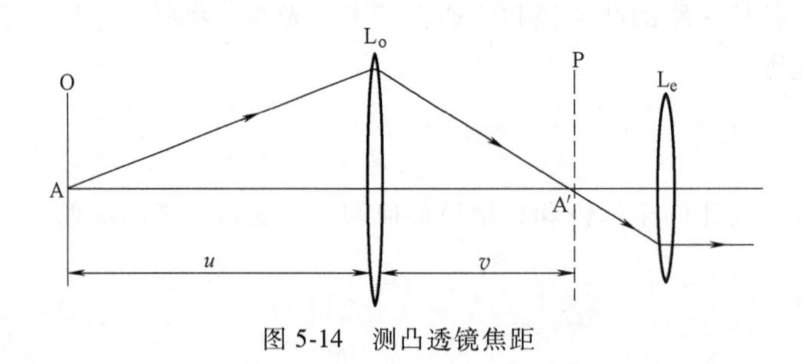

图 5-14 测凸透镜焦距

为简单起见，用物屏 O 上的 A 点代表物，由图 5-14 可知，分划板 P 充当了像屏。实验时要注意消视差，即先调节 L_e 与 P 之间的距离，以看清分划板；再前后移动 L_o（可先将物屏 O 放在与 P 之间的距离大于物镜 4 倍焦距之外，物镜的焦距可先粗测一下），看清像 A′ 后，眼睛上下移动，再轻轻移动 L_o，直至 A′ 与分划板上的分划线无相对移动为止。此时记下物屏 O 的位置读数、分划板 P 的位置读数及凸透镜 L_o 的位置读数，由此算出物距 u 和像距 v，代入公式可算出凸透镜 L_o 的焦距 f_o。

在实测时，可固定物屏 O 和分划板 P，移动凸透镜 L_o 进行多次重复测量，将测量数据填入表中，然后调节物镜，使其与分划板之间的距离为 f_o，这就构成了一台聚焦于无穷远处的望远镜。

2. 用自组的聚焦于无穷远处的望远镜测量另一凸透镜焦距

因该望远镜是一聚焦于无穷远处的望远镜，因此，用其观察物体时，入射光一定是平行光，否则是看不清物体的。测试的参考光路如图 5-15 所示。

实验时可固定物屏 O，调节待测凸透镜 L_1 与物屏 O 之间的距离，直至人眼通过望远镜

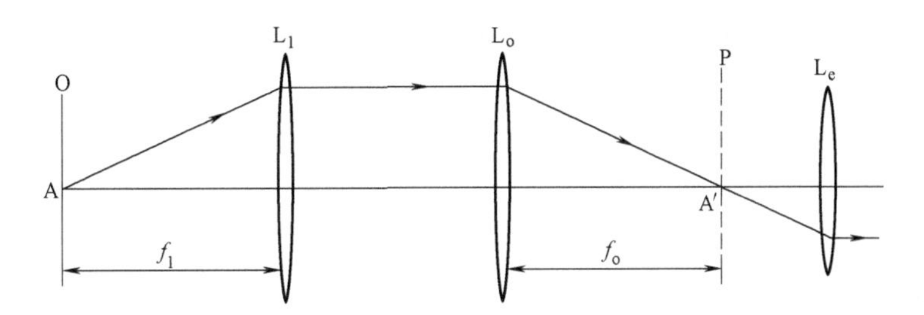

图 5-15 用自组望远镜测凸透镜焦距

看清物 A 的像 A′（且没有视差）为止，则 L_1 至物屏 O 之间的距离即为 L_1 的焦距 f_1。

在实测时，可固定物屏 O，对凸透镜 L_1 进行重复测量，并将测量数据填入表中。

3. 用自组的聚焦于无穷远处的望远镜测量凹透镜焦距

该实验的参考光路如图 5-16 所示。

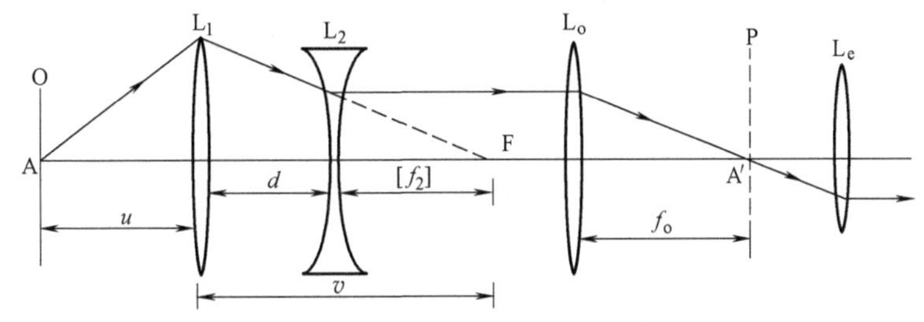

图 5-16 用自组望远镜测凹透镜焦距

可在上一实验的基础上，将物屏 O 向左移动，将待测凹透镜 L_2 插入，前后移动 L_2，直至眼睛通过望远镜看清 A′，且没有视差。由光路图可看出

$$|f_2| = v - d$$

因 L_1 的焦距 f_1 由上一实验已测出，故只要测出 L_1 的物距 u，则可由公式算出 v，再测出 L_1 与 L_2 之间的距离 d，即可算出凹透镜 L_2 的焦距 f_2。

在实测时，可固定物屏 O 和凸透镜 L_1，移动凹透镜 L_2 的位置进行多次重复测量，将测量数据填入表中。

以上实验测透镜焦距所用的方法可以称为“光学仪器法”。这种方法较传统的测量焦距的方法具有很多优点。这种方法无需暗室、光源，由于采用了消视差法，测量准确，是一种非常实用的方法。

4. 自组显微镜

在所给的光学元件中要选出焦距最短的凸透镜作为物镜，另一短焦距凸透镜作为目镜。在实验中可通过改变分划板与物镜之间距离的方法来改变显微镜的放大率。

该实验为自组与观察性实验，不要求定量的测量。

5.7 简谐振动的研究

【实验目的】

1. 设计多种研究简谐振动的基本规律的实验方法。

2. 设计测量弹簧振子有效质量和劲度系数的实验方法。

3. 测定弹簧振子的周期。

【实验要求】

1. 写出原理及公式，阐述设计思路。
2. 简述测量步骤。
3. 设计数据表格，记下实验数据，对数据进行处理。
4. 对实验结果进行分析讨论。
5. 谈谈本实验的收获、体会或改进意见。
6. 写出实验报告。

【实验仪器】（仅供参考）

气垫导轨系统，焦利秤，弹簧多根，物理天平，数字测试仪，计时器，滑块等。

【注意事项】

弹簧伸长不可超过其极限伸长量，以防损坏。

【思考题】

为了减小弹簧伸长量和周期的测量误差，应采取什么措施？

【实验原理】

弹簧在机械装置中占有重要的地位。劲度系数表征了弹簧最重要的特征，在一定外力下，弹簧的形变、弹簧作周期运动的频率均与劲度系数有关。

1. 胡克定律和弹簧的劲度系数

在弹性限度内，弹簧的伸长量 x 与它在伸长方向所受外力 F 成正比，这就是胡克定律。其表达式为

$$F=kx$$

式中，k 为弹簧的劲度系数。

一个竖直悬挂的弹簧，底部悬挂一重物 m。当不考虑弹簧的自重并在外力 mg 作用下达到平衡时，弹簧的伸长量为 x_0，于是有 $mg=kx_0$，据此可求出弹簧的劲度系数 k。

2. 弹簧的简谐振动

将弹簧振子自平衡位置 x_0 处再向下拉伸一段距离，此时弹簧的总伸长量为 x，弹簧所受弹性恢复力大小为 kx，方向向上，然后放开手，让它自由运动。这时，弹簧系统受两个力，即重力 mg 和弹性恢复力 kx，并且弹性力大于重力 mg，于是弹簧系统向上运动。当经过平衡位置 x_0，二力相等。但由于惯性，弹簧继续向上作减速运动直到停止，然后再向下运动，如此往复就产生了振动。

如果略去阻力，振动的幅度将不会衰减，这就是简谐振动。

理论计算表明，弹簧作简谐振动时，其周期 T（完成一次全振动周期所需要的时间）由下式给出：

$$T=2\pi\sqrt{\frac{m}{k}}$$

若弹簧的质量不能忽略，设其等效质量为 m_0，约等于弹簧质量 m_S 的 1/2～1/3。则上式可改写为

$$T=2\pi\sqrt{\frac{m_0+m}{k}}$$

5.8 滑动变阻器的使用与电器控制

【实验目的】

1. 研究滑线变阻器的有关参数。
2. 设计研究滑线变阻器的分压特性和限流特性的实验。
3. 绘出分压特性曲线和限流特性曲线。

【实验要求】

1. 写出原理及公式，画出电路图，阐述设计思路。
2. 简述测量步骤。
3. 设计数据表格，记下实验数据，对数据进行处理。
4. 对实验结果进行分析讨论。
5. 谈谈本实验的收获、体会或改进意见。
6. 写出实验报告。

【实验仪器】(仅供参考)

滑线变阻器若干，直流稳压电源，开关，安培表，伏特表，电阻箱，导线若干等。

【思考题】

1. 滑线变阻器作为分压器时，其阻值是否越小越好？过小可能发生什么情况？
2. 当滑线变阻器作为限流器时，其阻值是否越大越好？过大可能发生什么情况？

【实验原理】

电路可以千变万化，但一个电路一般可以分为电源、控制和测量三个部分，测量电路是先根据实验要求而确定好的，例如要校准某一电压表，需选一标准的电压表和它并联，这就是测量线路，它可以等效于一个负载，这个负载可能是容性的、感性的或简单的电阻，以 R_Z 表示其负载。根据测量的要求，负载的电流值 I 和电压值 U 在一定的范围内变化，这就要求有一个合适的电源。控制电路的任务就是控制负载的电流和电压，使其数值和范围达到预定的要求，常用的是制流电路或分压电路。控制元件主要使用滑线变阻器或电阻箱。

1. 制流电路

电路如图 5-17 所示。

图 5-17 中 E 为直流电源，R_0 为滑线变阻器，A 为电流表，R_Z 为负载，S 为电源开关。它是将滑线变阻器的滑动头 C 和任一固定端（如 A 端）串联在电路中，作为一个可变电阻，移动滑动头的位置可以连续改变 AC 之间的电阻 R_{AC}，从而改变整个电路的电流 I，即

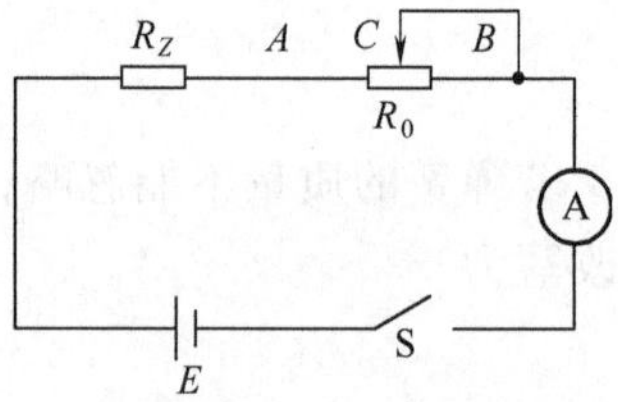

图 5-17　制流电路图

$$I=\frac{E}{R_Z+R_{AC}}$$

当 C 滑至 A 点：$R_{AC}=0$，$I_{\max}=\frac{E}{R_Z}$，负载处 $U_{\max}=E$；

当 C 滑至 B 点：$R_{AC}=R_0$，$I_{\min}=\frac{E}{R_Z+R_0}$，$U_{\min}=\frac{E}{R_Z+R_0}R_Z$。

电压调节范围　　$\frac{R_Z}{R_Z+R_0}E\to E$

相应电流变化为　　$\frac{E}{R_Z+R_0}\to\frac{E}{R_Z}$

一般情况下负载 R_Z 中的电流为

$$I=\frac{E}{R_Z+R_{AC}}=\frac{\frac{E}{R_0}}{\frac{R_Z}{R_0}+\frac{R_{AC}}{R_0}}=\frac{E/R_0}{K+X}$$

式中，$K=\frac{R_Z}{R_0}$；$X=\frac{R_{AC}}{R_0}$。

图 5-18 表示不同 K 值的制流特性曲线。

从曲线可以清楚地看到直流电路有以下特点：

（1）K 越大电流细调范围越小；

（2）$K\geqslant 1$ 时调节的线性较好；

（3）K 较小时（即 $R_0\geqslant R_Z$），X 接近 1 时电流变化很大，细调程度较差；

（4）不论 R_0 大小如何，负载 R_Z 上通过的电流都不可能为零。

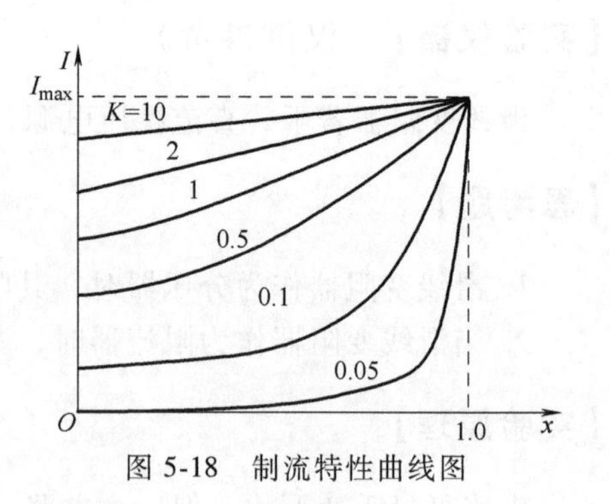

图 5-18　制流特性曲线图

细调范围的确定：制流电路的电流是靠滑线变阻器滑线电阻位置移动来改变的，最少位移为 1 圈，因此 1 圈电阻 ΔR_0 的大小就决定了电流最小改变量。

图 5-19 为二级制流电路图。

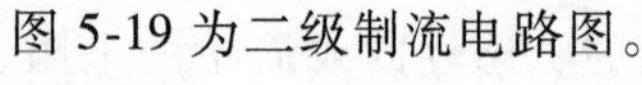
因为 $I=\frac{E}{R_Z+R_{AC}}$，对 R_{AC} 微分有

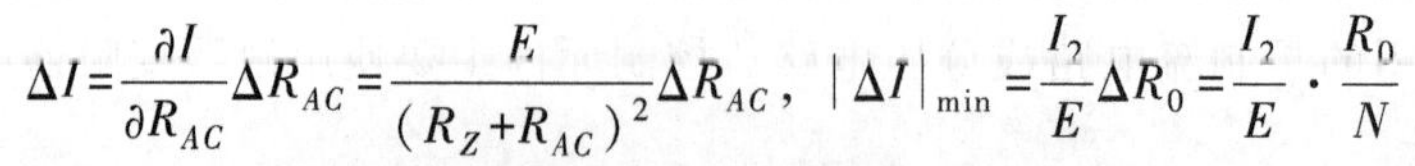
$$\Delta I=\frac{\partial I}{\partial R_{AC}}\Delta R_{AC}=\frac{E}{(R_Z+R_{AC})^2}\Delta R_{AC}，\ |\Delta I|_{\min}=\frac{I_2}{E}\Delta R_0=\frac{I_2}{E}\cdot\frac{R_0}{N}$$

可见，当电路中的 E、R_Z、R_0 确定后，ΔI 与 I^2 成正比，故电流越大，则细调越困难

（假如负载的电流在最大时能满足细调要求）。而小电流时也能满足要求，这就要使$|\Delta I|_{max}$变小，而R_0不能太小，否则会影响电流的细调范围，所以只能使N变大，由于N变大而使变阻器体积变得很大，故N又不能增大得太多，因此经常再串联一变阻器，采用二级制流，如图5-19所示，其中R_{10}阻值大作粗调用，R_{20}阻值小作细调用，一般R_{20}取$R_{10}/10$，但R_{10}、R_{20}的额定电流必须大于I_M。

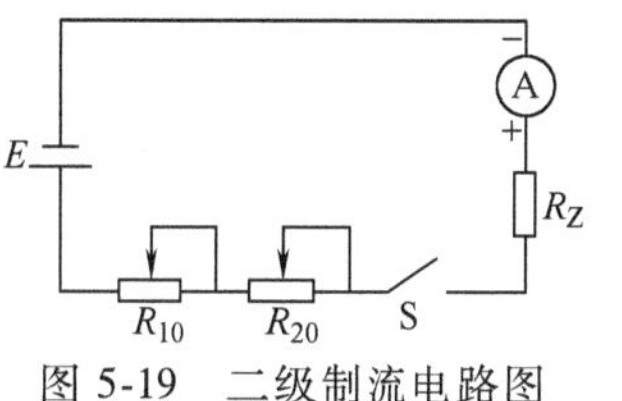

图5-19 二级制流电路图

2. 分压电路

分压电路如图5-20所示，滑线变阻器两个固定端A、B与电源E相接，负载R_Z接滑动端C和固定端A（或B），当滑动头C由A端滑至B端时，负载上电压由0变至E，调节范围与变阻器的阻值无关。当滑动头C在任意位置时，AC两端的分压值

$$U=\frac{E}{\frac{R_ZR_{AC}}{R_Z+R_{AC}}+R_{BC}}\frac{R_ZR_{AC}}{R_Z+R_{AC}}=\frac{E}{1+\frac{R_{BC}(R_Z+R_{AC})}{R_ZR_{AC}}}=\frac{ER_ZR_{AC}}{R_Z(R_{BC}+R_{AC})+R_{BC}R_{AC}}$$

$$=\frac{R_ZR_{AC}E}{R_ZR_0+R_{BC}R_{AC}}=\frac{\frac{R_Z}{R_0}R_{AC}E}{R_Z+\frac{R_{AC}}{R_0}R_{BC}}=\frac{KR_{AC}E}{R_Z+R_{BC}X} \tag{5-7}$$

式中，$R_0=R_{AC}+R_{BC}$；$K=\frac{R_Z}{R_0}$；$X=\frac{R_{AC}}{R_0}$。

由实验可得不同K值的分压特性曲线，如图5-21所示。

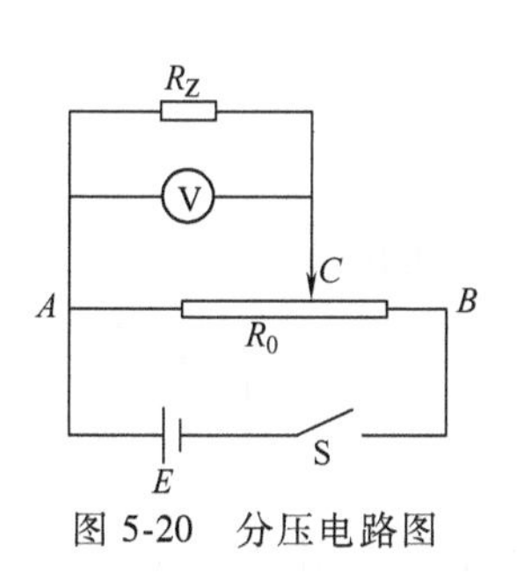

图5-20 分压电路图

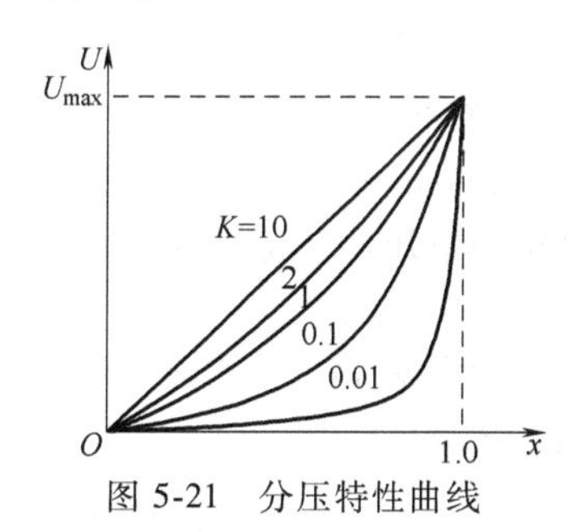

图5-21 分压特性曲线

从曲线可以清楚地看出分压电路有如下特点：

（1）不论R_0的大小，负载R_Z的电压调节范围均可从$0\to E$；

（2）E越小电压调节越不均匀；

（3）E越大电压调节越均匀，因此要电压U在0到U_{max}整个范围内均匀变化，则取$K>1$比较合适。实际上$K=2$那条线可以近似作为直线，故取$R_0\leqslant R_Z/2$，即可认为电压调节已达到一般均匀的要求了。

当$K\ll1$时，（即$R_Z\ll R_0$），略去式（5-7）分母项中的R_Z，近似有

$$U=\frac{R_Z}{R_{BC}}E$$

经微分可得

$$|\Delta U|=\frac{R_Z E}{R_{BC}^2}\Delta R_{BC}=\frac{U^2}{R_Z E}\Delta R_{BC}$$

最小的分压量即滑动头改变一圈位置所改变的电压量，所以

$$\Delta U_{\min}=\frac{U^2}{R_Z E}\Delta R_0=\frac{U^2}{R_Z E}\frac{R_0}{N}$$

式中，N 为变阻器总圈数；R_Z 为负载电阻值。

当 $K \gg 1$ 时（即 $R_Z \gg R_0$），略去式（5-7）中的 $R_{BC}X$ 近似有

$$U=\frac{R_{AC}}{R_0}E$$

对上式微分得

$$\Delta U=\frac{E}{R_0}\Delta R_{AC}$$

细调最小的分压值莫过于一圈对应的分压值，所以

$$(\Delta U)_{\min}=\frac{E}{R_0}\Delta R_0=\frac{E}{N}$$

可知，当变阻器选定后，E、R_0、N 均为定值，故当 $K \gg 1$ 时 $(\Delta U)_{\min}$ 为一个常数，它表示在整个调节范围内调节的精细程度处处一样。从调节的均匀度考虑，R_0 越小越好，但 R_0 上的功耗也将变大，因此还要考虑到功耗不能太大，则 R_0 不宜取得过小，取 $R_0=R_Z/2$ 即可兼顾两者的要求。与此同时应注意流过变阻器的总电流不能超过它的额定值。若一般分压不能达到细调要求，可以如图 5-22 所示将两个电阻 R_{10} 和 R_{20} 串联进行分压，其中大电阻用作粗调，小电阻用作细调。二段分压电路图如图 5-22 所示。

3. 制流电路与分压电路的差别与选择

（1）调节范围

分压电路的电压调节范围大，可从 $0 \to E$；而制流电路电压调节范围较小，只能从 $\frac{R_Z}{R_Z+R_0}E \to E$。

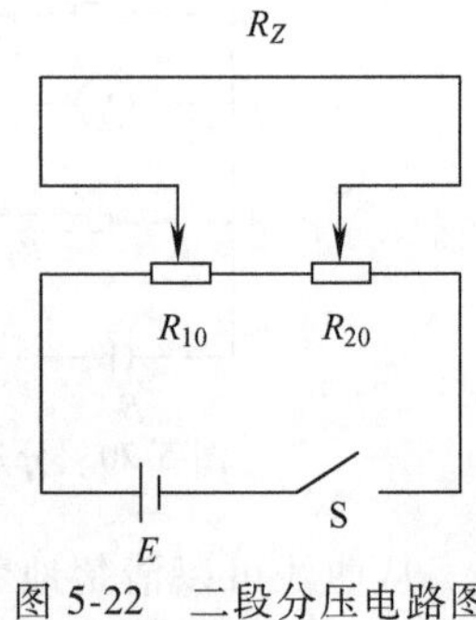

图 5-22　二段分压电路图

（2）细调程度

当 $R_0 \leqslant R_Z/2$ 时，在整个范围内调节基本均匀，但制流电路可调节范围小；负载上的电压值小，能调得较精细，而电压值大时调节变得很粗。

（3）功率损耗

使用同一变阻器，分压电路消耗电能比制流电路要大。基于以上的差别，当负载电阻较大，调节范围较宽时选分压电路；反之，当负载电阻较小，功耗较大，调节范围不太大的情况下则选择制流电路。若一级电路不能达到细调要求，则可采用二级制流（或二级分压）的方法以满足要求。

4. 安排控制电路的一般方法

一般在安排控制电路时，并不一定要求设计出一个最佳方案。只要根据现有的设备设计出既安全又省电且能满足实验要求的电路就可以了。设计方法一般也不必作复杂的计算，可以边实验边改进。先根据负载的阻值 R_Z 要求调节的范围确定电源电压 E，然后综合比较一

下，采用分压还是制流，确定了 R_0 后，估计一下细调程度是否足够，然后做一些初步实验，看看在整个范围内，细调是否满足要求，如果不能满足，则可以加接变阻器，分段逐步细调。

5.9 万用电表的设计

【实验目的】

1. 掌握万用电表的基本原理。
2. 按要求设计万用表（直流电流三个量程，直流电压三个量程，欧姆挡中值电阻分取两个）。
3. 标定欧姆挡表盘的刻度。

【实验要求】

1. 写出原理及公式，画出电路图，阐述设计思路。
2. 简述测量步骤。
3. 设计数据表格，记下实验数据，对数据进行处理。
4. 对实验结果进行分析讨论。
5. 谈谈本实验的收获、体会或改进意见。
6. 写出实验报告。

【实验仪器】（仅供参考）

直流稳压电源，电阻箱两个，微安表，磁电式电流计，伏特表，毫安表，滑线变阻器，万用表线路板等。

【注意事项】

因线路复杂，线路板端点较多，每接好一个线路，必须经指导老师检查无误后，方可接通电源进行实验。

【预习题】

分析所制万用表各挡误差的产生原因是哪些？

【实验原理】

1. 磁电式电流计

磁电式电流计是利用通电线圈在永久磁铁的磁场中受到力矩作用而发生偏转的原理制成的。

电流计中永久磁铁的两个磁极被制成特殊形状，并在两磁极之间固定安置圆柱体形状的铁心，在铁心与磁极间形成均匀径向磁场（见图 5-23）。这种磁场在圆周各点处磁感应强度 $\boldsymbol{B}$ 的大小相等，方向沿半径指向。

当套在铁心外面的线圈中通过电流 I 时，将受到磁场的力矩作用，在磁感应强度 B、线圈面积 S 和线圈匝数 N 一定的条件下，此力矩与线圈中的电流 I 成正比。即

$$M=BNSI \qquad (M\propto I)$$

力矩 M 将迫使线圈发生转动，与线圈衔接在一起的轴和指针也跟着偏转，与轴相连接的游丝被扭紧，扭紧的游丝将产生与 M 方向相反的弹性恢复力矩 M'，其大小与线圈的偏转角度 α 成正比，即

$$M'=C\alpha$$

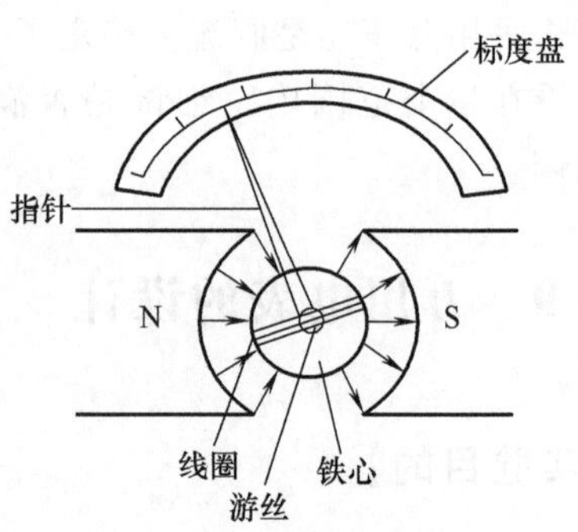

图 5-23 永久磁铁

式中，C 为游丝的扭转系数，在弹性限度内具有确定值，其值取决于游丝的软硬程度。

线圈在合力矩 $M-M'$ 的作用下而发生偏转，当线圈偏转到一定角度时，磁力矩与弹性恢复力相等，即

$$BNSI=C\alpha$$

此时线圈不再偏转，而处于一种平衡状态，由上式可得

$$I=\frac{C}{BNS}\alpha=K\alpha$$

对每只电流计来说，K 是一个固定不变的常数，称为电流计常数，其物理意义为指针偏转一分度时，通过线圈的电流值，其单位是安培/分度，K 值愈小，灵敏度愈高。因此，指针偏转角度 α 与电流线圈的电流 I 成正比。

磁电式电流计的性能用电流计常数 K、电流计的内阻 R_K（线圈的电阻）和电流计量程 I_X（指针偏转到满刻度时的电流数值）来表示。

2. 直流电流表线路

扩大电流计量程的方法是在电流计上并联一个分流电阻 R_s，如图 5-24a 所示，并且$R_s=I_gR_g/(I-I_g)$，如果要改装为多量程的，各分流电阻的接法有两种方法，电路如图5-24b、c 所示。

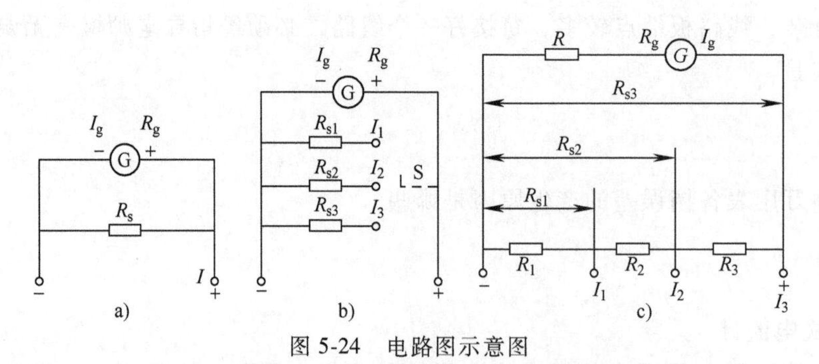

图 5-24 电路图示意图

a）基本电路 b）并联分流式 c）环形分流式

（1）并联分流式

并联分流式如图 5-24b 所示，其特点是各量程分流电阻彼此独立，设计简单，但转换开关 S 接触不良或断开时，被测电流将会通过电流计，从而产生打表甚至烧坏。此外，开关与

触点间接触电阻的存在，不但使实际分流电阻大于所设计的分流电阻，而且不稳定，从而影响分流作用。因此，一般多量程电流表和万用表的直流电流挡大多采用环形分流式，如图 5-24c 所示。

（2）环形分流式

在图 5-24c 中，R_0的作用是使（R_0+R_g）变为整数 R_m，便于设计计算，由 R_s上不同点引入，可以得到不同量程的电流表，图中为三个电流量程。今设 $R_m=R_0+R_s$，电流计的量程为 I_g。

现根据量程 I_1，计算分流电阻 R_{s1}，因并联电路的电压相等，即

$$(I_1-I_g)R_{s1}=I_g(R_m+R_s-R_{s1})$$

两边消去 I_gR_{s1}，得

$$I_1R_{s1}=I_g(R_m+R_s)$$

同理可得

$$I_2R_{s2}=I_g(R_m+R_s)$$

$$I_3R_{s3}=I_g(R_m+R_s) \qquad 其中(R_{s1}=R_s)$$

即应有设计公式

$$I_iR_{si}=I_g(R_m+R_s)$$

因此，环形分流线路具有这样的特点：各挡的量程与改良成的分流电阻的乘积是常数，这个常数就是电流计的量程 I_g与整个环形回路的总电阻（R_0+R_g）之乘积，称为环形回路电压值，或简称回路电压。

在环形分流式线路中，转换开关与各触点之间的接触电阻对分流作用没有影响，因 R_s为电流、电压、电阻各挡共用电路，这样可简化开关，又在换挡时不断开分路使电流计电流过大而烧坏，但阻值大小对各挡均有影响，如果 R_s太大，表的内阻增大，会影响被测电路的电流，如取得太小，电压挡内阻就小，会影响被测电压值，故需全面考虑，一般取 R_s为 R_g的零点几到几倍。

3. 直流电压表线路

在电流计上串联一个分压电阻 R_H，就可以改装为单量程电压表，如图 5-25a 所示。

设电流计的量程为 I_g、内阻为 R_g，欲改装成的电压表的量程为 V，由欧姆定律知

$$I_g(R_g+R_H)=V$$

$$R_H=\frac{V}{I_g}-R_g$$

电流计量程 I_g 的倒数通常被称为电流计的每伏欧姆数（也称为电压灵敏度），其物理意义是在 1V 的电压作用下，使电流计指针作满刻度偏转的电阻值，也就是将电流计改装成电压表时，每伏特电压量程所串联的电阻，因此电压表的内阻就是电压表的每伏欧姆数和量程的乘积。

如果算出不同的分压电阻就可制成多量程电压表，图 5-25b 所示为分接分压电阻电路，其优点是设计简单，各分压电阻互不影响，测量准确度高，但每个分压电阻的功耗较大（I^2R），所用电阻体积较大，不利于结构小型化，因此，万用电表的直流电压挡大都采用共分电压电阻电路，如图 5-25c 所示。

对于万用电表来讲，直流电压挡与直流电流挡有共用电路，因此要受电流挡的影响，也就不能直接用 I_g 和 R_g，而要接入点电流量程 I（$I=I_s$）和内阻（$R_m/\!/R_s$）。因此

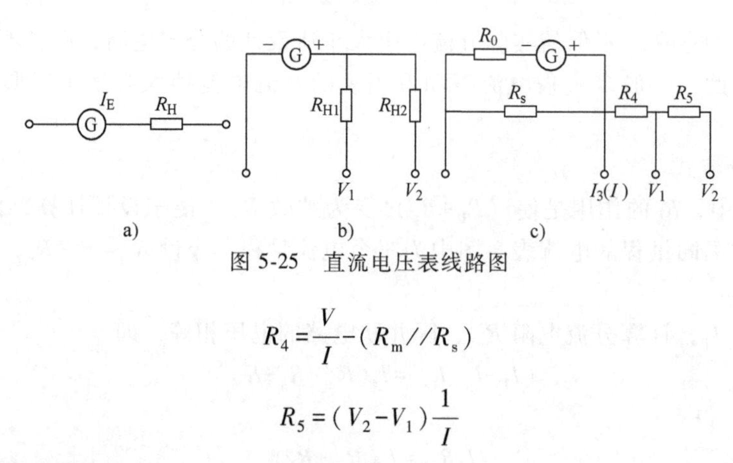

图 5-25　直流电压表线路图

$$R_4=\frac{V}{I}-(R_m//R_s)$$

$$R_5=(V_2-V_1)\frac{1}{I}$$

4. 交流电压表线路

利用磁电式电流计测量交流电压必须将其整流，万用表中通常用二极管整流，如图5-26所示。

其中 VD_1 为半波整流管；VD_2 则为保护管，它大大降低了 VD_1 的反向工作电压，不致使 VD_1 反向击穿。在理想半波整流的情况下，直流电流（平均）只是输入交流电流（有效值）的$\sqrt{2}/\pi$，即 $I=\frac{\sqrt{2}}{\pi}I_s$，考虑到反向漏电等情况，实际值还应乘以系数 K'（因二极管的不同，其取值范围为 0.92~0.98），若交流电压挡的接入处直流电流量程为 I，内阻为（$R_m//R_s$），经半波整流后指针满偏的交流电流应为

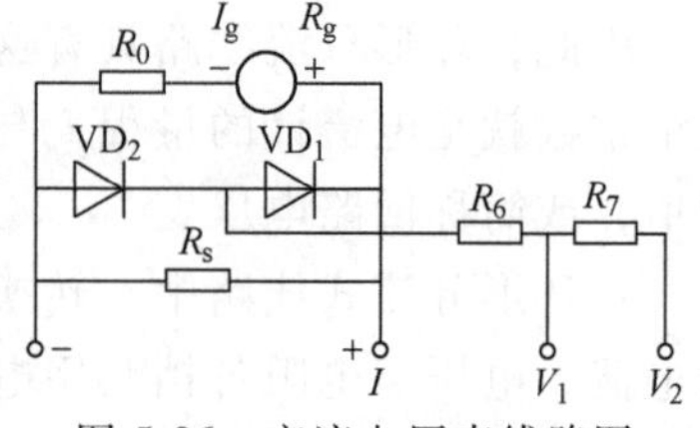

图 5-26　交流电压表线路图

$$I_s=\frac{\sqrt{2}/\pi}{2K'}I$$

因此，要改装成量程为 V_1、V_2 的交流电压表，则应串联的分压电阻为

$$R_6=\frac{\sqrt{2}K'V_1}{\pi I}-[(R_m//R_s)+r_D]$$

$$R_7=\frac{\sqrt{2}K'(V_2-V_1)}{\pi I}$$

式中，r_D 为整流二极管 VD_1 的正向电阻，一般取 0.8~1kΩ。

5. 欧姆表线路

（1）欧姆表测量电阻的原理

如图 5-27 所示，图中 E 为电池的电动势；R_x 为待测电阻；R_D 为已知的限流电阻（我们把电池的内阻也包括在 R_D 之中），其值为 a、b 两点短路时（相当于 $R_x=0$）流过电流计的电流恰好为电流计量程 I_g，即

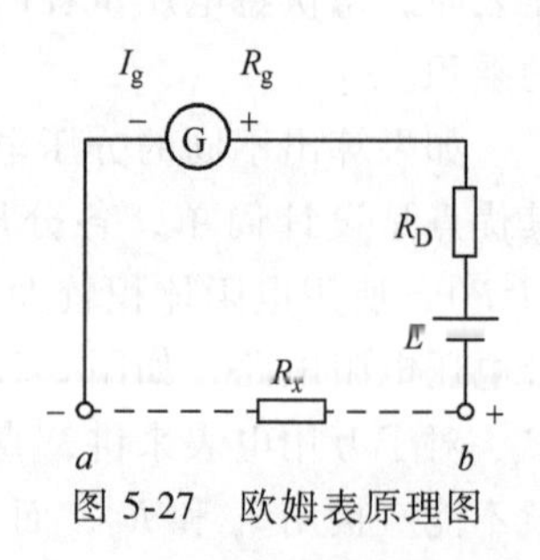

图 5-27　欧姆表原理图

$$I_g=\frac{E}{R_D+R_g}$$

所以

$$R_D=\frac{E}{I_g}-R_g$$

因此，欧姆表的零点是在电流计的满刻度处，跟电流表、电压表的零点相反。在 a、b 端接待测电阻 R_x 后，电路中的电流 I_x 为

$$I_x=\frac{E}{R_D+R_g+R_x}$$

所以

$$R_x=\frac{E}{I_x}-(R_D+R_g)$$

在 E 保持不变时，待测电阻 R_x 和电流值 I_x 有对应关系，根据电流计指示的电流值，就可测得电阻 R_x 之值。如标尺预先按已知电阻刻度，就可直接用来测量电阻。当 $R_x=\infty$ 时（相当于 a、b 开路），$I_x=0$，即电流计的指针指在机械 0 位；又由于 I_x 与 R_x 的关系是非线性的，所以欧姆表的标度尺为反向的，并且刻度是不均匀的，电阻 R_x 越大，刻度线间隔越小。

由上述可知，当 $R_x=R_D+R_g$ 时，$I_x=\frac{1}{2}I_g$，即流过电流计的电流刚好为 I_g 的一半，指针指在刻度盘中心。为此我们一般把 R_D+R_g 称为欧姆表的中值电阻，用 R_r 表示。事实上，R_r 也就是欧姆表的内阻，它是设计欧姆表的重要参数，由 I_x 与 R_x 的非线性知，只有 R_x 在中值电阻 R_r 附近比较平坦，所以用欧姆表测电阻时，较准确的范围为 $\frac{1}{10}R_r\sim10R_r$。

（2）调零电阻

如果电池的实际电动势不等于设计时所确定的电动势，那么，当 $R_x=0$ 时，电流计指针就不会指在 0Ω 处，这一现象称为欧姆表的 0 点偏移，克服 0 点偏移的最简单方法是将限流电阻 R_D 换为可变电阻，当电池电动势变动时，调整 R_D 使电流计指针指在 0Ω 处，不过这一方法虽能克服 0 点偏移，但其中值电阻 R_x 变了，若仍按原刻度读数，将引起较大的误差。

为了不引起较大的测量误差，一般应选用对电流计电流影响大，但对中值电阻影响小的并联式调节电路，如图 5-28 所示。将 R_s 的一部分改用调零电位器 R_J，电阻挡由 R_J 的滑动触点引出。

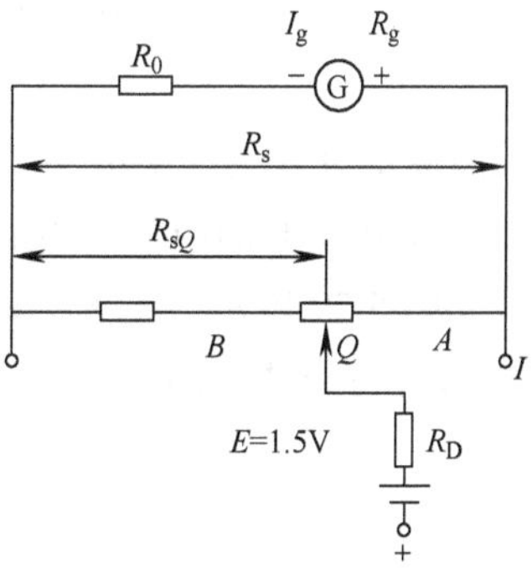

图 5-28 欧姆表调零图

当实际电动势大于所确定的标值时，可将 R_J 上的接触点向 B 移动，结果分流电阻减少，分流电流增大。同时，由于电流计支路的电阻增大，使流过电流计电流减到 0Ω 处。反之，则情况相反，一般要求电池电动势可使用范围为

$$E_{max}=1.6V\sim E_{min}\sim1.2V$$

设 I 为电压是 1.2V 时的电流，R_s 为电压是 1.2V 时的分流电阻；I' 为电压是 1.6V 时的电流，R_s' 为电压是 1.6V 时的分流电阻。

由于

$$IR_s=I'R_s'$$

所以

$$R_s'=\frac{I}{I'}R_s\approx\frac{E_{min}/R_r}{E_{max}/R_r}=\frac{3}{4}R_s$$

因此

$$R_J\geqslant R_s-R_s'=R_s-\frac{3}{4}R_s=\frac{1}{4}R_s$$

（3）限流电阻 R_D 的确定

要求欧姆表的标度应符合电池的标称电压 1.5V。

设欧姆表的中值电阻为 R_T，则流过 R_D 的电流

$$I_Q=\frac{1.5\text{V}}{R_T}$$

设此时调 0 位电位器的触点到 Q 点，分流电阻为 R_{sQ}，故

$$I_Q R_Q = IR_{sQ}$$

所以

$$R_{sQ}=\frac{IR_{sQ}}{I_Q}$$

因此便可求出此时电流表的等效内阻 R_{sQ}。

$$R_{Qg}=\frac{R_{sQ}(R_m+R_s+R_{sQ})}{R_m+R_s}$$

故限流电阻的数值为

$$R_D=R_T-R_{Qg}$$

（4）多量程欧姆表

为了获得较准确的测量结果，一般应在 $0.1R_T \sim 10R_T$ 范围内进行测量，因此，一般以中值电阻表示欧姆表量程，以 $R_x\times1\text{k}$ 挡的中值来标定标尺的分度值，而其余各挡的中值可用 ×10倍率来读数。

因为 $$I_g=\frac{E}{R_g+R_D},\quad I_x=\frac{E}{R_g+R_D+R_x}$$

所以 $$I_x=\frac{R_g+R_D}{R_g+R_D+R_x}I_g=\frac{1}{1+\dfrac{R_x}{R_g+R_D}}I_g$$

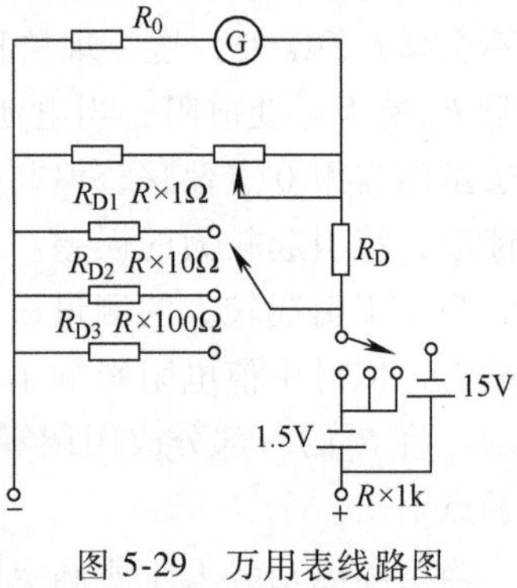

因此可以看出，当 R_x 与 R_T 同时增加 10^n 倍时，I_x 值不变，故以 $R_x\times1\text{k}$ 的中值电阻的标度尺可各挡通用。

如图 5-29 所示，在 $R\times1\text{k}$ 挡的中值电阻 R_T 上，并联电阻 R_{Dx}，使其并联后的电阻等于各自的中值电阻 R_{Tx}，即

$$R_{Tx}=\frac{R_{Dx}R_T}{R_{Dx}+R_T}$$

因此 $$R_{Dx}=\frac{R_T R_{Tx}}{R_T-R_x}$$

图 5-29　万用表线路图

对于 $R\times10\text{k}$ 挡，则不需要并联电阻，而改变接入的电源，由 1.5V 变为 15V。

6. 焊接的基本技术

我们知道在电子产品的生产和电子工程技术中，焊接的好坏直接影响产品的好坏，如果一台电子产品连焊接工艺都存在问题的话，那么即使有最新的设计、最好的结构，也不能有真正的价值，更谈不上高的可靠性。

（1）电烙铁可分为外热式电烙铁：25W、30W、70W、100W（特点：功率做得比较大，可做到几百瓦。寿命长，可靠性好）；内热式电烙铁：20W（特点：加热效率高，耗电省，体积小重量轻，传热快，散热均匀）。

（2）所谓焊接就是利用第三种金属，使两种相同或不同的金属借热力使它们结合起来

的工艺。焊锡丝就是这第三种金属，现在在市场上所买的焊锡丝中间都有焊剂（松香），可直接焊在焊件上。

（3）焊接的基本方法

焊接的三要素：

1）烙铁的温度：烙铁的功率不一样，热得快慢也不一样，我们在焊接前只要拿焊锡丝试一下，如果熔化了，这个温度就好了。

2）焊接的时间：一般小的元件 1~2s 就可以了，时间长了会损坏元器件和板子，时间过短则加热不足，焊剂未充分发挥，易虚焊。

3）焊锡量：理论上很难讲清对焊点的要求，看焊得是否美观，焊铝量是否合适，焊得是否牢固就可以。

（4）焊接中的注意事项

1）烙铁的温度很高，不能用手去摸。

2）烙铁要拿稳，不要发抖，焊锡丝也不要抖，以免锡在凝固中受到搅动，造成虚焊。

3）烙铁头要保持干净，焊好一个点后把多余的焊锡小心甩掉。

4）注意在焊接前，检查元器件的阻值是否正确，放的位置是否正确，尤其要注意有方向的元器件，不要急于上锡，而是要检查好，确定正确后再上锡，要求做到仔细认真。

5.10 测定物体折射率

【实验目的】

根据折射原理，测定物体的折射率。

【实验要求】

1. 写出原理及公式，画出光路图，阐述设计思路。
2. 简述测量步骤。
3. 设计数据表格，记下实验数据，对数据进行处理。
4. 对实验结果进行分析讨论。
5. 谈谈本实验的收获、体会或改进意见。
6. 写出实验报告。

【实验仪器】（仅供参考）

分光计，钠光灯电源，阿贝折射仪，迈克耳孙干涉仪，待测物体等。

<提示>

方法 1 最小偏向角法

原理简述

如图 5-30 所示，光线 DE 以入射角 i_1 从棱镜 AB 面入射，经棱镜两次折射后以出射角 i_4 从棱镜 AC 面沿 FG 射出。经棱镜两次折射，光线传播方向总的变化可用入射光线 DE 和出

射光线 FG 的延长线的夹角 δ 来表示，δ 称为偏向角。偏向角 δ 随波长而变化，对于一定波长的光，偏向角 δ 又随入射角 i_1 而变，可以证明：当 $i_1=i_4$ 或 $i_2=i_3$ 时，偏向角有最小值，称为最小偏向角，用 $\delta_{\min}$ 表示。从图 5-30 可得

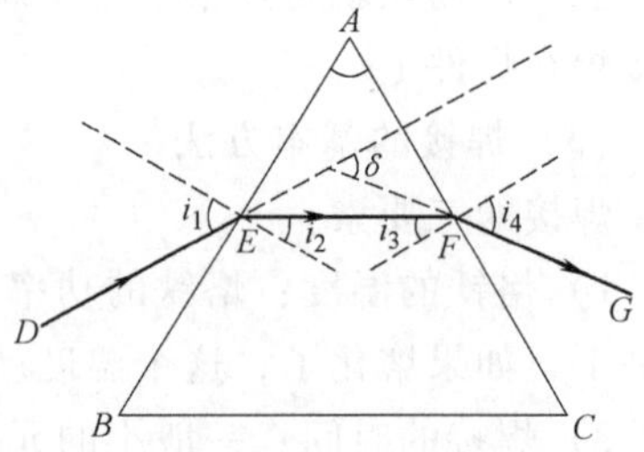

图 5-30　最小偏向角原理图

$$i_2=\frac{A}{2}$$

$$i_1=\frac{A+\delta_{\min}}{2}$$

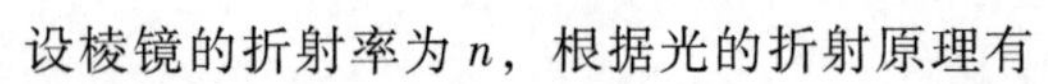

设棱镜的折射率为 n，根据光的折射原理有

$$\sin i_1=n\sin i_2$$

将已求出的 i_1、i_2 代入上式得

$$n=\frac{\sin\dfrac{A+\delta_{\min}}{2}}{\sin\dfrac{A}{2}} \tag{5-8}$$

因此只要测出棱镜的顶角 A 和最小偏向角 $\delta_{\min}$，由上式可求出折射率 n。这种通过测最小偏向角和顶角求得折射率的方法称为“最小偏向角法”。

方法 2　牛顿环干涉法

原理简述

一个曲率半径很大的平凸透镜，凸面置于一光学平板玻璃纸上，二者之间形成以中心接触点到边缘逐渐增厚的空气薄膜。当以平行单色光垂直入射时，入射光将在空气薄膜的上下两表面反射产生具有一定光程差的两束相干光，并且在空气薄膜上缘面相遇干涉，即形成牛顿环。如图 5-31 所示。

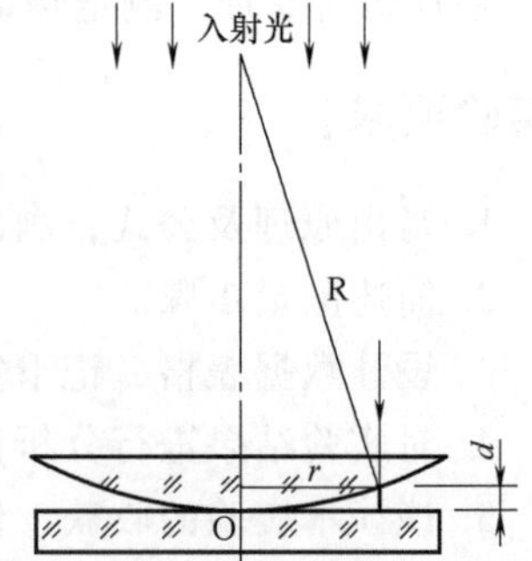

图 5-31　牛顿环示意图

设透镜曲率半径为 R，根据程差计算，不难得出凸透镜的曲率半径公式为

$$R=\frac{n(D_M^2-D_N^2)}{4(M-N)\lambda}$$

式中，D_M、D_N 是第 M、N 环暗环的直径；λ 为入射光的波长；n 为平凸透镜与平板玻璃形成的间隙中介质折射率。显然，当平凸透镜与平板玻璃之间的间隙中的介质为液体时，上面的公式应写为

$$R=\frac{n'(D'^2_M-D'^2_N)}{4(M-N)\lambda}$$

式中，D'_M、D'_N 是平凸透镜与平板玻璃间隙中为液体介质时第 M 环和第 N 环的暗环直径；n' 为液体折射率。我们将两式相除，并将空气折射率 n 近似为 1，便可以得到如下公式：

$$n'=\frac{D_M^2-D_N^2}{D'^2_M-D'^2_N}$$

因此，只要分别测出空气介质和液体介质第 M、N 暗环的直径，便可以得到待测液体折射率。

5.11 纺织品介电常数的测定

【实验目的】

测定纺织品的介电常数。

【实验要求】

1. 写出原理及公式，画出电路图，阐述设计思路。
2. 简述测量步骤。
3. 设计数据表格，记下实验数据，对数据进行处理。
4. 对实验结果进行分析讨论。
5. 谈谈本实验的收获、体会或改进意见。
6. 写出实验报告。

【实验仪器】（仅供参考）

交流电桥，读数显微镜，圆形铜电极 2 块，待测纺织品若干块（其尺寸大小与圆形电极一样）。

【注意事项】

空气的湿度、绝缘介质表面清洁状态及吸附作用对纺织物的介电常数都有很大影响。因此要求对纺织物进行严格的清洁处理，并在一定的温湿度条件下进行测量。例如应将纺织物剪成 100mm 的圆形样品，用肥皂洗涤数次，再用酒精洗涤一次，然后烘干，放在操作箱中保持一昼夜以上，箱内用干燥剂（如硅胶）吸湿，使操作箱内维持 35℃左右（湿度可直接从毛发湿度计上读出），测量要在操作箱中进行，这样才能得到标准数据。

【思考题】

交流电桥的平衡条件是什么？

【实验原理】

交流电桥是可以测量电阻、电容、电感等各种交流阻抗的常用仪器，因此我们又称它为“万能电桥”。交流电桥的电路结构与直流电桥相似，只是它的四臂不一定是电阻，而是阻抗元件或者是它们的组合。为了正确地使用交流电桥，必须了解它的基本原理及性能。

1. 交流电桥的原理

在交流电桥中，用交流电源和交流零示器分别代替惠斯登电桥中的直流电源和检流计。一般来说交流电桥的四个桥臂中不仅有电阻，而且有电容、电感等元件，它的线路如图5-32所示，Z_1、Z_2、Z_3、Z_4 分别为四个桥臂的复数阻抗。

运用交流欧姆定律，考虑到平衡时没有电流流过零示器，亦即 A、B 两点在任一瞬时电位都相等，从中可以列出方程如下：

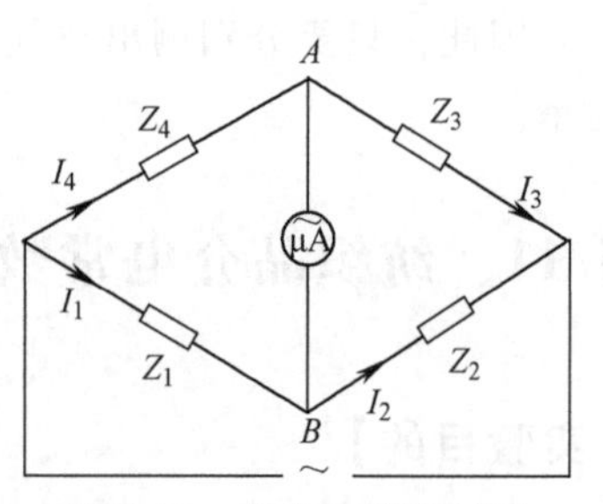

图 5-32　交流电桥原理图

$$I_1Z_1=I_3Z_3,\quad I_2Z_2=I_4Z_4$$

又

$$I_1=I_2,\quad I_3=I_4$$

解方程可得

$$\frac{Z_1}{Z_2}=\frac{Z_3}{Z_4}\quad 或\quad Z_1Z_4=Z_2Z_3$$

这就是交流电桥平衡时四臂阻抗必须满足的平衡条件。它和直流电桥的平衡条件形式上完全相同，只不过它是复数形式。

如果把复数阻抗用指数形式表示，即

$$\frac{Z_1\mathrm{e}^{\mathrm{j}\varphi_1}}{Z_2\mathrm{e}^{\mathrm{j}\varphi_2}}=\frac{Z_3\mathrm{e}^{\mathrm{j}\varphi_3}}{Z_4\mathrm{e}^{\mathrm{j}\varphi_4}}$$

这时相当于下列两个条件同时成立，即

$$\varphi_1-\varphi_2=\varphi_3-\varphi_4$$

由此可见，交流电桥平衡时，除了阻抗大小成比例外，还必须满足相位角条件，这是它和直流电桥不同之处。

2. 测量实际电容的桥路

由于实际电容器的介质并不是理想的介质，在电路中要消耗一定的能量，所以实际电容器可以看作是一个理想的电容 C 和一个损耗电阻 r 所组成，在本实验中可以看作是两者串联，如图 5-33 所示。

为满足相角条件，测量电路安排也如图 5-33 所示。此时

$$Z_1=R_1,\quad Z_2=R_2$$

$$Z_3=r_x-\mathrm{j}\frac{1}{\omega C_x},\quad Z_4=r_x-\mathrm{j}\frac{1}{\omega C_\mathrm{s}}$$

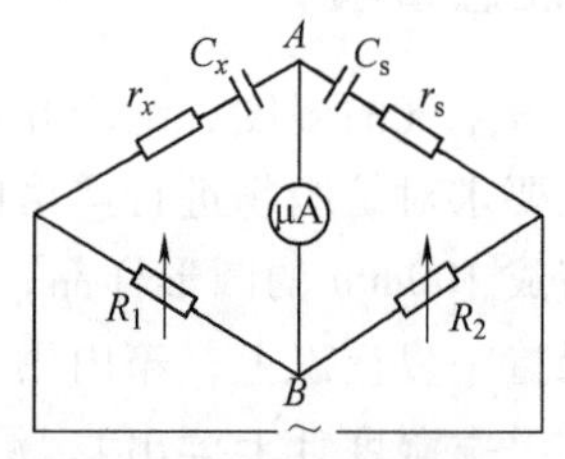

图 5-33　测量电容桥路图

可得

$$R_1\left(r_\mathrm{s}-\mathrm{j}\frac{1}{\omega C_\mathrm{s}}\right)=R_2\left(r_x-\mathrm{j}\frac{1}{\omega C_x}\right)$$

令等式两边的实数部分与虚数部分分别相等，得

$$r_x=\frac{R_1}{R_2}r_\mathrm{s},\quad C_x=\frac{R_2}{R_1}C_\mathrm{s}$$

本实验只求电容 C，而不考虑介质损耗，所以只要知道 R_2/R_1 的比值及 C_s，就可求得 C_x 之值。

3. 交流电桥的使用

1）估计一下被测电容的大小，然后旋转量程开关放在合适的量程上。

2）旋转测量开关放在 C 的位置，损耗倍率开关放在 $D\times0.01$（一般电容器）或 $D\times1$（大电解电容器）的位置上，损耗平衡盘放在 1 左右的位置，损耗微调按逆时针旋到底。

3）将灵敏度调节逐步增大，使电表指针偏转略小于满刻度即可。

4）首先调节电桥的“读数盘”，然后调节损耗平衡盘，并观察电表的动向，使电表指零，然后再将灵敏度增大到使指针小于满刻度，反复调节电桥读数盘和损耗平衡盘，直到灵敏度开到足够满足分辨出测量精度的要求，电表仍指零或接近于零，此时电桥便达到最后平衡。

5.12　电阻温度计的设计

【实验目的】

利用不平衡电桥制作一个0~100℃的电阻温度计。

【实验要求】

1. 写出原理及公式，画出电路图，阐述设计思路。
2. 简述测量步骤。
3. 设计数据表格，记下实验数据，对数据进行处理。
4. 对实验结果进行分析讨论。
5. 谈谈本实验的收获、体会或改进意见。
6. 写出实验报告。

【实验仪器】（仅供参考）

惠斯登电桥，稳压电源，加热器，水银温度计，滑线变阻器，微伏表，电阻箱，热电阻等。

<提示>

电阻测温是温度测量领域内被广泛应用的一种方法，其基本原理是利用了电阻随温度改变的特性。作为感温元件的电阻可以由纯金属、合金或半导体等材料制成：铂电阻性能稳定，常用作标准温度计；锗半导体温度计常用于低温测量等。

1. 金属热电阻的温度特性

任何物体的电阻都与温度有关。多数金属的电阻都会随温度升高而增大，且有如下关系式：

$$R_t = R_0(1+\alpha_R t)$$

式中，R_t 为温度为 t℃时金属的电阻值；R_0 为温度为0℃时金属的电阻值；α_R 是电阻温度系数，单位是℃$^{-1}$。

严格地说，α_R 一般与温度有关，但对本实验所用的纯铜材料来说，在0~100℃的范围内 α_R 的变化很小，可看成是常数，即 R_t 与 t 呈线性关系。于是

$$\alpha_R = \frac{R_t - R_0}{R_0 t}$$

利用金属电阻随温度变化的性质，可制成电阻温度计来测温。例如，铂电阻温度计不仅准温度高、稳定性好，而且在-263~1100℃范围内都能使用；铜电阻温度计在-50~100℃范

围内因为其线性好，应用也较广泛。

2. 单臂输入时电桥电压输出特性

惠斯登电桥的基本电路如图 5-34 所示。当电桥平衡时，R_1：$R_2=R_3$：R_4，电路中 A、B 间的电势差 $U_{AB}=0$，若此时使一个桥臂的电阻（如 R_3）增加很小的电阻 ΔR，即 $R_3=R_0+\Delta R$，则电桥失去平衡，电路中 A、B 两点间存在一定的电势差 U_{AB}。该电势差即为电桥不平衡时的输出电压。

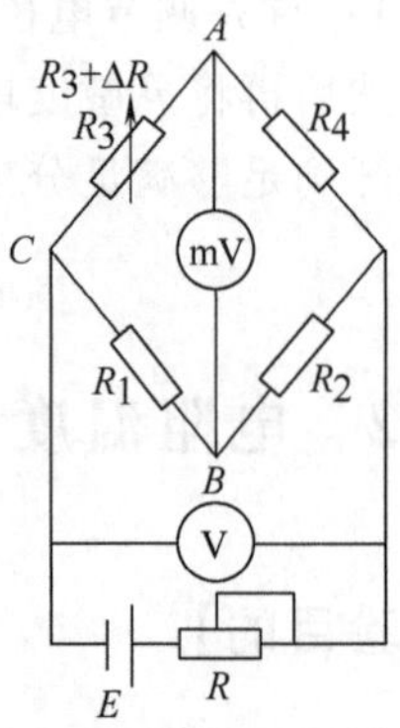

图 5-34　单臂输入原理

若电桥供电源的电压为 U_0，根据串联电阻分压原理，并以图中 C 点为零电势参考点，则电桥的输出电压为

$$\begin{aligned} U_{AB}=U_A-U_B-&\left(\frac{R_0+\Delta R}{R_0+\Delta R+R_4}-\frac{R_1}{R_1+R_2}\right)U_0 \\ &=\frac{R_2\Delta R}{(R_0+\Delta R+R_4)(R_1+R_2)}U_0 \\ &=\frac{\Delta R}{R_0(1+\Delta R/R_0+R_4/R_0)(1+R_1/R_2)}U_0 \end{aligned}$$

令电桥比率 $K=\dfrac{R_1}{R_2}$，根据电桥平衡条件 $\dfrac{R_1}{R_2}=\dfrac{R_0}{R_4}$，且 $\Delta R\ll R_0$ 时略去分母中的微小项 $\dfrac{\Delta R}{R_0}$，有

$$U_{AB}=\frac{KU_0\Delta R}{(1+K)^2R_0}$$

若 $\dfrac{\Delta R}{R_0}$ 不能略去，则上式应为

$$U_{AB}=\frac{\Delta R/R_0}{1+K+K(\Delta R/R_0)}\cdot\frac{K}{1+K}U_0$$

定义 $S_a=\dfrac{U_{AB}}{4R_0}$ 为电桥的输出电压灵敏度，则有

$$S_a=\frac{KU_0}{(1+K)^2R_0}$$

可知，当 $\dfrac{\Delta R}{R_0}\ll 1$ 时，非平衡电桥的输出电压与 ΔR 呈线性关系。电桥的输出电压灵敏度由选择的电桥比率 K 及供电电源电压决定。如果电桥供电电压一定，当 $K=1$ 时，电桥输出电压灵敏度最大，且为

$$S_{max}=\frac{U_0}{4R_0}$$

综合创新型设计实验

6.1 力学综合实验仪的应用实验

三线摆、扭摆、单摆、复摆、双线摆（碰撞）、自由落体、惯性秤都属于大学基础物理和中学物理教学中重要的必做实验。把这几个实验有机地组合在一起，达到一机多用的目的，有助于提高实验室有效面积的利用率。通过对不同实验方法和实验手段的横向对比，有利于提高学生对科学实验的学习兴趣，激发他们的创新意识，锻炼他们的动手能力。（说明：多数实验都附有实验范例，可供读者参考，但其数据不作为验收标准。）

6.1.1 用三线摆法测定物体的转动惯量

转动惯量在刚体动力学中的角色相当于线性动力学中的质量，可形象地理解为一个物体对于旋转运动的惯性，用于建立角动量、角速度、力矩和角加速度等数个量之间的关系。转动惯量（Moment of Inertia）是量度刚体绕轴转动时惯性（回转物体保持其匀速圆周运动或静止的特性）的量，是表征刚体特性的一个物理量。转动惯量的大小除与物体质量有关外，还与转轴的位置和质量分布（即形状、大小和密度）有关，而同刚体绕轴的转动状态（如角速度的大小）无关。如果刚体形状简单，且质量分布均匀，可直接计算出它绕特定轴的转动惯量。但在工程实践中，我们常碰到大量形状复杂，且质量分布不均匀的刚体，转动惯量的理论计算将极为复杂，通常采用实验方法来测定。

转动惯量的测量，一般都是使刚体以一定的形式运动。通过表征这种运动特征的物理量与转动惯量之间的关系，进行转换测量。测定刚体转动惯量的方法很多，常用的有三线摆法、扭摆法、复摆法等。三线摆法是具有较好物理思想的实验方法，它具有设备简单、直观、测试方便等优点。三线摆法是通过扭转运动测定物体的转动惯量，其特点是物理图像清楚、操作简便易行、适合各种形状的物体，如机械零件、电机转子、枪炮弹丸、电风扇的风叶等的转动惯量都可用三线摆法测定。这种实验方法在理论和技术上有一定的实际意义。

【实验目的】

1. 学会用三线摆测定物体的转动惯量。
2. 学会用累积放大法测量周期性运动的周期。
3. 验证转动惯量的平行轴定理。

【实验原理】

1. 测悬盘绕中心轴转动时的转动惯量 I_0

图 6-1 是三线摆实验装置的示意图。上、下圆盘均处于水平，悬挂在横梁上。三条对称

分布的等长悬线将两圆盘相连。三线摆的上盘沿等边三角形的顶点对称地连接在下面一个较大的均匀圆盘边缘的正三角形顶点上。当下盘转动角度很小，且忽略空气阻力时，扭摆的运动可近似看作简谐运动。实验时，先使下盘空载，令上盘转过一个小角度，此时下盘开始做扭摆运动，同时，下圆盘的质心 O 将沿着转动轴升降。记其振动周期为 T_0，下盘质量为 m_0。接下来将质量为 m 的待测物体放在下盘上，使其质心恰位于下盘中轴线上，然后再次使下盘做扭摆运动，并记其周期为 T_1。根据能量守恒定律和刚体转动定律均可以导出物体绕中心轴 OO' 的转动惯量：

$$I_0=\frac{m_0gRr}{4\pi^2H}T_0^2 \tag{6-1}$$

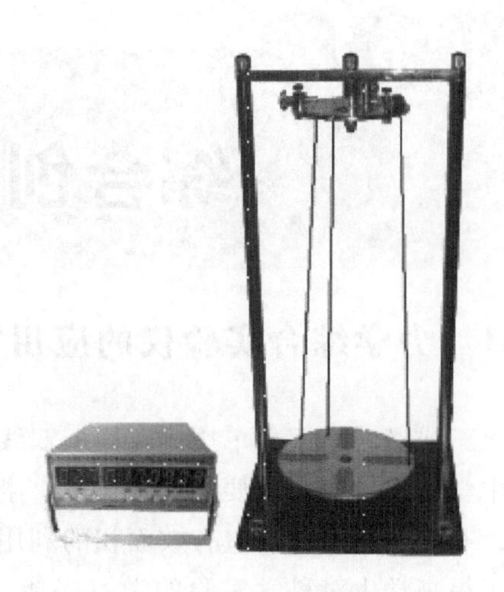

图 6-1 三线摆法示意图

式中各物理量的意义如下：r、R 分别为上下悬点离各自圆盘中心的距离，$R=\sqrt{3}a/3$（a 是下悬盘的三个接点之间的距离），$r=\sqrt{3}a'/3$（a' 是上圆盘的三个接点之间的距离）；H_0 为平衡时上下盘间的垂直距离；g 为重力加速度。

2. 测圆环绕中心轴转动的转动惯量 I

将质量为 m 的待测物体放在下盘上，并使待测刚体的转轴与 OO' 轴重合，两者构成一个系统。如果测出此时三线摆运动周期 T_1 和上下圆盘间的垂直距离 H，可求得待测刚体和下圆盘对中心转轴 OO' 轴的总转动惯量为

$$I_1=\frac{(m_0+m_1)gRr}{4\pi^2H}T_1^2 \tag{6-2}$$

若忽略因重量变化而引起的悬线伸长效果，则有 $H\approx H_0$。那么，待测物体绕中心轴的转动惯量为

$$I=I_1-I_0=\frac{gRr}{4\pi^2H}[(m+m_0)T_1^2-m_0T_0^2] \tag{6-3}$$

因此，通过长度、质量和时间的测量，便可求出刚体绕某轴的转动惯量。

3. 验证平行轴定理

用三线摆法还可以验证平行轴定理。设刚体绕过质心的轴线的转动惯量为 I_C，则刚体绕与质心轴相距为 d 的平行轴的转动惯量为

$$I'_C=I_C+Md^2$$

式中，M 为刚体的质量。这个关系称为平行轴定理。

取下圆环，将两个质量都为 m_2 的形状完全相同的圆柱体对称地放置在悬盘上，圆柱体中心离轴线的距离为 x。测出两柱体与悬盘这个系统绕中心轴扭动的周期 T_2，则两柱体此时的转动惯量为

$$2I_2=\frac{(m_0+2m_2)gRr}{4\pi^2H}T_2^2-I_0 \tag{6-4}$$

如果测出小圆柱中心与下圆盘中心之间的距离 x 以及小圆柱体的半径 R_x，则由平行轴定理

可求得

$$I'_x = m'x^2 + \frac{1}{2}m'R_x^2 \tag{6-5}$$

将上式所得的结果与前一式计算出的理论值比较，就可验证平行轴定理。

【实验仪器】

1. FB818 型力学综合实验仪。
2. FB213B 智能型数显计时计数微秒仪。
3. 米尺、游标卡尺、电子天平等。

【实验内容】

实验采用三线摆测定圆环对通过其质心且垂直于环面轴的转动惯量，并用三线摆的测量结果来验证平行轴定理。实验步骤要点如下。

1. 调整三线摆装置

（1）利用上圆盘上的三个调节螺钉，使三悬线等长，并固定紧固螺钉，再用米尺测量悬线的长度。

（2）观察下圆盘中心的水准器，并调节底板上三个调节螺钉，使下圆盘处于水平状态。

（3）调整底板左上方的光电传感接收装置，使下圆盘边上的挡光杆能自由往返通过光电门槽口。

2. 测量周期 T_0 和 T_1、T_x

（1）接通 *FB213B* 智能型数显计时计数微秒仪的电源，把光电接收装置与微秒仪连接。合上微秒仪电源开关，预置测量次数为 20 次（N 次）（可根据实验需要从 1~99 次任意设置)。

（2）设置计数次数时，可分别按“置数”键的十位或个位按钮进行调节（注意数字调节只能按进位操作）设置完成后自动保持设置值（直到再次改变设置为止)。

（3）在下圆盘处于静止状态下，拨动上圆盘的“转动手柄”，将上圆盘转过一个小角度（5°左右)，带动下圆盘绕中心轴 OO' 做微小扭摆运动。摆动若干次后，按微秒仪上的“执行”键，微秒仪开始计时，每计量一个周期，周期显示数值将自动地每次减少 1，直到递减为 0 时，计时结束，微秒仪显示出累计 20 个（N 个）周期的时间。（说明：微秒仪计时范围：0~99.999s，分辨率为 1ms。）重复以上测量 5 次，将数据记录到表 6-1 中，如此测 5 次。进行下一次测量时，测试仪要先按“返回”键。

（4）用游标卡尺测出圆环的内外几何直径，将圆环放到悬盘上，并使二者的圆心重合，按（3）的方法用计时计数毫秒仪测出悬盘和圆环这个系统 20 次全振动所需的时间，重复 3 次，测定摆动周期 T_1。

（5）将两个圆柱体（三线摆的附件）对称地放在悬盘上，两圆柱体中心的连线经过悬盘的圆心。用游标卡尺测出两圆柱体中心距离。这两个圆柱体是完全相同的，质量均匀分布，用上述同样方法测定摆动周期 T_x。

（6）用游标卡尺测出上圆盘悬线接点之间的距离 a'，用米尺测出下悬盘悬线接点之间的距离 a 和上下盘之间的垂直距离 H。然后算出悬点到中心的距离 r 和 R（等边三角形外接圆半径）。

（7）其他物理量的测量：用米尺测出放置两小圆柱体小孔间距 $2x$；用游标卡尺量出待测圆环的内、外径 $2R_1$、$2R_2$ 和小圆柱体的直径 $2R_2$。记录各刚体的质量。并根据 $I'_0=\frac{1}{2}m_0R_0^2$ 计算悬盘转动惯量的理论值，以理论值 I'_0 为真值；计算圆环转动惯量的实验值 I_1，根据 $I'_1=\frac{m_1}{2}(R_i^2+R_e^2)$ 计算圆环转动惯量的理论值，以理论值 I'_1 为真值；由平行轴定理式计算此时圆柱体的理论值 $I'_2=m_2x^2+\frac{1}{2}m_2R_x^2$ 以理论值 I'_2 为真值，估算误差和相对误差。估算实验的误差和相对误差。

【数据记录与处理】

1. 实验数据记录见表 6-1～表 6-3。

$r=\frac{\sqrt{3}}{3}a=$________，　$R=\frac{\sqrt{3}}{3}b=$________，　$H_0=$________

下盘质量 $m_0=$________，待测圆环质量 $m=$________，圆柱体质量 $m'=$________

表 6-1　累积法测周期数据记录表格

	悬　盘		悬盘与圆环		悬盘与两圆柱体	
摆动 20 次所需时间（s）	1		1		1	
	2		2		2	
	3		3		3	
	4		4		4	
	5		5		5	
	平均		平均		平均	
周 期	$T_0=$　　s		$T_1=$　　s		$T_x=$　　s	

表 6-2　有关长度多次测量数据记录表格

项目 / 次数	上盘悬孔间距 a/cm	上盘悬孔间距 b/cm	待测圆环 外直径 $2R_1$/cm	待测圆环 内直径 $2R_2$/cm	小圆柱体直径 $2R_x$ cm	放置小圆柱体两小孔间距 $2x$/cm
1						
2						
3						
4						
5						
平均						

2. 待测圆环测量结果的计算，并与理论计算值比较，求相对误差并进行讨论。已知理想圆环绕中心轴转动惯量的计算公式为

$$I_{理论}=\frac{m}{2}(R_1^2+R_2^2)$$

3. 求出圆柱体绕自身轴的转动惯量，并与理论计算值 $I_{理}=\frac{m'}{2}R'^2_x$ 比较，验证平行轴定理。

表 6-3　平行轴定理验证数据记录表格

次数 \ 项目	小孔间距 $2x$/m	周期 T_x/s	实验值(kg·m²) $I_x=\frac{1}{2}\left[\frac{(m_0+2m')gRr}{4\pi^2H}T_x^2-I_0\right]$	理论值(kg·m²) $I'_x=m'x^2+\frac{1}{2}m'R_x^2$	相对误差
1					
2					
3					
4					
5					

【思考题】

1. 用三线摆法测刚体转动惯量时，为什么必须保持下盘水平？
2. 在测量过程中，如下盘出现晃动，对周期有测量有影响吗？有什么样的影响？如有影响，应如何避免之？
3. 三线摆放上待测物后，其摆动周期是否一定比空盘的转动周期大？为什么？
4. 测量圆环的转动惯量时，若圆环的转轴与下盘转轴不重合，对实验结果有何影响？
5. 如何利用三线摆法测定任意形状的物体绕某轴的转动惯量？
6. 三线摆在摆动中受空气阻尼，振幅越来越小，它的周期是否会变化？对测量结果影响大吗？为什么？

【附录一】转动惯量测量公式的推导

当下盘扭转振动，且转角 θ 很小时，其扭动是一个简谐运动，其运动方程为

$$\theta=\theta_0\sin\frac{2\pi}{T_0}t \tag{6-6}$$

当摆离开平衡位置最远时，其重心升高 h，根据机械能守恒定律有

$$\frac{1}{2}I\omega_0^2=mgh \tag{6-7}$$

即

$$I=\frac{2mgh}{\omega_0^2} \tag{6-8}$$

而

$$\omega=\frac{d\theta}{dt}=\frac{2\pi\theta_0}{T_0}\cos\frac{2\pi}{T_0}t \tag{6-9}$$

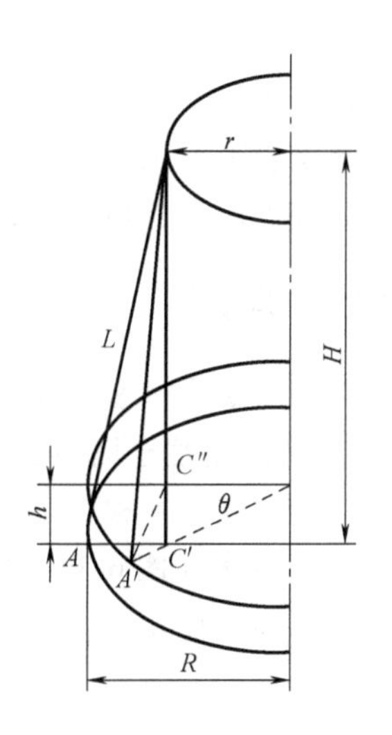

图 6-2　公式推导用图

当 $t=0$ 时，

$$\omega_0=\frac{2\pi\theta_0}{T_0} \tag{6-10}$$

将式（6-10）代入式（6-7）得

$$I=\frac{mghT_0^2}{2\pi^2\theta_0^2} \tag{6-11}$$

从图 6-2 中的几何关系中可得

$$(H-h)^2+(R^2+r^2-2Rr\cos\theta_0)=l^2=H^2+(R-r)^2$$

简化得

$$Hh-\frac{h^2}{2}=Rr(1-\cos\theta_0)$$

略去$\frac{h^2}{2}$，且取 $1-\cos\theta_0\approx\theta_0^2/2$，则有

$$h=\frac{Rr\theta_0^2}{2H}$$

代入式（6-11）得

$$I=\frac{mgRr}{4\pi^2H}T_0^2 \tag{6-12}$$

由此得到公式（6-1）。

6.1.2　用扭摆法测定金属材料的切变模量

转动惯量可采用多种方法进行测量，扭摆法是其中一种重要方法。扭摆法具有结构简单、操作简便等特点，可测量金属丝的切变模量等，因此在物理实验教学中常被采用。切变模量是指材料在弹性变形阶段内，切应力与对应切应变的比值，是材料的力学性能指标之一，切变模量的倒数称为剪切柔量，是单位剪力作用下发生切应变的量度，可表示材料剪切变形的难易程度。

切变模量又称刚性模量，是材料在切应力作用下，在弹性变形比例极限范围内，切应力与切应变的比值，它表征材料抵抗切应变的能力，模量大，则表示材料的刚性强。

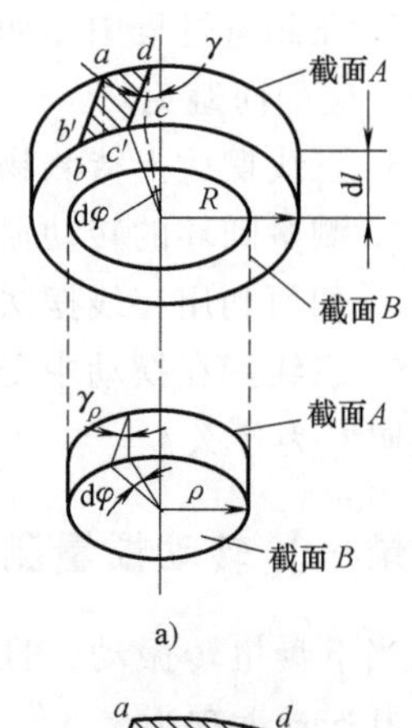

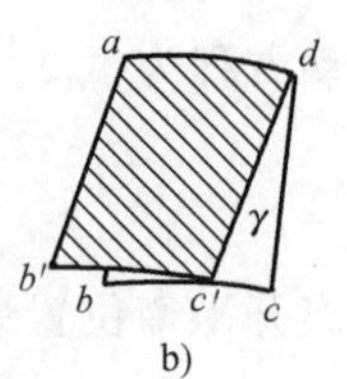

图 6-3　示意图

【实验原理】

钢丝切变模量的测定

1. 测定刚性金属圆盘的摆动周期 T_0

实验对象是一根上下均匀而细长的钢丝，几何上说是一个细长的圆柱体（图 6-3），使其下端面发生扭转，扭转力矩使圆柱体各截面小体积元发生切应变。在弹性限度内，切应变 γ 正比于切应力 τ：$\tau=G\gamma$（比例系数 G 即为材料的切变模量）。钢丝下端面绕中心轴 OO'转过 ϕ 角。单位长度的转角$\mathrm{d}\phi/\mathrm{d}l=\phi/L$，分析圆柱中长为 $\mathrm{d}l$ 的一小段，上截面为 A，下截面为 B（图 6-3）。由于发生切变，其侧面上的线 ab 的下端移至 b'。即 ab 转过了一个角度 γ，$bb'=\gamma\mathrm{d}l=R\mathrm{d}\phi$，故切应变 $\gamma=$

$R\mathrm{d}\phi/\mathrm{d}l$。

在钢丝内部半径为 ρ 的位置，其切应变为

$$\gamma_\rho=\rho\mathrm{d}\phi/\mathrm{d}l$$

由剪切胡克定律 $\tau_\rho=G\gamma_\rho=G\rho\mathrm{d}\phi/\mathrm{d}l$ 可得横截面上距轴线 OO' 为 ρ 处的切应力。这个切应力产生的恢复力矩为

$$\tau_\rho\cdot\rho\cdot 2\pi\rho\cdot\mathrm{d}\rho=2\pi G\rho^3\mathrm{d}\phi/\mathrm{d}l\cdot\mathrm{d}\rho$$

截面 A、B 之间的圆柱体，其上下截面相对切变引起的恢复力矩 M 为

$$M=\int_0^R 2\pi G\rho^3\mathrm{d}\rho\cdot\mathrm{d}\phi/\mathrm{d}l=\frac{\pi}{2}GR^4\mathrm{d}\phi/\mathrm{d}l$$

因钢丝总长为 L，总扭转角 $\phi=L\mathrm{d}\phi/\mathrm{d}l$，所以总恢复力矩

$$M=\frac{\pi}{2}GR^4\frac{\Phi}{L}$$

所以

$$G=2ML/\pi R^4\phi$$

于是，求切变模量 G 的问题就转化成求钢丝的扭矩（即其恢复力矩）的问题。为此，在钢丝下端悬挂一圆盘，它可绕中心线自由扭动，成为扭摆。摆扭过的角度 φ 正比于所受的扭力矩：$M=D\phi$，D 为金属丝的扭转模量，与悬线材料的切变模量 G 的关系为

$$G=\frac{2L}{\pi R^4}D$$

由转动定律 $M=I_0\dfrac{\mathrm{d}^2\varphi}{\mathrm{d}t^2}$ 及公式 $\dfrac{\mathrm{d}^2\varphi}{\mathrm{d}t^2}+\dfrac{D}{I_0}\varphi=0$ 得出这是一个简谐运动微分方程，其角频率 $\omega=\sqrt{\dfrac{D}{I_0}}$，周期 $T_0=2\pi\sqrt{\dfrac{I_0}{D}}$。则有

$$I_0=\frac{DT_0^2}{4\pi^2}\tag{6-13}$$

2. 测定金属圆盘加圆环刚体的摆动周期 T_1

将一质量为 M、外径为 $d_{外}$、内径为 $d_{内}$、厚度为 h 的圆环刚体水平放在圆盘上扭转，并且使质心位于扭摆悬线上，如图 6-4 所示。圆环水平放置绕轴（钢丝）的转动惯量理论值为

$$I_1'=M\left(\frac{d_{外}^2+d_{内}^2}{8}\right)\tag{6-14}$$

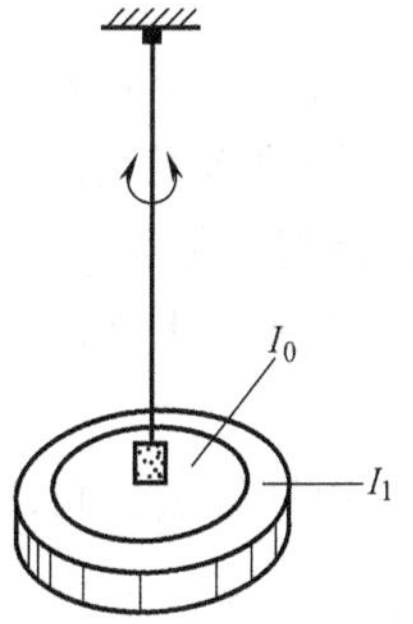

测出复合体（I_0+I_1）绕轴（钢丝）做水平摆动周期 T_1，则复合体的转动惯量为

$$I_0+I_1=\frac{T_1^2D}{4\pi^2}\tag{6-15}$$

图 6-4　扭摆测复合体的摆动周期

圆环的转动惯量实验值等于式（6-15）减去式(6-13)，得

$$I_1=\frac{(T_1^2-T_0^2)D}{4\pi^2} \tag{6-16}$$

公式变换后得扭转系数

$$D=\frac{4\pi^2 I_1}{(T_1^2-T_0^2)} \tag{6-17}$$

用式（6-14）I'_1取代I_1，代入式（6-17）得

$$D=\frac{4\pi^2 I_1}{(T_1^2-T_0^2)}=\frac{\pi^2 M(d_{外}^2+d_{内}^2)}{2(T_1^2-T_0^2)} \tag{6-18}$$

由式（6-13）和式（6-18）得钢丝的切变模量为

$$G=\frac{2LD}{\pi R^4}=\frac{\pi LM(d_{外}^2+d_{内}^2)}{R^4(T_1^2-T_0^2)} \tag{6-19}$$

式（6-18）和式（6-19）中，L为金属丝有效长度；M为圆环质量；$d_{外}$为圆环外直径；$d_{内}$为圆环内直径；R为金属丝半径。

本实验是通过规则形的刚体-金属圆环来测定金属丝材料的切变模量的。如果金属丝材料的切变模量已知，则扭摆可以用来测量不同形状的刚体绕不同转轴的转动惯量。

【实验仪器】

1. FB818型力学综合实验仪。
2. FB213B智能型数显计时计数微秒仪。
3. 米尺、游标卡尺、千分尺、电子天平等。

【实验步骤】

1. 在安装扭摆前先把圆环安放在仪器上方的横梁上。
2. 松开仪器扭摆支架上端夹头，将钢丝一端插入夹头孔中，然后把夹头拧紧；再松开金属圆盘上的夹头，将钢丝另一端插入夹头孔中，把夹头拧紧，构成扭摆。使钢丝与作为扭摆的圆盘面垂直，圆环应能方便地置于圆盘上。用千分尺测钢丝直径，用游标卡尺测环的内外径，用米尺测钢丝的有效长度。
3. 调节支架和光电门的相对位置，使扭摆摆动时，光电门能启动计时仪正确计时。
4. 转动横梁上的“标志旋钮”，当旋转“扭动旋钮”一个角度后，即刻又恢复到起始位置，此时金属圆盘将绕钢丝做周期性摆动。重复测量多次摆动周期。
5. 把圆环水平放在圆盘上（圆盘上有定位台阶），构成复合体，测量复合体的摆动周期。
6. 由计算公式可求出金属材料的切变模量或用切变模量的理论值求刚体的转动惯量等。

【注意事项】

1. 扭摆安装时，上下夹头紧固螺钉务必拧紧，加放圆环时，要轻拿轻放，避免圆盘掉下砸到实验人员。
2. 扭摆安装后，除搬动外，一般不需要拆卸，可以就此连续使用。

3. 实验人员使用扭摆时，要避免使金属丝弯折，从而增大实验误差。

【数据记录与处理】

1. 利用扭摆测量圆盘和圆盘加圆环水平放置绕钢丝摆动的周期，实验数据记录如表 6-4 所示。分别用米尺、千分尺、游标卡尺、电子天平，对钢丝长度、钢丝直径、圆环的内径、外径及厚度、圆环质量，各测量 5 次，各测量值为：

$\overline{L}$=________ m，$\overline{2R}$=________ m，$\overline{d_{外}}$=________ m，$\overline{d_{内}}$=________ m，$\overline{h}$=________ m，$\overline{M}$ ________ kg。

表 6-4　圆盘和圆盘加圆环摆动周期的测量记录

测量次数	圆盘 $10T_0$/s	圆盘加圆环 $10T_1$/s
1		
2		
3		
4		
5		
平均值	$\overline{T}_0$=________ s	$\overline{T}_1$=________ s

2. 利用式（6-19）计算钢丝的切变模量并与理论值比较求相对误差（见表 6-5）。

表 6-5　钢丝的切变模量的测量

G/(N·m^{-2})	$G_{理}$/(N·m^{-2})	相对误差 E
	7.80×10^{10}	

6.1.3　研究单摆的运动特性

在不同的地区，同一物体所受的重力是不同的，所以重力加速度 g 也不同，g 的大小一般由物体所在地区的纬度、海拔高度以及矿藏分布等因素决定。重力加速度是一个重要的地球物理常数，准确测定它的量值，无论在理论上，还是在科研和工程技术等方面都有极其重要的意义。单摆实验在大学基础物理和中学物理的实验教学中都是一个重要的必做实验，以往此实验都限于在小角度（<5°）近似做等周期摆动的情况下对小球振动周期进行测量，一般不涉及周期与摆角之间关系测量。要研究此二者间关系就必须在不同摆角、甚至在大摆角下进行单摆振动周期测量。由于空气阻尼的存在，摆角随时间的延长而衰减，于是通常便无法精确测量大角下摆动周期的准确值。采用光电传感器和多功能微秒仪实现自动计时之后，便能在很短几个振动周期内准确测得单摆在大角度下的周期，这样便可忽略空气阻尼的影响，顺利地研究周期与摆角的关系，再应用外推法计算摆角为零的方法，求出摆角极小时的振动周期，从而精确地测量重力加速度。新仪器配备了光电传感器和计时计数微秒仪，有利于扩大学生视野，掌握两种新技术在自动测量和自动控制中的应用，可以激发学生学习兴趣，提高教学效果。

【实验目的】

1. 了解并掌握用单摆测定本地区的重力加速度。
2. 学习用光电计时仪测定单摆的振动周期。
3. 学习用最小二乘法处理实验数据。

【实验原理】

把一个金属小球挂在一根细长的线上，如图 6-5 所示，如果细线的质量比小球的质量小得多，而小球的直径比细线的长度小得多，那么这个装置可以看作无质量的细长线系住一个质点，这样的装置就是单摆。在忽略空气阻力、浮力以及线的伸长等因素，同时在摆动角度很小时，单摆的振动可看作简谐振动，它的振动周期 T 为

$$T=2\pi\sqrt{\frac{L}{g}} \tag{6-20}$$

式中，L 是单摆的摆长，其长度为悬挂点 O 到小球球心的距离；g 是重力加速度。因此，单摆的振动周期 T 只与摆长 L 和重力加速度 g 有关，只要我们测量出单摆的摆长 L 和周期 T 的值，就可以计算出重力加速度 g。

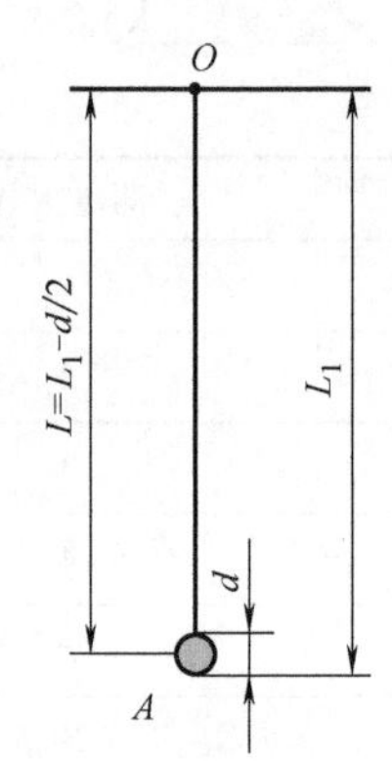

图 6-5　测摆长示意图

【实验仪器】

1. FB818 型力学综合实验仪。
2. FB213B 型光电计时计数微秒仪。
3. 钢卷尺。
4. 游标卡尺。

【实验内容】

1. 固定摆长，测定 g 值

（1）用钢卷尺测定摆线（加小球直径）长度 L_1，记入表格 6-6。

表 6-6

悬挂点 O 的位置 X_1/cm	小球最低点 A 的位置 X_2/cm	摆线（加小球直径）长度 $L_1=(X_2-X_1)$/cm

（2）用游标卡尺多次测量小球的直径，分别记入表格 6-7。

表　6-7

测量次数	1	2	3	平均值
直径 d/cm				

（3）固定摆长，用 FB213B 光电计时计数微秒仪测单摆周期 T，记入表 6 8。

2. 改变摆长，测定 g 值

使 L 分别为 60cm、70cm、80cm、90cm、100cm、110cm，测出不同摆长下周期 T，记入

表 6-9。

表　6-8

表　6-9

【数据与结果】

1. 用途

（1）本仪器可以通过固定单摆摆长测量振动周期，计算重力加速度 g；也可逐次改变摆长，测出相应的周期，经直线拟合求出重力加速度 g，并可验证摆长与振动周期平方成正比的关系。

（2）用光电计时器可测得周期与摆角的关系，并可以用外推至摆角为零的方法，精确测得摆角极小时的振动周期值，从而更精确地测定重力加速度。

（3）研究单摆在大角度振动时，非线性效应的影响。

2. 技术指标

（1）FB213B 智能型光电计时器实现自动计时，精度为 1μs，每次测量不确定度不大于 1μs。

（2）预置周期次数在 0~99 次范围内，可任意调节计时周期次数（小球每来回摆动 1 次为 1 个周期）。

（3）光电门应放在小球正下方适当位置，小球中部正好能挡光，从而能保证正常启动光电计时器。

（4）电子计时器每计数一个周期，周期次数显示自动减 1。

（5）本实验仪取摆角 $\theta_m \leqslant 15°$的范围，能较精确地反映周期与摆角之间的关系。

（6）水平直尺长度为 40cm，摆球水平幅度最大值为 20cm，摆动角度根据摆线长度用反三角函数计算。

（7）小球直径为 14mm±0.01mm，材质为不锈钢。

3. 装置与用法

以静止的单摆线为铅垂线，调节摆线的长度，根据摆球的位置，把光电门固定在下方适当位置，使小球正好能启动光电门，记下摆线的长度 L_1。调节计时器，预置计时周期次数（不宜太大，实验中一般可取 10~20 个周期）。将小球拉开一段距离，使摆球接触水平直尺限位装置，调节好水平直尺限位装置，大致计算出摆角 θ 的大小。放开小球，让小球在传感器所在铅垂面内摆动，计时器自动计时，由于小球放手时的不一致性，因此在同一摆角处应多次测量，求其平均值，取不同的摆角，重复实验。

4. 注意事项

（1）水平直尺必须固定在离摆球合适的位置。

（2）光电门与小球的相对位置务必调整到合适的程度，保证小球的摆动能启动光电计时器。

（3）要认真调整小球摆动的方向，保证小球在摆动时不会碰撞光电门。

【附录二】单摆实验的公式推导

在忽略空气阻力和浮力的情况下，由单摆振动时能量守恒，可得质量为 m 的小球在 θ 处动能和势能之和为常数，即

$$\frac{1}{2}mL^2\left\{\frac{\mathrm{d}\theta}{\mathrm{d}t}\right\}^2+mgL(1-\cos\theta)=E_0 \tag{6-21}$$

式中，L 为单摆摆长；θ 为摆角；g 为重力加速度；t 为时间；E_0 为小球的总机械能。因小球在摆幅 θ 处释放，则有

$$E_0=mgL(1-\cos\theta_m)$$

代入式（6-21），解方程得到

$$\frac{\sqrt{2}}{4}T=\sqrt{\frac{L}{g}}\int_0^{\theta_\mathrm{m}}\frac{\mathrm{d}\theta}{\sqrt{\cos\theta-\cos\theta_\mathrm{m}}} \tag{6-22}$$

式中，T 为单摆振动周期。

令 $K=\sin\left(\dfrac{\theta_0}{2}\right)$，并做变换 $\sin\left(\dfrac{\theta_0}{2}\right)=K\cdot\sin\phi$，便有

$$T=4\sqrt{\frac{L}{g}}\int_0^{\pi/2}\frac{\mathrm{d}\phi}{\sqrt{1-K^2\sin^2\phi}}$$

这是一个椭圆积分，经近似计算得到

$$T=2\pi\sqrt{\frac{L}{g}}\left\{1+\frac{1}{4}\sin^2\left(\frac{\theta_\mathrm{m}}{2}\right)+\cdots\right\}$$

【附录三】组合单摆实验数据及处理

如图 6-6 所示：为了适当增加单摆实验的实验内容，我们在单摆实验装置的立杆上，增加了一个阻挡棒，把阻挡棒固定在合适的位置，使阻挡棒刚好与静止的单摆悬挂线接触，从而使单摆成为一个组合式单摆。它相当于两个不同长度的半单摆组合而成，它的振动周期是两个半周期的叠加，由于其余操作步骤与普通单摆相似，故实验过程

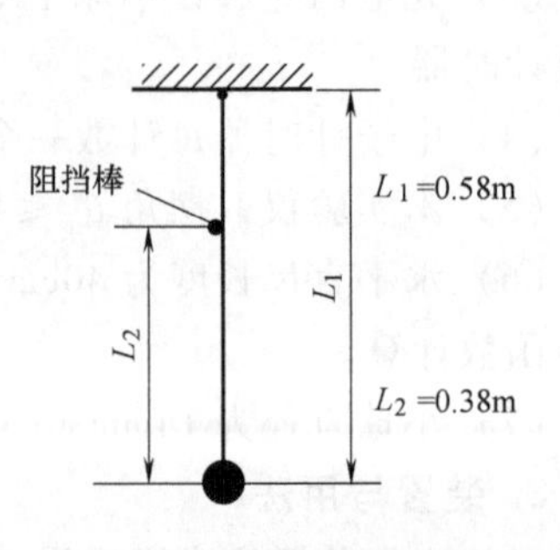

图 6-6　组合式单摆实验仪示意图

不再赘述。

下面举个实验范例（也可以用实验周期计算本地区的重力加速度）。已知条件：

摆球至悬挂点距离 $L_1=0.58\text{m}$，摆球至阻挡棒距离 $L_2=0.38\text{m}$

用秒表计时：摆动次数 50 次，计时累计：1′08.66″

计算实验周期： $T=68.66\text{s}/50=1.3732\text{s}$

计算周期理论值：（重力加速度取 $g=9.8\text{m/s}^2$）

$$T_0=\pi\left(\sqrt{\frac{L_1}{g}}+\sqrt{\frac{L_2}{g}}\right)=3.1416\times\left(\sqrt{\frac{0.58}{9.8}}+\sqrt{\frac{0.38}{9.8}}\right)\text{s}$$

$$=3.1416\times(0.24328+0.19691)\text{s}=3.1416\times0.44019\text{s}$$

$$=1.3829\text{s}$$

与理论值比较计算实验相对误差：

$$E=\left|\frac{T-T_0}{T_0}\right|\times100\%=\left|\frac{1.3732-1.3829}{1.3829}\right|\times100\%=0.70\%$$

6.1.4 复摆特性的研究

【实验目的】

1. 掌握复摆物理模型的分析。
2. 通过实验学习用复摆测量重力加速度的方法。

【实验原理】

复摆是一刚体绕固定的水平轴在重力的作用下做微小摆动的动力运动体系。如图 6-7 所示，刚体绕固定轴 O 在竖直平面内做左右摆动，C 是该物体的质心，与轴 O 的距离为 h，θ 为其摆动角度。若规定右转角为正，此时刚体所受力矩 M 与角位移方向相反，即有

$$M=-mgh\sin\theta \tag{6-23}$$

又据转动定律，该复摆又有

$$M=I\ddot{\theta} \tag{6-24}$$

其中 I 为该物体转动惯量。由式（6-23）和式（6-24）可得

$$\ddot{\theta}=-\omega^2\sin\theta \tag{6-25}$$

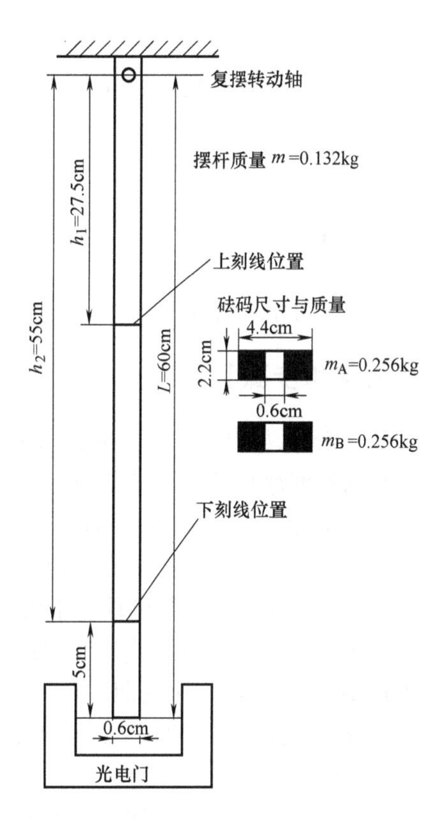

图 6-7 FB818 型力学综合实验仪示意图

其中 $\omega^2=\dfrac{mgh}{I}$。若 θ 很小时（$\theta<5°$）近似有

$$\ddot{\theta}=-\omega^2\cdot\theta \tag{6-26}$$

此方程说明该复摆在小角度下做简谐振动，该复摆振动周期为

$$T=2\pi\sqrt{\frac{I}{mgh}} \tag{6-27}$$

设 I_C 为转轴过质心且与 O 轴平行时的转动惯量，那么根据平行轴定理可知

$$I=I_C+mh^2 \tag{6-28}$$

代入上式得

$$T=2\pi\sqrt{\frac{I_C+mh^2}{mgh}} \tag{6-29}$$

根据公式（6-29），可以测量重力加速度 g。

对于固定的刚体而言，I_C 是固定的，因而实验时只须改变质心到转轴的距离如 h_1、h_2，则刚体摆动周期分别为

$$T_1=2\pi\sqrt{\frac{I_C+mh_1^2}{mgh_1}} \tag{6-30}$$

$$T_2=2\pi\sqrt{\frac{I_C+mh_2^2}{mgh_2}} \tag{6-31}$$

为了使计算公式简化，特取 $h_2=2h_1$，合并式（6-30）和式（6-31）得

$$g=\frac{12\pi^2 h_1}{(2T_2^2-T_1^2)} \tag{6-32}$$

【实验仪器】

FB818 型力学综合实验仪 1 台（图 6-7），FB213B 智能型数显计时计数微秒仪 1 台。

【实验内容和步骤】

1. 把 FB818 型力学综合实验仪安装好，调节仪器底座底脚螺钉，利用三线摆上盘的水平仪，把仪器底座调节到水平状态。

2. 把单摆摆球向上收到合适的位置，只要不影响观察复摆实验即可。

3. 把单摆、复摆共用的光电门移动到复摆实验测试位置，并把光电门的连接线与 FB213 智能型数显计时计数微秒仪正确连接；调节光电门的位置，使其能正常工作。

4. 接通 FB213B 智能型数显计时计数微秒仪的工作电源，把功能放在周期（计时）状态，把周期数设置为 10 个周期。

5. 先测量周期 T_1：按图 6-8 将两砝码块置于上刻线对称处的位置固定，即满足 $h_1=27.5\text{cm}$ 的条件；

6. 如图 6-9 所示，把复摆沿水平方向拉开一个角度 $\theta<10°$，用手动法使摆杆的下端偏离平衡位置约 5cm，平稳放手后让复摆左右摆动，等待一会儿，在摆动平稳时，启动计时器计时。

7. 重复测量 5 次，把计时数据 $\Delta t_{10}(i)$ 记录到表 6-10 中。

8. 把复摆的砝码按图 6-10 的位置固定，即满足 $h_2=2h_1=55.0\text{cm}$ 的条件。

9. 测量周期 T_2：重复步骤 7，同样把数据结果记录到表 6-10 中。

10. 复摆装置的相关参数说明。复摆的摆杆长度 $L=60.0\text{cm}$，直径：$\phi=0.6\text{cm}$，质量 $m=0.132\text{kg}$。杆上有上、下两条标记刻线，$h_1=27.5\text{cm}$，$h_2=55.0\text{cm}$。两个质量相同的砝码块 m_A、m_B，根据实验需要可以分别固定在杆上不同位置。$L=60.0\text{cm}$，$L_1=32.5\text{cm}$，两个圆环形砝码质量 $m_A=m_B=0.256\text{kg}$，外径 $\phi=4.4\text{cm}$，内孔径 $\phi=0.6\text{cm}$，高度为 2.2cm。

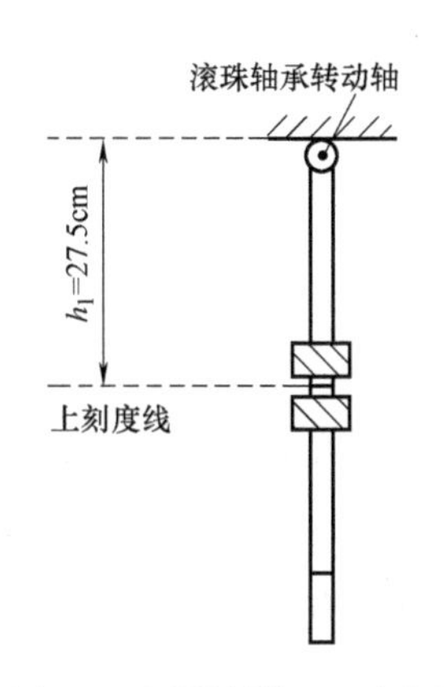

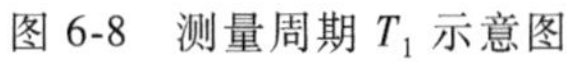
图 6-8 测量周期 T_1 示意图

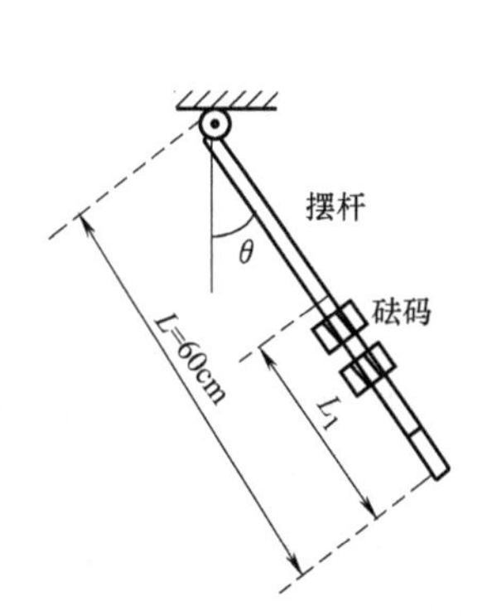

图 6-9 复摆装置示意图

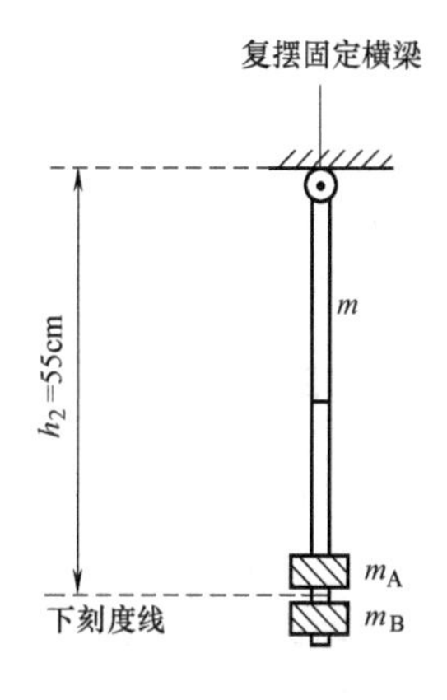

图 6-10 测量周期 T_2 示意图

由公式

$$T=t_{10}/10 \tag{6-33}$$

求出周期，同样的方法进行 5 次，求出平均值，将数值填入表 6-10 中。

表 6-10 复摆的振动周期

次数	t_{10}/s	T_1/s	t_{10}/s	T_2/s
1				
2				
3				
4				
5				
平均				

【数据与结果】

1. 由公式（6-32）计算出本地区的重力加速度

$$g=\frac{12\pi^2 h_1}{(2T_2^2-T_1^2)}=$$

2. 把测量结果与本地区的公认值比较，求实验的相对误差

$$E=\frac{|g-g_{理}|}{g_{理}}\times 100\%=$$

【思考题】

1. 试推导 θ 角不是很小时的摆动方程。

2. 在实验中用较大的角度（$\theta \approx 20^{\circ}$）摆动复摆，记录其10个周期内每个周期与角度的关系，会得到什么样的结果？

6.1.5　双线摆碰撞打靶研究平抛运动

【实验目的】

1. 研究两球碰撞、及碰撞后的平抛运动的规律。
2. 讨论不同材质的球体之间碰撞中的动量和能量的转化与守恒 。
3. 比较实验值和理论值的差异，分析实验现象。

【实验原理】

物体间的碰撞是自然界中普遍存在的现象，从宏观物体的天体碰撞到微观物体的粒子都是物理学中极其重要的研究课题。双线摆实际上等效于一个单摆，但它的优点是，在摆球摆动中，能确保摆球的运动轨迹是在一个平面内的圆弧线，而单摆却难以做到。所以本实验中用双线摆取代单摆。碰撞运动和物体的平抛运动是运动学中的基本内容，能量守恒与动量守恒是力学中重要的原理。

本实验通过两个球体的碰撞、碰撞前的单摆运动以及碰撞后的平抛运动，应用已学到的力学知识去解决打靶的实际问题，特别是从理论分析与实践结果的差别上，研究实验过程中能量损失的来源，自行设计实验来分析各种损失的相对大小，从而更深入地了解力学原理，并提高分析问题、解决问题的能力。

（1）碰撞：指两运动物体相互接触时，运动状态发生迅速变化的现象。（“正碰”是指两碰撞物体的速度都沿着它们质心连线方向的碰撞；其他碰撞则为“斜碰”。）

（2）碰撞时的动量守恒：两物体碰撞前后的总动量不变：

$$\sum_i \boldsymbol{p}_i = \sum_i m_i \boldsymbol{v}_i = \text{常矢量}$$

（3）平抛运动：将物体以一定的初速度v_0沿水平方向抛出，在不计空气阻力的情况下，物体所做的运动称平抛运动，运动学方程为 $x = v_0 t$，$y = \frac{1}{2}gt^2$。（式中，t 是从抛出开始计算的时间；x 是物体在该时间内水平方向的移动距离；y 是物体在该时间内竖直下落的距离；g 是实验地区的重力加速度。）

（4）在重力场中，质量为 m 的物体被提高距离 h 后，其势能增加了 $E_p = mgh$。

（5）质量为 m 的物体以速度 v 运动时，其动能为 $E_k = \frac{1}{2}mv^2$。

（6）机械能的转化和守恒定律：任何物体系统在势能和动能相互转化过程中，若合外力对该物体系统所做的功为零，内力都是保守力（无耗散力），则物体系统的总机械能（即势能和动能的总和）保持恒定不变。

（7）弹性碰撞：在碰撞过程中没有机械能损失的碰撞。

（8）非弹性碰撞：碰撞过程中的机械能不守恒，其中一部分转化为非机械能（如热能）。

【实验仪器】

1. FB818 型力学综合实验仪（双线摆碰撞打靶实验仪）1 台。

［FB213B 智能型数显计时计数微秒仪 1 台（可提供电磁铁励磁电流）］。

2. 摆球（撞击球）：ϕ17.4mm1 个。

3. 三种规格（不同质量）的被撞球：ϕ17.4mm，ϕ14.0mm，ϕ10.0mm 各 2 个。

4. 1m 钢卷尺一把，用于测量升降台高度 y 和靶心离升降台的距离 x。

5. 电子天平一台，用以称球的质量（用户自备）。

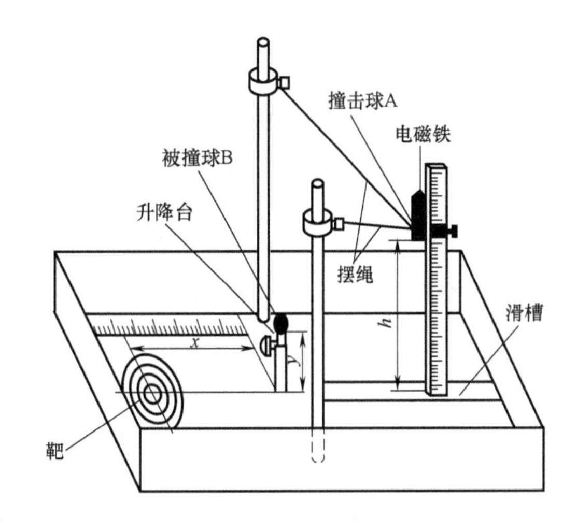

图 6-11　双线摆碰撞打靶试验仪示意图

如图 6-11 所示，其底盘是一个内凹式的盒体，盒体下面是整个仪器的基板，盒体四周的围栏可以防止小球滚出底盘。底盘下面有 3 只螺钉用以调整其水平。

底盘的中央是一个升降台，它由圆柱形的外套、内柱及固定螺钉三部分组成。内柱可以在外套中自由升降，确定合适的高度后，再用固定螺钉将其固定。实验时被撞球 B 放在内柱的上端面上，端面光滑，以减少摩擦。底盘的右边有一条滑槽，可供竖尺在滑槽中水平方向移动。竖尺上有一个升降架，可在尺上升降。升降架上有一块小磁铁，实验时，用细绳挂在杆上的撞击球 A（铁球）被吸在磁铁下，断电瞬间磁力消失，球 A 做自由下摆运动并撞击到被撞球 B 后，球 B 做平抛运动。底盘的左边，放有一张靶纸，可用来记录球 B 的着地位置。

【实验内容】

一、必做内容

1. 把实验仪放置在基本水平的桌面上。

2. 用电子天平测量被撞球（直径和材料均与撞击球相同）的质量 m，并以此也作为撞击球的质量。

3. 根据靶心的位置，测出 x，估计被撞球的高度 y（如何估计?），并据此算出撞击球的高度 h_0。（预习时应自行推导出由 x 和 y 计算高度 h_0 的公式。）

4. 通过绳栓部件，使两根系绳的有效长度相等，系绳点在两立柱上的高度相等。调节撞击球的高低和左右，使之能在摆动的最低点和被撞球进行正碰。

5. 把撞击球吸在磁铁下，调节升降架使它的高度为 h_0（如何测量?），左右移动竖尺，使两细绳拉直。

6. 让撞击球撞击被撞球，记下被撞球击中靶纸的实际位置 x'（可进行多次撞击求平均值），即确定实际击中的位置，由此计算碰撞前后总的能量损失为多少？应对撞击球的高度做怎样的调整，才可使被撞球能击中靶心？（预习时应自行推导出由 x' 和 y 计算高度差 $h=h_0=\Delta h$ 的公式。）

7. 对撞击球的高度做调整后，再重复若干次试验，以确定能击中靶心的 h 值；确定实际被撞球击中靶纸的位置后记下此 h 值。

8. 观察撞击球在碰撞后的运动状态及在碰撞前的运动状态，分析碰撞前后各种能量损失的原因和大小。

二、选做内容

1. 以直径相同、质量不同的被撞击球重复上述实验，分别找出其能量损失的大小和主要来源。

2. 以直径、质量都不同的被撞击球重复上述实验，分别找出其能量损失的大小和主要来源。（注意：由于直径不同，应重新调节升降台的高度或重新调节细绳。）

【思考题】

1. 如两质量不同的球有相同的动量，它们是否也具有相同的动能？如果不等，哪个动能大？

2. 找出本实验中产生 Δh 的各种原因（除计算错误和操作不当的原因）。

3. 在质量相同的两球碰撞后，撞击球的运动状态与理论分析是否一致？这种现象说明了什么？

4. 如果不放被撞球，撞击球在摆动回来时能否达到原来的高度？这说明了什么？

5. 此实验中，绳的张力对小球是否做功？为什么？

6. 计算出实验中碰撞时传递的能量 e 和总能量 E 的比 $\varepsilon=e/E$ 与两球质量比 $\mu=\dfrac{m_1}{m_2}$ 的关系。

7. 在本实验中，如果球体不用金属，而用石蜡或软木可以吗？为什么？

8. 举例说明现实生活中哪些是弹性碰撞？哪些是非弹性碰撞？它们对人类的益处和害处如何？

9. 据科学家推测，6500 万年前白垩纪与第三纪之间的恐龙灭绝事件，可能是由一颗直径约为 10km 的小天体撞击地球造成的。这种碰撞是否属于弹性碰撞？

6.1.6　用自由落体法测量重力加速度

重力加速度是一个重要的地球物理常数，伽利略首先证明：如果忽略空气摩擦的影响，则所有落地物体都将以同一个加速度下落，这个加速度就是重力加速度。准确测定重力加速度，在理论上、生产上以及科学研究方面都具有极其重要的意义。

【实验目的】

1. 了解用自由落体法测量重力加速度的基本原理与方法。

2. 初步分析实验误差的主要来源，以采用合理的实验方法。

3. 学会用作图法和最小二乘法处理实验数据。

【实验原理】

自由落体是以重力加速度 g 做匀加速直线运动，其运动方程为

$$S=v_0t+\frac{1}{2}gt^2 \tag{6-34}$$

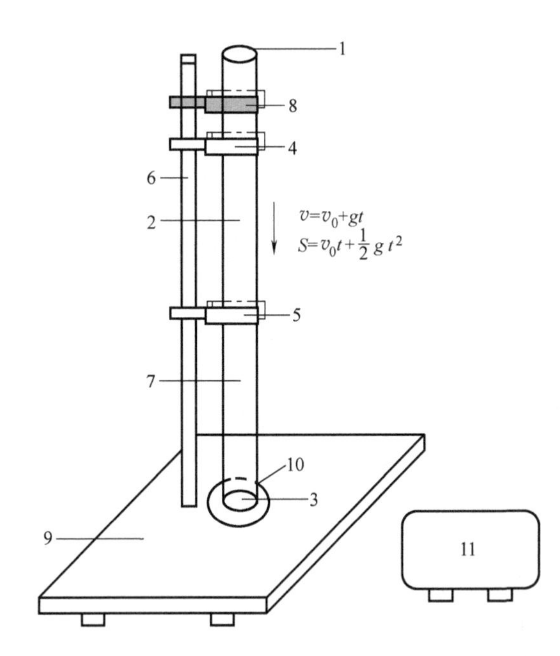

图 6-12 自由落体实验装置示意图

若设法测出初速度 v_0 及通过路程 S 所经历的时间 t，就可以求出重力加速度。测量重力加速度用的自由落体仪如图 6-12 所示。金属小球由有机玻璃管上端小孔进入，自由下落，小球通过路程 S（上、下两个光电门间的距离）的时间 t 由光电门控制计时器计时，S 由光电门在立柱上的位置决定。分析式（6-34）可知，当不考虑空气阻力和小球直径影响时，重力加速度的测量误差主要来自初速度 v_0、路程 S 及相应时间 t 的测量误差。S 和 t 一般是容易测量准确的，但精确测量瞬时初速度 v_0 比较困难，或在实验中要严格满足 $v_0=0$ 也不容易做到，这里涉及光电门的准确定位问题。因此，在选择具体的测量方案时，要设法消除 v_0 对实验结果的影响。为此我们将式（6-34）改写为

$$\frac{S}{t}=v_0+\frac{1}{2}gt \tag{6-35}$$

保持 v_0 不变（即固定上光电门 A 的位置不动），改变光电门 B 的位置，使上下光电门的距离分别为 S_1、S_2，测出小球通过不同距离 S_1、S_2 所用的时间 t_1 和 t_2，则

$$\frac{S_1}{t_1}=v_0+\frac{1}{2}gt_1,\quad \frac{S_2}{t_2}=v_0+\frac{1}{2}gt_2$$

即

$$g=2\times\frac{\frac{S_2}{t_2}-\frac{S_1}{t_1}}{t_2-t_1}=2\times\frac{S_2t_1-S_1t_2}{t_1t_2(t_2-t_1)} \tag{6-36}$$

这就是自由落体法测量重力加速度的公式。

为了减小随机误差，应采用多次测量的方法，即固定上光电门 A 的位置不动，将下光电门 B 每移动一段距离（如 $\Delta S \approx 0.050\text{m}$）做一次测量，记下相应的 S 和 t 值，再以 S/t 为纵坐标、t 为横坐标作图，由图线的斜率和截距可求得 g 和 v_0。

【实验仪器】

FB818 型力学综合实验仪，FB213B 智能型计时计数微秒仪，钢卷尺。（游标卡尺等由用户自备。）

【实验内容】

1. 与单摆实验相同，先用单摆小球作为铅垂线，调节自由落体仪（或观察三线摆上盘的水平器），确保立柱处于竖直状态。

2. 将上光电门 A 固定在离有机玻璃管上端口 0.100m 处，下光电门固定在 0.300m 处，于是上、下两光电门的距离 $S_1 = 0.200\text{m}$。

3. 将光电门与 *FB*213B 智能型计时计数微秒仪正确连接，打开智能型计时计数微秒仪的电源开关，按”周期、计时”转换功能按钮，使功能处于计时状态（计时指示灯亮），即光电门 A 挡光开始计时，光电门 B 挡光停止计时；按动智能型计时计数微秒仪的计时执行键（执行指示灯亮），智能型计时计数微秒仪处于计时准备状态。

4. 手持金属小球从有机玻璃管上端盖小孔处释放，使小球自由下落，智能型计时计数微秒仪随即记录下小球从光电门 A 到光电门 B 的距离 S_1 所对应的时间 t_1。

5. 向下移动下光电门 B，使 $S_2 = 0.250\text{m}$，重复步骤 4，接着每次改变 $\Delta S = 0.050\text{m}$，共做 8 组数据，将实验数据填入下表。

上光电门 A 位置 $X_0 = 0.100\text{m}$

测量次数(i)	1	2	3	4	5	6	7	8
下光电门 B 位置 X_i/m	0.300	0.350	0.400	0.450	0.500	0.550	0.600	0.650
路程 S_i/m	0.200	0.250	0.300	0.350	0.400	0.450	0.500	0.550
时间 t_i/s								
$\frac{S_i}{t_i}\Big/\text{m}\cdot\text{s}^{-1}$								
$g_i\Big/\text{m}\cdot\text{s}^{-2}$								
$\bar{g}/\text{m}\cdot\text{s}^{-2}$								
E(%)								

【数据与结果】

1. 将实验数据填入上表，通过作图法 $\left(\frac{S}{t}\text{-}t\text{ 图}\right)$ 或最小二乘法求出重力加速度。

2. 把实验结果与本地区重力加速度的公认值（例如杭州地区为 $g_0=9.793\mathrm{m\cdot s^{-2}}$）进行比较，求实验的相对误差。

【思考题】

1. 空气浮力和阻力对实验有无影响？为什么？

2. 利用自由落体法测量重力加速度时，如采用 $v_0=0$ 的测量方案，有何方法可消除上光电门 A 位置 X_0 的误差给测量结果带来的影响？试推导测量公式。

6.1.7 惯性秤的定标与物体惯性质量的测定

【实验目的】

1. 了解惯性秤的构造并掌握用标准砝码对惯性秤定标的方法。
2. 掌握用已定标的惯性秤测量待测物体的惯性质量。
3. 研究物体的惯性质量与引力质量之间的关系。
4. 研究重力对惯性秤的影响。

【实验仪器】

1. FB210D 型惯性秤实验仪，25g 圆柱体砝码（10 个），待测圆柱体 2 个。
2. FB213B 型数显计时计数毫秒计（光电门）。

【实验原理】

惯性质量和引力质量是两个不同的物理概念。万有引力方程中的质量称为引力质量，它是一物体与其他物体相互吸引性质的量度，用天平称衡的物体就是物体的引力质量；牛顿第二定律的质量称为惯性质量，它是物体的惯性度量，用惯性秤称衡的物体质量就是物体的惯性质量。

当惯性秤沿水平固定后，将秤台沿水平方向推开约 1cm，手松开后，秤台及其上面的负载将左右振动。它们虽同时受重力及秤臂的弹性回复力的作用，但重力垂直于运动方向，对物体运动的加速度无关，而决定物体加速度的只有秤臂的弹性回复力。在秤台上负载不大且秤台的位移较小的情况下，实验证明可以近似地认为弹性回复力和秤台的位移成比例，即秤台是在水平方向做简谐振动。设弹性回复力 $F=-kx$（k 为秤臂的弹性系数，x 为秤台质心偏离平衡位置的距离）。

根据牛顿第二定律，可得

$$(m_0+m_i)\frac{\mathrm{d}^2x}{\mathrm{d}t^2}=-kx \tag{6-37}$$

式中，m_0 为秤台的惯性质量；m_i 为砝码或待测物的惯性质量。用（m_0+m_i）除上式两侧，得出

$$\frac{\mathrm{d}^2x}{\mathrm{d}t^2}=-\frac{k}{m_0+m_i}x \tag{6-38}$$

此微分方程的解为 $x=A\cos\omega t$（设初相位为零），其中 A 为振幅，ω 为圆频率，将其代入式

(6-38)，可得

$$\omega^2=\frac{k}{m_0+m_i}$$

因为 $\omega=\frac{2\pi}{T}$，所以

$$T=2\pi\sqrt{\frac{m_0+m_i}{k}} \tag{6-39}$$

设惯性秤空载时周期为 T_0，加负载 m_1 时周期为 T_1，加负载 m_2 时周期为 T_2，则从式(6-39) 可得

$$T_0^2=\frac{4\pi^2}{k}m_0,\quad T_1^2=\frac{4\pi^2}{k}(m_0+m_1),T_2^2=\frac{4\pi^2}{k}(m_0+m_2) \tag{6-40}$$

从上式中消去 m_0 和 k，得

$$\frac{T_1^2-T_0^2}{T_2^2-T_0^2}=\frac{m_1}{m_2} \tag{6-41}$$

此式表示，当 m_1 已知时，则在测得 T_0、T_1 和 T_2 之后，便可求出 m_2。实际上不必用上式去计算，可以用图解法从 T-m_i 关系曲线上求出未知的惯性质量。(说明：也可以作 T^2-m_i 关系曲线，显然该曲线将是直线，求出直线的斜率，即可作为计算物体惯性质量的公式。)

先测出空秤 ($m_i=0$) 的振动周期 T_0，其次，将具有相同惯性质量的砝码依次增加放在秤台上，测出相应的振动周期为 T_1，T_2，…用这些数据作 T-m_i 关系曲线 (图 6-13)。

测某物体的惯性质量时，先取出定标砝码，将专用待测物体置于秤台中心圆孔位置 (小物体也可以放在砝码孔中)，测出其周期为 T_j，则从图线上查出 T_j 对应的质量 m_j，就是被测物的惯性质量。

惯性秤必须严格水平放置。否则，重力将影响秤台的运动，所得 T-m_i 关系曲线将不单纯是惯性质量与周期的关系。

为了研究重力对惯性秤运动的影响，还可从下一种情况去考虑。

水平放置惯性秤，用长度 $L\approx50$cm 的细线将一圆柱体吊在铁架上，使圆柱体位于秤台圆孔中 (图 6-14)。当秤台振动时，带动圆柱体一起运动，圆柱体所受重力的水平分力将和

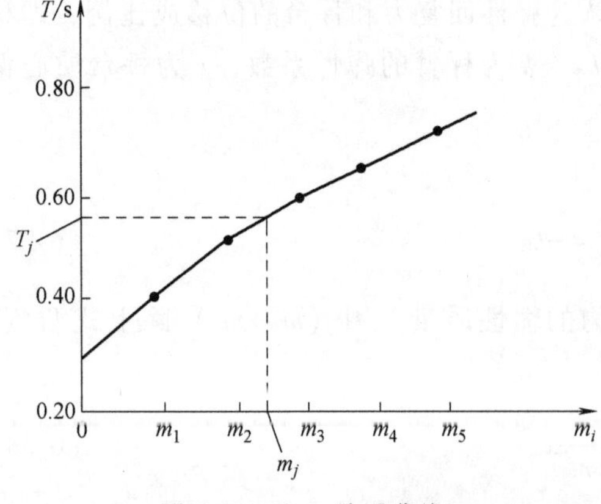

图 6-13 T-m_i 关系曲线

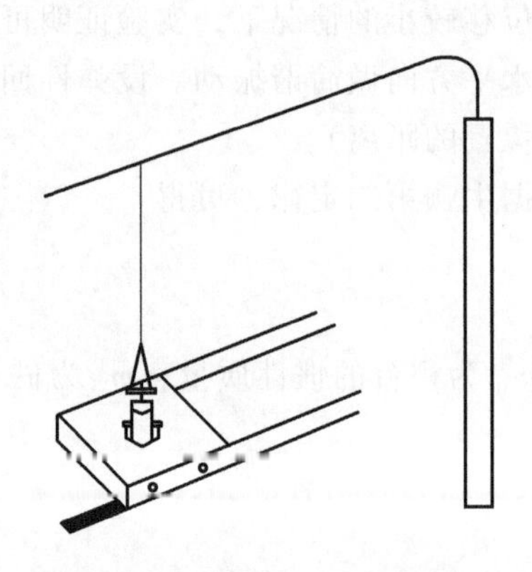

图 6-14 消除地球引力的影响

秤臂的弹性回复力一起作用于秤台。这时测得的周期，要比该圆柱体直接搁在秤台圆孔上时的周期小，即振动快些。

【实验仪器】

惯性秤是测量物体惯性质量的一种装置。惯性秤不是直接比较物体的加速度，而是用振动法比较反映物体运动加速度的振动周期，去确定物体惯性质量的大小。

如图 6-15 所示，将秤台和固定平台用两条相同的片状钢条连接起来，固定在铁架台上就是一个惯性秤。秤台内侧有并行排列的 10 条圆柱形孔，可逐个插入 1~10 个圆柱形标准砝码，用来对惯性秤进行定标。秤台中心有一个上下贯通的圆孔，用以放置待测金属圆柱体，其中有一个待测金属圆柱体上面预先留有一小孔，可以用细线把它吊在横梁上，这样，可以使圆柱体的重量不会直接作用在秤台上，从而可以用来研究重力对惯性秤的影响。

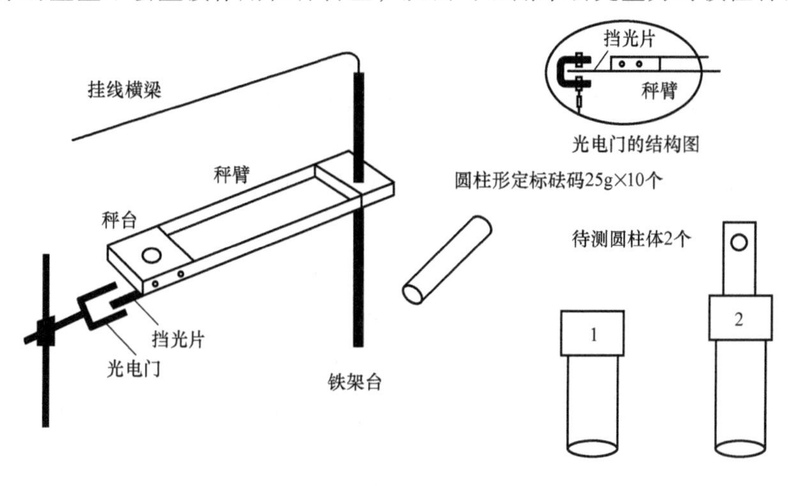

图 6-15 惯性秤的基本结构示意图

【实验内容与要求】

1. 水平放置惯性秤，分别测量惯性秤上加每个砝码时的振动周期。若各个振动周期之间差异不超过 1%，在此实验中可认为它们具有相同的惯性质量。可以取一个砝码作为惯性质量单位。

周期的测量（采用累积计时法）：

2. 接通数显计时计数仪的电源，把光电接收装置与毫秒仪连接。合上毫秒仪电源开关，预置测量次数为 20 次（N 次）（可根据实验需要从 1~99 次任意设置）。（具体操作方法见附录）

3. 设置计数次数时，设置完成后自动保持设置值（直到再次改变设置为止）。如图 6-15 所示，使惯性秤前端的挡光片位于光电门的正中间，用手将惯性秤前端扳开约 1cm，松开惯性秤使之振动，数字毫秒计上第一次显示的即振动周期。每次测量都要将惯性秤扳开同样距离。每个振动周期测量 4~6 次。

4. 以砝码的质量作为横坐标，测量到的周期数值作为纵坐标作图，作 T-m_i 关系曲线，该曲线即是定标曲线。由于 T-m_i 关系曲线是非线性的，我们把纵坐标换成 T^2，作 T^2-m_i 关系曲线，则是线性的。通过最小二乘法，可以得到线性方程，所以使用起来更方便。

5. 将待测物（要做成一定的外形，加上后不会改变秤台的质心的位置）放在秤台中心的圆孔中，测量其周期，从 T-m_i 关系曲线上查出其惯性质量。

6. 用物理天平称衡各砝码及待测物的引力质量。

在惯性秤误差范围内（即对应$\pm 0.01T$的质量范围），对这些数据做分析，你对惯性质量和引力质量得出什么结论：(1) 二者相等；(2) 互成比例；(3) 毫无关系。

7. 研究重力对惯性秤的影响：

水平放置惯性秤，将圆柱体作铁架通过长约 50cm 的细线铅直悬吊在秤台的圆孔内（图 6-14），测量秤台的振动周期，与直接将圆柱体停放在圆孔上测得的周期进行比较，两者有何不同。

【注意事项】

1. 要严格水平放置惯性秤，以避免重力对振动的影响。

2. 必须使砝码和待测物的质心位于通过秤台圆孔中心的垂直线上，并保证在测量时有一固定不变的臂长。

3. 秤台振动时，摆角要尽量小些（≤5°），秤台的水平位移在 1～2cm 即可，并且使各次测量时都相同。

4. 从式（6-39）可得

$$\frac{\mathrm{d}T}{\mathrm{d}m_i}=\frac{\pi}{\sqrt{k(m_0+m_i)}} \tag{6-42}$$

此即惯性秤的灵敏度，$\frac{\mathrm{d}T}{\mathrm{d}m_i}$越大，秤的灵敏度越高，分辨微小质量差异的能力越强。而$\frac{\mathrm{d}T}{\mathrm{d}m_i}$为 T-m_i 关系曲线上 m_i 点对应的斜率。从此式可以看出，要提高灵敏度，须减小 k 和 m_0，并且待测物的质量也不宜太大。

【思考题】

1. 何谓惯性质量？何为引力质量？在普通物理力学课中是怎样表述二者的关系的？

2. 怎样测量惯性秤的周期，测量时要注意什么问题？

3. 惯性秤放在地球不同高度处测量同一物体，所测结果能否相同？如果将其置于月球上去做此实验，结果又将如何？用天平做以上的称量将如何？用弹簧秤测又将如何？

4. 处于失重状态的某一空间里有两个完全不同的物体，能用天平或弹簧秤区分其引力质量的差异吗？能用惯性秤区分其惯性质量的差异吗？

5. 作 T-m_i 关系曲线并分析：惯性秤的振动周期的平方是否与其上负载 m_i 成比例，如果成比例估计空秤的惯性质量 m_0 是多少？

【附录三】

FB213B 智能型计时计数微秒仪使用说明书

1. FB213B 智能型计时计数微秒仪配用 1 个光电门，可测定设定周期内过光电门的总时间。或者测定通过 2 个光电门的总时间（以第 1 个光电门为起点，第 2 个光电门为终点），计时精度为 1μs，测定总时间可达 999.999999s。

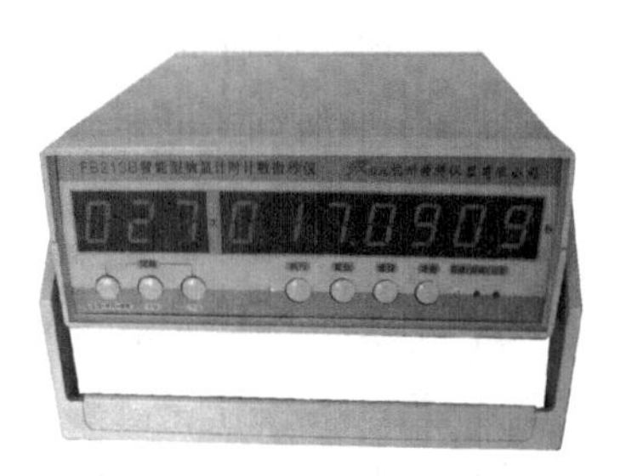

2. 开机后，按“功能”键，可选择三种功能中的一种：

(1)“周期 1”方式：用于测定设定周期过光电门的总时间，此时预设周期数为 1~999 次。

(2)“周期 2”方式：用于测定设定周期过光电门的总时间，此时预设周期数为 1~99 次。

(3)“计时”方式：用于测定先后通过两个光电门的总时间。

总时间用七位数码管显示，用“量程”键移动小数点位置，从而调整显示精度。

3. 本微秒仪具有数据存储和查询功能，而且关机后数据仍保存。

(1) 保存“周期 1”最后执行的预设周期数，开机后自动恢复此值。

(2) 可保存 60 组“周期 1”方式下测定的总时间，且在“周期 1”功能下，同时按“查询”与“量程”键，进入“查询”功能，这时候，按“个位”或“十位”键，进行“查询”。“查询”结束时，可按“复位”键退出“查询”功能。

(3) 可保存 10 组“周期 2”方式预设的周期数和对应的总时间，且在“周期 2”方式下按“百位．分段．查询”键进行查询。

(4) 可保存 30 组“计时”方式下测定的总时间，且在“计时”方式下按“查询”键，进入“查询”功能，这时候，可不断按“个位”键，进行“查询”。查询到 30 组结束，可按“复位”键退出“查询”功能。

4. “周期 1”方式的操作步骤：(此时，周期 1 指示灯亮)

(1) 根据实验需要调整好预设周期次数，按“执行”键后，数码管同步显示挡光棒过光电门的次数（其数值等于“2 倍周期数”“加 1”），且执行灯不断闪烁，当到达预设周期次数时，立即显示出“总时间”并自动存储。

(2) 再按“执行”键，进行下一次测量。

(3)“周期 1”方式下实验结束后，同时按“复位”与“量程”键进入“查询”功能，这时候，“百位”数码管熄灭。按“个位”或“十位”键选择查询“次数”进行“查询”(查询次数为 0~59)。“查询”结束后，应及时再一次同时按“复位”与“个位”键，退出“查询”功能。

5. “周期 2”方式的操作步骤：(此时，周期 2 指示灯亮)

(1) 根据实验需要先用“百位”键设置实验的次数（0~9），相当于实际测量次数为（1~10），再用“个位”和“十位”键设定每次测定的周期数（1~99）。按“执行”键后，数码管“同步显示”挡光棒过光电门的次数（显示次数等于“2 倍周期数”“加 1”），且执行灯不断闪烁，当到达该数值时，数码管立即显示出测量“总时间”。

(2) 周期数与对应的总时间被自动存储。接着仪器自动进入下一次测量，直到完成预置实验次数。

(3)“周期 2”方式下实验结束后，即可按“百位．分段．查询”键进行“各次数据”查询。

6. 在“计时”方式下的操作步骤：(此时，计时指示灯亮)

(1) 进入“计时”方式后，三个周期显示数码管熄灭，按“执行”键后，显示

“0.000000”。

（2）当挡光棒通过“光电门1”，开始计时，这时候，仪器显示“0000000”（小数点熄灭），且显示的时间不断翻滚。

（3）当挡光棒通过“光电门2”，停止计时，这时候，仪器自动存储并立即显示出“总时间”。

（4）再按“执行”键，进行下一次测量。

7. 注意事项：

（1）在周期测量时，为确保显示的周期数不出错，可以按“一下”周期设置的任意键。

（2）在“计时”方式下，“（启动）光电门”和“（停止）光电门”的先后位置可以颠倒。

（3）如果不希望把实验结果保留在存储器中，可以采用“总清步骤”，方法是：同时按“百位键”和“复位键”三秒钟以上，则存储器中的数据全部清除（“周期1”方式“周期设置值”仍然保留）。

（4）做完每次实验后，按“复位”键“显示数据清零”，周期显示不变。在执行状态下，按“复位”键可退出执行状态。

6.2　热学综合实验

一、温度传感器的种类和性能

温度是表示物体冷热程度的物理量，微观上来讲是物体分子热运动的剧烈程度。从分子运动论观点看，温度是物体分子运动平均动能的标志。温度是大量分子热运动的集体表现，含有统计意义。对于个别分子来说，温度是没有意义的。分子运动越快，物体越热，即温度越高；分子运动越慢，物体越冷，即温度越低。温度只能通过物体随温度变化的某些特性来间接测量，而用来量度物体温度数值的标尺叫温标。测温传感器就是将温度信息转换成易于传递和处理的电信号的传感器，温度传感器是指能感受温度并转换成可用输出信号的传感器。温度传感器是温度测量仪表的核心部分，品种繁多。按测量方式可分为接触式和非接触式两大类，按照传感器材料及电子元件特性分为热电阻和热电偶两类。

测温传感器的分类

（1）接触式温度传感器

接触式温度传感器的检测部分与被测对象有良好的接触，又称温度计。温度计通过传导或对流达到热平衡，从而使温度计的示值能直接表示被测对象的温度。

温度计一般测量精度较高，在一定的测温范围内也可测量物体内部的温度分布。但对于运动体、小目标或热容量很小的对象则会产生较大的测量误差，常用的温度计有双金属温度计、玻璃液体温度计、压力式温度计、电阻温度计、热敏电阻和温差电偶等。它们广泛应用于工业、农业、商业等部门，在日常生活中人们也常常使用这些温度计。

（2）非接触式温度传感器

非接触式温度传感器的敏感元件与被测对象互不接触，又称非接触式测温仪表。这种仪表可用来测量运动物体、小目标和热容量小或温度变化迅速（瞬变）对象的表面温度，也可用于测量温度场的温度分布。

最常用的非接触式测温仪表基于黑体辐射的基本定律，称为辐射测温仪表。

辐射测温法包括亮度法（见光学高温计）、辐射法（见辐射高温计）和比色法（见比色温度计）。各类辐射测温方法只能测出对应的光度温度、辐射温度和比色温度。只有对黑体（吸收全部辐射并不反射光的物体）所测温度才是真实温度。如欲测定物体的真实温度，则必须进行材料表面发射率的修正。而材料表面发射率不仅取决于温度和波长，而且还与表面状态、涂膜和微观组织等有关，因此很难精确测量。在自动化生产中往往需要利用辐射测温法来测量或控制某些物体的表面温度，如冶金中的钢带轧制温度、轧辊温度、锻件温度和各种熔融金属在冶炼炉或坩埚中的温度。在这些具体情况下，物体表面发射率的测量是相当困难的。对于固体表面温度自动测量和控制，可以采用附加的反射镜使之与被测表面一起组成黑体空腔。附加辐射的影响能提高被测表面的有效辐射和有效发射系数。利用有效发射系数通过仪表对实测温度进行相应的修正，最终可得到被测表面的真实温度。最为典型的附加反射镜是半球反射镜。球中心附近被测表面的漫射辐射能受半球镜反射回到表面而形成附加辐射，从而提高有效发射系数。

至于气体和液体介质真实温度的辐射测量，则可以用插入耐热材料管至一定深度以形成黑体空腔的方法，通过计算求出与介质达到热平衡后的圆筒空腔的有效发射系数。在自动测量和控制中就可以用此值对所测腔底温度（即介质温度）进行修正而得到介质的真实温度。

非接触测温优点：测量上限不受感温元件耐温程度的限制，因而对最高可测温度原则上没有限制。对于1800℃以上的高温，主要采用非接触测温方法。随着红外技术的发展，辐射测温逐渐由可见光向红外线扩展，700℃以下直至常温都已采用，且分辨率很高。

（3）热电阻式传感器

热电阻式传感器是利用导电物体（导体或半导体）的电阻率随温度而变化的效应制成的传感器。热电阻是中低温区最常用的一种温度检测器，它的主要特点是测量精度高，性能稳定。它分为金属热电阻和半导体热电阻两大类。金属热电阻的电阻值和温度一般可以用以下的近似关系式表示，即

$$R_t=R_{t0}[1+\alpha(t-t_0)]$$

式中，R_t为温度t时的阻值；R_{t0}为温度t_0（通常$t_0=0℃$）时对应电阻值；α为温度系数。

半导体热敏电阻的阻值和温度关系为

$$R_t=Ae^{\frac{B}{t}}$$

式中，R_t为温度为t时的阻值；A、B是取决于半导体材料结构的常数。

常用的热电阻有铂热电阻、热敏电阻和铜热电阻。其中铂电阻的测量精确度是最高的，它不仅广泛应用于工业测温，而且还被制成标准的基准仪。它们具有电阻温度系数大，线性好，性能稳定，使用温度范围宽，加工容易等特点。

金属铂的电阻温度系数大，感应灵敏；电阻率高，元件尺寸小；电阻值随温度变化而变化，基本呈线性关系；在测温范围内，物理、化学性能稳定，长期复现性好，测量精度高，是目前公认制造热电阻的最好材料。用铂的此种物理特性制成的传感器称为铂电阻温度传感器，通常使用的铂电阻温度传感器零度阻值为100Ω，电阻变化率为0.3851Ω/℃，$TCR=(R_{100}-R_0)/(R_0\times100)$，$R_0$为0℃的阻值，$R_{100}$为100℃的阻值，按IEC751国际标准，温度系

数 $TCR=0.003851$，Pt100（$R_0=100\Omega$）、Pt1000（$R_0=1000\Omega$）为统一设计型铂电阻。铂热电阻的特点是物理化学性能稳定，尤其是耐氧化能力强、测量精度高、应用温度范围广，有很好的重现性，是中低温区（-200～650℃）最常用的一种温度检测器。

热敏电阻（Thermally Sensitive Resistor，简称为 Thermistor）是对温度敏感的电阻的总称，是一种电阻元件，即电阻值随温度变化的电阻。一般分为两种基本类型：负温度系数热敏电阻 NTC（Negative Temperature Coefficient）和正温度系数热敏电阻 PTC（Positive Temperature Coefficient）。NTC 热敏电阻表现为随温度的上升其电阻值下降，而 PTC 热敏电阻正好相反。NTC 热敏热电阻大多数是由 Mn（锰）、Ni（镍）、Co（钴）、Fe（铁）、Cu（铜）等金属的氧化物经过烧结而成的半导体材料制成。因此，不能在太高的温度场合下使用，其通常的使用范围在-100～300℃。

热电阻传感器有以下优点：1）测量精度高。热电阻传感器之所以有较高的测量精度，主要是一些材料的电阻温度特性稳定，复现性好；其次，与热电偶相比，它没有参比端误差问题。2）有较大的测量范围，尤其在低温方面。3）易于使用在自动测量和远距离测量中。

（4）半导体温度传感器

PN 结半导体温度传感器是利用半导体 PN 结的温度特性制成的，其工作原理是 PN 结两端的电压随着温度的升高而减少。PN 结温度传感器具有灵敏度高、线性好、热响应快和体积轻巧等特点，尤其是在温度数字化、温度控制以及用微机进行温度实时信号处理等方面，乃是其他温度传感器所不能比拟的。目前结型温度传感器主要以硅为材料，原因是硅材料易于实现功能化，即将测温单元和恒流、放大等电路组合成一块集成电路。

（5）晶体温度传感器

晶体温度传感器是利用晶体的各向异性，并通过选择适当的切割角度切割而成，这是一种可将温度转换成频率的传感器，这种传感器用于计算机测量时可省去模数转换。因此，适合于计算机测温的应用。

（6）非接触型温度传感器

非接触型温度传感器是利用物体表面散发出来的光或热来进行测量的。常用的非接触型传感器多数是红外传感器，适合于高速运行物体、带电体、高温及高压物体的温度测量。这种红外测温传感器具有反应速度快、灵敏度高、测量准确、测温范围广泛等特点。

（7）热电式传感器

将两种不同的金属丝一端熔合起来，如果给它们的连结点和基准点之间提供不同的温度，就会产生电压，即热电势。这种现象叫作塞贝克效应。热电偶就是利用这一效应来工作的。

（8）光纤温度传感器

光纤温度传感器分为相位调制型光纤温度传感器（灵敏度高）、热辐射光纤温度传感器（可监视一些大型电气设备，如电机、变压器等内部热点的变化情况）和传光型光纤温度传感器（体积小、灵敏度高、工作可靠、易制作）。

（9）智能温度传感器

智能温度传感器由于在一个芯片上集成有温度传感器、处理器、存储器、A/D 转换器等部件，因此这类传感器具有判断和信息处理能力，并可对测量值进行各种修正和误差补偿，同时还带有自诊断、自校准功能，可大大提高系统的可靠性，并能和计算机直接联机。

二、温度传感器温度特性实验仪

该实验仪集合了多种温度传感器，内部设计了一个金属铜块，铜块上设置有供传感器插入的深孔。该金属铜块通过金属罩及隔热材料与大气环境隔离，以减小热量交换。铜块的温度由加热器和温度控制器进行控制。通过改变温控器的温度设置，而获得需要的测量温度，从而测量某个温度传感器的温度特性。

实验仪提供的是单个分离的温度传感器，在进行温度特性测量后，可根据其温度特性，进行其他未知温度的测量，体现了设计型、应用型实验的特点。

实验仪的主要技术性能为：

（1）一路5V直流稳压电源，供直流电桥和传感器实验电路用，最大输出电流为0.5A。

（2）一路恒流电源，输出电流1.000mA，供PN结温度传感器和电阻性温度传感器测量用，开路电压12V。

（3）直流数字电压表，量程一为1.9999V，分辨率0.0001V，量程二为19.999V，分辨率0.001V，供电压测量用。将被测传感器的输出电压连接到数字电压表的输入端就可以进行电压测量。电压量程通过钮子开关切换。

（4）智能控温仪，控温范围：室温至100℃；控温精度：±0.1℃；测温范围：0至150℃；测温显示分辨率：0.1℃。温度的调节和使用另见温控表的使用说明。

（5）加热电源：使用安全的隔离电压加热，设置了2挡加热电压。在较低的温度实验时，可以使用“Ⅰ”挡加热，其加热电压约为12V；在较高的温度实验时，可以选择“Ⅱ”挡加热，其加热电压约为18V。这样设计的目的是减小低温区的温度过冲。加热电压的选择通过钮子开关进行切换。

（6）待测温度传感器：Pt100铂电阻，NTC4.7K热敏电阻，PN结温度传感器；电流型集成温度传感器AD590，电压型集成温度传感器LM35。

（7）电源电压：AC220V±10%，50Hz。

（8）工作环境：温度0~40℃，相对湿度<80%的无腐蚀性场合。

6.2.1　热电阻特性实验

【实验目的】

1. 研究Pt100铂电阻和热敏电阻（NTC）的温度特性及其测温原理。
2. 研究比较不同温度传感器的温度特性及其测温原理。
3. 掌握单臂电桥的原理及其应用。
4. 学习用不同的温度传感器测量未知温度。

【实验原理】

1. Pt100铂电阻的测温原理（参看金属的温度系数实验）

金属铂（Pt）的电阻值随温度变化而变化，并且具有很好的重现性和稳定性，利用铂的此种物理特性制成的传感器称为铂电阻温度传感器，通常使用的铂电阻温度传感器零度阻值为100Ω，电阻变化率为0.3851Ω/℃。铂电阻温度传感器精度高，稳定性好，应用温度范围广，是中低温区（$-200\sim650$℃）最常用的一种温度检测器，不仅广泛应用于工业测温，而且被制成各种标准温度计（涵盖国家和世界基准温度）供计量和校准使用。

按IEC751国际标准，温度系数 $TCR=0.003851$，Pt100（$R_0=100\Omega$）、Pt1000（$R_0=1000\Omega$）为统一设计型铂电阻。

$$TCR=(R_{100}-R_0)/(R_0\times100) \tag{6-43}$$

100℃时标准电阻值 $R_{100}=138.51\Omega$，1000℃时标准电阻值 $R_{1000}=1385.1\Omega$。

Pt100铂电阻的阻值随温度变化而变化计算公式：

$$-200<t<0\ ℃\quad R_t=R_0[1+At+Bt^2+C(t-100)t^3] \tag{6-44}$$

$$0<t<850℃\qquad R_t=R_0(1+At+Bt^2) \tag{6-45}$$

式中，R_t为 t（℃）时的电阻值；R_0为0℃时的电阻值；A、B、C 各系数为 $A=3.90802\times10^{-3}$ C^{-1}；$B=-5.802\times10^{-7}C^{-2}$；$C=-4.27350\times10^{-12}C^{-4}$

本实验只在 $0\sim100$℃范围内使用Pt100，其 R_t 的表达式可近似线性为

$$R_t=R_0(1+At) \tag{6-46}$$

式中，A 是温度系数，其近似为 $3.85\times10^{-3}/℃$；R_0是Pt100铂电阻在0℃时的值，为100Ω，也就是0℃时 $R_t=100\Omega$，100℃时 $R_t=138.5\Omega$。

2. 热敏电阻温度特性原理（NTC型）

热敏电阻是阻值对温度变化非常敏感的一种半导体电阻，它有负温度系数和正温度系数两种。负温度系数的热敏电阻（NTC）的电阻率随着温度的升高而下降（一般是按指数规律）；而正温度系数热敏电阻（PTC）的电阻率随着温度的升高而升高；金属的电阻率则是随温度的升高而缓慢地上升。热敏电阻对于温度的反应要比金属电阻灵敏得多，热敏电阻的体积也可以做得很小，用它来制成的半导体温度计已广泛地使用在自动控制和科学仪器中，并在物理、化学和生物学研究等方面得到了广泛的应用。

在一定的温度范围内，半导体的电阻率 ρ 和温度 T 之间有如下关系：

$$\rho=A_1e^{B/T} \tag{6-47}$$

式中，A_1和 B 是与材料物理性质有关的常数，T 为热力学温度。对于截面均匀的热敏电阻，其阻值 R_T可用下式表示：

$$R_T=\rho\frac{l}{S} \tag{6-48}$$

式中，R_T的单位为Ω；ρ 的单位为Ω·cm；l 为两电极间的距离，单位为cm；S 为电阻的横截面积，单位为cm²。将式（6-47）代入式（6-48），令 $A=A_1\frac{1}{S}$，于是可得

$$R_T=Ae^{B/T} \tag{6-49}$$

对一定的电阻而言，A 和 B 均为常数。对式（6-49）两边取对数，则有

$$\ln R_T=B\frac{1}{T}+\ln A \tag{6-50}$$

$\ln R_T$ 与$\frac{1}{T}$呈线性关系，在实验中测得各个温度 T 的 R_T值后，即可通过作图求出 B 和 A 值，代入式（6-49），即可得到 R_T的表达式。式中，R_T为在温度 T（K）时的电阻值（Ω）；A 为在某温度时的电阻值（Ω）；B 为常数（K），其值与半导体材料的成分和制造方法有关。

图 6-16 表示了热敏电阻（NTC）与金属热电阻的不同温度特性。

3. 热电阻的测量

（1）直流平衡电桥法测量热电阻

直流平衡电桥（惠斯通电桥）的电路如图 6-17 所示，把四个电阻 R_1、R_2、R_w、R_t连成一个四边形回路，每条边称作电桥的一个“桥臂”。在四边形的一组对角接点 A、C 之间连入直流电源 E，在另一组对角接点 B、D 之间连入平衡指示仪表，调节 R_w（用户自备电阻箱，如 ZX21），使指示仪表 U 读数为零时，说明 U 两端电位相等，从而不难得到

$$\frac{R_1}{R_w}=\frac{R_2}{R_T}$$

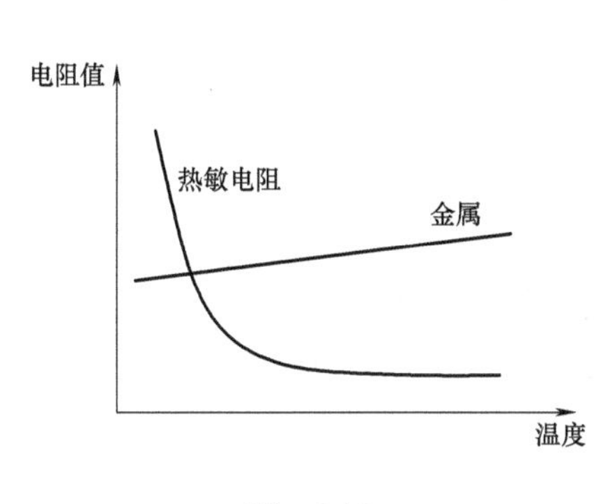

图 6-16

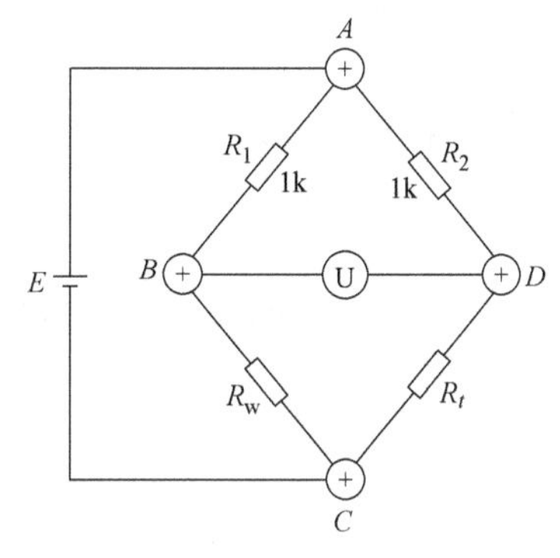

图 6-17 直流平衡电桥（惠斯通电桥）的原理示意图

进而求得

$$R_T=\frac{R_2}{R_1}R_w \tag{6-51}$$

在本实验中，为了进一步简化测量，将 R_1、R_2的值均设置为 1000Ω，这样需要测量 R_t时，只要调节 R_w，使 U 指示为零，即可得到 $R_T=R_w$。

（2）恒电流法测量热电阻

恒电流法测量热电阻的电路如图 6-18 所示。

电源采用 1mA 恒流源，R_3为已知准确数值的固定电阻，R_t为热电阻。U_{R3}为加在 R_3上的电压，U_{Rt}为 R_t上的电压。当电路电流恒定时，则只要测出热电阻两端电压 U_{Rt}，即可知道被测热电阻的阻值。当电路电流为 I_0、温度为 t 时，热电阻 R_t为

$$R_t=\frac{U_{Rt1}}{U_{R3}}R_3 \tag{6-52}$$

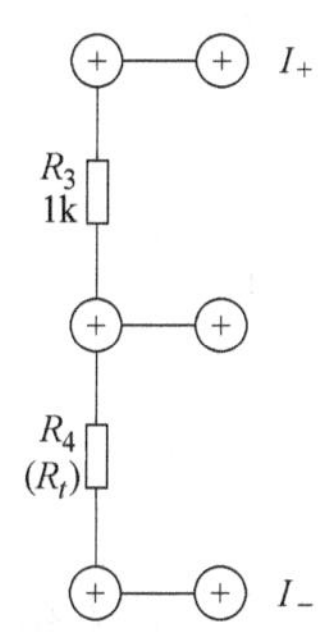

图 6-18 恒电流法测量热电阻示意图

（3）万用表直接测量法

用数字万用表的电阻挡可以直接测量热电阻在某个温度点下的电阻值。其测量方法简明快速，不足是测量 Pt100 等阻值较小的热电阻时，有一定的引线误差。

【实验内容与步骤】

实验前先检查是否连接交流 220V 电源，并用专用的 4 芯控制线连接温控仪和加热实验平台，注意 4 芯插座是有方向的，请对准插口。拔出插头时，不要拽拉电缆部分。

1. 将待测的热电阻温度传感器直接插在温度传感器实验装置的干井炉孔中（加热铜块的孔中）。注意防护盖上的孔和温度井上的孔要对齐，传感器要插到位。可以先目测基本对准，然后再插入传感器。已经插好传感器的，不能再转动防护盖，以免损坏传感器。

2. 传感器的输出端连接到仪器实验测量板对应的插座上，并按测量方法连接好线路，参见图6-17、图6-18的原理图。

3. 按温控器的使用说明，设置需要的温度值，待温度稳定后再进行该温度点的热电阻值测量。

4. 在不同的温度下，测量Pt100铂电阻或NTC热敏电阻的阻值。从室温到100℃，每隔5℃（或自定度数）测一个数据，将测量数据逐一记录在表格内。

5. 以温标为横轴、阻值为纵轴，按等精度作图的方法，用所测的各对应数据作 R_T-t 曲线。

6. 分析比较它们的温度特性。

【数据记录】

Pt100 铂电阻数据记录　　　　室温________℃

序　号	1	2	3	4	5	6	7	8	9	10
温度/℃										
R/V										
序　号	11	12	13	14	15	16	17	18	19	20
温度/℃										
R/V										

NTC 负温度系数热敏电阻数据记录　　　　室温________℃

序　号	1	2	3	4	5	6	7	8	9	10
温度/℃										
R/V										
序　号	11	12	13	14	15	16	17	18	19	20
温度/℃										
R/V										

6.2.2　PN结正向压降与温度关系的研究和应用

PN结温度传感器具有灵敏度高、线性较好、热响应快和体小轻巧易集成化等优点，所以其应用势必日益广泛。这类温度传感器的工作温度一般为-50～150℃，其灵敏度可达100mV/℃，与其他温度传感器相比，测温范围的局限性较大，但胜于灵敏度高，有待于进一步改进和开发。

【实验目的】

1. 了解PN结正向压降随温度变化的基本关系式。

2. 在恒定正向电流条件下，测绘PN结正向压降随温度变化曲线，并由此确定其灵敏度及被测 PN 结材料的禁带宽度。

3. 学习用 PN 结测温的方法。

【实验原理】

PN 结重要的独特性能是它只允许单向电流通过。将 PN 结的 P 区连接电源正极，N 区连接电源负极（这种连接叫作正向偏置），即电压为正向电压时，在 PN 结中就形成了正向电流 I_F，正向电流随正向电压的增大而迅速增大；若将 PN 结的 P 区与电源负极相连，N 区与电源正极相连（这种连接叫作反向偏置），即电压为反向电压时，在 PN 结中则产生微弱的反向电流，这微弱反向电流随着反向电压的增大而很快达到饱和，称为反向饱和电流 I_s。由此可见，PN 结只有在正向偏置时才有电流通过，这就是 PN 结的单向导电性。

理想的 PN 结的正向电流 I_F和正向压降 V_F存在如下近关系式：

$$I_F = I_s \exp\left(\frac{qV_F}{kT}\right) \tag{6-53}$$

式中，q 为电子电荷；k 为玻尔兹曼常数；T 为热力学温度；I_s为反向饱和电流，它是一个和 PN 结材料的禁带宽度以及温度有关的系数。可以证明

$$I_F = CT^r \exp\left(\frac{qV_g(0)}{kT}\right) \tag{6-54}$$

式中，C 是与结面积、掺质浓度等有关的常数；r 也是常数（r 的数值取决于少数载流子迁移率对温度的关系，通常取 $r=3.4$）；$V_g(0)$ 为绝对零度时 PN 结材料的带底和价带顶的电势差。（半导体材料的能带理论中，把有电子存在的能量区域称作价带，空着的能量区域叫导带，而电子不能存在的能量区域叫禁带。）式（6-54）的具体证明可参阅黄昆、谢德著的《半导体物理》。

将式（6-54）代入式（6-53），两边取对数可得

$$V_F = V_{g(0)} - \left(\frac{k}{q}\ln\frac{C}{I_F}\right)T - \frac{kT}{q}\ln T^r = V_1 V_{nl} \tag{6-55}$$

其中

$$V_1 = V_{g(0)} - \left(\frac{k}{q}\ln\frac{C}{I_F}\right)T$$

$$V_{nl} = -\frac{kT}{q}\ln T^r$$

方程（6−55）就是 PN 结正向压降作为电流和温度函数的表达式，它是 PN 结温度传感器的基本方程。当正向电流 I_F为常数时，V_1是线性项，V_{nl}是非线性项，这时正向压降只随温度的变化而变化，但其中的非线性项 V_{nl}引起的非线性误差很小（在室温下，$\gamma=1.4$ 时求得的实际响应对线性的理论偏差仅为 0.048mV）。因此，在恒流供电情况下，PN 结的正向压降 V_F对温度 T 的依赖关系只取决于线性项 V_1，即在恒流供电情况下，正向压降 V_F随温度 T 的升高而线性地下降，这就是 PN 结测温的依据。我们正是利用这种线性关系来进行实验测量。必须指出，此结论仅适用于掺入半导体中的杂质全部被电离且本征激发可以忽略的温度区间，对最常用的硅二极管，温度范围为−50~150℃，若温度超出此范围，由于杂质电离因子减小或本征激发的载流子迅速增加，V_F-T 的关系将产生新的非线性。更为重要的是，对于给定的 PN 结，即使在杂质导电和非本征激发的范围内，其线性度也会随温度的高低有所

不同，非线性项 V_{n1} 随温度变化特征决定了 V_F-T 的线性度，使得 V_F-T 的线性度在高温段优于低温段，这是PN结温度传感器的普遍规律。

令 I_F = 常数，则正向压降只随温度而变化，但是在方程（6-55）中还包含非线性项 V_{n1}。下面来分析一下 V_{n1} 项所引起的线性误差。

设温度由 T_1 变为 T 时，正向电压由 V_{F1} 变为 V_F，由式（6-55）可得

$$V_F = V_{g(0)} - (V_{g(0)} - V_{F1})\frac{T}{T_1} - \frac{kT}{q}\ln\left(\frac{T}{T_1}\right)^r \tag{6-56}$$

按理想的线性温度响应，V_F 应取如下形式：

$$V_{理想} = V_{F1} + \frac{\partial V_{F1}}{\partial T}(T - T_1) \tag{6-57}$$

$\frac{\partial V_{F1}}{\partial T}$ 等于 T_1 温度时的 $\frac{\partial V_F}{\partial T}$ 值。

由式（6-55）可得

$$\frac{\partial V_F}{\partial T} = -\frac{V_{g(0)} - V_{F1}}{T_1} - \frac{k}{q}r \tag{6-58}$$

所以

$$\begin{aligned} V_{理想} &= V_{F1} + \left(\frac{V_{g(0)} - V_{F1}}{T_1} - \frac{k}{q}r\right)(T - T_1) \\ &= V_{g(0)} - (V_{g(0)} - V_{F1})\frac{T}{T_1} - \frac{k}{q}(T - T_1)r \end{aligned} \tag{6-59}$$

理想线性温度响应式（6-59）和实际响应式（6-56）相比较，可得实际响应对线性的理论偏差为

$$\Delta = V_{理想} - V_F = -\frac{k}{q}(T - T_1)r + \frac{kT}{q}\ln\left(\frac{T}{T_1}\right)^r \tag{6-60}$$

设 $T_1 = 300\text{K}$，$T = 310\text{K}$，取 $r = 3.4$，由式（6-60）可得 $\Delta = 0.048\text{mV}$，而相应的 V_F 的改变量约 20mV，相比之下误差甚小。不过当温度变化范围增大时，V_F 温度响应的非线性误差将有所递增，这主要由于 r 因子所致。

综上所述，在恒流供电条件下，PN结的 V_F 对 T 的依赖关系取决于线性项 V_1，即正向压降几乎随温度升高而线性下降，这就是PN结测温的理论依据。必须指出，上述结论仅适用于杂质全部电离，本征激发可以忽略的温度区间（对于通常的硅二极管来说，温度范围为 -50~150℃）。当温度低于或高于上述范围时，由于杂质电离因子减小或本征载流子迅速增加，V_F-T 关系将产生新的非线性，这一现象说明 V_F-T 的特性还随PN结的材料而异。对于宽带材料（如GaAs，E_g 为1.43eV）的PN结，其高温端的线性区则宽；而材料杂质电离能小（如Insb）的PN结，低温端的线性范围则宽。对于给定的PN结，即使在杂质导电和非本征激发温度范围内，其线性度亦随温度的高低而有所不同，这是非线性项 V_{n1} 引起的，由 V_{n1} 对 T 的二阶导数 $\frac{d^2V}{dT^2} = \frac{1}{T}$ 可知，$\frac{d^2V_{n1}}{dT}$ 的变化与 T 成反比，所以 V_F-T 的线性度在高温端优于低温端，这是PN结温度传感器的普遍规律。此外，由式（6-56）可知，减小 I_F，可以改善线性度，但并不能从根本上解决问题，目前行之有效的方法大致有两种：

（1）利用对管的两个be结（将三极管的基极与集电极短路与发射极组成一个PN结），

分别在不同电流 I_{F1}、I_{F2}下工作，由此获得两者之差（$I_{F1}-I_{F2}$）与温度呈线性函数关系，即

$$V_{F1}-V_{F2}=\frac{KT}{q}\ln\frac{I_{F1}}{I_{F2}} \tag{6-61}$$

这也是本实验使用的方法。由于晶体管的参数有一定的离散性，实际值与理论值仍存在差距，但于单个 PN 结相比其线性度与精度均有所提高，这种电路结构与恒流、放大等电路集成一体，便构成电路温度传感器。

（2）采用电流函数发生器来消除非线性误差。由式（6-55）可知，非线性误差来自 T^r 项，利用函数发生器，I_F正比于热力学温度的 r 次方，则 V_F-T 的线性理论误差为 $\Delta=0$。实验结果与理论值比较一致，其精度可达 0.01℃。

由前所述，我们可根据求得的 PN 结温度传感器的灵敏度，来估测被测 PN 结材料的禁带宽度，具体计算方法如下：

根据公式（6-55），忽略其中的非线性项 V_{n1}，我们可得到一个测量 PN 结的结电压 V_F与热力学温度 T 关系的近似关系式：

$$V_F=V_1=V_{g(0)}-\left(\frac{k}{q}\ln\frac{C}{I_F}\right)T=V_{g(0)}+ST \tag{6-62}$$

式中，S(mV/℃）即为 PN 结温度传感器灵敏度；T 为某个测量温度下的热力学温标值，单位为 K。

用实验的方法测出 V_F-T 变化关系曲线，其斜率 $\Delta V_F/\Delta T$ 即为灵敏度 S。

在求得 S 后，根据式（6-62）可知

$$V_{g(0)}=V_F-ST \tag{6-63}$$

从而可求出温度 0K 时半导体材料的近似禁带宽度 $E_{g0}=qV_{g(0)}$。硅材料的 E_{g0}约为 1.21eV。

【实验内容与步骤】

1. 确认加热电压开关处于“关”的状态。接好温控仪和加热装置的控制线，将 PN 结温度传感器插入到干井炉孔中（加热铜块的孔中）。将 PN 结温度传感器的输出线按颜色连接到传感器实验板，并按图 6-19 的原理连接好恒流电源。PN 结两端的电压连接到数字电压表的输入端。如需知道恒流源的电流值大小，可以通过测量 R_5（阻值为 1kΩ，准确度：±0.1%）两端的电压来计算得到。

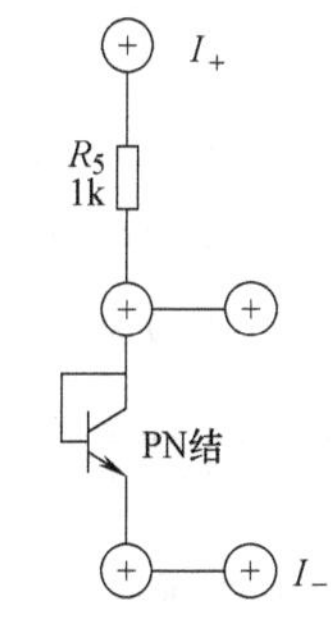

图 6-19 PN 结的测量原理图

2. 接通电源后温度控制仪显示的是室温 T_R，记录下起始温度 T_R，以及此时的 PN 结电压 V_{FR}。

3. 设置好需要测量的温度，打开加热电压开关，温度上升。在低温区可以使用“Ⅰ”挡加热，温度达到 50℃以上时可以转为“Ⅱ”挡加热。每隔 5℃测量一次 PN 结的输出电压，并做记录，注意温度应转化为热力学温标单位 K。可以使用连续读数的方法测量 PN 结的输出电压，也可以逐点设置温度测量对应的 PN 结的输出电压，或者使用降温的方法连续测量不同温度时的 PN 结电压。

4. 绘制 V-T 曲线。根据测量得到的数据，作 PN 结电压与温度的关系曲线。

5. 求被测 PN 结正向压降随温度变化的灵敏度 S(mV/℃）。以 T 为横坐标，V 为纵坐标，作 V-T 曲线，其斜率就是 S。即 $S=\Delta V/\Delta T$。

6. 估算被测 PN 结材料的禁带宽度。根据式（6-63）计算，在得到灵敏度 S 后，可以用室温时的 T_R 及 V_{FR} 计算：

$$V_{g(0)}=V_{FR}-ST_R$$

式中，T_R 的单位必须是热力学温标（其值为摄氏温度+273.2K）；V_{FR} 为室温时 PN 结正向压降。也可以用其他温度值及对应的值 V_F 代入计算。

将实验所得的 $E_{g(0)}=eV_{g(0)}$ 与公认值 $E_{g(0)}=1.21\text{eV}$ 比较，求其误差。

7. 数据记录。

实验起始温度：T_R =________℃。

起始温度为 T_R 时的正向压降：V_{FR} =________mV。

8. 根据实验原理及结论，用该 PN 结温度传感器测量其他未知的温度。

【数据记录】

PN 结温度传感器数据记录　　　　室温______℃

序　　号	1	2	3	4	5	6	7	8	9	10
温度/℃										
温度/T										
V_F										
序　　号	11	12	13	14	15	16	17	18	19	20
温度/℃										
温度/T										
V_F										

6.2.3　集成温度传感器

【实验目的】

1. 研究常用集成温度传感器（AD590 和 LM35）的测温原理及其温度特性。
2. 学习使用集成温度传感器设计测温电路。
3. 比较常用的温度传感器与常用的集成温度传感器的温度特性。

【实验原理】

集成温度传感器实质上是一种半导体集成电路，它是利用晶体管的 b-e 结压降的不饱和值 V_{be} 与热力学温度 T 和通过发射极电流 I 的下述关系实现对温度的检测：

$$V_{be}=\frac{kIT}{q}\ln I$$

式中，k 为玻尔兹曼常数；q 为电子电荷绝对值。

集成温度传感器具有线性好、精度适中、灵敏度高、体积小、使用方便等优点，因而得到广泛应用，其不足是温度测量范围相对较小。集成温度传感器的输出形式分为电压输出和电流输出两种。电压输出型的灵敏度一般为 10mV/K，0℃时输出为 0V，25℃时输出 2.982V。电流输出型的灵敏度一般为 1μA/K。

1. **电流型集成温度传感器**（AD590）

AD590 是一种电流型集成电路温度传感器。其输出电流大小与温度成正比。它的线性度极好，AD590 温度传感器的温度适用范围为-55~150℃，灵敏度为 1μA/K。它具有高准确度、动态电阻大、响应速度快、线性好、使用方便等特点。AD590 是一个二端器件，等效于一个高阻抗的恒流源，其输出阻抗>10MΩ，能大大减小因电源电压变动而产生的测温误差。

AD590 的工作电压为+4~+30V，测温范围是-55~150℃。对应于热力学温度 T，每变化 1K，输出电流变化 1μA。其输出电流 I_0(μA) 与热力学温度 T(K) 严格成正比。可用下式表示：

$$\frac{I}{T}=1.000\mu A/K \tag{6-64}$$

在 $T=0$℃（即 273.15K）时其输出为 273.15μA，因此，AD590 的输出电流 I_0的微安数就代表着被测温度的热力学温度值（K）。

AD590 的电流-温度（I-T）特性曲线如图 6-20 所示，其输出电流表达式为

$$I=AT+B \tag{6-65}$$

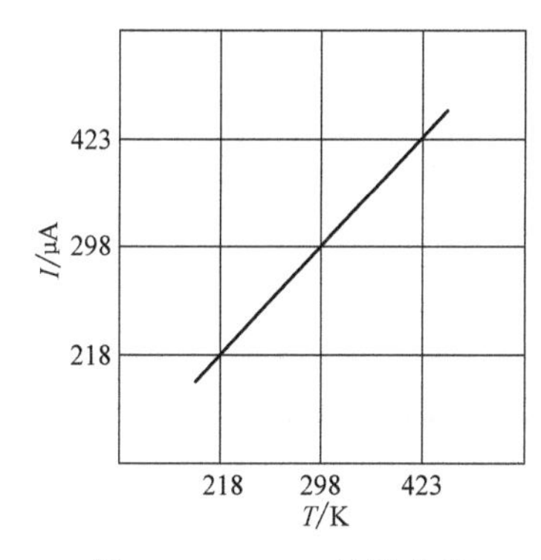

图 6-20 AD590 特性曲线

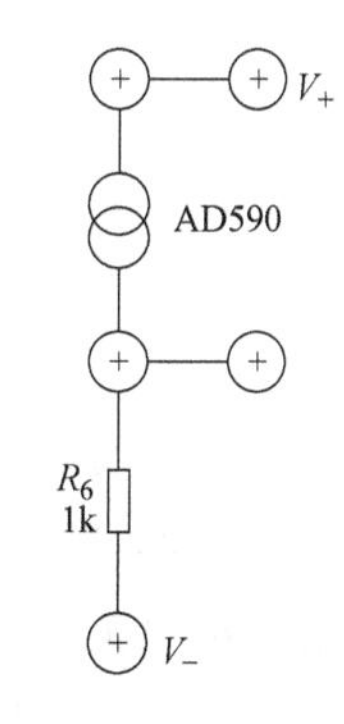

图 6-21 测量原理图

式中，A 为灵敏度；B 为 0K 时输出电流。

AD590 温度传感器的准确度在整个测温范围内≤±0.5℃，线性极好。利用 AD590 的上述特性，在最简单的应用中，用一个电源、一个电阻、一个数字式电压表即可用于温度的测量。由于 AD590 以热力学温度 K 定标，在摄氏温标应用中，应该用相应的电路进行转换。

2. **集成温度传感器电压型 LM35**

LM35 是由美国 National Semiconductor 所生产的集成温度传感器，其输出电压值与摄氏温标呈线性关系，转换公式为式（6-53），在 0℃时其电压输出为 0V，温度每升高 1℃其电压输出就增加 10mV。在常温下，LM35 不需要额外的校准处理，其精度就可达到±1/4℃的准确率。LM35 的测温范围是-55~150℃。其电压输出值与温度的对应关系为

$$V=kT \tag{6-66}$$

k 为转换系数，标称为 10mV/℃，如下表：

电压值	对应温度
+1500mV	+150℃
+1000mV	+100℃
+500mV	+50℃
+250mV	+25℃
0mV	0℃
-550mV	-55℃

【实验过程】

1. AD590 温度传感器

（1）先关闭加热电压开关。将温度传感器 AD590 插入干井炉孔（加热铜块的孔）中，按图 6-21 的原理连接好线路。V_+、V_-两端接 5V 电源的“+”“-”端，R_6 的两端接数字电压表。记录初始温度及电压表读数。

（2）设置一系列的温度，打开加热电压开关进行升温。每次待温度稳定 2min 后，测试 1kΩ 电阻上电压。进行相应温度时的电压测量，并作记录于下表。

t/℃	室温	30	35	40	45	50
T/K						
U/V						
I/uA						
t/℃	55	60	70	75	80	85
T/K						
U/V						
I/uA						

$I=U/1\text{k}\Omega$，用最小二乘法进行直线拟合得

$$A=\_\_\_\_\_\_\_\_\ \mu\text{A/K},\ r=\_\_\_\_\_\_\_\_$$

2. LM35 温度传感器

（1）先关闭加热电压开关。将温度传感器 LM35（图 6-22）插入干井炉孔（加热铜块的孔）中，按图 6-23 的原理连接好线路。V_+，V_-两端接 5V 电源的“+”“-”端，中间的插座和 V_-两端接数字电压表测量。记录初始温度及电压表读数。

（2）设置一系列的温度，打开加热电压开关进行升温。每次待温度稳定 2min 后，记录温度和对应的输出电压于下表。

t/℃	室温	30	35	40	45	50
U/V						
t/℃	55	60	70	75	80	85
U/V						

得到数据用最小二乘法进行拟合得

$$k=\_\_\_\_\_\_\_\_,\ r=\_\_\_\_\_\_\_\_$$

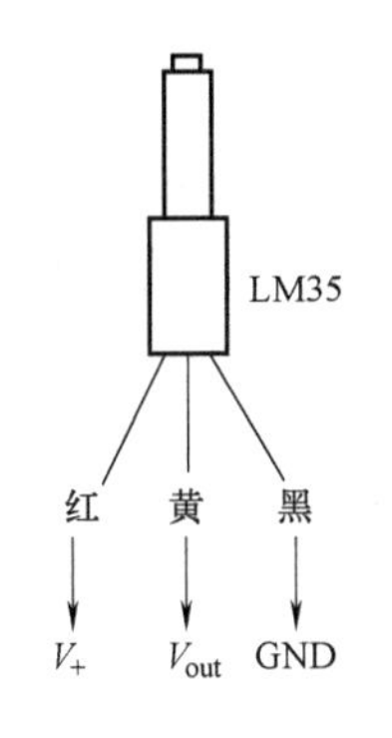

图 6-22 LM35 外形图

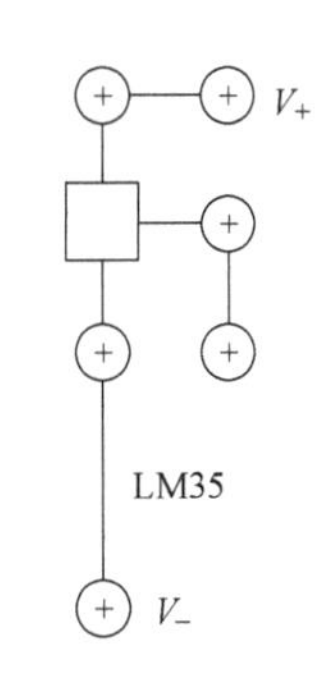

图 6-23 LM35 的接线图

【思考题】

1. 实验中不同测量方法的优缺点是什么，你是否能在此实验基础上对其进行改进。

2. 自行查阅资料探讨传感器在自动化和过程检测控制系统中的应用。

3. 温度传感器的种类很多，请讨论如何根据现场使用条件，选择恰当的传感器类型才能保证测量的准确可靠，并同时达到增加使用寿命和降低成本的作用。

4. 根据 PN 结温度传感器的基本方程，当________时，正向压降只随温度变化。

5. 在________条件下，PN 结的 V_F 对 T 的依赖关系取决于线性项 V_1，即正向压降几乎随温度升高而________，这就是 PN 结测温的依据。

6. PN 结温度传感器的普遍规律是____________。

7. 实验时总是选用较小的正向电流，是为了减小________的影响，改善线性度。

8. PN 结材料的禁带宽度是指绝对零度时材料的________。

9. 根据实验原理可知，V_F-T 线应是不通过原点的________，而 ΔV-T 曲线则为通过原点的近似直线。为便于提高测量精度，本实验要求按________读取。

6.2.4 固体线胀系数的测量

材料的线膨胀是材料受热膨胀时，在一维方向的伸长。线胀系数（又称线膨胀系数）是选用材料的一项重要指标。特别是研制新材料，少不了要对材料线胀系数做测定。

物体因温度改变而发生的膨胀现象叫“热膨胀”。通常是指外压强不变的情况下，大多数物质在温度升高时体积增大，温度降低时体积缩小。也有少数物质在一定的温度范围内，温度升高时，其体积反而减小。热膨胀与温度、热容、结合能以及熔点等物理性能有关。影响材料膨胀性能的主要因素为相变、材料成分与组织、各异性的影响。热膨胀的测量方法主要包括光学法、电测法和机械法。在相同条件下，气体膨胀最大，液体膨胀次之，固体膨胀最小。原因是物体温度升高时，分子运动的平均动能增大，分子间的距离也增大，物体的体积随之而扩大；温度降低，物体冷却时分子的平均动能变小，使分子间距离缩短，于是物体的体积就要缩小。并且固体、液体和气体分子运动的平均动能大小不同，因而从热膨胀的宏观现象来看亦有显著的区别。在相同条件下，固体的膨胀比气体和液体小得多，直接测定固体的体积膨胀比较困难。但根据固体在温度升高时形状不变可以推知，一般而言，固体在各方向上膨胀规律相同，因此可以用固体在一个方向上的线膨胀规律来表征它的体膨胀。

大量实验表明，不同材料的线胀系数不同，塑料的线胀系数最大，金属次之，殷钢、熔融石英的线胀系数很小。殷钢和石英的这一特性在精密测量仪器中有较多的应用。

实验还发现，同一材料在不同温度区域，其线胀系数不一定相同。某些合金，在金相组织发生变化的温度附近，同时会出现线胀量的突变。另外还发现线胀系数与材料纯度有关，某些材料掺杂后，线胀系数变化很大。因此测定线胀系数也是了解材料特性的一种手段。但是，在温度变化不大的范围内，线胀系数仍可认为是一常量。我们可以通过对配备的实验铁棒、铜棒、铝棒进行测量并计算其线胀系数，从而对固体的膨胀性质做基本的了解。

测量线胀系数的主要问题是如何测伸长量 ΔL。我们先粗估算一下 ΔL 的大小，若 $L=250\text{mm}$，温度变化 $t_2-t_1\approx100℃$，金属的 α 数量级为 $\times10^{-5}\text{K}^{-1}$，则估算出 $\Delta L=\alpha L\Delta t\approx0.25\text{mm}$。对于这么微小的伸长量，用普通量具（如钢尺或游标卡尺）是测不准的，可采用千分表（分度值为 0.001mm）、读数显微镜等仪器，或采用光杠杆放大、光学干涉等方法。

热学综合实验仪的恒温控制由高精度温度传感器（Pt100）与具有模糊 PID 控制的微控器（MCU）组成，炉内用特厚良导体纯铜管导热，在达到炉内温度热平衡时，炉内温度不均匀性≤0.1℃，仪器温度读数精度为±0.1℃，加热温度控制范围为室温至 80℃。

【实验目的】

1. 了解固体线胀系数实验仪的基本结构和工作原理。
2. 掌握使用千分表和温度控制仪的操作方法。
3. 掌握测量固体线胀系数的基本原理。
4. 测量铁、黄铜、铝棒的线胀系数，并观测是否存在突变现象。
5. 学会用图解图示法处理实验数据，并分析实验误差。

【实验原理】

在一定温度范围内，原长为 L_0（在 $t_0=0℃$ 时的长度）的物体受热温度升高，一般固体会由于原子的热运动加剧而发生膨胀，在 t（单位℃）温度时，其伸长量 ΔL 与温度的增加量 $\Delta t(\Delta t=t-t_0)$ 近似成正比，与原长 L_0 也成正比，即

$$\Delta L=\alpha L_0\Delta t \tag{6-67}$$

此时的总长为

$$L_t=L_0+\Delta L \tag{6-68}$$

式中，α 为固体的线胀系数，它是固体材料的热学性质之一。在温度变化不大时，α 是一个常数，可由式（6-67）和式（6-68）得

$$\alpha=\frac{L_t-L_0}{L_0 t}=\frac{\Delta L}{L_0}\frac{1}{t} \tag{6-69}$$

由上式可见，α 的物理意义是固体材料在（t_1，t_2）温度区域内，温度每升高 1K 时材料的相对伸长量，其单位为 K^{-1}。α 是一个很小的量，附录中列有几种常见的固体材料的 α 值。当温度变化较大时，α 可用 t 的多项式来描述：

$$\alpha=A+Bt+Ct^2+\cdots$$

式中，A、B、C 为常数。

在实际的测量当中，通常测得的是固体材料在室温 t_1 下的长度 L_1 及其在温度 t_1 至 t_2 之间的伸长量，就可以得到平均线胀系数 $\overline{\alpha}$：

$$\overline{\alpha} \approx \frac{L_2 - L_1}{L_1(t_2 - t_1)} = \frac{\Delta L_{21}}{L_1(t_2 - t_1)} \tag{6-70}$$

式中，L_1 和 L_2 分别为物体在 t_1 和 t_2 下的长度，$\Delta L_{21} = L_2 - L_1$ 是长度为 L_1 的物体在温度从 t_1 升至 t_2 时的伸长量。在实验中我们需要直接测量的物理量是 ΔL_{21}、L_1、t_1 和 t_2。

为了得到精确的测量结果，我们需要得到精确的 $\overline{\alpha}$，这样不仅要对 ΔL_{21}、t_1 和 t_2 进行精确的测量，还要扩大到对 ΔL_{i1} 和相应的温度 t_i 的测量。即

$$\Delta L_{i1} = \overline{\alpha} L_1(t_i - t_1) \qquad i = 1,2,3,\cdots \tag{6-71}$$

在实验中我们等温度间隔设置加热温度（如等间隔 5℃ 或 10℃），从而测量对应的一系列 ΔL_{i1}。将所得到的测量数据采用逐差法或最小二乘法进行直线拟合处理，从直线的斜率可得到一定温度范围内的平均热膨胀系数 $\overline{\alpha}$。

【实验仪器】

1. 电加热恒温箱的结构和使用要求

（1）结构（图 6-24）

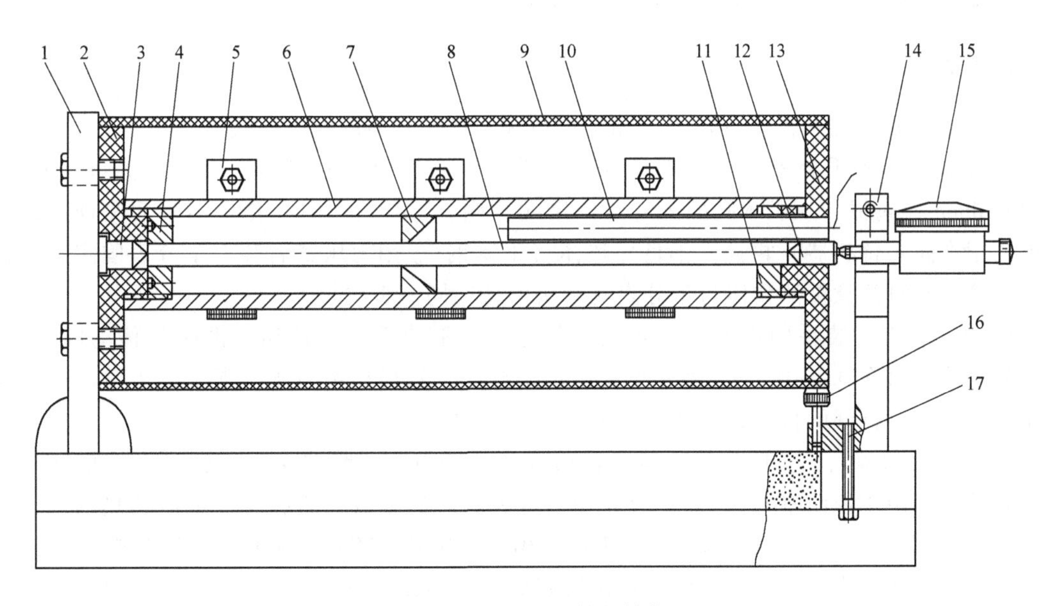

图 6-24 电加热恒温箱的结构图

1—托架 2—隔热盘 A 3—隔热顶尖 4—导热衬托 A 5—加热器 6—特厚导热均匀管 7—导向块 8—被测材料 9—隔热罩 10—温度传感器 11—导热衬托 B 12—隔热棒 13—隔热盘 B 14—千分表固定架 15—千分表 16—支撑螺钉 17—紧固螺钉

（2）使用要求

1）被测物体为直径 $\Phi = 8\text{mm}$，长为 400mm 的三种不同的金属棒。

2）整体要求平稳。因伸长量极小，故仪器不应有振动。

3）千分表安装须适当固定（以表头无转动为准）且与被测物体有良好的接触（读数在 0.2~0.3mm 处为适宜，然后再转动表壳校零）。

4）被测物体与千分表探头须保持在同一直线。

2. 恒温控制仪使用说明（操作面板见图 6-25，供参考，实际详见温控表的使用说明书）

3. 主要技术指标

（1）温度控制分辨率：0.1℃；控制精度 ±0.1℃。

（2）恒温控制器的控温范围：室温到 85℃。

（3）恒温加热炉内空间温度达到平衡时，温度的梯度≤±0.1℃。

（4）千分表：测量精度 0.001mm，量程 0~1mm。

（5）待测金属棒样品：直径 $\Phi=8\text{mm}$，长度为 400mm。

图 6-25　恒温控制仪操作面板示意图

（6）工作电源：AC220V±10%，50~60Hz，功耗 100W。

（7）使用环境：温度 0~40℃，湿度≤85%。

4. 实验仪器组成

恒温控制器，加热恒温箱，三根待测金属棒，千分表。

【实验步骤】

1. 接通电加热器与温控仪输入、输出接口和温度传感器的航空插头。

2. 用扳手旋松千分表固定架螺栓，取下千分表固定架，将测样品（直径为 $\Phi=8\text{mm}$、长为 400mm 金属棒）从胶木孔插入特厚壁紫铜管内，（圆胶木中心孔是用来插测样品，旁边小孔用来插入传感器）再插入不良导热体（不锈钢），用力压紧后装上千分表固定架，在安装千分表架时注意被测物体与千分表测量头保持在同一直线。

3. 将千分表安装在固定架上，并且扭紧螺栓，不使千分表转动，再向前移动固定架，使千分表读数值在 0.2~0.3mm 处，拧紧固定架螺母。然后稍用力压一下千分表滑落端，使它能与绝热体有良好的接触，再转动千分表圆盘读数使之为零。

4. 连接好仪器后，关闭加热电流，接通温控仪的电源，静置 10min 后（在这期间可以熟悉温控表的使用说明书），记录千分表和温度表的起始读数，然后再设定需加热的值，一般可逐次增加温度 10℃，分别设定为 20℃、30℃、40℃、50℃、60℃，接通加热电流，开始加热，此时加热指示灯闪动。注意：设置好温度控制器加热温度，一般加热温度设定值应该比金属管所需要的实验温度值高 1~5℃，具体可根据温度的高低决定温度提高量。

5. 当显示值上升到设定值附近时恒温控制仪自动控制到设定值。正常情况下加热波动一两次后达到稳定值，此时可以记录终止读数 ΔL 和 Δt，将数据记录在表格 6-11 中。通过公式

$$\alpha=\frac{\Delta L}{L\Delta t}$$

计算线胀系数并画出 Δt（作 x 轴）-ΔL（作 y 轴）的曲线图，观察其线性。

6. 换用不同的金属棒样品，分别测量并计算各自的线胀系数。与附录中的参考值进行比较，计算出测量的百分误差。

表 6-11 固体线胀系数测定表

温度（以室温 t_0 为起点，每 10℃ 记录一次）	t_0/℃	t_1/℃	t_2/℃	t_3/℃	t_4/℃
千分表读数/mm					
$\Delta L=\Delta L_{i+1}-\Delta L_i$（mm）					
$\alpha=\frac{\Delta L}{L\Delta t}$（$\Delta t=10$℃）					
$\overline{\alpha}=$					

【注意事项】

1. 千分表是精密仪表，不能用力挤压。
2. 实验过程中不能振动仪器和桌子，否则会影响千分表读数。

【问题与讨论】

1. 该实验的误差来源主要有哪些？

答：（1）温度的影响，每一种材料都有它的线胀系数，温差越大对它的影响也越大；（2）测量仪器的不精密；（3）金属线本身重量对金属产生拉伸作用。

2. 如何利用逐差法来处理数据？

答：用不同温度多次测量记录，作图。

3. 利用千分表读数时应注意哪些问题，如何消除误差？

答：（1）测量前，必须把千分表固定在可靠的表架上，并要夹牢；要多次提拉千分表的测杆，放下测杆与工件接触，观察其重复指示值是否相同。（2）为了保证测量精度，千分表测杆必须与被测工件表面垂直，否则会产生误差。（3）测量时，可用手轻轻提起测杆的上端后，把工件移至测头下，不准把工件强行推入测量头下，更不准用工件撞击测头，以免影响测量精度和撞坏千分表。为了保持一定的起始测量力，测头与工件接触时，测杆应有 0.3~0.5mm 的压缩量。（4）为了保证千分表的灵敏度，测量杆上不要加油，以免油污进入表内；正确测量，正确读数，多次测量，建立误差补偿来消除误差。

4. 千分表的读数应保留多少位有效数据？

答：实际测量值等于小表盘读数加大表盘读数，应读到最小刻度 0.001mm 的下一位，若以毫米为单位，有效数据应读到小数点的后四位。

6.3 电磁学综合实验

电磁学综合实验仪是在面板上设计了一个直观明了的综合电路及若干接线插柱，只要按要求把相关元件分别插入相应的接线插柱，就分别可以做限流电路和分压电路的研究、伏安法测电阻、测量表头内阻、惠斯通电桥测电阻、低电阻的测量、用电容电桥测电容、用电感电桥测电感等十多个电磁学实验。

6.3.1　基本电路的测量

【实验目的】

1. 通过实验，进一步理解电路中的电位和电压的概念。
2. 学会测量电路中的电位和电压，并确定其正负号。
3. 深入理解电路中等电位点的概念。

【实验原理】

1. 在电路中任意选定一个参考点，令参考点的电位为零，某一点的电位就是这一点与参考点间的电压。参考点选定后，各点的电位具有唯一确定的值，这样就能比较电路中各点电位的高低，参考点不同，各点的电位也就不同。电路中任意两点间的电压等于该两点间的电位差，电压与参考点的选择无关。

2. 测量电路中的电压和电位。

测量电路中任意两点间的电压时，先在电路中假定电压的参考方向（或参考极性），将电压表的正、负极分别与电路中假定的正、负极相连接。若电压表正向偏转（实际极性与参考极性相同），则该电压记作正值；若电压表反向偏转，立即将电压表的两表笔相互交换接触位置，再读取读数（实际极性与参考极性相反），则该电压记作负值。

测量电路中的电位时，首先在电路中选定一参考点，将电压表跨接在被测点与参考点之间，电压表的读数就是该点的电位值。若电压表的正极接被测点，负极接参考点，电压表正向偏转，则该点的电位为正值；若电压表反向偏转，立即交换电压表两表笔的接触位置，读取读数，该点的电位即为负值。

在电路中电位相等的点叫等电位点。连接等电位点的导线中电流为零，连接后不会影响电路中各点的电位及各支路的电压和电流。

【实验仪器】

名称	数量	型号
1. 直流稳压电源	1台	0~15V 可调
2. 直流电压表（或万用表）	1台	
3. 直流电流表	1只	
4. 开关	1只	
5. 干电池	2节	
6. 电池盒	2只	
7. 电阻	2只	51Ω×1　200Ω×1
8. 可变电阻器	1只	220Ω/3W×1
9. 短接桥和连接导线	若干	P8—1 和 50148
10. 实验用9孔插件方板	1块	297mm×300mm

【实验步骤】

1. 按图 6-26 接线，D 点与 F 点之间暂不连接，电池电压 $U_{S1}=3V$，稳压电源电压 $U_{S2}=8V$，R_P 为可变电阻器，电阻 $R_1=51\Omega$，$R_2=200\Omega$。

2. 测电流：闭合开关 S，从电流表读取回路电流 I 的值，记入表 6-12 中。

3. 选择 D 点为参考点，即电位 $\varphi_D=0$，测量表 6-12 中所列各点电位和各段电压，并记入该表中（测量时注意电位和电压的正负）。

4. 选择 E 点为参考点，即电位 $\varphi_E=0$，重复上述测量，数据记入表 6-12。

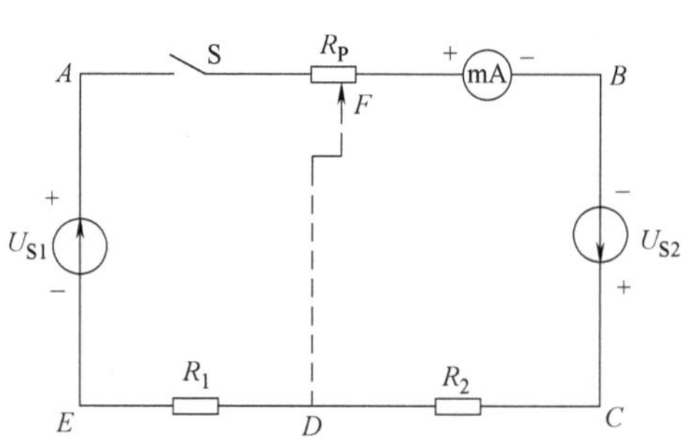

图 6-26　接线图

表　6-12

参考点	电流	电位					电压				
	I	φ_A	φ_B	φ_C	φ_D	φ_E	U_{AB}	U_{BC}	U_{CD}	U_{DE}	U_{EA}
D 点为参考点											
E 点为参考点											
E 点为参考点，且 $\varphi_F=\varphi_D$，D 与 F 相连											

5. 测定等电位点。选择 E 点为参考点，把电压表至于 D 与 F 之间，调节可变电阻器的滑动触点 F，使电压表指示为零值（或 D 与 F 间接入电流表，使电流为零值），D 与 F 两点即为等电位点。再用导线连接 D 与 F 两点，分别测量表 6-12 中所列各点电位和各段电压值，并记入该表中。

【注意事项】

测量电压和电位时，要注意电压表的极性，并根据电压的参考极性与测定的实际极性是否一致，确定电压和电位的正负号。

【分析和讨论】

1. 复习电路中电位和电压的概念。

2. 根据图 6-26 中已给定的参数，预算出表 6-12 中各点的电位、各段电压的大小和极性，供实验中参考。

6.3.2　基本仪器的使用

【实验目的】

1. 了解示波器的技术指标和工作原理。

2. 熟悉示波器面板上各旋钮的作用及正确使用方法。

3. 用示波器测量脉冲信号的脉宽、周期，测量正弦信号的幅值、频率和两个同频率正弦信号的相位关系。

4. 学习使用低频信号发生器和交流毫伏表。

【实验原理】

阳极射线示波器简称示波器，本实验选用通用双踪示波器，它能把电信号转换成可在荧光屏上直接观察的图像。

双踪示波器既可测量单个电信号，也可同时观察两个信号。假设它的两个通道分别为 Y_1 和 Y_2，当由电子线路组成的电子开关接通 Y_1 通道时，受信号 u_1 的控制，荧光屏上显示 u_1 信号的波形；同理，当接通 Y_2 通道时，荧光屏上显示 u_2 的波形。如果电子开关以足够高的速度交替接通 Y_1 和 Y_2 通道，由于荧光屏的余辉和人眼的视觉暂留效应，就可在荧光屏上同时观察到 u_1 和 u_2 两个信号波形。

当要同时观察两个信号波形时，将 Y 轴工作方式开关置“交替”或“断续”位置，置“交替”位置时，信号频率应为几百赫兹以上；若需观察几十赫兹以下信号，应置“断续”位置。

一般双踪示波器的最高灵敏度为 5（10）mV/div，外界电磁波的杂散干扰容易进入示波器，所以必须正确选用屏蔽线和接地点。由于示波器的机壳是一个输入端点（另一个端点是电缆芯线），所以在大多数实验中，应把示波器的机壳、其他设备的机壳和线路上的参考电位点连接在一起，称“共地”，即设公共点电位为零。如接地不可靠，屏幕上的波形会上下移动，影响正常测量工作；如接线不正确，还可能烧毁仪器。示波器的输入阻抗为 1MΩ，用衰减探头时为 10 MΩ，即信号会衰减 10 倍，计算信号幅度时要乘以 10。

扫描扩展可增大扫速 10 倍；扫描微调、灵敏度微调连续可调，变化范围大于 2.5 倍。

因旋钮帽盖上的紧固螺钉经常有打滑现象，所以使用示波器时要注意旋钮位置有无错位。当旋钮开关已处于极限位置时，切勿再用力旋动，以免损坏开关。

【实验仪器】

名称	数量	型号
1. 双踪示波器	1 台	
2. 低频信号发生器	1 台	
3. 交流毫伏表	1 只	
4. 二极管	1 只	4007
5. 电阻	1 只	1kΩ
6. 短接桥和连接导线	若干	P8—1 和 50148
7. 实验用 9 孔插件方板	1 块	297mm×300mm

【实验步骤】

1. 示波器的校准

将有关旋钮置于适当位置，接通电源，适当调节亮度、聚焦、位移等旋钮，使扫描线清晰居中。

用 1∶1 探极将示波器的校准信号接至 Y_1 或 Y_2 输入端，将 Y 轴输入耦合开关分别置于"DC""⊥""AC"挡，观察校准信号的波形（注意观察过程中不要移动基线位置，同时灵敏度和扫描微调应置于校准位置，即顺时针旋到底），注意 3 种耦合方式的区别，并将观察到的波形及有关参数记录于下表中。进行计算后，看频率和幅度是否正常，若不正常，请教师校准。

	X 轴		Y 轴		计算 T、T_p、U_p
	扫描时间（ms/div）	周期格数（div）	灵敏度（V/div）	幅值格数（div）	
DC 挡					
⊥挡					
AC 挡					

2. 测量 1000Hz 正弦信号波形

调节低频信号发生器的正弦信号输出，使其频率为 1000Hz，幅度有效值为 1V（用交流毫表测），用 1∶1 探极将此信号送入 Y_1 通道，要求调出峰峰值在 5~6 格之间的一个稳定波形，并将波形及相应的 Y 轴灵敏度和 X 轴扫描速率（此时灵敏度和扫描速率微调应置于校准位置——即顺时针旋到底），记入下表中。

	X 轴		Y 轴		计算 T、T_p、U_p
	扫描时间（ms/div）	周期格数（div）	灵敏度（V/div）	幅值格数（div）	
1000Hz 正弦信号					

3. 观察半波整流信号波形

按图 6-27 接线，将整流滤波电路接上低压交流电源，用示波器观察并绘出波形。

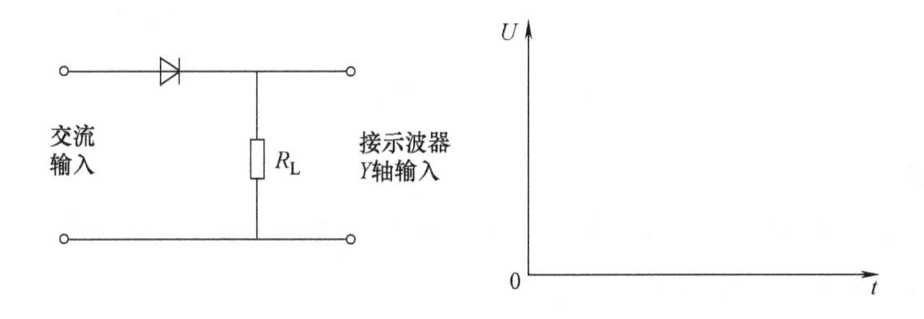

图 6-27　观察半波整流信号波形接线图

【注意事项】

1. 示波器亮度不能开得太亮；仪器电源不要时断时通；选择扫描频率范围时，扫描频率应与被测信号频率相应；所观察的波形应全部调节到一屏的范围内。

2. 从信号发生器引出的输出电压和"接地"不可短路，以免损坏信号发生器；输出电压应从 0→规定值→0。

3. 用交流毫伏表测量交流电所得的是有效值。

【分析和讨论】

根据实验内容 1 描绘的波形和旋钮挡位，计算信号的 U_{p-p}、U_m、U、T 及 f，并将 f 值与信号源的频率值对照，将算得的 U 值与交流毫伏表测得的值对照，两者是否一致？若相差甚大，试说明原因。

6.3.3　整流滤波电路

【实验目的】

1. 熟悉单相整流、滤波电路的连接方法。
2. 学习单相整流、滤波电路的测试方法。
3. 加深理解整流、滤波电路的作用和特性。

【实验原理】

1. 整流电路

有半波、全波和桥式整流三种电路，分别如图 6-28a、b、c 所示。

半波整流的输出电压　　$V_o = 0.45V_2$

全波整流的输出电压　　$V_o = 0.9V_2$

桥式整流的输出电压　　$V_o = 0.9V_2$

其中为 V_o 平均值，V_2 为有效值。

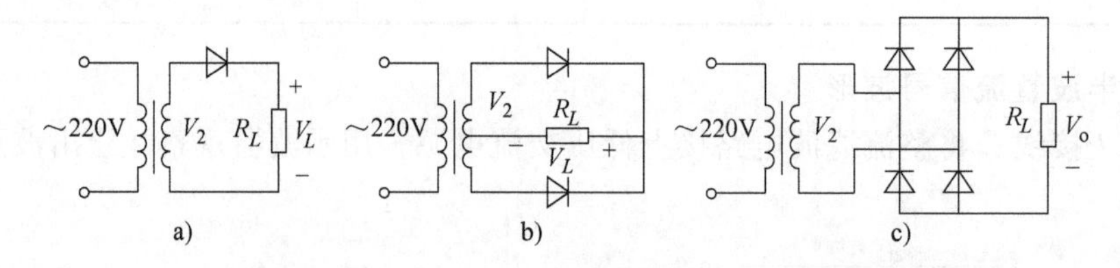

图 6-28　整流电路

2. 滤波电路

在小功率的电子设备中，常用的是电容滤波电路。如图 6-29 所示。当 $C \geqslant (3\sim5)T/2R_L$ 时（其中 T 为电源周期），$R_L = R + R_w$，输出电压为 $V_o = (1.1\sim1.2)V_2$。

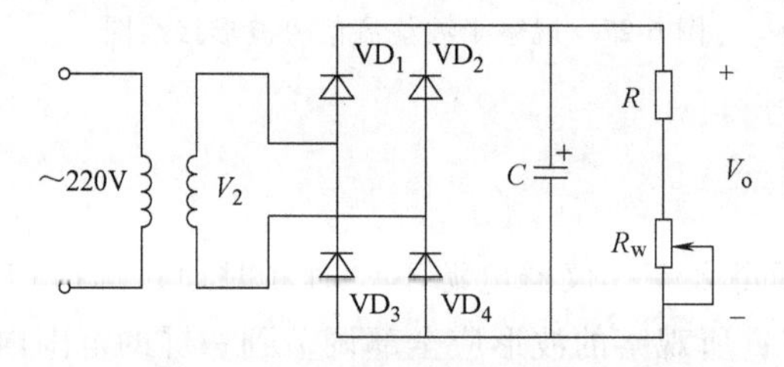

图 6-29　电容滤波电路

【实验仪器】

名称	数量	型号
1. AC 电源	1 台	
2. 示波器	1 台	
3. 万用表	1 只	
4. 二极管	4 只	1N4007×4
5. 电阻	1 只	1kΩ×1
6. 电位器	1 只	10kΩ×1
7. 电容	2 只	10μF×1、470μF×1
8. 短接桥和连接导线	若干	P8—1 和 50148
9. 实验用 9 孔插件方板	1 块	297mm×300mm

【实验步骤】

1. 桥式整流电路

按图 6-28c 接线，检查无误后进行通电测试。将万用表测出的电压值记录于表 6-13 中，示波器观察到的变压器副边电压波形绘于图 6-30a 中，将整流级电压绘于图 6-30b 中。

表　6-13

变压器输出电压 V_2/V	整流级输出电压/V	
	估算值	测量值

2. 整流滤波电路

按图 6-29 所示，连接整流、滤波电路，检查无误后进行通电测试，测滤波级输出电压，记录于图 6-14 中，观察到的波形绘于图 6-30c 中。

表　6-14

变压器次级电压 V_2/V	输出电压 V_o/V				估算值 $V_o=1.2V_2$/V
	负载不变($R_L=1\text{k}\Omega$)		滤波电容不变($C=470\mu\text{F}$)		
	$C=10\mu\text{F}$	$C=470\mu\text{F}$	$R_L=(1+10)\text{k}\Omega$	$R_L=\infty$	

3. 观察电容滤波特性

（1）保持负载不变，增大滤波电容，观察输出电压数值与波形变化情况，记录于表6-14中，绘图于图 6-30d 中。

（2）保持滤波电容不变，改变负载电阻，观察输出电压数值和波形变化情况，记录于表 6-14 并绘图于图 6-30e、f 中。

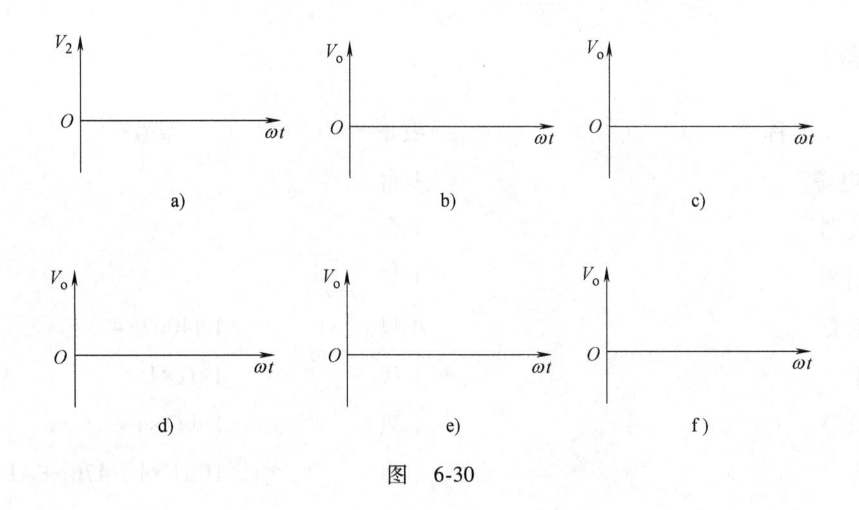

图　6-30

【分析和讨论】

1. 分析表 6-13 中，估算值与测量值产生误差的原因。

2. 分析表 6-14 测试记录与响应的波形，可得到什么结论?

3. 在图 6-28c 整流电路中，若观察到输出电压波形为半波，电路中可能存在什么故障?

4. 在图 6-29 整流、滤波电路中，若观察到输出电压波形为全波，电路中可能存在什么故障?

6.3.4　稳压电路

【实验目的】

1. 掌握稳压电路工作原理及各元件在电路中的作用。

2. 学习直流稳压电源的安装、调整和测试方法。

3. 熟悉和掌握线性集成稳压电路的工作原理。

4. 学习线性集成稳压电路技术指标的测量方法。

【实验原理】

直流稳压电源是电子设备中最基本、最常用的仪器之一。它作为能源可保证电子设备的正常运行。

直流稳压电源一般由整流电路、滤波电路和稳压电路三部分组成，如图 6-31 所示。

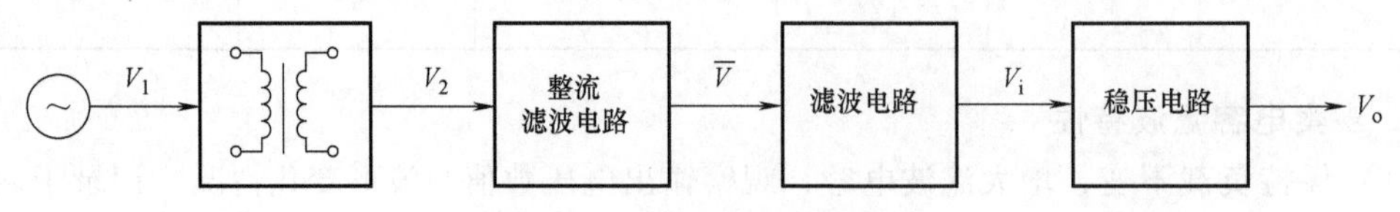

图 6-31　直流稳压电路方框图

线性集成稳压电路组成的稳压电源如图 6-32 所示，图中各电容的作用分别为：

C_1：滤波电容，电容量和负载电流 I_0 之间经验公式为

$$C_1 = (1500 \sim 2000)\,\mu F \cdot I_0$$

C_2：抑制稳压器自激振荡。

C_3：抑制高频噪声。

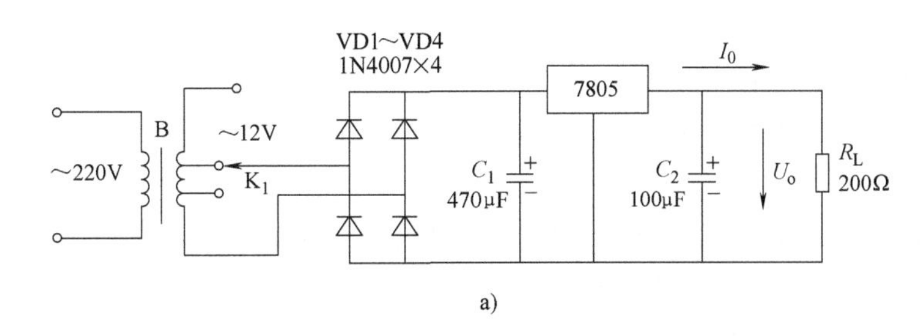

a)

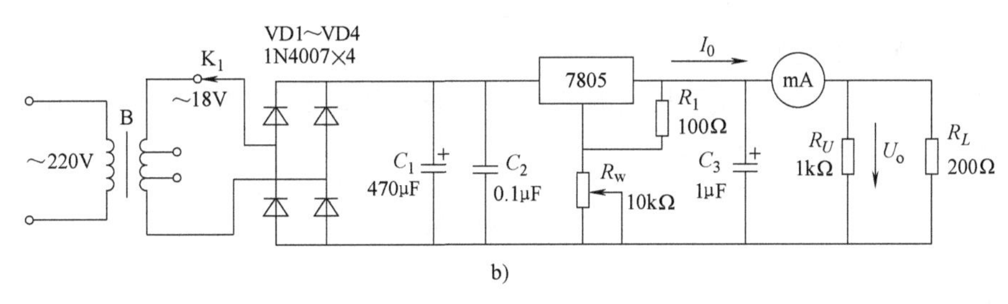

b)

图 6-32 稳压电源线路图

a）固定输出 5V 稳压电源线路图 b）输出电压可调节的稳压电源线路图

【实验仪器】

名称	数量	型号
1. 交流电源	1 台	AC 18V/12V/6V/0V
2. 通用示波器	1 台	
3. 交流毫伏表	1 只	
4. 万用表	1 只	500 型/MF47 型
5. 直流电流表	1 只	
6. 稳压块	1 只	7805×1
7. 二极管	4 只	1N4007×4
8. 电容	3 只	0. 1μF×1、1μF×1、470μF×1
9. 电阻	3 只	100Ω/2W×1、200Ω/2W×1、1kΩ/2W×1
10. 电位器	1 只	10kΩ
11. 短接桥和连接导线	若干	P8—1 和 50148
12. 实验用 9 孔插件方板		297mm×300mm

【实验内容与步骤】

由 7805（实验设备 6. 稳压块—7805 是三端稳压集成电路的简称）组成直流稳压电路。

1. 接线

按图6-32连接电路，电路接好后在A点处断开，测量并记录U_1的波形（即U_A的波形），然后接通A点后面的电路，观察U_o的波形，如有振荡应消除，调节R_w，输出电压若有变化，则电路的工作基本正常。

2. 测量稳压电源输出范围

调节R_w，用示波器监视输出电压U_o的波形，分别测出稳压电路的最大和最小输出电压，以及相应的U_1值。

测量稳压块的基准电压（即100Ω电阻两端的电压），观察纹波电压。

调节R_w使$U_o=5V$，用示波器观察稳压电路输入电压U_i的波形，并记录纹波电压的大小，再观察输出电压U_o的纹波，将两者进行比较。

测量稳压电源输出电阻r_0。

断开R_L（$R_L=\infty$开路），用万用表测量R_L两端的电压，记为U'。然后接入R_L，测出相应的输出电压，记为U_o，用下式计算r_0：

$$r_0=\left(\frac{U'_o}{U_o}-1\right)\times R_L$$

【分析与讨论】

1. 列表整理所测的实验数据，绘出所观测到的各部分波形。
2. 按实验内容分析所测的实验结果与理论值的差别，说明产生误差的原因。
3. 简要叙述实验中所发生的故障及排除方法。

说明：交流变压器初级指示灯为电源接通。次级指示灯为对应低压绕组短路指示，灯亮时需仔细检查排除故障。

6.3.5 *RC*一阶电路响应与研究

【实验目的】

1. 加强对RC电路过渡过程的规律及电路参数对过渡过程影响的理解。
2. 学会测定RC电路的时间常数的方法。
3. 观测RC充放电电路中电流和电容电压的波形图。

【实验原理】

1. *RC*电路的充电过程

在图6-33电路中，设电容器上的初始电压为零，当开关S向“2”闭合瞬间，由于电容电压U_C不能跃变，电路中的电流为最大，$i=\frac{U_s}{R}$，此后，电容电压随时间逐渐升高，直至$U_C=U_s$；电流随时间逐渐减小，最后$i=0$；充电过程结束，充电过程中的电压U_C和电流i均随时间按指数规律变化。U_C和i的数学表达式为

$$U_C(t)=U_s(1-e^{-\frac{t}{RC}})$$

$$i=\frac{U_s}{R}e^{-\frac{t}{RC}}$$

此方程是一阶微分方程。用一阶微分方描述的电路，为一阶电路。上述的暂态过程为电容充电过程，充电曲线如图 6-34 所示。理论上要无限长的时间电容器充电才能完成，实际上当 $t=5RC$ 时，U_C 已达到 $99.3\%U_s$，充电过程已近似结束。

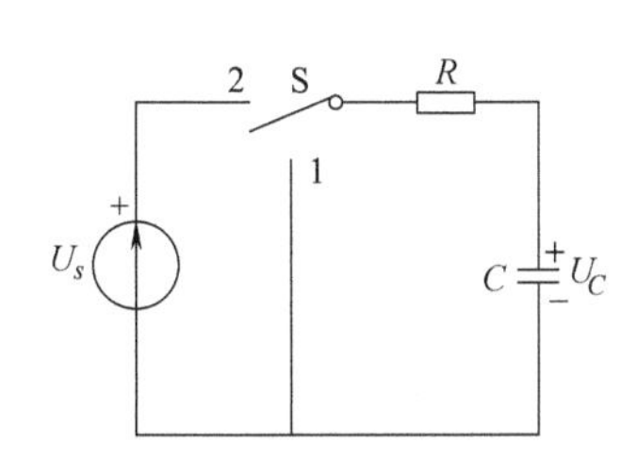

图 6-33　一阶 RC 电路

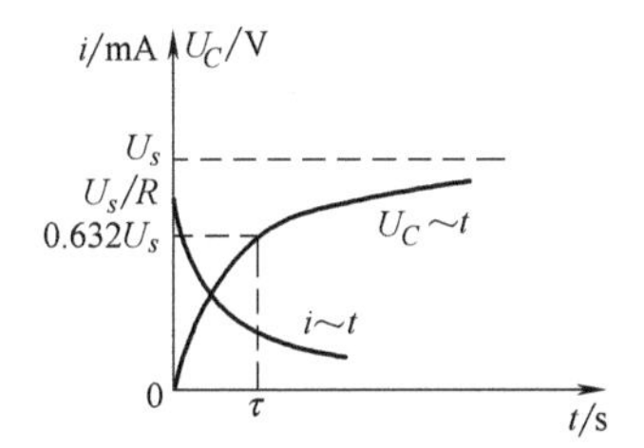

图 6-34　充电时电压和电流的变化曲线

2. RC 电路的放电过程

在图 6-33 电路中，若电容 C 已充有电压 U_s，将开关 S 向“1”闭合，电容器立即对电阻 R 进行放电，放电开始时的电流为$\frac{U_s}{R}$，放电电流的实际方向与充电时相反，放电时的电流 i 与电容电压 U_C 随时间均按指数规律衰减为零，电流和电压的数学表达式为

$$U_C(t)=U_s e^{-\frac{t}{RC}}$$

$$i=-\frac{U_s}{R}\cdot e^{-\frac{t}{RC}}$$

式中，U_s 为电容器的初始电压。这一暂态过程为电容放电过程，放电曲线如图 6-35 所示。

3. RC 电路的时间常数

RC 电路的时间常数用 τ 表示，$\tau=RC$，τ 的大小决定了电路充放电时间的快慢。对充电而言，时间常数 τ 是电容电压 U_C 从零增长到 $63.2\%U_s$ 所需的时间；对放电而言，τ 是电容电压 U_C 从 U_s 下降到 $36.8\%U_s$ 所需的时间，如图 6-34、图 6-35 所示。

4. RC 充放电电路中电流和电容电压的波形图

在图 6-36 中，将周期性方波电压加于 RC 电路，当方波电压的幅度上升为 U 时，相当于一个直流电压源 U 对电容 C 充电，当方波电压下降为零时，相当于电容 C 通过电阻 R 放电，图 6-37a、b 示出方波电压与电容电压的波形图，图 6-37c 示出电流 i 的波形图，它与电阻电压 U_R 的波形相似。

5. 微分电路和积分电路（图 6-37）

图 6-36 的 RC 充放电电路中，当电源方波电压的周期 $T\gg\tau$ 时，电容器充放电速度很快，若 $U_C\gg U_R$，$U_C\approx U$，在电阻两端的电压 $U_R=Ri\approx RC\frac{\mathrm{d}U_C}{\mathrm{d}t}\approx RC\frac{\mathrm{d}U}{\mathrm{d}t}$，这就是说电阻两端的输出电压 U_R 与输入电压 U 的微分近似成正比，此电路即称为微分电路，U_R 波形如图 6-37d 所示。当电源方波电压的周期 $T\ll\tau$ 时，电容器充放电速度很慢，又若 $U_C\ll U_R$，$U_R\approx U$，在电阻两端的电压 $U_C=\frac{1}{C}\int i\mathrm{d}t=\frac{1}{C}\int\frac{U_R}{R}\mathrm{d}t\approx\frac{1}{RC}\int U\mathrm{d}t$，这就是说电容两端的输出电压 U_C 与输入电

压 U 的积分近似成正比，此电路称为积分电路，U_C 波形如图 6-37e 所示。

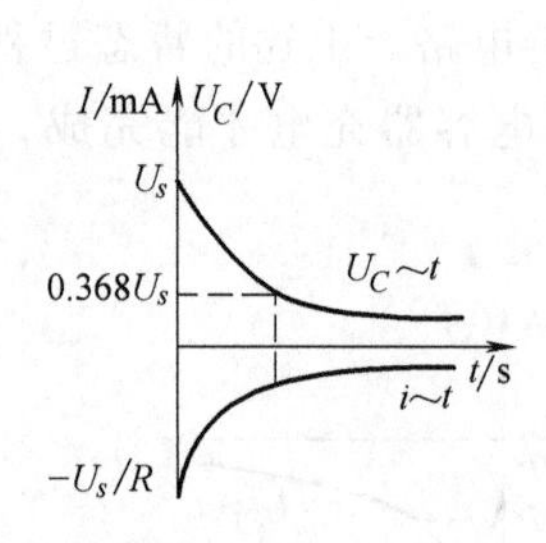

图 6-35　*RC* 放电时电压和电流的变化曲线

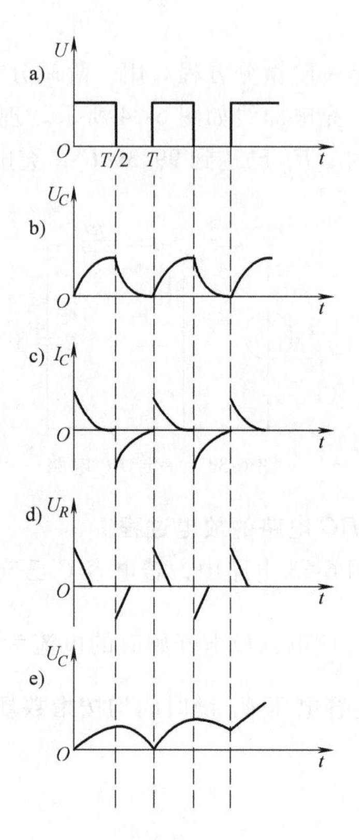

图 6-37　微分电路和积分电路

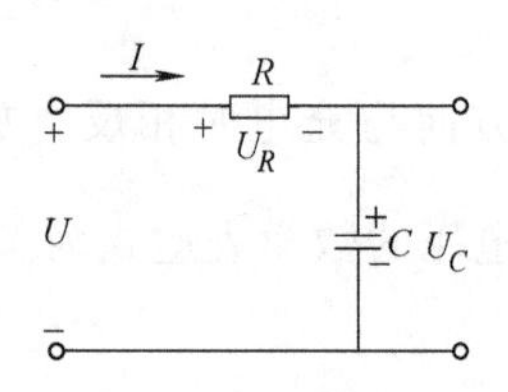

图 6-36　*RC* 充放电电路

【实验仪器】

名称	数量	型号
1. 直流稳压电源	1 台	0~15V
2. 万用表	1 台	
3. 信号发生器	1 台	
4. 示波器	1 台	
5. 电阻	3 只	51Ω×1、1kΩ×1、10kΩ×1
6. 电容	3 只	22nF×1、10μF×1、470μF×1
7. 单刀单向开关	1 只	
8. 秒表	1 只	
9. 短接桥和连接导线	若干	
10. 实验用 9 孔插件方板	1 块	297mm×300mm

【实验步骤】

1. 测定 *RC* 电路充电和放电过程中电容电压的变化规律

实验线路如图 6-38 所示，电阻 R 取 10kΩ，电容 C 取 470μF，直流稳压电源 U_s 输出电压取 10V，万用表置直流电压 10V 挡，将万用表并接在电容 C 的两端，首先用导线将电容 C 短接放电，以保证电容的初始电压为零，然后，将开关 S 打向位置“1”，电容器开始充电，同时立即用秒表计时，读取不同时刻的电容电压 U_C，直至时间 $t=5\tau$ 时结束，将 t 和 $U_C(t)$ 记入表 6-15 中。

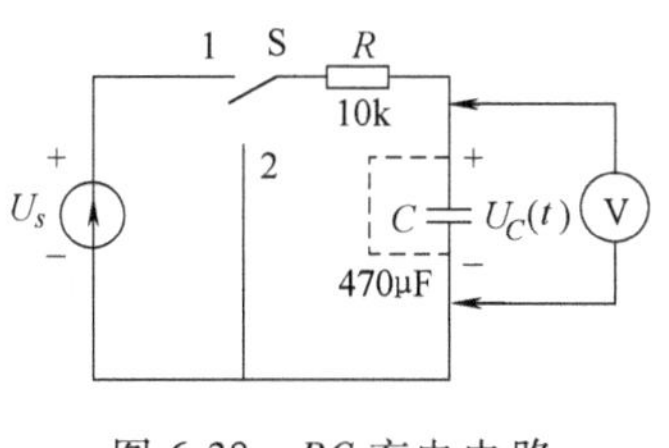

图 6-38　RC 充电电路
（测 U_C 变化规律）实验线路

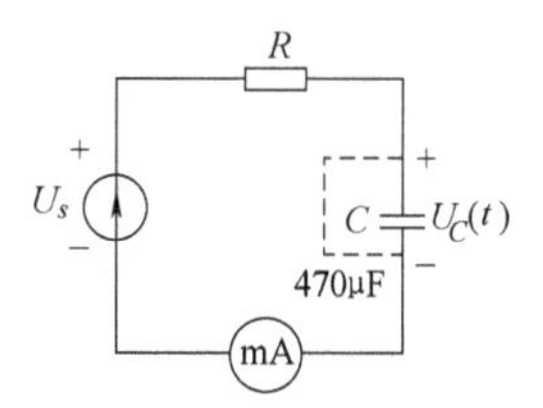

图 6-39　RC 放电电路
（测 i 变化规律）实验线路

充电结束后，记下 U_C 值，再将开关 S 打向位置“2”处（可用短接桥的拔插来替代），电容器开始放电，同时立即用秒表重新计时，读取不同时刻的电容电压 U_C，也记入表 6-15中。

将图 6-38 电路中的电阻 R 换为 10kΩ，重复上述测量，测量结果记入表 6-16 中。

根据表 6-15 和表 6-16 所测得的数据，以 U_C 为纵坐标、时间 t 为横坐标，画 RC 电路中电容电压充放电曲线 $U_C=f(t)$。

表 6-15　$R=1\text{k}\Omega$　$C=470\mu\text{F}$　$U_s=10\text{V}$

t/s	0	5	10	15	20	25	30	35	40	50	60	70	80	90
U_C/V（充电）														
U_C/V（放电）														

表 6-16　$R=10\text{k}\Omega$　$C=470\mu\text{F}$　$U_s=10\text{V}$

t/s	0	5	10	15	20	25	30	40	60	80	90	120	150	165
U_C/V（充电）														
U_C/V（充电）														

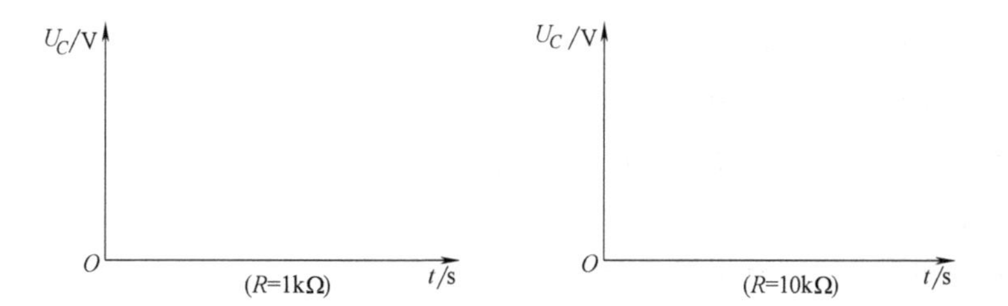

2. 测定 RC 电路充电过程中电流的变化规律

（1）实验线路如图 6-39 所示，电阻 R 取 1kΩ，电容 C 取 470μF，直流稳压电源的输出电压取 10V，万用表置电流 mA 挡，将万用表串联于实验线路中。首先用导线将电容 C 短接，使电容内部的电放光，在拉开电容两端连接导线的一端的同时计时，记录下充电时间分别为 5s，10s，20s，25s，30s，35s，40s，45s 时的电流值，将数据记录于表 6-17 中。

（2）将图 6-39 电路中的电阻 R 换为 10kΩ，重复上述过程，测量结束记录表 6-17 中。

表 6-17　*RC* 充电过程中电流 *I* 变化数据记录

充电时间/s	0	5	10	15	20	25	30	40	45
$R=1\text{k}\Omega$　$C=470\mu\text{F}$									
$R=10\text{k}\Omega$　$C=470\mu\text{F}$									

（3）根据表 6-17 中所列的数据，以充电电流 I 为纵坐标、充电时间为横坐标，绘制 *RC* 电路充电电流曲线 $I=f(t)$。

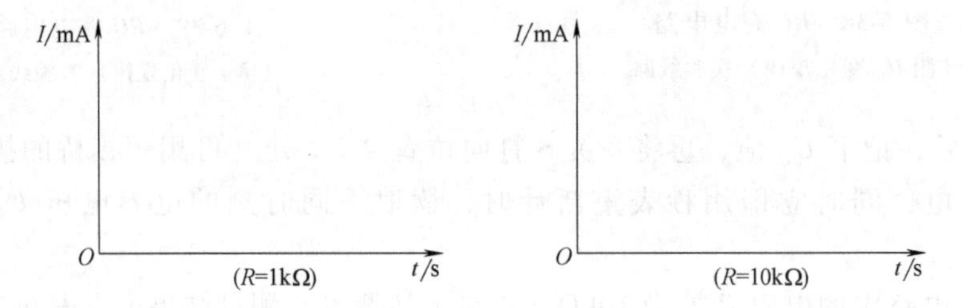

3. 时间常数的测定

（1）实验线路见图 6-38，R 取 10kΩ，测量 U_C 从零上升到 $63.2\%U_s$ 所需的时间，亦即测量充电时间常数 τ_1；再测量 U_C 从 U_s 下降到 $36.8\%U_s$ 所需的时间，亦即测量放电时间常数 τ_2。将 τ_1、τ_2 记入下面空格处。($U_s=10\text{V}$)

充电过程中：计算：$63.2\%U_s=$________；测量：$\tau_1=$________；

放电过程中：计算：$36.8\%U_s=$________；测量：$\tau_2=$________。

（2）验线路见图 6-39，R 取 10kΩ，电容 C 取 10μF，实验方法同步骤 2。观测电容充电过程中电流变化情况，试用时间常数的概念，比较说明 R、C 对充放电过程的影响与作用。

4. 观测 *RC* 电路充放电时电流 *i* 和电容电压 U_C 的变化波形

实验线路如图 6-36 所示，阻值为 10kΩ，C 取 10μF，电源信号为频率 $f=1000\text{Hz}$、幅度为 1V 的方波电压（也可以利用示波器本身输出的校正方波电压）。用示波器观看电压波形，电容电压 U_C 由示波器的 Y_A 通道输入，方波电压 U 由 Y_B 通道输入，调整示波器各旋钮，观察 U 与 U_C 的波形，并描下波形图。改变电阻阻值，使 $R=1\text{k}\Omega$，观察电压 U_C 波形的变化，分析其原因。

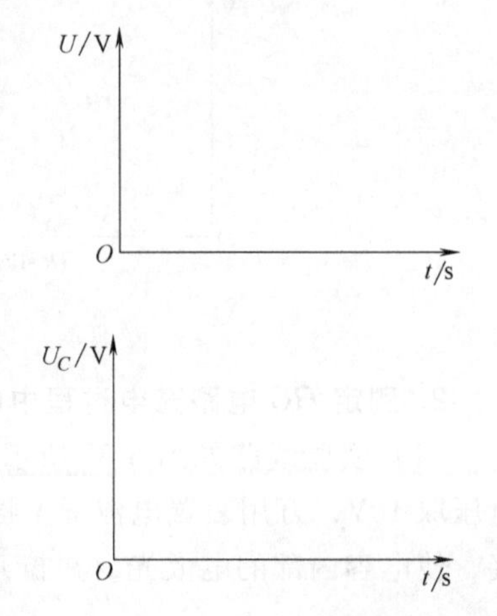

5. 观测微分和积分电路输出电压的波形

按图 6-36 接线，取 $R=1\text{k}\Omega$，$C=10\mu\text{F}$（$\tau=RC=10\text{ms}$），电源方波电压 U 的频率为 1kHz，幅值为 1V（$T=1/1000\text{s}=1\text{ms}\ll\tau$），在电容两端的电压 U_C 即为积分输出电压，将方波电压 U 输入示波器的 Y_B 通道，U_C 输入示波器的 Y_A 通道，观察并描绘 U 和 U_C 的波形图。再将图 6-40 中 R 和 C 的位置互换，取 $C=10\mu\text{F}$，$R=51\Omega$（$\tau=RC=$

0.51ms)，电源方波电压 U 同上（$T=1/1000\text{s}=1\text{ms}\gg\tau$），在电阻两端的电压 U_R 即为微分输出电压，将 U 输入示波器的 Y_B 通道，U_R 输入示波器的 Y_A 通道，观察并描绘 U 和 U_R 的波形图。

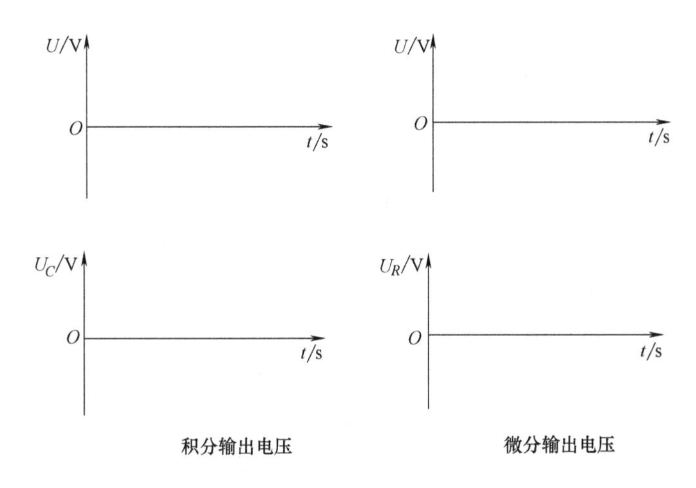

积分输出电压　　　　微分输出电压

【注意事项】

1. 本次实验中要求万用表电压挡的内阻要大，否则测量误差较大，建议采用实验步骤 2（串接毫安表，测量充电电路中电流）的方法，以更好地理解。

2. 当使用万用表测量变化中的电容电压时，不要换挡，以保证电路的电阻值不变。

3. 秒表计时和电压/电流表读数要互相配合，尽量做到同步。

4. 电解电容器由正负极性，使用时切勿接错。

5. 每次做 RC 充电实验前，都要用导线短接电容器的两极，以保证其处时电压为零。

【分析和讨论】

1. 根据实验结果，分析 RC 电路中充放电时间的长短与电路中 RC 元件参数的关系。

2. 通过实验说明 RC 串联电路在什么条件下构成微分电路、积分电路。

3. 将方波信号转换为尖脉冲信号，可通过什么电路来实现？对电路参数有什么要求？

4. 将方波信号转换为三角波信号，可通过什么电路来实现？对电路参数有什么要求？

6.3.6　二阶电路的响应研究

【实验目的】

1. 研究 RLC 串联电路的电路参数与其暂态过程的关系。

2. 观察二阶电路过阻尼、临界阻尼和欠阻尼三种情况下的响应波形。利用响应波形，计算二阶电路暂态过程的有关参数。

3. 掌握观察动态电路状态轨迹的方法。

【实验原理】

1. 用二阶微分方程来描述的电路称为二阶方程，如图 6-40 所示的 RLC 串联电路就是典

型的二阶电路。根据回路电压定律，当 $t=0_+$ 时，电路存在

$$
\begin{cases}
LC\dfrac{\mathrm{d}^2U_C}{\mathrm{d}t^2}+RC\dfrac{\mathrm{d}U_C}{\mathrm{d}t}+U_C=0 & (6\text{-}72)\\
U_C(0_+)=U_C(0_-)=U_s & (6\text{-}73)\\
\dfrac{\mathrm{d}U_C(0_+)}{\mathrm{d}t}=\dfrac{i_L(0_+)}{C}=\dfrac{i_L(0_-)}{C} & (6\text{-}74)
\end{cases}
$$

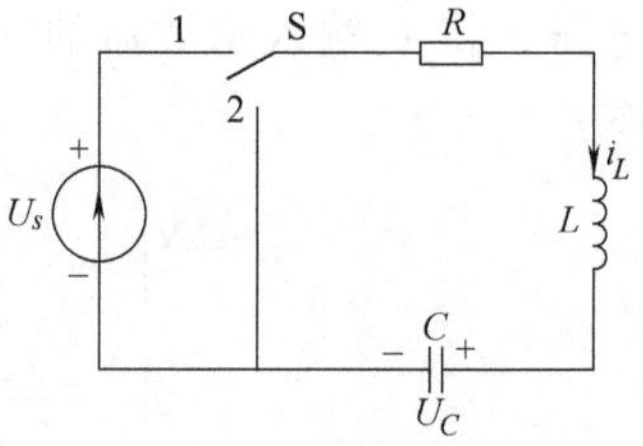

图 6-40　*RLC* 串联电路

式（6-72）中，每一项均为电压，第一项是电感上的电压 U_L，第二项是电阻上的电压 U_R，第三项是电容上的电压 U_C，即回路中的电压之和为零。各项都是电容上电流 i_C 的函数。这里是二阶方程。

式（6-73）中，由于电容两端电压不能突变，所以电容上电压 U_C 在开关接通前后瞬间都是相等的，都等于信号电压 U_s。

式（6-74）中，电容上电压对时间的变化率等于电感上电流对时间的变化率，都等于零，即电容上电压不能突变，电感上电流不能突变。

2. 由 *R*、*L*、*C* 串联形成的二阶电路在选择了不同的参数以后，会产生三种不同的响应，即过尼状态、欠阻尼（衰减振荡）和临界阻尼三种情况。

（1）当电路中的电阻过大了，即 $R>2\sqrt{\dfrac{L}{C}}$ 时，称为过阻尼状态。响应中的电压、电流呈现出非周期性变化的特点，其电压、电流波形如图 6-41a 所示。

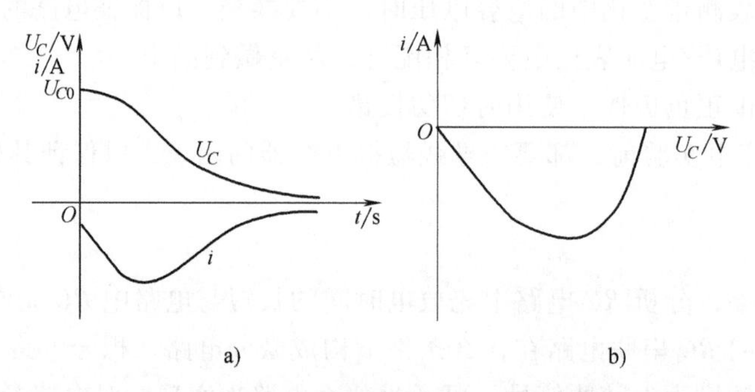

图 6-41　过阻尼状态 *RLC* 串联电路电压、电流波形及其状态轨迹

a）电压、电流波形　b）状态轨迹

从图 6-41a 中可以看出，电流振荡不起来。图 6-41b 中所示的状态轨迹，就是伏安特性曲线。电流由最大减小到零，没有反方向的电流和电压，是因为经过电阻，能量全部被电阻吸收了。

（2）当电路中的电阻过小了，即 $R<2\sqrt{\dfrac{L}{C}}$ 时，称为欠阻尼状态。响应中的电压、电流具有衰减振荡的特点，此时衰减系数 $\delta=\dfrac{R}{2L}$。$\omega_0=\dfrac{1}{\sqrt{LC}}$ 是在 $R=0$ 的情况下的振荡频率，称为无阻尼振荡电路的固有角频率。在 $R\neq0$ 时，*RLC* 串联电路的固有振荡角频率 $\omega'=\sqrt{W_0^2-\delta^2}$ 将随 $\delta=\dfrac{R}{2L}$ 的增加而下降。其电压、电流波形如图 6-42a 所示。

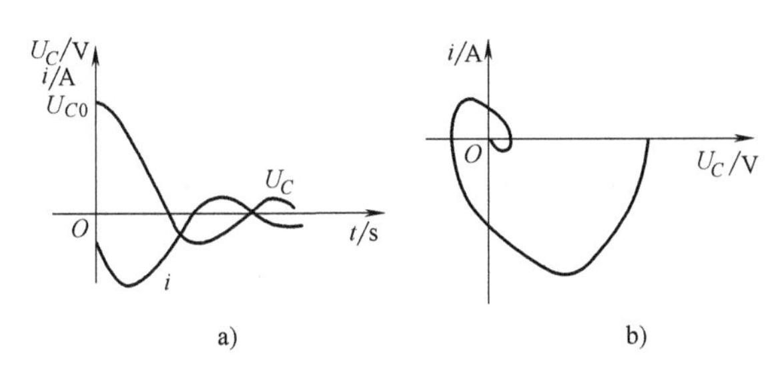

图 6-42 欠阻尼状态 *RLC* 串联电路电压、电流波形及其状态轨迹

a）电压、电流波形 b）状态轨迹

从图 6-42a 中可见，有反方向的电压和电流，这是因为电阻较小，当过零后，有反充电的现象。

（3）当电路中的电阻适中，即 $R=2\sqrt{\frac{L}{C}}$ 时，称为临界状态。此时，衰减系数 $\delta=\omega_0$，$\omega'=\sqrt{W_0^2-\delta^2}=0$，暂态过程介于非周期与振荡之间，其本质属于非周期暂态过程。

【实验仪器】

名称	数量	型号
1. 函数信号发生器	1 台	
2. 示波器	1 台	
3. 电阻	5 只	10Ω×1、1Ω×1、200Ω×1、1kΩ×1、2kΩ×1
4. 电容	1 只	22nF×1
5. 电感	1 只	10mH×1
6. 桥形跨接线和连接导线	若干	
7. 实验用 9 孔方板	一块	297mm×300mm

【实验步骤】

1. 将电阻、电容、电感串联成如图 6-43 所示的接线图，$U_s=1\text{V}$，$f=2\text{kHz}$，改变电阻 R，分别使电路工作在过阻尼、欠阻尼和衰减振荡状态，测量出输出波形。

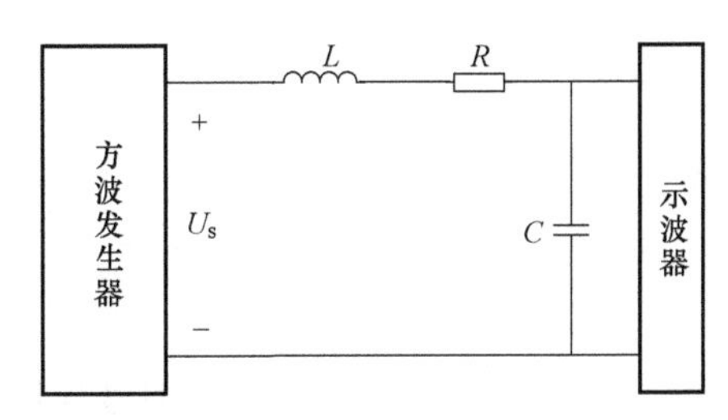

图 6-43 二阶电路实验接线图

进行数据计算，求出衰减系数 δ、振荡频率 ω，并用示波器测量其电容上电压的波形，

将波形及数据处理，结果填入表 6-18。

表 6-18 $\omega_0=\frac{1}{\sqrt{LC}}$

	$L=10\text{mH}$ $C=0.022\mu\text{F}$ $f_0=1.5\text{kHz}$		
	$R_1=51\Omega$	$R_2=1\text{k}\Omega$	$R_3=2\text{k}\Omega$
$\delta=\frac{R}{2L}$			
$\omega=\sqrt{W_0^2-\delta^2}$			
电路状态			
波形			

2. 测量不同参数下的衰减系数和波形。

保证电路一直处于欠阻尼状态，取三个不同阻值的电阻，用示波器测量输出波形，并计算出衰减系数，将波形和数据填入表 6-19。

表 6-19 $\omega_0=\frac{1}{\sqrt{LC}}$

	$L=10\text{mH}$ $C=0.022\mu\text{F}$ $f_0=1.5\text{kHz}$		
	$R_1=10\Omega$	$R_2=51\Omega$	$R_3=200\Omega$
$\delta=\frac{R}{2L}$			
$\omega=\sqrt{W_0^2-\delta^2}$			
电路状态			
波形			

【分析和讨论】

1. *RLC* 串联电路的暂态过程为什么会出现三种不同的工作状态？试从能量转换角度对其做出解释。

2. 叙述二阶电路产生振荡的条件，振荡波形如何？U_C 与电路参数 R、L、C 有何关系？

6.3.7 电路混沌效应

【实验目的】

学习并观察电路混沌效应。

【实验仪器】

名称	数量	型号规格
1. 交流电源	1 台	0~6~12~18V 可选
2. 整流二极管	4 只	1N4007×4

名称	数量	型号规格
3. 集成运放	1 块	LF 353
4. 集成块座	1 只	双运放座
5. 电容	4 只	22nF×1、0. 1μF×1、470μF35V×2
6. 电位器	2 只	220Ω×1、1kΩ×1
7. 电阻	6 只	100Ω×2、1kΩ×1、2kΩ×1、10kΩ×2
8. 线圈	1 只	1000 匝
9. 短接桥和连接导线	若干	P8—1 和 50148
10. 实验用 9 孔插件方板	1 块	297mm×300mm

【实验步骤】

按图 6-44、图 6-45 连接电路，调节 R7、R8，用双踪示波器从 CH1、CH2 处接入，观察电路混沌效应。

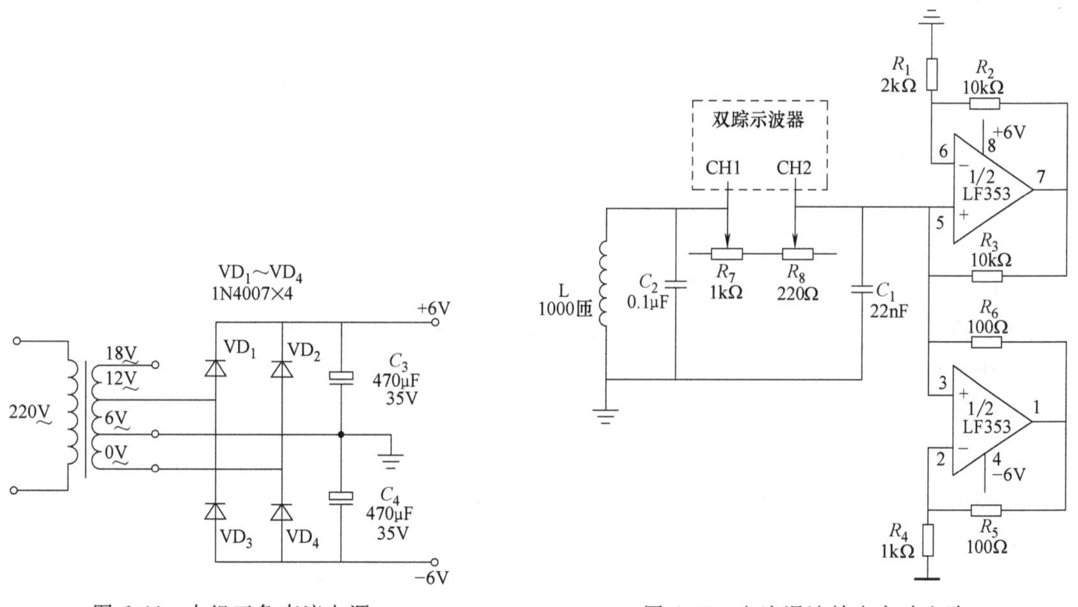

图 6-44　自组正负直流电源　　　图 6-45　电流混沌效应实验电路

【分析和讨论】

分析电路混沌效应产生的原因。

6.3.8　霍尔效应、亥姆霍兹线圈磁场实验、螺线管磁场测量实验

一、概述

本霍尔效应实验仪用于研究霍尔效应产生的原理及其测量方法，仪器可以测出霍尔电压并计算它的灵敏度，并可以通过测得的灵敏度来计算线圈附近各点的磁场。

二、仪器构成

仪器总体包括三部分：霍尔效应实验仪（电源与测试仪）、亥姆霍兹线圈磁场测定仪、螺线管磁场测定仪，分别用于产生电源及测量参数、产生亥姆霍兹双磁场、产生螺线管磁场。

三、主要技术性能

1. 环境适应性

工作温度 10～35℃，相对湿度 25～75%。

2. 螺线管磁场测定仪

螺线管线圈：匝数 1800 匝，有效长度 181mm，等效半径 21mm；

移动尺装置：横向移动距离 235mm，纵向移动距离 20mm；

霍尔效应片类型：N 型砷化镓半导体。

3. 亥姆霍兹线圈磁场测定仪

两个励磁线圈：线圈匝数 500 匝（单个）；有效半径 100mm；二线圈中心间距 50～200mm，连续可调。

4. 霍尔效应片类型：N 型砷化镓半导体

5. 霍尔效应实验仪（电源与测试仪）

主要由 0～0.5A 恒流源、0～5mA 恒流源及 20mV/2000mV 量程三位半电压表组成。

（1）霍尔工作电流用恒流源 I_s

工作电压 8V，最大输出电流 5mA，3 位半数字显示，输出电流准确度为 0.5%。

（2）磁场励磁电流用恒流源 I_M

工作电压 24V，最大输出电流 0.5A，3 位半数字显示，输出电流准确度为 0.5%。

（3）霍尔电压不等电位电势测量用直流电压表

20mV 量程，3 位半 LED 显示，分辨率 10μV，测量准确度为 0.5%。

（4）不等电位电势测量用直流电压表

2000mV 量程，3 位半 LED 显示，分辨率 1mV，测量准确度为 0.5%。

6. 供电电源

AC 220V±10%，功耗 50VA。

四、使用说明

1. 测试仪的供电电源为交流 220V、50Hz，电源进线为单相三线，使用单位应保障市电电源有效接地。

2. 电源插座安装在机箱背面，保险丝为 0.5A 或 1A，置于电源插座内，电源开关在面板的左侧。

3. 实验架各接线柱连线说明如下：

1）连接到霍尔片的红色插头与黑色插头连接到测试仪的 I_s 端。红色接红色为正向，红色接黑色为反向。

2）连接到霍尔片的黄色插头与蓝色插头连接到测试仪上的霍尔电压输入端。红色接黄色为正向，红色接蓝色为反向。

3）测试仪上的 V_H、V_σ 测量切换开关，在此款设备上只能选择测量 V_H。

4）测试仪磁场励磁电流 I_M端连接到亥姆霍兹线圈或螺线管（红色插头与红色插座相连时为正向，红色插头与黑色插座相连时为反向）。使用亥姆霍兹线圈测量时应取下螺线管；

使用螺线管测量时将其放置于靠右侧亥姆霍兹线圈，放置时对准底板的定位孔。

注意：励磁电源输出的是大电压，绝对不要错误地连接到其他接线端，否则会损坏仪器或霍尔片。

4. 仪器开机前应将 I_s、I_M调节旋钮逆时针方向旋到底，使其输出电流趋于最小状态，然后再开机。

5. 仪器接通电源后，预热数分钟即可进行实验。

6. “I_s 调节”和“I_M调节”分别来控制样品工作电流和励磁电流的大小，其电流随旋钮顺时针方向转动而增加，要细心操作。

7. 关机前，应将“I_s 调节”和“I_M调节”旋钮逆时针方向旋到底，使其输出电流趋于零，然后才可切断电源。

五、仪器使用注意事项

1. 连接线使用频繁，注意使用时不要拉拽导线部分。

2. 加电前必须保证测试仪的“I_s 调节”和“I_M调节”旋钮均置零位（即逆时针旋到底），严防 I_s、I_M电流未调到零就开机。

3. 测试架的霍尔片输出绝不允许将接到“I_M输出”端，否则一旦通电，会损坏霍尔片！

霍尔效应与磁场测量实验

霍尔效应是导电材料中的电流与磁场相互作用而产生电动势的效应。1879 年，美国霍普金斯大学研究生霍尔在研究金属导电机理时发现了这种电磁现象，故称霍尔效应。后来曾有人利用霍尔效应制成测量磁场的磁传感器，但因金属的霍尔效应太弱而未能得到实际应用。随着半导体材料和制造工艺的发展，因其霍尔效应显著而得到实用和发展。在电流体中的霍尔效应也是目前在研究中的“磁流体发电”的理论基础。近年来，霍尔效应实验不断有新发现。1980 年原西德物理学家冯·克利青研究二维电子气系统的输运特性时，在低温和强磁场下发现了量子霍尔效应，这是凝聚态物理领域最重要的发现之一。目前对量子霍尔效应正在进行深入研究，并取得了重要应用，例如用于确定电阻的自然基准，可以极为精确地测量光谱精细结构常数等。

在磁场、磁路等磁现象的研究和应用中，霍尔效应及其元件是不可缺少的，利用它观测磁场直观、干扰小、灵敏度高、效果明显。

【实验目的】

1. 了解霍尔效应原理及霍尔元件有关参数的含义和作用。

2. 测绘霍尔元件的 V_H-I_s，V_H-I_M曲线，了解霍尔电势差 V_H与霍尔元件工作电流 I_s、磁感应强度 B 及励磁电流 I_M之间的关系。

3. 学习利用霍尔效应测量磁感应强度 B 及磁场分布。

4. 学习用“对称交换测量法”消除负效应产生的系统误差。

【实验原理】（参看霍尔效应测磁场）

1. 由 R_H的符号（或霍尔电压的正、负）判断样品的导电类型

判断的方法是按 I_s 和 B 的方向，若测得的 $V_H = V_{AA'} < 0$（即点 A 的电位低于点 A'的电

位)，则 R_H 为负，样品属 N 型，反之则为 P 型。

2. 由 R_H 求载流子浓度 n

计算公式为 $n=\frac{1}{|R_H|e}$。应该指出，这个关系式是假定所有的载流子都具有相同的漂移速度得到的，严格一点，考虑载流子的速度统计分布，需引入 $3\pi/8$ 的修正因子（可参阅黄昆、谢希德著《半导体物理学》）。

3. 结合电导率的测量，求载流子的迁移率 μ

电导率 σ 与载流子浓度 n 以及迁移率 μ 之间有如下关系：

$$\sigma=ne\mu \tag{6-75}$$

即 $\mu=|R_H|\sigma$，通过实验测出 σ 值即可求出 μ，即单位电场下载流子的运动速度，一般电子迁移率大于空穴迁移率，因此制作霍尔元件时大多采用 N 型半导体材料。

根据上述可知，要得到大的霍尔电压，关键是要选择霍尔系数大（即迁移率 μ 高、电阻率 ρ 亦较高）的材料。因 $|R_H|=\mu\rho$，就金属导体而言，μ 和 ρ 均很低，而不良导体 ρ 虽高，但 μ 极小，这两种材料的霍尔系数都很小，不能用来制造霍尔器件。半导体 μ 高，ρ 适中，是制造霍尔器件较理想的材料，由于电子的迁移率比空穴的迁移率大，所以霍尔器件都采用 N 型材料，又由于霍尔电压的大小与材料的厚度成反比，因此，薄膜型的霍尔器件的输出电压较片状要高得多。就霍尔元件而言，其厚度是一定的，所以实用上采用

$$K_H=\frac{1}{ned} \tag{6-76}$$

式中，K_H 即为元件的灵敏度，它表示霍尔元件在单位磁感应强度和单位控制电流下的霍尔电势大小，其单位是 mV/mA · T，一般要求 K_H 越大越好。由于金属的电子浓度 n 很高，所以它的 R_H 或 K_H 都不大，因此不适宜作霍尔元件。此外元件厚度 d 越薄，K_H 越高，所以制作时，往往采用减少 d 的办法来增加灵敏度，但不能认为 d 越薄越好，因为此时元件的输入和输出电阻将会增加，这对霍尔元件是不希望看到的。本实验采用的霍尔片的厚度 d 为 0.2mm，长度 L 为 1.5mm。

由式（6-76）可知，求得霍尔灵敏度 K_H 后，根据样品的尺寸参数，可求得载流子浓度 $n=1/K_H ed$（或引入修正因子 $A=\frac{3\pi}{8}$），其中 e 为电子电量，d 为样品厚度。

另外，根据材料的电导率 $\sigma=ne\mu$ 的关系，可求出载流子的迁移率 μ。

将式（6-76）代入 $V_H=E_H l=\frac{1}{ne}\frac{I_s B}{d}=R_H\frac{I_s B}{d}$ 中得

$$V_H=K_H I_s B \tag{6-77}$$

应当注意：当磁感应强度 $\boldsymbol{B}$ 和元件平面法线 $\boldsymbol{n}$ 成一角度时（图 6-46），作用在元件上的有效磁场是其法线方向上的分量 $B\cos\theta$，此时有

$$V_H=K_H I_s B\cos\theta$$

所以一般在使用时应调整元件两平面方位，使 V_H 达到最大，即 $\theta=0$，这时有

$$V_H=K_H I_s B\cos B=K_H I_s B \tag{6-78}$$

由式（6-78）可知，当工作电流 I_s 或磁感应强度 B 两者之一改变方向时，霍尔电势 V_H

方向随之改变；若两者方向同时改变，则霍尔电势 V_H 极性不变。

霍尔元件测量磁场的基本电路如图 6-47 所示，将霍尔元件置于待测磁场的相应位置，并使元件平面与磁感应强度 $\boldsymbol{B}$ 垂直，在其控制端输入恒定的工作电流 I_s，霍尔元件的霍尔电势输出端接毫伏表，测量霍尔电势 V_H 的值。

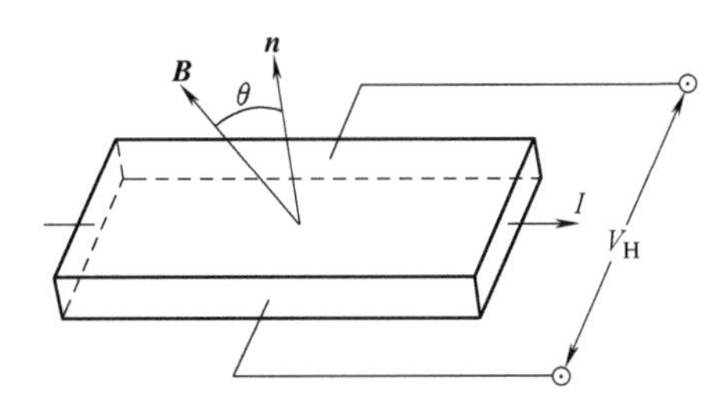

图 6-46 磁感应强度 **B** 与元件平面法线 **n** 成一角度

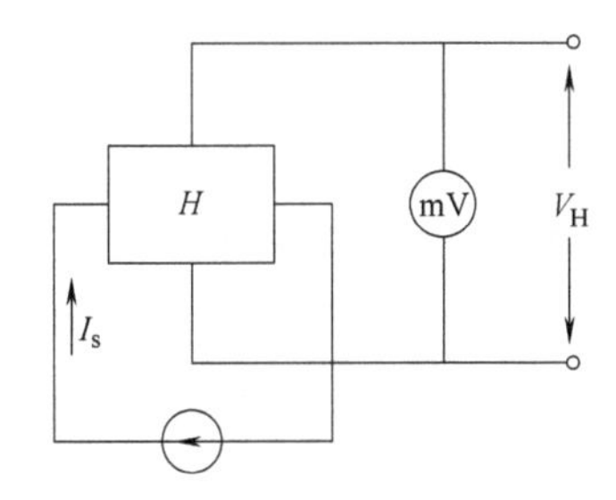

图 6-47 霍尔元件测量磁场基本电路

4. 霍尔效应中的副效应及其消除方法

上述推导是从理想情况出发的，而实际情况要复杂得多。产生上述霍尔效应的同时还伴随产生四种副效应，使 V_H 的测量产生系统误差，如图 6-48 所示。

（1）厄廷豪森效应引起的电势差 V_E。由于电子实际上并非以同一速度 v 沿 y 轴负向运动，速度大的电子回转半径大，能较快地到达接点 3 的侧面，从而导致 3 侧面较 4 侧面集中较多能量高的电子，结果 3、4 侧面出现温差，产生温差电动势 V_E。可以证明 $V_E \propto I_s B$，V_E 的正负与 I_s 和 $\boldsymbol{B}$ 的方向有关。

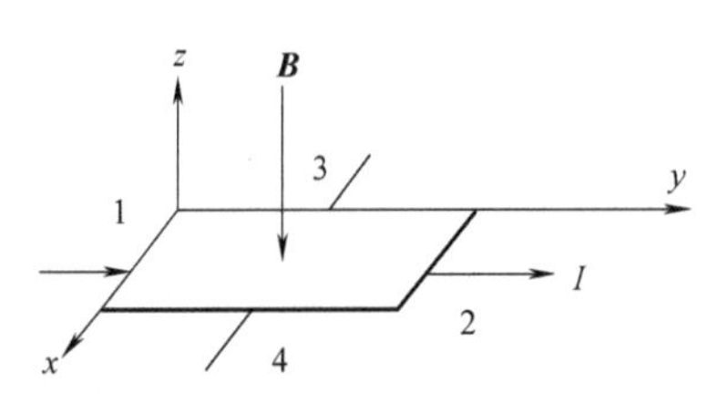

图 6-48 在磁场中的霍尔元件

（2）能斯特效应引起的电势差 V_N。焊点 1、2 间接触电阻可能不同，通电发热程度不同，故 1、2 两点间温度可能不同，于是引起热扩散电流。与霍尔效应类似，该热扩散电流也会在 3、4 点间形成电势差 V_N。若只考虑接触电阻的差异，则 V_N 的方向仅与磁场 $\boldsymbol{B}$ 的方向有关。

（3）里纪-勒杜克效应产生的电势差 V_R。上述热扩散电流的载流子由于速度不同，根据与厄廷豪森效应同样的理由，又会在 3、4 点间形成温差电动势 V_R。V_R 的正负仅与 $\boldsymbol{B}$ 的方向有关，而与 I_s 的方向无关。

（4）不等电势效应引起的电势差 V_0。由于制造上的困难及材料的不均匀性，3、4 两点实际上不可能在同一等势面上，只要有电流沿 x 方向流过，即使没有磁场 $\boldsymbol{B}$，3、4 两点间也会出现电势差 V_0。V_0 的正负只与电流 I_s 的方向有关，而与 $\boldsymbol{B}$ 的方向无关。

综上所述，在确定的磁场 $\boldsymbol{B}$ 和电流 I_s 下，实际测出的电压是霍尔效应电压与副效应产生的附加电压的代数和。可以通过对称测量方法，即改变 I_s 和磁场 $\boldsymbol{B}$ 的方向加以消除和减小副效应的影响。在规定了电流 I_s 和磁场 $\boldsymbol{B}$ 的正、反方向后，可以测量出由下列四组不同方向的 I_s 和 $\boldsymbol{B}$ 组合的电压。即

$$+B，+I_s：V_1=+V_H+V_E+V_N+V_R+V_0$$

$$+B，-I_s：V_2=-V_H-V_E+V_N+V_R-V_0$$

$$-B，-I_s：V_3=+V_H+V_E-V_N-V_R-V_0$$

$$-B，+I_s：V_4=-V_H-V_E-V_N-V_R+V_0$$

然后求 V_1、V_2、V_3、V_4 的代数平均值得

$$V_1-V_2+V_3-V_4=4(V_H+V_E)$$

通过上述测量方法，虽然不能消除所有的副效应，但 V_E 较小，引入的误差不大，可以忽略不计，因此霍尔效应电压 V_H 可近似为

$$V_H\approx\frac{1}{4}(V_1-V_2+V_3-V_4) \tag{6-79}$$

5. 直螺线管中的磁场分布

（1）由以上分析可知，将通电的霍尔元件放置在磁场中，已知霍尔元件灵敏度 K_H，测量出 I_s 和 V_H，就可以计算出所处磁场的磁感应强度 B：

$$B=\frac{V_H}{K_H I_s} \tag{6-80}$$

（2）直螺线管离中点 x 处的轴向磁感应强度理论公式：

$$B_x=\frac{\mu N I_s}{2L}\left\{\frac{\frac{L}{2}-x}{\left[\left(\frac{L}{2}-x\right)^2+r_0^2\right]^{1/2}}+\frac{\frac{L}{2}+x}{\left[\left(\frac{L}{2}+x\right)^2+r_0^2\right]^{1/2}}\right\} \tag{6-81}$$

式中，μ 是磁介质的磁导率；N 为螺线管的匝数；I_s 为通过螺线管的电流；L 为螺线管的长度；r_0 是螺线管的内径；x 为离螺线管中点的距离。

$x=0$ 时，螺线管中点的磁感应强度

$$B_0=\frac{\mu N I_s}{(L^2+4r_0^2)^{1/2}} \tag{6-82}$$

【实验项目典例】

一、研究霍尔效应及霍尔元件特性

1. 测量霍尔元件零位（不等位）电势 V_0及不等位电阻 $R_0=V_0/I_s$。

2. 研究 V_H与励磁电流 I_M和工作电流 I_s之间的关系。

二、测量通电圆线圈的磁感应强度 B（仅圆线圈磁场测定仪）

1. 测量通电圆线圈中心的磁感应强度 B。

2. 测量通电圆线圈中磁感应强度 B 的分布。

三、测量螺线管轴线上的磁感应强度 B（仅螺线管磁场测定仪）

1. 测量螺线管轴线中心的磁感应强度 B。

2. 测量螺线管轴线上的磁感应强度 B 的分布。

【实验方法与步骤】

一、按仪器面板上的文字和符号提示将霍尔效应测试仪与霍尔效应实验架正确连接

1. 将霍尔效应测试仪面板右下方的励磁电流 I_M 的直流恒流源输出端（0~0.5A），接霍

尔效应实验架上的 I_M 磁场励磁电流的输入端（将红接线柱与红接线柱对应相连，黑接线柱与黑接线柱对应相连）。

2. 测试架霍尔片的红色插头与黑色插头连接到测试仪的 I_s 端。红色接红色为正向，红色接黑色为反向。

3. 测试架霍尔片的黄色插头与蓝色插头连接到测试仪上的霍尔电压输入端。红色接黄色为正向，红色接蓝色为反向。

注意：以上三组线千万不能接错，以免烧坏元件。

二、研究霍尔效应与霍尔元件特性

1. 测量霍尔元件的零位（不等位）电势 V_0 和不等位电阻 R_0

（1）将实验仪和测试架的转换开关切换至 V_H，用连接线将中间的霍尔电压输入端短接，调节调零旋钮使电压表显示 0.00mV。

（2）将 I_M 电流调节到最小。

（3）调节霍尔工作电流 $I_s = 3.00\text{mA}$，利用 I_s 换向开关改变霍尔工作电流输入方向，分别测出零位霍尔电压 V_{01}、V_{02}，并计算不等位电阻：

$$R_{01} = \frac{V_{01}}{I_s}, \quad R_{02} = \frac{V_{02}}{I_s} \tag{6-83}$$

2. 测量霍尔电压 V_H 与工作电流 I_s 的关系

（1）先将 I_s、I_M 都调零，调节中间的霍尔电压表，使其显示为 0mV。

（2）将霍尔元件移至线圈中心，调节 $I_M = 500\text{mA}$，调节 $I_s = 0.5\text{mA}$，按表中 I_s、I_M 正负情况切换“实验架”上的方向，分别测量霍尔电压 V_H 值（V_1、V_2、V_3、V_4）填入表 6-20。以后 I_s 每次递增 0.50mA，测量各 V_1、V_2、V_3、V_4 值。绘出 I_s-V_H 曲线，验证线性关系。

表 6-20　V_H-I_s　$I_M = 500\text{mA}$

I_s/mA	V_1/mV	V_2/mV	V_3/mV	V_4/mV	$V_H = \frac{V_1 - V_2 + V_3 - V_4}{4}$/mV
	$+I_s, +I_M$	$+I_s, -I_M$	$-I_s, -I_M$	$-I_s, +I_M$	
0.50					
1.00					
1.50					
2.00					
2.50					
3.00					

3. 测量霍尔电压 V_H 与励磁电流 I_M 的关系

（1）先将 I_M、I_s 调零，调节 I_s 至 3.00mA。

（2）调节 $I_M = 100, 150, 200, \cdots, 500$（单位 mA，间隔为 50mA），分别测量霍尔电压 V_H 值，填入表 6-21 中。

（3）根据表 6-21 中所测得的数据，绘出 I_M-V_H 曲线，验证线性关系的范围，分析当 I_M 达到一定值以后，I_M-V_H 直线斜率变化的原因。

表 6-21　V_H-I_M　　I_s = 3. 00mA

I_M/mA	V_1/mV	V_2/mV	V_3/mV	V_4/mV	$V_H=\frac{V_1-V_2+V_3-V_4}{4}$/mV
	$+I_s$, $+I_M$	$+I_s$, $-I_M$	$-I_s$, $-I_M$	$-I_s$, $+I_M$	
100					
150					
200					
…					
500					

4. 计算霍尔元件的霍尔灵敏度

如果已知 B，根据公式 $V_H=K_H I_s B\cos\theta=K_H I_s B$ 可知

$$K_H=\frac{V_H}{I_s B} \tag{6-84}$$

三、测量亥姆霍兹线圈中磁感应强度 B 的分布

1. 载流圆线圈

一半径为 R，通以电流 I 的圆线圈，轴线上磁场的公式为

$$B=\frac{\mu_0 N_0 I R^2}{2\left(R^2+X^2\right)^{3/2}} \tag{6-85}$$

式中，N_0 为圆线圈的匝数；X 为轴上某一点到圆心 O 的距离；$\mu_0=4\pi\times10^{-7}$H/m。其磁场的分布图如图 6-49 所示。

本实验取 N_0 = 500 匝，I = 500mA，R = 100mm，圆心 O 处 X = 0，可算得圆电流线圈磁感应强度 B = 1. 57mT。

2. 亥姆霍兹线圈

所谓亥姆霍兹线圈即两个相同线圈彼此平行且共轴，使线圈上通以同方向电流 I，如图 6-50 所示。理论计算证明：当线圈间距 a 等于线圈半径 R 时，两线圈合磁场在轴上（两线圈圆心连线）$-a/2\sim a/2$ 范围内是比较均匀的，这时的亥姆霍兹线圈磁感应强度计算公式为

$$B=\frac{\mu_0 N_0 I}{2R}\times\frac{16}{5^{\frac{3}{2}}} \tag{6-86}$$

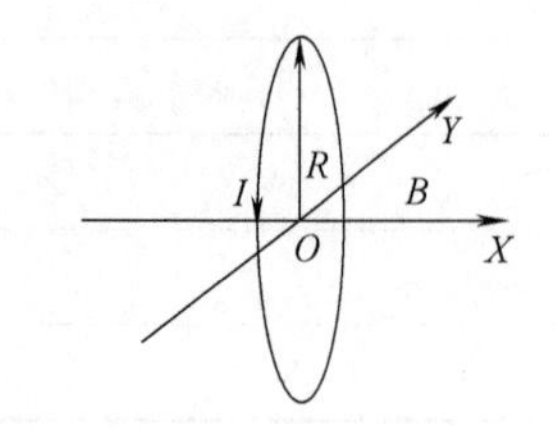

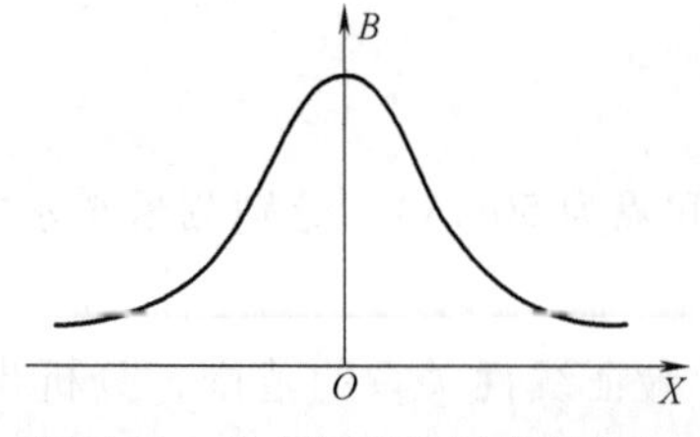

图 6-49　单个圆环线圈磁场分布

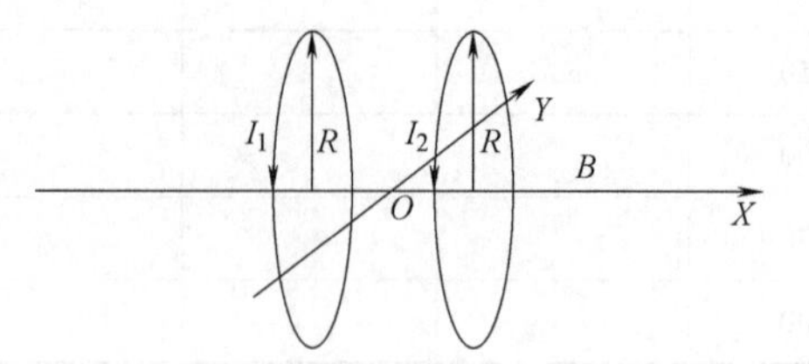

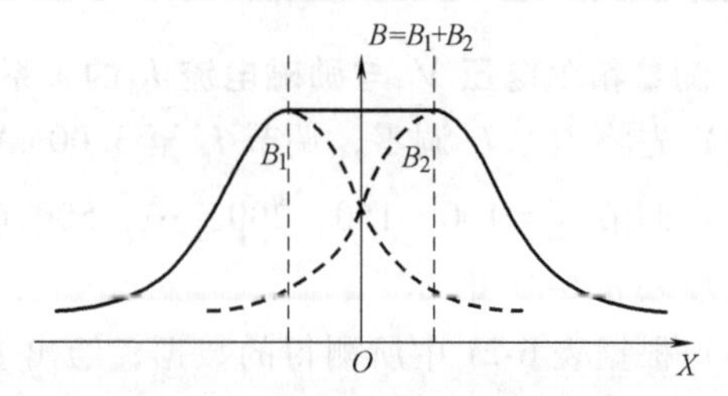

图 6-50　亥姆霍兹线圈磁场分布

本实验取 $N_0=500$ 匝，$I=500\text{mA}$，$R=100\text{mm}$，圆心 O 处 $X=0$，可算得圆电流线圈磁感应强度 $B=2.25\text{mT}$。

3. 测量单个通电圆线圈轴线上的磁感应强度

测量前将亥姆霍兹线圈的距离设为 R，即 100mm 处；铜管置 R 处（中间凹槽右侧线）；Y 轴向坐标置于标尺 0 处，并紧固螺母，这样使霍尔元件位于亥姆霍兹线圈轴线上。

用连接线将励磁电流输出端连接到圆线圈，霍尔传感器的信号插头连接到测试架前面板。

仪器使用前，先开机预热数分钟。这段时间内，请使用者熟悉测试架和磁场测量仪的构成、各个接线端子的正确连线方法，以及仪器的正确操作方法。

调节励磁电流 $I_M=0.5\text{A}$，调节垂直方向刻度，使滑块的上沿口对准 0 刻度；移动水平方向导轨，测量单个圆线圈通电时，轴线上的各点处的磁感应强度，可以每隔 10mm 测量一个数据。

将测量的数据记录在表格 6-22 中，再根据公式计算出各点的磁感应强度 B，并绘出 $B_{1(y=0)}$-X 图，即圆线圈轴线上 B 的分布图。

将测得的圆线圈轴线上（X 向）各点的磁感应强度与理论公式计算的结果相比较。

表 6-22 $B_{1(y=0)}$-X

轴向距离 X/mm	…	-40	-30	-20	-10	0	10	20	30	…
$B_{1(y=0)}$/mT										

调节励磁电流 $I_M=0.5\text{A}$，改变 Y 轴向导轨位置 y（y 可以选择为 -80~80mm 之间，间隔 10mm），再次测量单个圆线圈通电时，轴线上（X 向）的各点处的磁感应强度，每隔 10mm 测量一个数据。

将测量的数据记录在表格 6-23 中，测出各点的磁感应强度 B，并绘出 $B_{1(y)}$-X 图，即圆线圈各轴线上 B 的分布图。做出 y 在不同位置时，X 轴向磁场分布曲线图。

表 6-23 $B_{1(y)}$-X

轴向距离 X/mm	…	-40	-30	-20	-10	0	10	20	30	…
$B_{1(y)}$/mT										

4. 测量亥姆霍兹线圈轴线上各点的磁感应强度

测量前将亥姆霍兹线圈的距离设为 R，即 100mm 处；铜管置 R 处（中间凹槽右侧线）；Y 向导轨置于 0，并紧固，这样使霍尔传感器位于亥姆霍兹线圈轴线上。

用连接线将圆线圈 1 和 2 同向串联，连接到信号源励磁电流输出端。其他连接线一一对应连接好。

调节励磁电流 $I_M=0.5\text{A}$，移动 X 向导轨，测量亥姆霍兹线圈通电时，轴线上的各点处的磁感应强度，可以每隔 10mm 测量一个数据。

将测量的数据记录在表格 6-24 中，再根据公式计算出各点的磁感应强度 B，并绘出 $B_{(R)y=0}$-X 图，即亥姆霍兹线圈轴线上 B 的分布图。

将测得的亥姆霍兹线圈轴线上各点的磁感应强度与理论公式计算的结果相比较。

表 6-24 $B_{(R)y=0}$-X

轴向距离 X/mm	…	−40	−30	−20	−10	0	10	20	30	…
$B_{(R)y=0}$/mT										

移动 Y 向导轨，测量亥姆霍兹线圈通电时，轴线上的各点处的磁场强度，可以每隔 10mm 测量一个数据；即测量不同的 y 值时，X 轴向上各点的磁感应强度分布。

将测量的数据记录在表格 6-25 中，并绘出 $B_{(R)y}$-X 图。

表 6-25 $B_{(R)y}$-X

轴向距离 X/mm	…	−40	−30	−20	−10	0	10	20	30	…
$B_{(R)y}$/mT										

5. 测量两个通电圆线圈不同间距时的线圈轴线上各点的磁感应强度

（1）调整圆线圈 1 与 2 的距离为 50mm，铜管置"$R/2$"处（最左侧凹槽的右侧线）。重复以上实验内容的过程，得到 $B_{(R/2)}$ 数据，并绘制出 $B_{(R/2)}$-X 图。

（2）调整圆线圈 1 与 2 的距离为 200mm，铜管置"$2R$"处（最右侧凹槽的右侧线）。重复以上实验内容的过程，得到 $B_{(2R)}$ 数据，并绘制出 $B_{(2R)}$-X 图。

（3）将绘制出 $B_{(R)}$-X 图、$B_{(R/2)}$-X 图和 $B_{(2R)}$-X 图进行比较，分析和总结通电圆线圈轴线上磁场的分布规律。

6. 测量通电圆线圈轴线外各点的磁感应强度

调整圆线圈 1 与 2 的距离为 100mm，铜管置"R"处（中间凹槽右侧线）。X 向导轨置于 0。

调节励磁电流 $I_M=0.5$A，松开紧固螺钉，双手移动 Y 向导轨，测量亥姆霍兹线圈通电时，Y 轴线上的各点处的磁感应强度，可以每隔 10mm 测量一个数据。

改变 X 向导轨位置，计算出 Y 方向上各点的磁感应强度 B，并绘出 $B_{(R)x}$-Y 图，即亥姆霍兹线圈在不同的 X 轴向处，Y 方向上 B 的分布图。

调节 X、Y 向导轨，使霍尔传感器位于需要测量的位置，测出霍尔电压，即可求得磁感应强度 B。

四、测量螺线管轴线上的磁感应强度 B 及其分布实验

需要测量螺线管的磁场分布时，需先将螺线管放置于测试架上的定位孔中，螺线管的电流引出端朝右，将螺线管的右侧定位柱放入靠近右侧亥姆霍兹线圈的底板上的定位孔中，另一侧定位孔放入底板上居中的定位槽中。测量时将安装了霍尔片的铜管的位置调整到 1/2R 标记处（该标记的右侧沿口）。

1. 测量原理

根据毕奥-萨伐尔定律，对于长度为 $2L$，匝数为 N_1，半径为 R 的螺线管离开中心点 x 处的磁感应强度为

$$B=\frac{\mu_0 nI}{2}\left(\frac{x+L}{[R^2+(x+L)^2]^{1/2}}-\frac{x-L}{[R^2+(x-L)^2]^{1/2}}\right) \tag{6-87}$$

式中，$\mu_0=4\pi\times10^{-7}\text{N/A}^2$，为真空磁导率；$n=N_1/2L$，为单位长度的匝数，本实验中螺线管的 $N_1=1800$ 匝，$2L$ 为 181mm。

对于“无限长”螺线管，$L \gg R$，所以

$$B = \mu nI$$

对于“半无限长”螺线管，在端点处有 $X = L$，且 $L \gg R$，所以

$$B = \mu nI/2$$

2. 测量方法

选定霍尔片工作电流 5mA，螺线管线圈上施加 0.1A、0.2A、0.3A、0.4A、0.5A 的电流，测量从螺线管中心位置到螺线管外 20mm 之间磁场分布。

【结论】

1. 当霍尔电压保持恒定，改变励磁电流时，测量得到的霍尔电压随励磁电流的增加而增加，通过作图发现二者之间也满足线性关系。

2. 当励磁电流保持恒定，改变霍尔电流时，测量得到的霍尔电压随霍尔电流的增加而增加，通过作图发现二者之间满足线性关系。

【注意事项】

1. 为了消除副效应的影响，实验中采用对称测量法，即改变 I_s 和 I_m 的方向。

2. 霍尔元件的工作电流引线与霍尔电压引线不能搞错；霍尔元件的工作电流和螺线管的励磁电流要分清，否则会烧坏霍尔元件。

3. 实验间隙要断开螺线管的励磁电流 I_m 与霍尔元件的工作电流 I_s，即 I_m 和 I_s 的极性开关置 0 位。

4. 霍尔元件及二维移动尺容易折断、变形，要注意保护，应避免挤压、碰撞等，并且不要用手触摸霍尔元件。

【思考题】

1. 实验的原理是什么？

答：法拉第电磁感应原理。

2. 对探测线圈的要求是什么？

答：线圈面积要大小合适，太大无法反映各点磁场的情况；太小则感应电压小，不利于测量。

3. 感应法测磁场为什么不用一般的电压表？

答：因为被测量的电压是交流毫伏量级。

4. 是否能利用本方法测量稳恒磁场？

答：不能，因为根据法拉第电磁感应原理，静止探测线圈在稳恒磁场中感应电动势为零。

5. 用探测线圈法测磁场时，为何产生磁场的导体中必须通过低频交流电流，而不能通过高频交流电流？

答：由于线圈是一个大电感，电感的阻抗正比于频率，高频时阻抗太大，扼制了电流，无法形成磁场。

6.4　光学综合实验

6.4.1　透镜焦距的测定

透镜是最基本的光学元件之一。透镜的成像规律是许多光学仪器的设计依据。焦距又是透镜的一个重要参数，测定焦距实验是最基本的光学实验。需要强调的是本实验选用的都是薄透镜，即其厚度比焦距或两折射球面的曲率半径小得多的透镜。

【实验目的】

1. 通过本实验掌握光具座上各元件的共轴等高调节，了解进行光学实验和使用光学仪器的一般规则。

2. 用不同的方法测定凸透镜和凹透镜的焦距，并能正确地进行数据处理。

【实验的原理与方法】

1. 测量凸透镜的焦距

（1）物距像距法

凸透镜是会聚透镜，当物距大于焦距时，物经透镜能成放大倒立的实像，可用像屏直接接收并观察。所以通过测定物距 u 与像距 v，利用式（6-88）即可测出焦距。

$$\frac{1}{f}=\frac{1}{u}+\frac{1}{v} \tag{6-88}$$

式中，f 为透镜的焦距；u 为物距；v 为像距。实验规定符号规则：物距 u 为正值表示实物，为负值表示虚物；像距 v 为正值表示实像，为负值表示虚像；焦距 f 为正值表示凸透镜（又称正透镜），为负值表示凹透镜（又称负透镜）。

（2）自准直法

如图 6-51 所示，在透镜 L_1 的一侧放置被光源照明的物，在另一侧放置平面镜 M。移动透镜的位置，可以改变物距的大小。当物距正好等于透镜焦距时，物上任一点发出的光，经透镜折射后变成平行光。它们被平面镜反射后，经原透镜折射，在物平面（即透镜焦平面）上形成与原物大小相等的倒立的实像。此时，分别读出物与透镜在光具座上的位置 x_1 和 x_2，则透镜焦距为

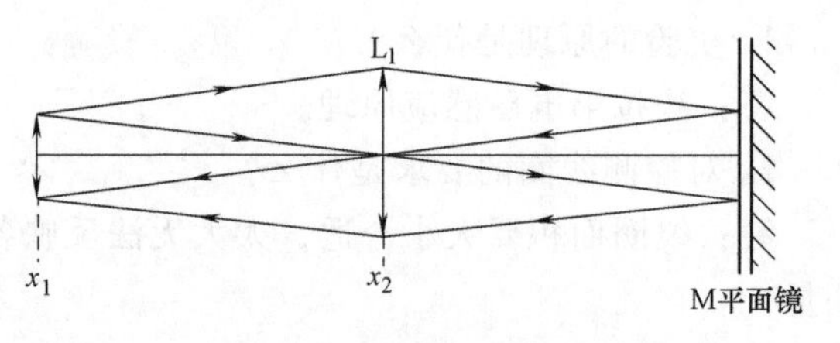

图 6-51　自准直光路图

$$f=x_1-x_2 \tag{6-89}$$

（3）位移法（共轭法或二次成像法）

取物屏与像屏之间的距离 D 大于四倍焦距，即 $D>4f_0$，固定物屏与像屏的位置，将凸透镜 L_1 置于物屏与像屏之间，如图 6-52 所示，仪器排列类似物距像距法。由几何光学理论可知，移动透镜必能在像屏上两次成像。如图 6-52 所示，设物距为 u_1 时，得倒立、放大的像，对应的像距为 v_1；物距为 u_2 时，得倒立、缩小的像，对应的像距为 v_2。可以推证凸透

镜的焦距为

$$f_1=\frac{D^2-L^2}{4D} \tag{6-90}$$

只要测出 D、L，即可求得 f_1。公式的推导，同学们可以在预习时完成。

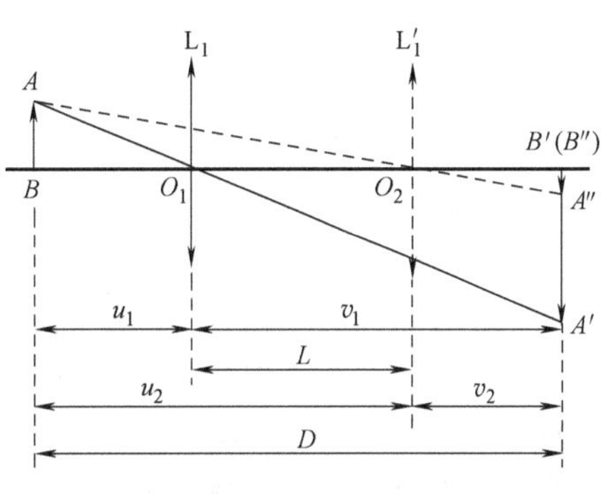

图 6-52　二次成像法光路图

比较以上三种测凸透镜焦距的方法，可以看出，前两种方法测焦距时都与透镜光心的位置有关，测量时会因光心位置无法准确确定而带来误差。而位移法的优点是把焦距的测量归结为相对距离 D 和 L 的测量，与透镜光心的位置无关，避免了在制造或装配时光心前后位置不准确所带来的误差。但这种测量方法无论在理论上还是在实验上都是建立在前述方法的基础上的。理论方面在于其公式是由透镜的成像公式推出的；实验方面在于事先应该对所测透镜焦距有一大概的了解，否则难以判断 $D>4f$。

2. 测凹透镜焦距

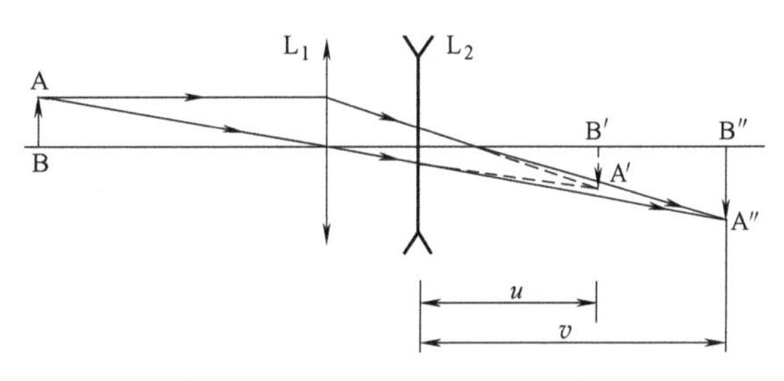

图 6-53　测量凹透镜焦距光路图

凹透镜是发散透镜且对实物成虚像，因而不能用像屏直接接收像的方法得到焦距，故一般借助于凸透镜，采用辅助成像法测其焦距。如图 6-53 所示，物体 AB 发出的光，经 L_1 后成像为 A′B′。在 L_1 和 A′B′之间的适当位置插入待测凹透镜 L_2。此时，A′B′则为 L_2 的“虚物”，经 L_2 再成像于 A″B″这里，凹透镜 L_2 的焦距及物距按前述规定均为负值，像是实像，故像距为正值。以 f_2、u、v 分别代表它们的绝对值，式（6-88）可写成

$$-\frac{1}{f_2}=\frac{1}{v}-\frac{1}{u} \tag{6-91}$$

则凹透镜的焦距为

$$f_2=\frac{uv}{v-u} \tag{6-92}$$

【实验仪器】

光具座（包括滑块与透镜夹），光源，凸透镜（$f=75$mm），凹透镜（$f=-175$mm），平面镜，物屏及像屏等。

【实验内容与方法提示】（参看基本实验部分）

1. 光具座上各元件的共轴等高调节

透镜两个球面中心的连线称为透镜的主光轴。物距、像距、透镜位移等都是沿着主光轴计算其长度的，且均靠光具座的刻度来读数。因此，为了准确测量这些量，透镜主光轴应该

与光具座的导轨平行。如果需要多个透镜做实验，各个透镜应调节到有共同的主光轴，且此光轴必须与导轨平行。这些步骤统称为“共轴等高调节”。使许多光学元件共轴等高的调节是光学实验的基本训练之一，必须很好掌握。本实验中，调节共轴等高可按两步进行。

（1）目测粗调

依次把物屏、透镜、像屏安装在光具座上，并将它们靠拢，调节高低、左右位置。通过目测，使光源、物的中心、透镜中心及像屏中央大致在一条与导轨平行的直线上，并使它们所处的平面相互平行且垂直于导轨。

（2）用位移法进行细调

使物屏与像屏的距离大于凸透镜焦距的 4 倍，移动凸透镜在两个位置成像。利用两次所成像的中心重合与否来判断是否共轴等高。移动透镜时图 6-54 一次成放大的实像，一次成缩小的实像，如图 6-54a 表示物在主光轴的上方，图 6-54b 表示物在主光轴的下方。要调节它们的中心重合，应使所成的大像向小像靠拢（大像追小像），这样调节方便迅速。如果光路中有凸透镜和凹透镜，应先调凸透镜成像系统的光路共轴等高，然后再加上凹透镜继续调共轴等高。

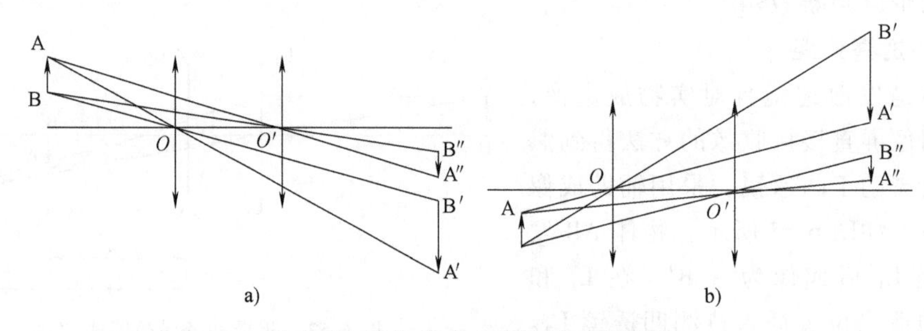

图 6-54　物体偏离主光轴的成像情况

a）物体偏高于主光轴　b）物体偏低于主光轴

2. 凸透镜焦距测量

（1）物距-像距法

在光具座上如图 6-55 所示依次放置光源、物屏、透镜、像屏，在共轴等高调好后，改变它们之间的距离，使在像屏上得到清晰的像。要求一次测量物距 v 和像距 v，利用式(6-88)计算凸透镜焦距 f_1，然后改变位置多次测量并计算平均值与不确定度。表格自拟。请注意本仪器的物距 u 要从白光源前端的花纹板算起。

也可将实验测得的 u 和 v 数据画成 u-v 曲线，如图 6-56 所示，它表示像距随物距变化的情况，通过原点做一条直角的平分线，与曲线交于 A 点，在 A 点处 $u=-v=2f$，这样透镜的焦距就可以通过图像求出。也可以以 $1/u$ 为横轴、$1/v$ 为纵轴，则可得到如图 6-57 所示的图像，图线与纵轴或横轴的截距等于焦距 f 的倒数。表格自拟。感兴趣的学生可以一试，不作要求。

（2）自准直法

将图 6-55 的白屏换成平面镜就可以用

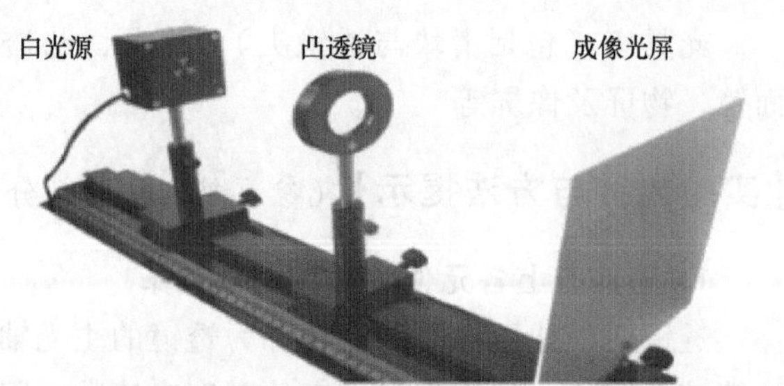

图 6-55　凸透镜焦距测量的实物照片

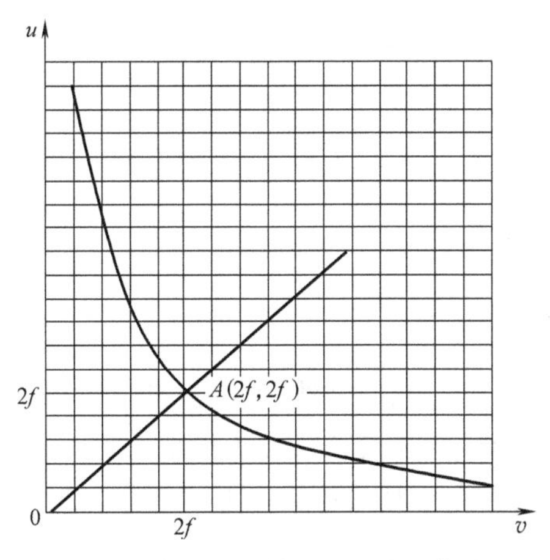

图 6-56 物距与像距 u-v 关系曲线

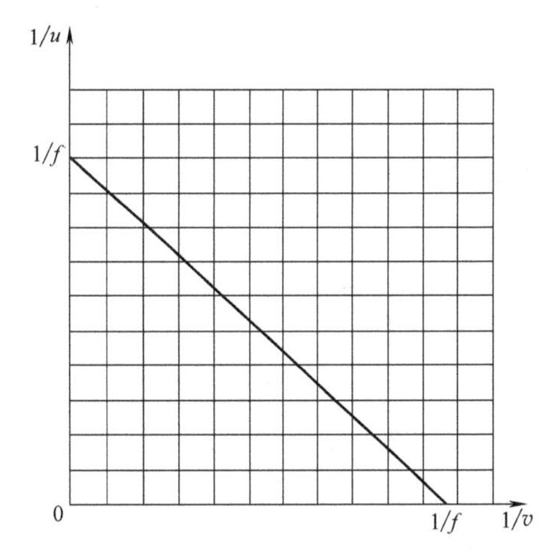

图 6-57 物距与像距的倒数关系曲线

自准直法测量透镜焦距。在光具座的不同位置，移动透镜，观察图形，用自准直法多次测量，求出平均值f_1，并计算不确定度。实验中注意同轴度的调节，使反射的图形与发射图形正好拼成圆形时读取凸透镜位置，如图 6-58 所示。物屏白光源前端花纹板与平面镜的距离为A_1，与凸透镜的距离为L_1，则透镜焦距为$f=|A_1-L_1|$。

（3）位移法或二次成像法

如图 6-52 所示固定物屏与像屏之间的距离$D(>4f)$，将待测凸透镜放在物屏与像屏之间。测出物屏和像屏之间的距离D（一次测量）。移动透镜测出两次成像时透镜移动的距离L。在保持D不变的情况下，重复多次测量L，求出焦距，并计算不确定度。物屏与像屏的位置分别为X_{AB}和$X_{A'B'}$，透镜在成大像和小像时的位置分别为X_{O_1}和X_{O_2}，透镜在两次成像之间的位移$L=|X_{O_2}-X_{O_1}|$，物像之间的位移$D=|X_{A'B'}-X_{AB}|$。数据记录于表 6-26 中。

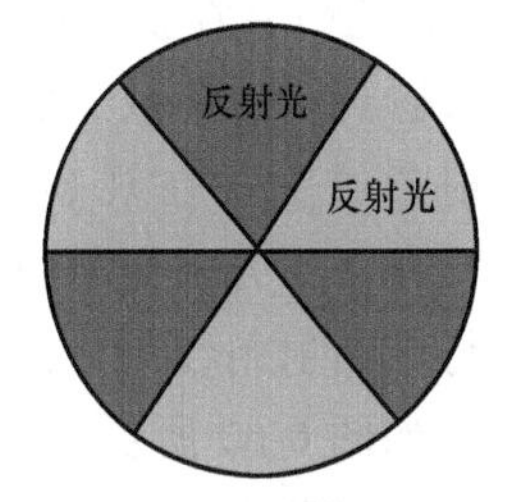

图 6-58 自准直法测焦距

表 6-26

单位：cm

名称 \ 次数	1	2	3	4	5	平均
X_{O_1}						
X_{O_2}						
X_{AB}						
$X_{A'B'}$						

（4）用物距-像距法及自准直法测凹透镜焦距

参照上述实验进行，用公式（6-92）计算焦距。表格自拟。

6.4.2 单缝衍射实验

【实验目的】

1. 观察单缝衍射现象，加深对衍射理论的理解。

2. 会用光电元件测量单缝衍射的相对光强分布，掌握其分布规律。

3. 学会用衍射法测量微小量。

【实验仪器】

激光器，单缝，硅光电池，光强测量仪，手电筒和米尺。

【实验原理】

当光在传播过程中绕过障碍物，如不透明物体的边缘、小孔、细线、狭缝等时，一部分光会传播到几何阴影中去，产生衍射现象。如果障碍物的尺寸与波长可相近比拟，那么，这样的衍射现象就比较容易观察到。图 6-59 就是光经过缝宽为 d 时的单缝衍射原理图。

单缝衍射有两种：一种是菲涅耳衍射，单缝距光源和接收屏均为有限远；另一种是夫琅禾费衍射，单缝距光源和接收屏均为无限远或者相当于无限远，即入射波和衍射波都可看作是平面波。用散射角极小的激光器产生激光束，通过一条很细的狭缝（0.1~0.3mm 宽），在狭缝后合适地方放上观察屏，就可看到衍射条纹，它实际上就是夫琅禾费衍射条纹。若在观察屏位置处放上硅光电池，并使与光强测量仪相连的硅光电池可在平行于衍射条纹的方向移动，那么光强测量仪所显示数值就与落在硅光电池上的光强成正比，如图 6-60 所示的实验装置。

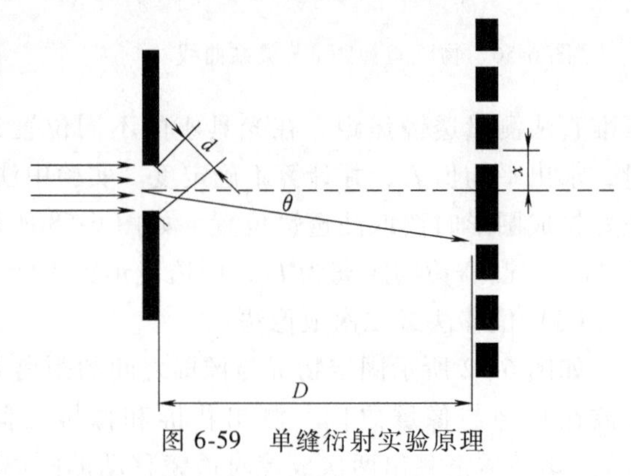

图 6-59　单缝衍射实验原理

当光照射在单缝上时，根据惠更斯-菲涅耳原理，单缝上每一点都可看成是向各个方向发射球面子波的新波源。由于子波叠加的结果，在屏上可以得到一组平行于单缝的明暗相间的条纹。

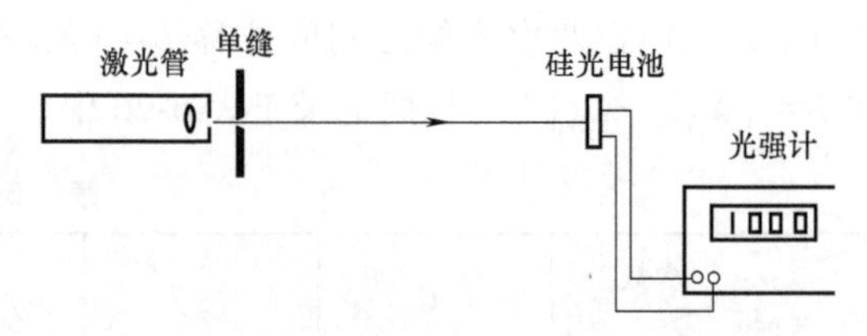

图 6-60　用光强计测定单缝衍射光强分布

由理论计算可得，垂直入射于单缝平面的平行光经单缝衍射后光强分布的规律为

$$I = I_0 \frac{\sin^2 u}{u^2} \tag{6-93}$$

$$u = \frac{\pi d}{\lambda}\sin\theta = \frac{\pi d}{\lambda D}x \tag{6-94}$$

式中，d 是狭缝宽度；λ 是波长；θ 是衍射角；D 是单缝位置到光电池位置的距离；x 是从衍射条纹的中心位置到测量点之间的距离。其光强分布如图 6-61 所示。

A：当 $\theta=0$ 时，即 $u=0$，$x=0$，所以 $I=I_0$，在整个衍射图样中，此处光强最强，称为中央主极大。

B：当 $\sin\theta=k\lambda/d$ 或 $u=k\pi$（$k=\pm1, \pm2, \cdots$）时，$I=0$，这些地方为暗条纹。由于 θ 很小，所以 $\sin\theta\approx\theta$，因此暗条纹出现的位置是在 $\theta=k\lambda/d$，并以光轴为对称轴，呈等间隔、左

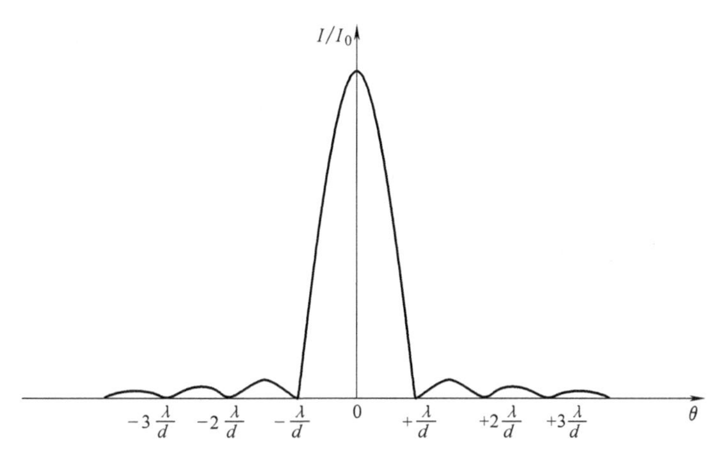

图 6-61 单缝衍射光强分布

右对称分布。中央亮条纹的宽度 Δx 可用 $k=\pm1$ 的两条暗条纹间的间距确定，所以 $\Delta x=2\lambda D/d$；而其他级别的亮条纹的宽度是中央亮条纹的一半，即$\frac{\lambda D}{d}$。由此可见，某一级暗条纹的位置与光缝宽度 d 成反比，d 大，x 小，各级衍射条纹向中央收缩，当 d 宽到一定程度时，衍射现象便不再明显，只能看到中央位置有一条亮线，这时可以认为光线是沿直线传播的。于是，单缝的宽度为

$$d=\frac{k\lambda D}{x_k} \tag{6-95}$$

因此，如果测到了第 k 级暗条纹的位置 x_k，用光的衍射可以测量细缝的宽度。由于 x_k 一般均用测微目镜测量，因此式（6-93）修改成

$$d=\frac{k\lambda}{x_k}f \tag{6-96}$$

式中，f 是透镜焦距。

除了中央明纹外，在相邻暗纹之间都有一次极强，计算得出这些次极大的位置分别出现在$\pm1.43\lambda/d$，$\pm2.46\lambda/d$，…，它们的相对光强 $I/I_0=0.047$，0.017，…。

【实验内容】

1. 单缝衍射光强分布图形的观察及单缝宽度的测量

（1）按图 6-62 组合实验仪器，开启激光电源，预热。

（2）将单缝靠近激光器的激光管管口，选择合适的缝宽，并照亮狭缝。

（3）在硅光电池处，先用白屏进行观察，调节单缝倾斜度及左右位置，使衍射图形水平，两边对称。然后改变缝宽，观察花样变化规律。

（4）移开白屏，在屏处放上硅光电池盒及移动装置。

（5）测量单缝到光电池之间的距离 D。

（6）调节单缝宽度，至少使衍射图形左右对称三个暗点位置处在硅光电池盒移动范围内。

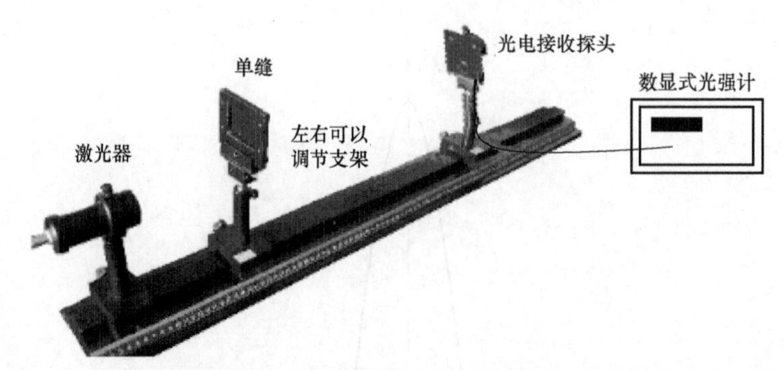

图 6-62　单缝衍射光强分布图形的观察及单缝宽度 d 值的测定实物照片

(7) 以中央主极大中心处为零坐标，开始左右两端的测量，每经过 0.5mm 测一点光强，一直测到三个暗点位置以上。

2. 数据记录及处理

(1) 以中央最大光强处为 x 轴坐标原点，把测得的数据归一化处理。即把在不同位置上测得的光强数除以中央最大的光强数：I/I_0，求出百分数，然后在毫米方格（坐标）纸上做出 I/I_0-x 光强分布曲线。

(2) 根据三条暗条纹的位置，用 $\Delta x=2\lambda D/d$，分别计算出单缝的宽度 d，然后求其平均值。可以与直接用测微目镜测出的数据比较，求出百分误差。

6.4.3　细丝直径的测量（选做）

		-2.5	-2.0	-1.5	-1.0	-0.5	0	0.5	1.0	1.5	2.0	2.5	
$I/\mu W$													
I/I_0													

【实验原理】

依巴比涅定理，直径为 d 的细丝产生的衍射图样与宽度为 d 的狭缝产生的衍射图样相同。如图 6-63 所示，产生暗条纹的条件是

$$d\sin\theta=k\lambda\,(k=1,2,3,\cdots) \tag{6-97}$$

由于

$$\sin\theta=\frac{x_k}{\sqrt{x_k^2+f^2}}\approx\frac{x_k}{f} \tag{6-98}$$

图 6-63　光线照射在细丝上产生的衍射现象

所以

$$d=\frac{k\lambda}{x_k}f \tag{6-99}$$

式中，$k=1,2,3,\cdots$。可以看出，只需测出第 k 个暗条纹的位置 x_k，就可以计算出细丝的直径 d。

【实验内容】

细丝直径的测量，可以作为学生的设计性实验。

6.4.4 偏振光实验

【实验目的】

1. 了解光的五种偏振态。

a. 自然光，b. 部分偏振光，c. 线偏振光，d. 椭圆偏振光，e. 圆偏振光。

2. 了解偏振原理。

3. 掌握产生、检验各种偏振光的方法。

【实验原理】

偏振光的产生和检验

光在传播过程中遇到介质会发生反射、折射、双折射或通过二向色性物质时会发生偏振现象。

1. 线偏振

光是一种电磁波，由于电磁波对物质的作用主要是电场，故在光学中把电场强度 $\boldsymbol{E}$ 称为光矢量。在垂直于光波传播方向的平面内，由于一般光源发光机制的无序性，其光波的电矢量的分布就方向和大小来说是均等、对称的，称为自然光。当由于某种原因，使光线的电矢量分布对其传播方向不再对称时，传播光矢量可能有不同的振动方向，通常把光矢量保持一定振动方向上的状态称为偏振态。如果光在传播过程中，若光矢量保持在固定平面上振动，这种振动状态称为平面振动态，此平面就称为振动面，如图 6-64 所示。

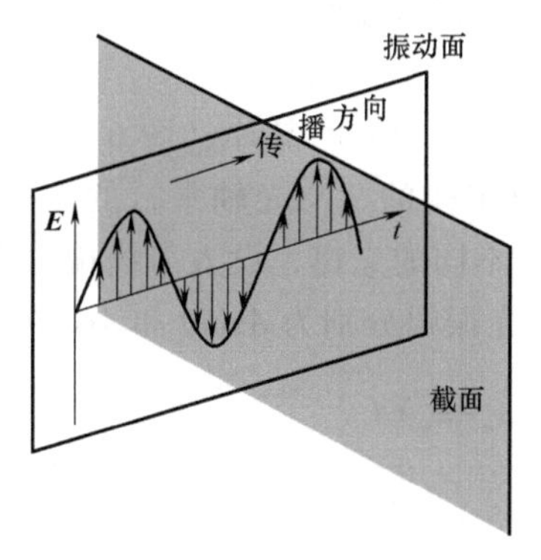

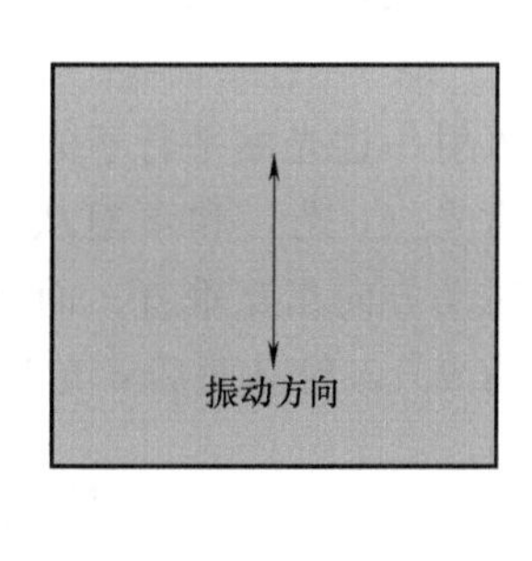

图 6-64 光的线偏振状态

此时光矢量在垂直于传播方向平面上的投影为一条直线，故又称为线偏振态。我们称这种光线为偏振光。

2. 起偏与检偏

偏振片是将自然光转变成偏振光的仪器。偏振片有一个特定的方向，只让平行于该方向的光矢量通过。这个方向称为通光方向（或叫偏振化方向）。而垂直这个方向的光矢量被偏振片吸收。因此自然光通过偏振片后就变成了线偏振光，如图 6-65 所示。

平时一般将产生偏振光的器件称为起偏器，而验证偏振光的器件称为检偏器。所以当起偏器与检偏器通光方向一致的时候，就有光线通过偏振片，该现象称为通光；当起偏器与检偏器通光方向互相垂直的时候，光就难通过，光通量极小，甚至消失，该现象称为消光。

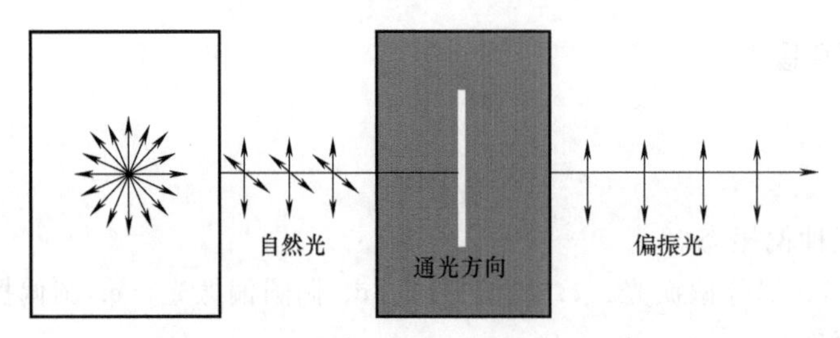

图 6-65　自然光通过偏振片后成为偏振光示意图

3. 马吕斯定律

设 θ 是偏振片 P 与检偏器 A 的偏振化方向之间的夹角，若投射在检偏器 A 上的线偏振光的振幅为 E_0，则透过 A 的振幅为 $E_0\cos\theta$。由于光强与振幅的平方成正比，可知透射光强 I 随 θ 而变化的关系为

$$I=I_0\cos^2\theta \tag{6-100}$$

如图 6-66 所示，当光从折射率为 n_1 的介质（例如空气）入射到折射率为 n_2 的介质（例如玻璃），而入射角又满足时，反射光即成完全偏振光，其振动面垂直于入射面。θ_B 称布儒斯特角。若 n_1 表示的是空气折射率（数值近似等于 1），上式可写成

$$\theta_B=\arctan\frac{n_2}{n_1} \tag{6-101}$$

$$\theta_B=\arctan n_2 \tag{6-102}$$

折射光通常情况均是部分偏振光，在折射的玻璃片增加的情况下，光的偏振程度会逐渐加强，实验中也有采用玻璃堆来获得质量较好的偏振光的。

4. 波片

线偏振光垂直入射一透光面平行于光轴、厚度为 d 的晶片（图 6-67），便分解为振动方向与光轴垂直的寻常光（o 光）和不遵从折射定律的、与光轴平行的非常光（e 光）。因 o 光和 e 光在晶体中振动方向相互垂直，而且有不同的光速，设入射线偏振光光振幅为 A，振动方向与光轴夹角为 θ，入射晶面后 o 光和 e 光振幅分别为 $A\sin\theta$ 和 $A\cos\theta$，出射后相位差

$$\varphi=\frac{2\pi}{\lambda_0}(n_o-n_e)d \tag{6-103}$$

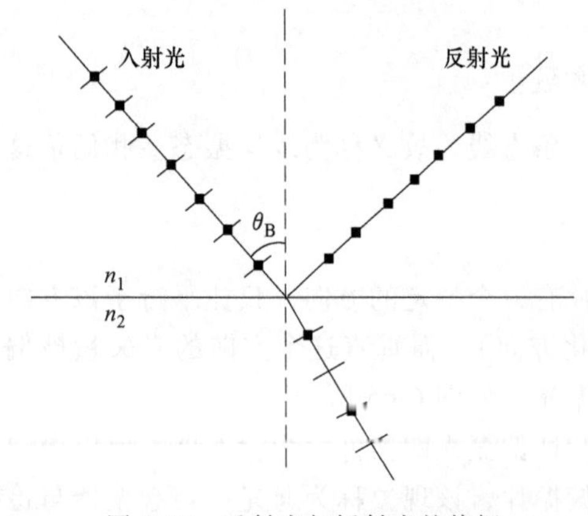

图 6-66　反射光与折射光的偏振

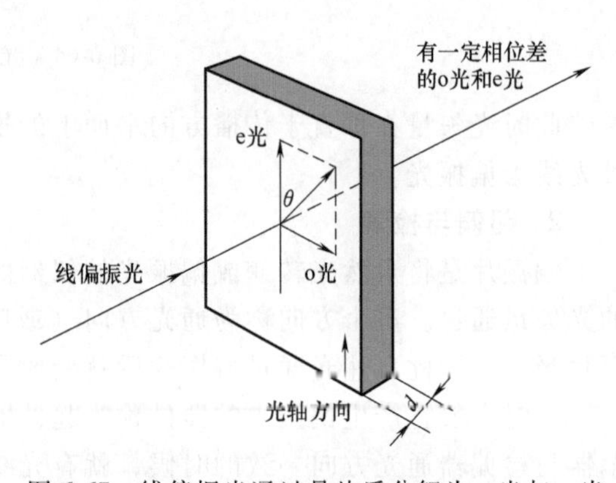

图 6-67　线偏振光通过晶片后分解为 o 光与 e 光

式中，λ_0 是光在真空中的波长；n_o 和 n_e 分别是 o 光和 e 光的折射率。这种能使相互垂直振动的平面偏振光产生一定相位差的晶片就叫作波片。当 $\varphi=(2k+1)\frac{\pi}{2}$ 时的波片叫 1/4 波片，$\varphi=(2k+1)\pi$ 时叫 1/2 波片，$\varphi=2k\pi$ 的波片称为全波片。

5. 圆偏振光和椭圆偏振光

当振幅为 A 的线偏振光入射到波片（如某些石英晶体）时，若振动方向与波片光轴夹角为 θ，在直角坐标系内，o 光和 e 光的振幅分别为 $A_o=A\sin\theta$ 和 $A_e=A\cos\theta$。从波片出射后的 o 光和 e 光的振动可以用两个互相垂直、同频率、有固定相位差的简谐振动方程表示，二者的合振动方程为椭圆方程，合振动矢量的端点轨迹一般为椭圆（图 6-68），所以称作椭圆偏振光。

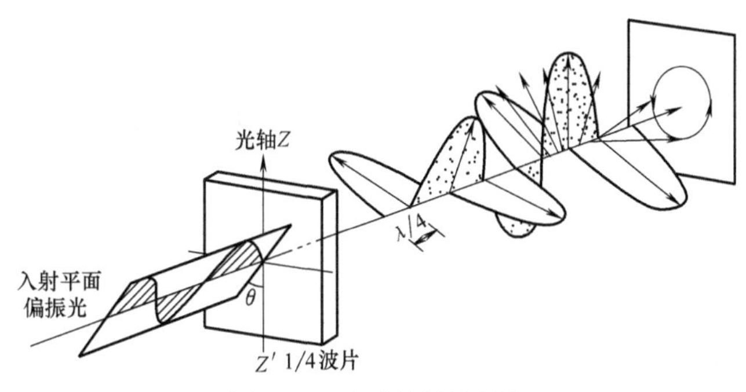

图 6-68　合成椭圆偏振光

其中有个特殊情况，即 $\theta=45°$，o 光和 e 光振幅相等，合振动矢量的端点轨迹是圆，椭圆偏振光变化为圆偏振光，用检偏器检验，波片的透射光强是不变的。

6. 线偏振光通过波片后的状态改变

线偏振光振幅为 A，振动方向与光轴夹角为 θ，入射晶面后 o 光和 e 光振幅分别为 $A\sin\theta$ 和 $A\cos\theta$，出射后两者产生出一定的相位差 δ，离开波片后偏振光的性质取决于 θ 和 δ。

（1）$\theta=0$ 或 $\theta=\frac{\pi}{2}$ 时：

任何波片对入射光都不起作用，出射光仍然是线偏振光

（2）$\theta\neq0$ 或 $\theta\neq\frac{\pi}{2}$ 时　线偏振光通过 1/2 波片（$\delta=\pi$）：

出射光仍然是线偏振光，但角度旋转 2θ，此方法常用于改变光的传播方向

（3）$\theta\neq0$ 或 $\theta\neq\frac{\pi}{2}$ 时　线偏振光通过 1/4 波片（$\delta=\pi/2$）：

a. $\theta\neq45°$ 时是椭圆偏振光

b. $\theta=45°$ 时为圆偏振光

7. 偏振光的鉴别

（1）线偏振光

只需要一片检偏器，在旋转 360°的情况下，光强出现两次最大、两次消光（即光很弱，以致完全无光）的位置，它们彼此相隔 90°。

（2）圆偏振光，部分圆偏振光与自然光

转动检偏器，如果光强始终不发生变化，一般情况下总是自然光、圆偏振光，以及它们

的混合光。要将它们分辨，可以在检偏器前插入 1/4 波片，那么如果是圆偏振光，就会变成线偏振光；如果是自然光在经过 1/4 波片后，还是自然光；如果是部分圆偏振光在经过 1/4 波片后会变成部分线偏振光，然后可以按各类光的特性进行鉴别。

（3）椭圆偏振光，部分椭圆偏振光与部分线偏振光

转动检偏器均可以发现光强有时亮时暗的变化，然而即使最暗，光强也不会消光，要鉴别这三种光可以在偏振光与检偏器中间插入 1/4 波片，并且先使波片的光轴取向与单独用检偏器时产生最亮的通光方向一致。

a. 如果是椭圆偏振光，变成线偏振光。

b. 如果是部分偏振光，经过 1/4 波片，不会变成线偏振光，需要进一步地鉴别是部分椭圆偏振光还是部分线偏振光 ，可以进行第三步骤。

c. 将 1/4 波片通光方向转过 π/4，这时如果是部分线偏振光将变成圆偏振光，转动检偏器，光强就不会变化。如果是部分椭圆偏振光，尽管 1/4 波片通光方向转过 π/4，它也不会变成部分圆偏振光，所以转动检偏器，光强还是会变化，当然还可以再加上一片 1/4 波片，使其变成部分圆偏振光。

【实验内容】

1. 光的起偏与检偏

（1）偏振片 P 与检偏器 A 的偏振化方向之间的夹角 θ 等于零。第二个偏振器与第一个偏振器的光轴平行，$\cos^2\theta$ 的值等于 1，则透过第二个滤光器的光强等于透过第一个滤光器的光强。这种情况下，图 6-69 透射光的强度达到最大值。

（2）偏振片 P 与检偏器 A 的偏振化方向之间的夹角 θ 等于 90°。第二个偏振器与第一个平面垂直，$\cos^2\theta$ 的值等于 0，则没有光透过第二个偏振器。这种情况下，图 6-70 透射光的强度达到最小值。

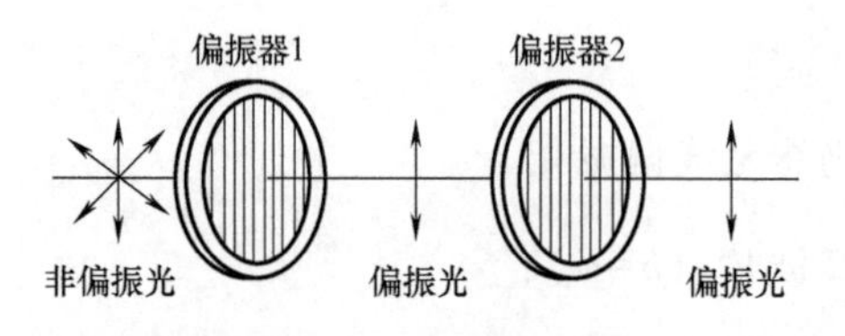

图 6-69　光强最大

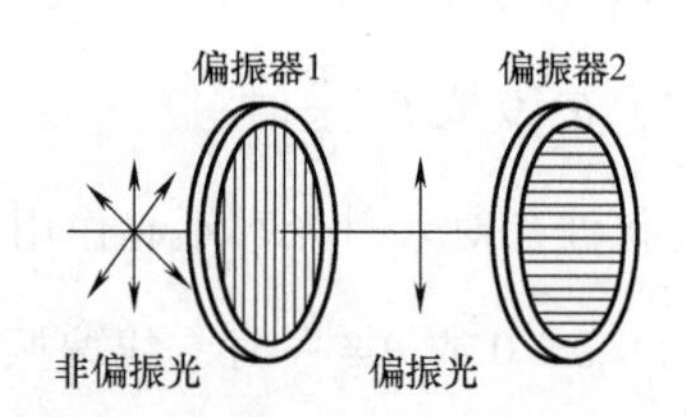

图 6-70　光强最小

（3）若将检偏器绕着传播方向旋转，观察旋转一周的消光、长光的情况，如图 6-71 所示，请自己分析产生的现象。（注：消光是指通光最弱的状态，实验中很多情况下都有微弱的光线通过，完全消光只是理想状态。下同。）

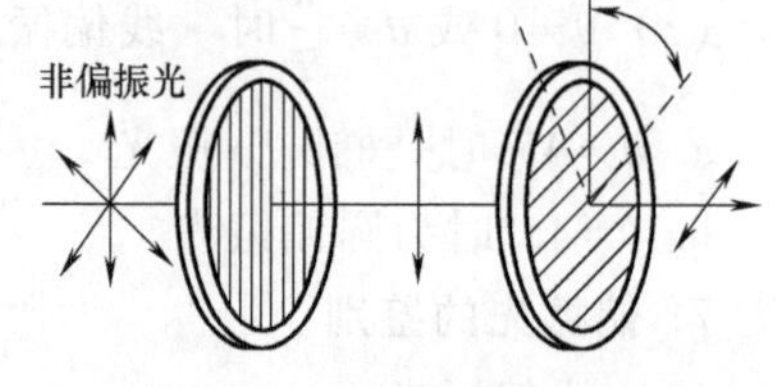

图 6-71　观察消光、长光

2. 马吕斯定律实验

（1）记录半导体激光管直射光强 I_0。

将光束垂直通过两个偏振方向夹角为 $\theta=0$ 的偏振片，进入光传感器，并记录光电流放大器的读数 I_0。

（2）转动其中一个偏振片，每当 θ 改变 10°，记录一次读数 I_k（$k=1, 2, 3, \cdots$），直到偏振片转动 90°为止。I_0 =____________。

θ(°)	$\cos^2\theta$	I_k	θ(°)	$\cos^2\theta$	I_k
10			60		
20			70		
30			80		
40			90		
50			…		

（3）以 I_k 表示每转角度 10°接收到的光强，作纵坐标，以 $\cos^2\theta$ 作横坐标，在毫米格纸上作图 6-72，以验证光强与起偏器夹角余弦平方的线性关系，其斜率即 I_0。

3. 反射偏振及布儒斯特角测量

（1）仪器组合如图 6-73 所示，让激光束被立在测角台直径上的介质反射，旋转测角台可以改变光的入射角，再通过转动臂上的检偏器（偏振方向处于水平状态）到达白屏或光传感器，然后进行以下实验内容与步骤。

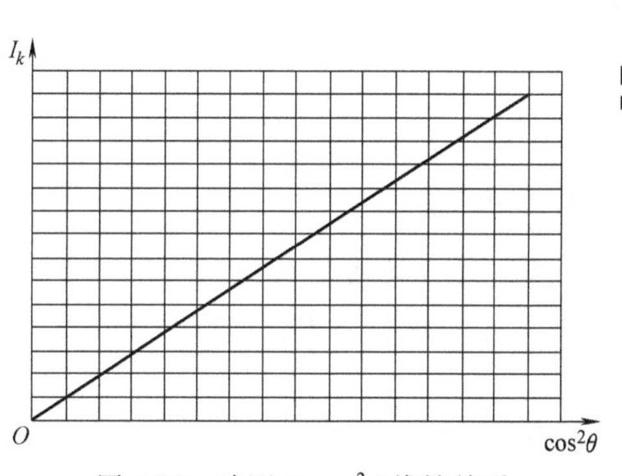

图 6-72　验证 I_k-$\cos^2\theta$ 线性关系

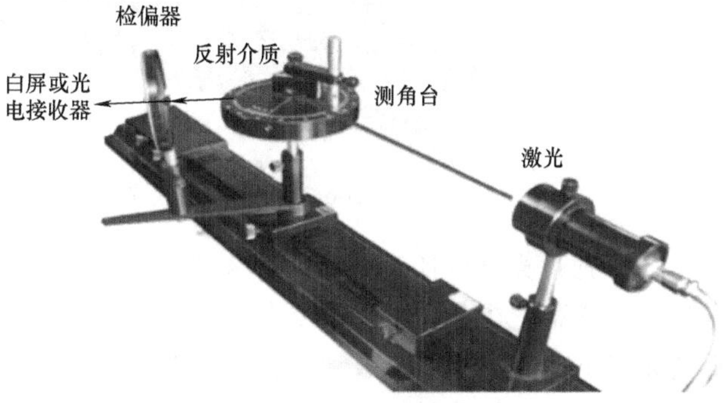

图 6-73　仪器组合

（2）观察现象。

旋转测角台改变反射光线的出射方向，穿过检偏器后观察白屏上的光点，在反射光线角度的改变过程中光点的亮度会出现：逐渐变暗——消失——再逐渐变亮的过程，消失点的入射角即布儒斯特角。用检偏器检查任意反射光束，大多是部分偏振光。

（3）再旋转测角台将白屏换成硅光接收器，重复以上过程，测量各个时刻的光强，从入射角 15°开始，转动测角台圆度盘，每隔 10°转动接收臂，记录一次光电流读数，直到接近 180°。以反射偏振光的光强 I_k 为纵坐标，以角度为横坐标作图，即得一反射偏振光强度与入射角的关系曲线图 6-74。I_k 最低点的角度即布儒斯特角，表格自拟。

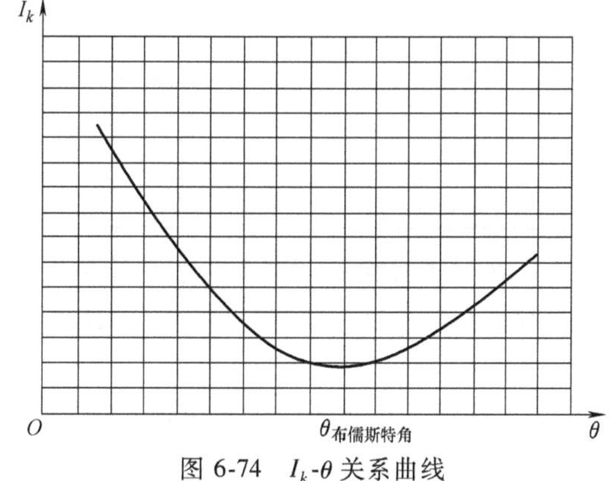

图 6-74　I_k-θ 关系曲线

4. 待测介质折射率的测量

将待测介质样品放到图 6-73 所示的圆盘中央，测出该样品的布儒斯特角，然后用公式

$$n_x = n_1 \tan\theta_B \tag{6-104}$$

求出折射率。当 n_1 是空气介质时，上述公式为

$$n_x = \tan\theta_B \tag{6-105}$$

5. 椭圆偏振光和圆偏振光的产生和检验

在光具座上，将仪器按图 6-75 排列，让半导体激光束通过起偏器 P（设偏振方向竖直）成为线偏振光。

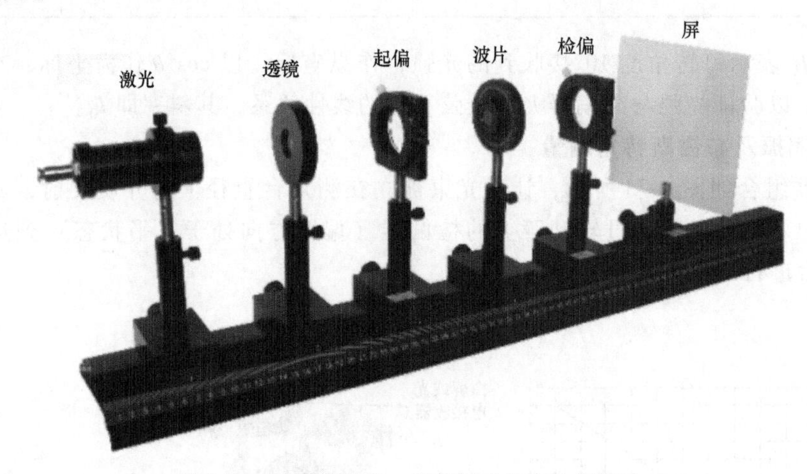

图 6-75　椭圆偏振光、圆偏振光的产生和检验

(1) 通过光轴取任意方向的 1/4 波片，即产生椭圆偏振光。接收器可以是白屏，也可以是光传感器。在 1/4 波片和接收器之间加一个检偏器 A，将 A 转动一周，即可在接收器上看到光强出现两明两暗现象（无消光位置）。

(2) 当 1/4 波片转动 0°、15°、30°、45°、60°、75°和 90°时，都将 A 转动一周，根据光强变化记录，关注消光时光强的强弱变化（特别关注 45°角），即可判断通过 1/4 波片后光的偏振态，从线偏振光到椭圆偏振光，再到圆偏振光，又变到椭圆偏振光。

现象与数据记录：

1/4 波片的角度(°)	检偏器旋转一周的现象	判断偏振光的性质
15		
30		
45		
…		
90		

(3) 在上述实验后，将 1/4 波片的位置换成 1/2 波片，进行下列步骤。

先不加 1/2 波片，调节起偏器与检偏器正交，出现消光，然后插入 1/2 波片，旋转光轴再次出现消光：

旋转 1/2 波片一周，出现几次消光、长光、为什么？

保持 1/2 波片不变，旋转检偏器一周，出现几次消光、长光，为什么？

从开始的位置旋转起偏器角度 θ，1/2 波片位置不动，那么检偏器应转动多少角度又能出现消光。观察出射光是否是线偏振光，角度旋转的方向是否是 2θ。体会 1/2 波片对偏振光的作用。

（4）偏振光的检验方法请查阅相关资料，内容选做，感兴趣的学生可以深入研究。

6.4.5　三棱镜实验

【实验目的】

1. 了解三棱镜对光的折射与色散现象。
2. 用自准法测量三棱镜的顶角。
3. 棱镜最小偏向角的测量。
4. 用棱镜最小偏向角测量介质的折射率。

【实验原理】

图 6-76 中，AB 与 AC 分别是三棱镜的两个光学面，BC 为粗磨面（三棱镜的底面），两光学面的夹角 α 叫三棱镜的顶角。入射光线 LF 经三棱镜两个光学面的两次折射后，沿 ER 方向射出。i_1 和 i_2 分别为光线在界面 AB 的入射角和折射角，i_3 和 i_4 分别为光线在界面 AC 的入射角和折射角。入射光线 LF 和出射光线 ER 所成的角 δ 称为偏向角。

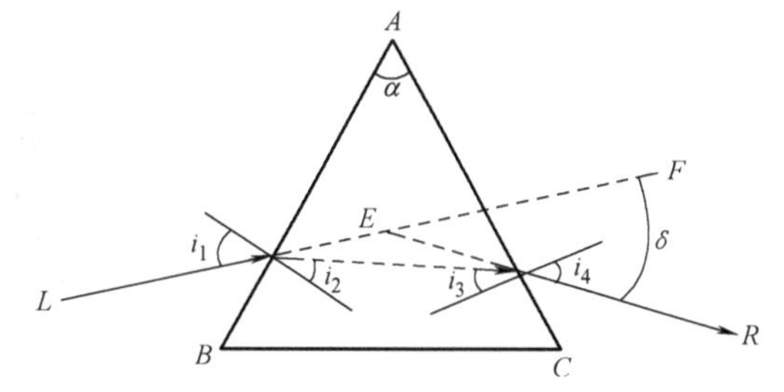

图 6-76　最小偏向角的测定原理图

可以证明，入射光线和出射光线处在三棱镜对称位置，即 $i_1=i_4$ 时，偏向角 δ 达到最小值。这时的偏向角 δ 称为最小偏向角，用 δ_{min}表示。不难推导得出

$$i_1=\frac{(\delta_{min}+\alpha)}{2} \tag{6-106}$$

$$i_1=\frac{\alpha}{2} \tag{6-107}$$

设空气的折射率为 1，则根据折射定律 $\sin i_1=n_2\sin i_2$，得

$$n=\frac{\sin\frac{1}{2}(\delta_{min}+\alpha)}{\sin\frac{1}{2}\alpha} \tag{6-108}$$

若测出三棱镜顶角 α 和最小偏向角 δ_{min}就可以根据上式算出三棱镜的折射率。

【实验内容与操作】

1. 仪器操作

按图 6-77 组合仪器。

第一步：调节激光或光学转盘，使激光穿过刻度盘上两个 0°点，再调节内盘，使游标的零度与外盘零度刻线对齐。然后放上被测三棱镜，用夹具固定。这样游标的移动就是所测的角度。（注意：每次进行测量前，必须进行上叙操作。）如图 6-77 所示。

第二步：调节激光或光学转盘，让激光束掠过光学转盘，留下清晰的光迹。如图 6-78 中的入射光、反射光与折射光，调试需要耐心、细心，务必使效果最佳。

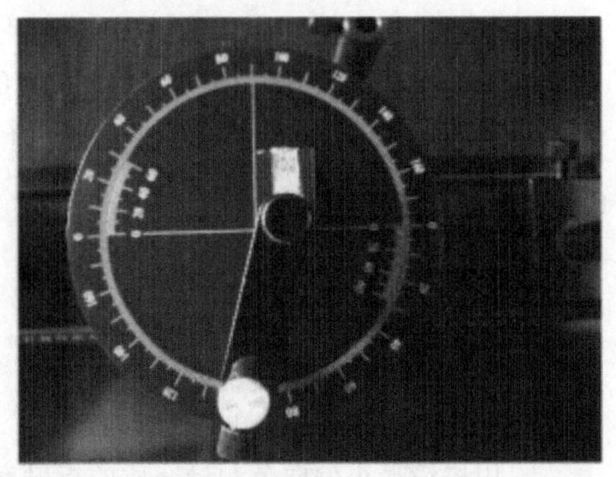

图 6-77 组合仪器

2. 自准法测量三棱镜的顶角

利用激光自身在棱镜 AB 面产生的反射光，转动光学转盘，使棱镜 AB 面反射光与入射光重合（即入射光轴与三棱镜 AB 面垂直），记下刻度盘上方位角读数。然后再转动转盘，使 AC 面反射光与入射光重合（即入射光与 AC 面垂直），记下读数求出 ϕ 角，如图 6-79 所示，由几何关系可知

$$\alpha=\angle A=180°-\phi \tag{6-109}$$

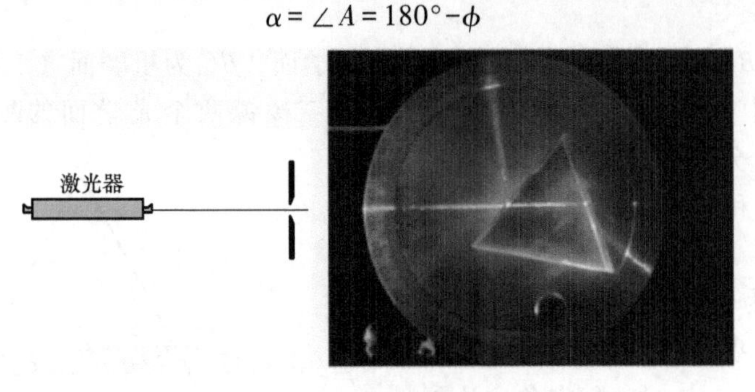

图 6-78 激光调节

3. 测量最小偏向角

（1）将棱镜放置于载物台中央并固定，使三棱镜的光学入射面法线与入射光线大约成 60°角，如图 6-78 所示。

（2）转动内盘改变入射角，同时注意反射线与折射线的变化，特别是折射线。因为入射角发生变化，因而偏向角 δ 随同变化。使偏向角 δ 尽可能地变小，当偏向角 δ 出现最小值时，读出两游标的读数，计算出 δ_{min}。

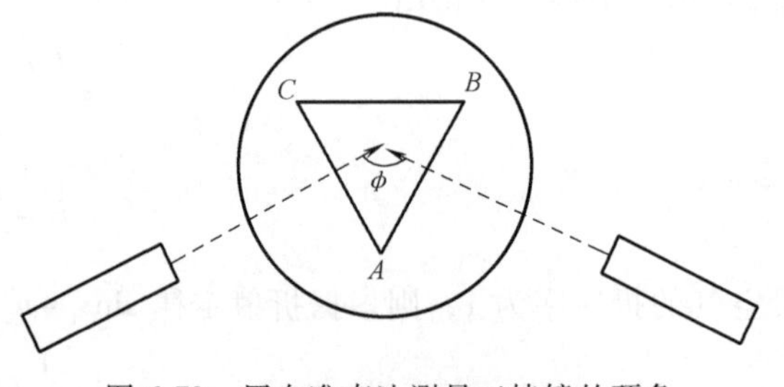

图 6-79 用自准直法测量三棱镜的顶角

4. 测量入射角与偏向角 δ 的关系（设计性实验——选做）

参照上一实验测量入射角 i 与偏向角 δ 的关系，并做出 i-δ 的关系曲线，横坐标表示偏向角，纵坐标表示入射角，关系曲线如图 6-80 所示 。

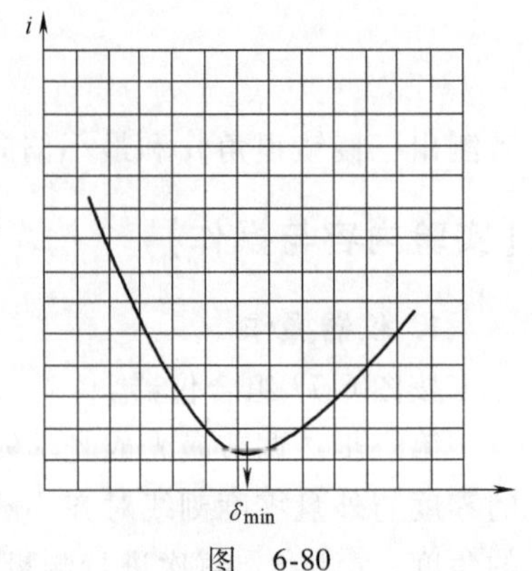

图 6-80

5. 用棱镜最小偏向角测量介质的折射率

在测量到顶角 α 与 δ_{min} 后将数据代入公式（6-108）即可求出介质的折射率，自拟表格，多测量求平均值、标准误差及不确定度。

6.4.6　双棱镜干涉

【实验目的】

1. 解双棱镜的干涉原理，用双棱镜测定光源波长。
2. 学习光路调节及测微目镜的使用。

【实验仪器】

光具座，可调狭缝，光源，双棱镜，凸透镜 $f=150\text{mm}$，测微目镜。

【实验原理】

当单色光通过两个靠得很近的对称的狭缝时，波阵面被分割，每一狭缝作为一新的波源，它们是同相位的、振动方向相同的、光的频率相同的相干波源，在传播过程中相遇，就会产生干涉图样，如图 6-81 所示。

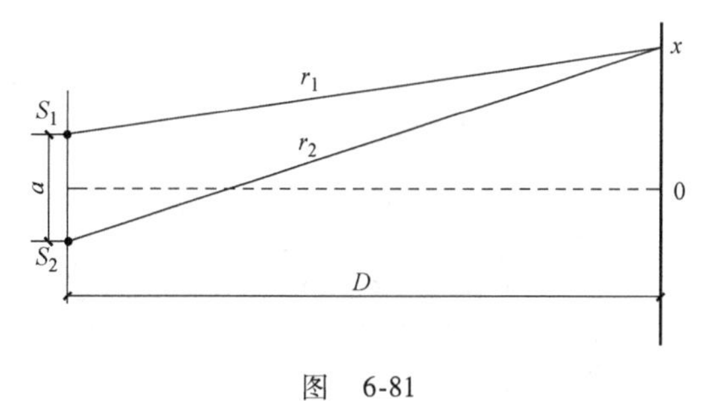

图　6-81

由图可知　$r_1^2=D^2+\left(x-\frac{a}{2}\right)^2$，　$r_2^2=D^2+\left(x+\frac{a}{2}\right)^2$

两式相减得

$$(r_2+r_1)(r_2-r_1)=2ax \tag{6-110}$$

因为 a 很小，$a\ll D$，x 也很小，因此可以得出

$$r_1+r_2\approx 2D \tag{6-111}$$

从式（6-110）和式（6-111）可以求出，光程差 δ 为

$$\delta=r_2-r_1=\frac{ax}{D} \tag{6-112}$$

由光的干涉原理可知，当光程差满足入射光波波长的整数倍时，干涉加强，有最大亮度，因此 x 满足下式各点：

$$x=\frac{k\lambda D}{a}\quad (k=\pm1,\pm2,\cdots) \tag{6-113}$$

时亮度皆为最大。

当光程差满足入射光波长奇数倍的半波长时，干涉减弱即最暗点的 x 满足

$$x=\frac{1}{2a}(2k+1)D\lambda\quad (k=\pm1,\pm2,\cdots) \tag{6-114}$$

从式（6-113）和式（6-114）可以求出相邻明纹或暗纹之间的距离 $\Delta x=\frac{D\lambda}{a}$变换算式，波长

$$\lambda=\frac{a}{D}\Delta x \tag{6-115}$$

本实验就是利用双棱镜折射的方法获得相干光的。S_1 和 S_2是 S 因折射产生的两个虚像，它们相当于杨氏实验的两个狭缝，可以作为虚光源，若测出两虚光源间的距离 a、光源

（即被照亮的狭缝）到屏的距离 D、干涉条纹的间距 Δx，即可求出所用光的波长。原理如图 6-82 所示。

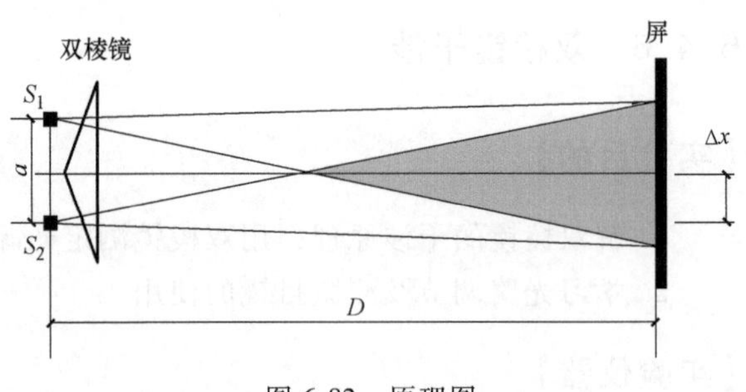

图 6-82　原理图

测量干涉条纹宽度的仪器是测微目镜，其结构与读数方法如图 6-83 所示。测微目镜手轮旋转一周，目镜视场内刻度尺移动 1mm，手轮上刻度的最小分度值为 0.01mm。图中所示的读数为 6.520mm。

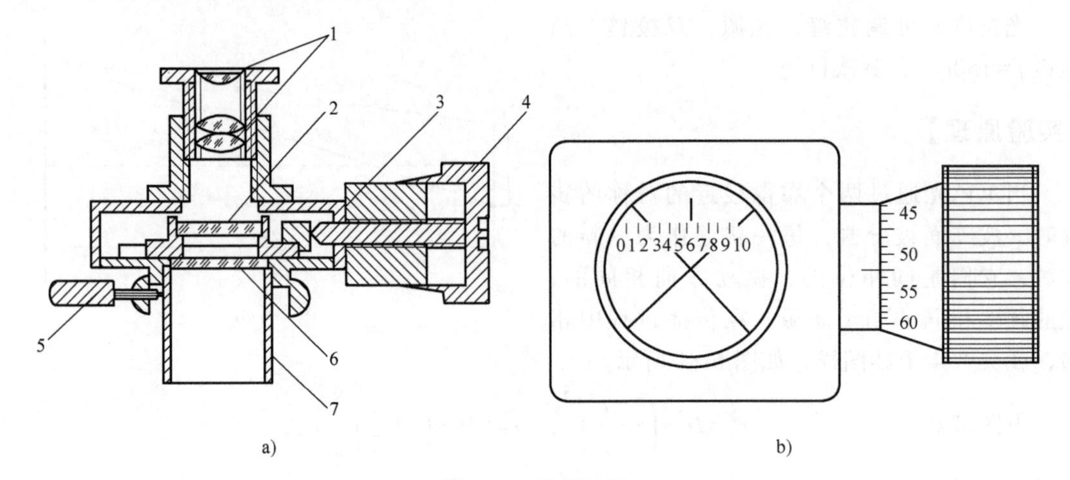

图 6-83　测微目镜

1—复合目镜　2—分划板　3—螺杆　4—读数鼓轮　5—接管固定螺钉　6—防尘玻璃　7—接管

【实验内容与步骤】

1. 将狭缝（可不用）、扩束透镜、双棱镜、屏或毛玻璃放置在光具座上，用目测法调整它们的中心等高。实验装置如图 6-84 所示。注意：因为该实验要用透镜二次成像法测量两虚光源的距离，所以应保持双棱镜与屏的距离 $D>4f$ 透镜焦距。

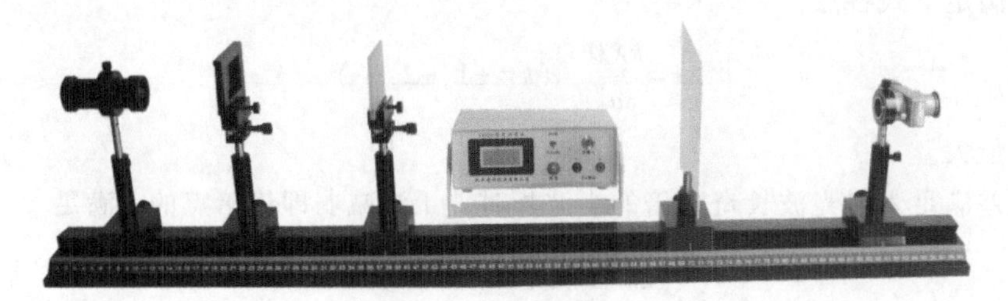
图 6-84　实验装置

2. 开启激光，使其均匀地照亮狭缝。调节双棱镜或狭缝，使狭缝射出的光束能对称地照亮双棱镜棱脊（钝角棱）的两侧。

3. 调节狭缝使它平行于双棱镜的棱脊。宽度以日镜中既呈现清晰的干涉条纹，又使视场有足够亮度为准。

4. 若条纹数目甚少，可增加双棱镜与狭缝间距离，若条纹太细，可增加测微目镜与双棱镜间距离，再微调狭缝的方向和缝宽，直至能在毛玻璃观察到干涉条纹，且每条宽度适当，条纹清晰可数为止。

5. 测量中必须注意：不要用眼直接目视激光，调节测微目镜观察毛玻璃上的干涉条纹直到清晰才能进行测量。

6. 用测微目镜测量干涉条纹的间距 Δx。依次记录每一明条纹在测微尺上的位置，用逐差法计算 Δx。

7. 保持狭缝和双棱镜不动，在棱镜和测微目镜间放上成像凸透镜。前后两次移动凸透镜，使狭缝光源在毛玻璃板上成一次放大、一次缩小的 S_1 和 S_2 两个清晰的实像，用测微目镜测出两光源 S_1 和 S_2 实像的距离 a_1、a_2，则

$$a=\sqrt{a_1 a_2} \tag{6-116}$$

8. 记下此时双棱镜和毛玻璃屏在光具座上的位置，计算出 D 值并修正。

方法：D 值的测量可以由透镜二次成像的原理求出，先从两次成像的过程中，得到两次成像之透镜位置距离 L，然后求解 D。

9. 将测量数据填入数据表格中，根据公式计算激光波长，通过误差传递计算相对误差、绝对误差，表示出测量结果。

10*. 然而有的时候，因为光的成像很小，小像很难观察，可以采用如下方法：

由透镜成像的方法形成大像，由公式$\dfrac{1}{f}=\dfrac{1}{Ox_2}+\dfrac{1}{OS_2}$求出 S_2O，用测微目镜测出 x，如图6-85 所示因为 $\Delta S_1S_2O \backsim \Delta Ox_1x_2$ 则

$$a=\frac{S_2O}{Ox_2}x, \quad D=S_2O+Ox_2$$

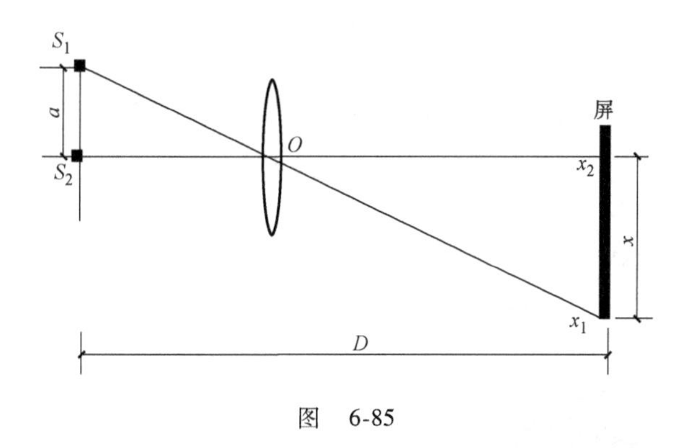

图 6-85

【数据记录与处理】：

1. $a_1=$__________ mm，$a_2=$__________ mm，由式（6-114）$\overline{a}=$__________ mm

因为是单次测量 $\Delta_B=0.005$mm，所以

$$\frac{\Delta a}{a}=\frac{1}{2}\left(\frac{\Delta a_1}{a_1}+\frac{\Delta a_2}{a_2}\right), \quad a=\overline{a}\left(1\pm\frac{\Delta a}{\overline{a}}\right)=\_\_\_\_\_\_\_\_\_\_\ \text{mm}$$

2. $f=$__________ mm

大像 L_1/mm	小像 L_2/mm	$L=L_2-L_1$/mm	D/mm	$\overline{D}$/mm

$$\overline{D}=\frac{1}{3}(D_1+D_2+D_3)=\_\_\_\_\_\_\_\_\ \text{mm},\ \Delta D=\sqrt{\frac{\sum(\overline{D}-D_i)^2}{2}}=\_\_\_\_\_\_\_\_\ \text{mm}$$

3. Δx 数据表格

条纹数	1	2	3	4	5
x/mm					
条纹数	6	7	8	9	10
x/mm					
逐差/mm $\Delta x=x_{n+5}-x_n$					
$\overline{\Delta x}=\frac{\sum\Delta x}{5}$					

$$\Delta(\Delta x)=\sqrt{\frac{\sum(\overline{\Delta x}-\Delta x_i)^2}{4}}=$$

4. 计算 λ

$$\lambda_{测}=\frac{a}{D}\Delta x=$$

$$\frac{\Delta\lambda}{\lambda}=\frac{\Delta a}{a}+\frac{\Delta D}{D}+\frac{\Delta(\Delta x)}{\Delta x}=E\quad \Delta\lambda=E\lambda$$

$$\lambda=\lambda_{测}\pm\Delta\lambda=$$

附录：器件说明

1. 白光源：供电 DC3V
2. 偏振片：最小分度 2°（通光方向可以校准）

3. 波片（1/4，1/2）（注意光轴与零刻度的校对）。

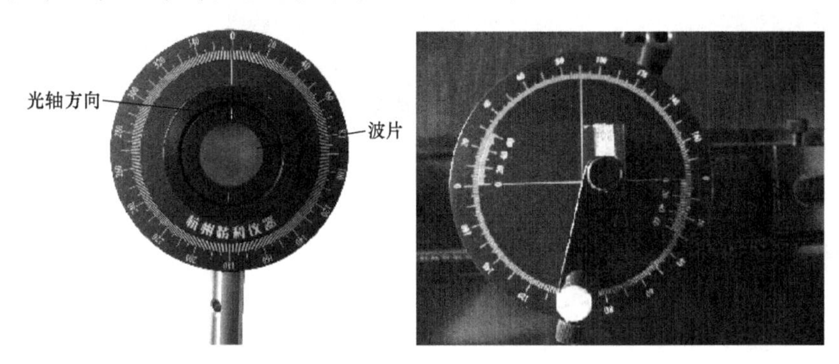

4. 测角台及使用举例：使激光穿过刻度盘上两个0°点，再调节内盘，使游标的零度与外盘零度对齐。这样游标的移动就是所测的角度。

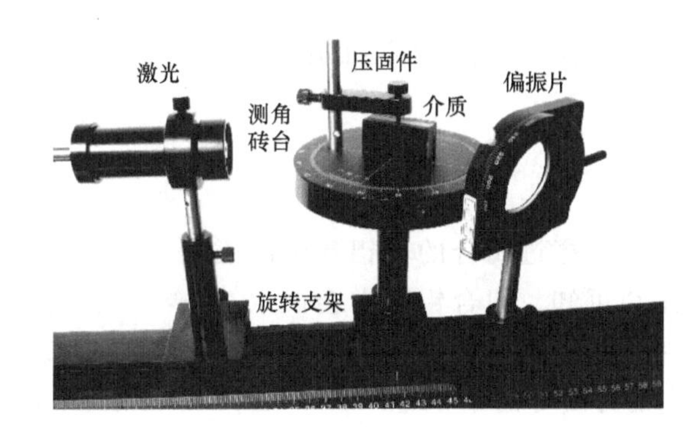

5. 做三棱镜实验入射角控制在60°左右。

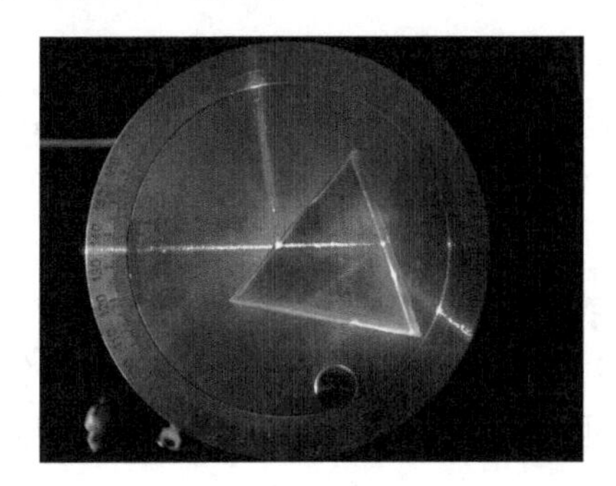

第7章 演示实验

7.1 跳环式楞次定律演示

【演示目的】

利用通电线圈及线圈内的铁心所产生的变化磁场与铝环的相互作用，演示楞次定律。

【演示仪器】

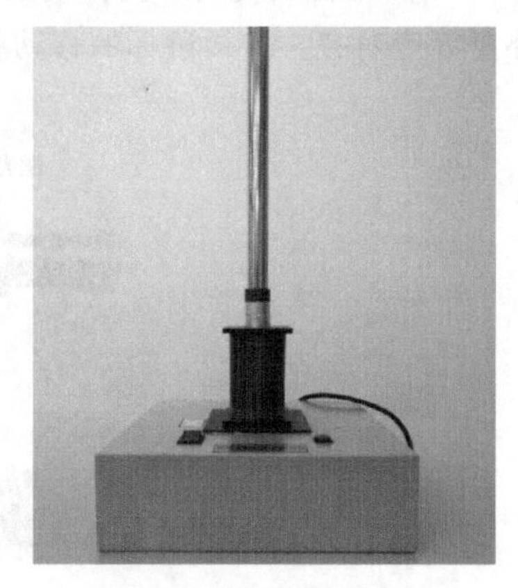

跳环式楞次定律演示仪

铁心为 $\phi26\times450$ 的软铁棒，线圈为有机玻璃骨架、$\phi0.7$mm 高强度漆包线绕制而成。

【演示原理】

当线圈中突然通电流时，穿过闭合的小铝环中的磁通量发生变化，根据楞次定律可知，闭合铝环中会产生感应电流，感应电流的方向和原线圈中的电流方向相反，因此与原线圈相斥，相斥的电磁力使得铝环上跳。

【演示操作】

1. 闭合铝环的上跳演示

将电源插座插入电源，打开电源开关，将铝环套入铁棒内，按动操作开关。开关接通则铝环高高跳起，当保持操作开关接通状态不变，则铝环保持一定高度，悬在铁棒中央；当断开操作开关时，则铝环落下。

2. 带孔铝环的演示

重复上述步骤，然后将带孔的铝环套入铁棒内，按动操作开关。当开关接通瞬间，铝环上跳，但高度没有不带孔的铝环高；保持操作开关接通状态不变，铝环则保持某一高度不变，悬在铁棒中央某一位置，但没有不带孔的铝环悬得高。当把操作开关断开后，铝环落下。

3. 开口铝环的演示

重复上述步骤，然后将开口铝环套入铁棒内，按动操作开关，开口铝环静止不动。

7.2 电磁炮

【演示目的】

电磁炮是利用强脉冲电磁能来发射炮弹的，而一般炮是利用火药的化学能来发炮弹的。

电磁炮发射炮弹时在炮弹中通过强脉冲电流，炮弹在发射架的强脉冲的同时作用下受到强大的推动力而发射出去。

【演示仪器】

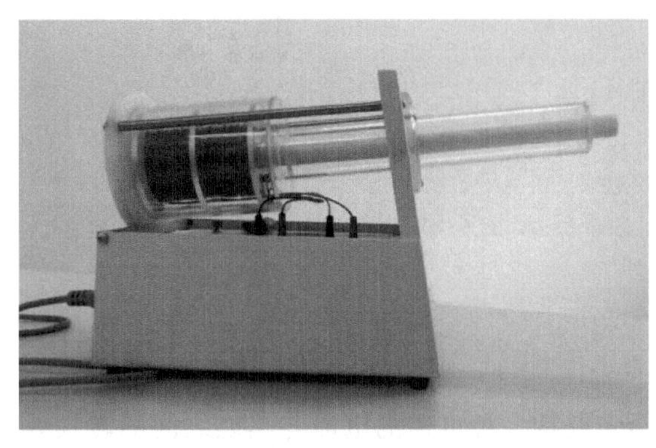

电磁炮演示仪

【演示原理】

本仪器线圈励磁电流由三相交流电提供，按三相交流电相位关系接入，在三相交流电的过零点附近通入电流，然后自左往右延迟通入线圈，线圈的磁场强烈吸入左边的金属炮弹，从而炮弹的感应电流产生磁场，与延迟通入线圈产生的磁场方向相反，强烈的反向磁场排斥作用将炮弹飞速射出。

【演示操作】

1. 接上三相电源。
2. 将靶放在炮弹前进的方向，估计好炮弹应打到的位置。
3. 把金属炮弹放进尾部炮筒，要使炮弹全部进入，这样方便炮弹射出。
4. 按下触发开关，观察炮弹飞出的现象。

【注意事项】

1. 在炮弹出射的前方不能有人及易损坏的物品。
2. 若炮弹无法射出，可能是炮弹没有全部进入炮膛内。
3. 靶子只能起遮挡作用，可在靶前铺一块泡沫板或海绵。
4. 如果出现炮弹向后射的情况，请把电源插头中的任意两项互换即可。

7.3 温差发电演示

【演示目的】

演示一种热机，以加深对不同形式能量之间相互转化规律的理解。

【演示仪器】

温差发电演示仪

【演示原理】

温差电现象对热电偶来说是一种可逆的电能与热能之间的转换效应，即由两种不同的金属导体连接构成闭合回路，若连接点的温度不同，则可在回路中形成稳定的电流，也就是说电路内存在温差电动势，即由热能转换成电能的现象。若在电路中通有相反方向的电流，则在回路的两连接处，原来的低温端对外界吸热，原来的高温端开始对外界放热。本实验是利用多级串联的半导体材料（其帕尔帖系数较大）为工作导体的热电偶系列，在其冷热端由外界造成一定的温差时产生驱动负载的电流装置，这些负载为带风扇的电动机、灯泡、发光二极管组、音乐片或电动机、发光二极管和音乐片同时工作，并由换挡拨动开关转换，直观地演示热能转化成电能的现象。

【演示操作】

放置热水杯一个、两个，调节输出换挡拨动开关于 1）电动机；2）灯泡；3）发光二极管；4）音乐片；5）电动机、发光二极管和音乐片的组合，观察发生的现象。

一段时间后，温差逐渐变小，输出减弱，将热水杯轻轻搅拌后，可发现输出又增强。

实验中散热器会逐渐变热，演示效果变差，可将散热器浸于冷水中，冷水高度一般以浸没散热器的 2/3 高度为佳，过深会导致冷热水短路反而没有输出。

实验前，擦净电热堆的上面；热水杯放置于电热堆中心，确保热水杯与电热堆的接触良好。

【注意事项】

1. 使用热水时注意不要烫伤。
2. 热水杯放置于电热堆时，轻拿轻放。

7.4　质心运动演示

【演示目的】

验证刚体受到作用点不同而大小和方向均相同的外力冲击后，其运动状态虽然不同，但其质心的运动相同。

【演示仪器】

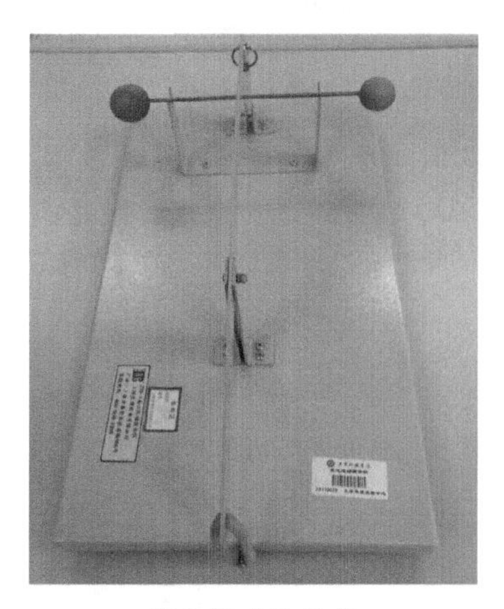

质心运动演示仪

如图所示，质心运动演示仪分别由木球哑铃（在哑铃柄上标出质心的位置）、哑铃支架、打击棒、打击棒转轴支架、弹簧、卡扣以及底板构成。

【演示原理】

刚体质心的运动取决于所受的合外力，外力相同时，不管外力的作用点如何，质心的运动是相同的。若外力不为零，而外力对质心的力矩为零，则刚体无转动，仅有平动。若外力不为零，且外力对质心的力矩也不为零，则刚体的运动是质心的运动和绕质心的转动两者的叠加。

【演示操作】

1. 将打击棒压下，用卡扣扣住。把哑铃放在支架上，并使哑铃的质心恰好处在打击棒的正上方。释放卡扣，可看到哑铃被垂直地打起来，哑铃始终平行运动。观察其质心的运动轨迹是否为竖直的直线？为什么？

2. 重复1的实验，但使哑铃的质心偏离打击棒的正上方。可看到哑铃飞起后，质心的运动轨迹仍为竖直的直线，但是哑铃同时参与绕质心的转动。质心位于打击棒的上方左、右不同位置，哑铃转动的方向也不同，解释其现象。

【注意事项】

打击力必须是短促而强劲的冲击力。否则打击过程较为缓慢，结果哑铃的一端先被抬起，在打击力和支架另一端的支持力的作用下，哑铃将抛向一侧，而质心不是竖直向上运动。

7.5 茹可夫斯基凳演示

【演示目的】

定性观察合外力矩为零的条件下，物体的转动惯量改变时的角动量守恒。

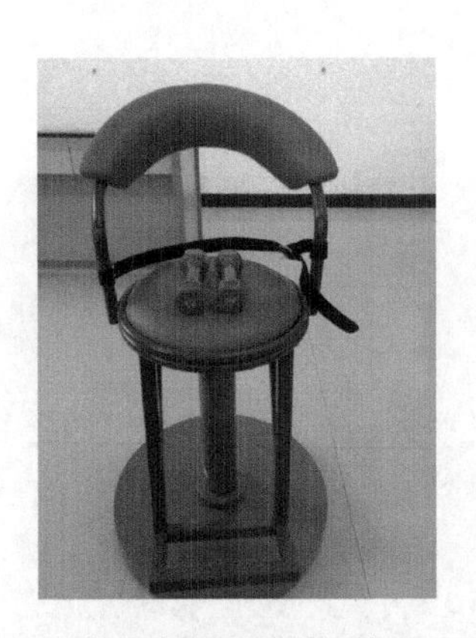

茹可夫斯基凳演示仪

【演示仪器】

【演示原理】

绕定轴转动的刚体，当对转轴的合外力矩为零时，刚体对转轴的角动量守恒，即 $J\omega$ 守恒。刚体的转动惯量 J 一般为常量，$J\omega$ 不变导致 ω 不变，即刚体在不受合外力矩时将维持匀角速转动。但若转动物体是一种可变形固体，并改变它对转轴的转动惯量，则物体的角速度就会产生相应的变化：当 J 增大时 ω 就减小，J 减小时 ω 就增大，从而保持乘积 $J\omega$ 不变。茹科夫斯基凳实验中，因为人的双臂并不产生对转轴的外力矩，忽略转轴的摩擦，系统的角动量应保持守恒。

人和凳的转速随着人手臂的伸缩而改变。

【演示操作】

1. 操作者手持哑铃坐在凳上，将哑铃收在胸前，另一个人将操作者推转，速度尽量快。
2. 操作者迅速将哑铃水平伸开，人与凳子的转速明显变慢。
3. 操作者再迅速将哑铃水平收回到胸前，人与凳子的转速明显变快。
4. 重复上述操作 1、2、3。

【注意事项】

1. 必须系好安全带，周围同学不要靠得太近。
2. 实验时间不宜太长以免身体不适，下凳时注意平衡。
3. 晕车者不宜操作。

7.6　转盘式科里奥利力演示

【演示目的】

利用转盘科里奥利力演示仪演示科里奥利力的存在。

【演示仪器】

图 7-1 为转盘式科里奥利力演示仪示意图，其中①为转盘，它以支承轴④为轴自由转动；②为导轨；③为小球；④为演示支承轴；⑤为科里奥利力演示仪支撑座。

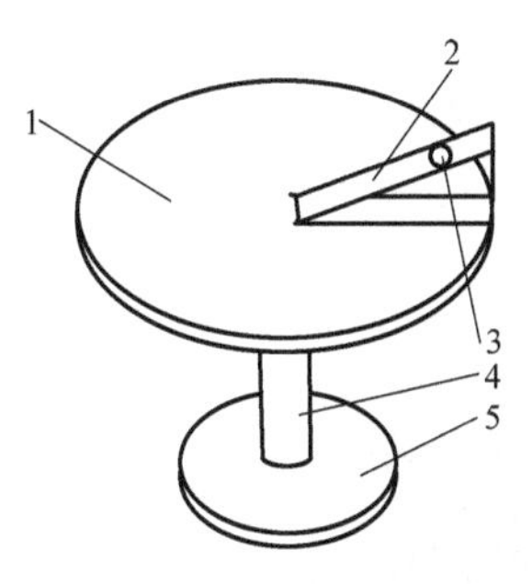

图 7-1　转盘式科里奥利力演示仪示意图

转盘式科里奥利力演示仪

【演示操作及现象】

1. 当圆盘静止时质量为 m 的小球③沿导轨②下滚，其轨迹沿圆盘的直径方向，不发生任何的偏离。

2. 使圆盘以角速度 ω 转动，同时释放小球沿导轨滚动，当落到圆盘时，小球将偏离直径方向运动。

3. 如果从上向下看圆盘沿逆时针方向旋转，即 ω 方向向上，当小球向下滚动到圆盘上时，将偏离原来直径的方向，而向前进方向的右侧偏离（见图 7-2）。如果转动方向相反，即从上向下看，圆盘沿顺时针方向旋转，也即 ω 向下，当小球向下滚到圆盘时，小球向前进方向的左侧偏离（见图 7-3）

科里奥利力的表达式为

$$\boldsymbol{F} = 2m\boldsymbol{v} \times \boldsymbol{\omega}$$

式中，m 为小球的质量。

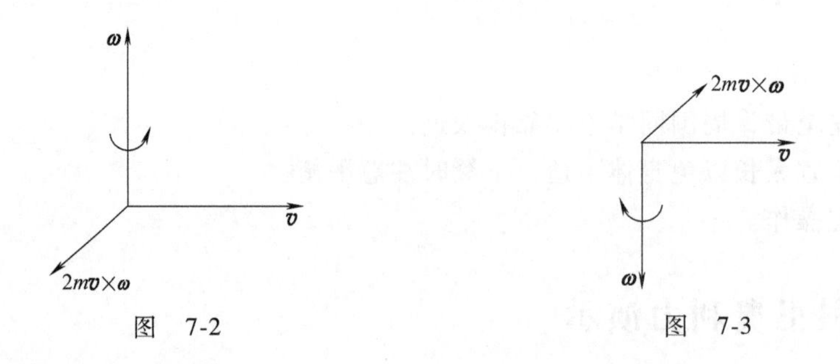

图　7-2　　　　　　　　　　　　图　7-3

7.7　海市蜃楼演示

【演示目的】

利用人工配制的折射率连续变化的介质，演示光在非均匀介质中传播时，光线弯曲的现象以及模拟自然界昙花一现的海市蜃楼景观。

【演示仪器】

如图所示是海市蜃楼演示仪的装置结构图，箱体尺寸为600mm×350mm×450mm。其中A是水槽，B是实景物，C是激光笔，D是射灯（220V 24W），E是装置门，F是水管入口，

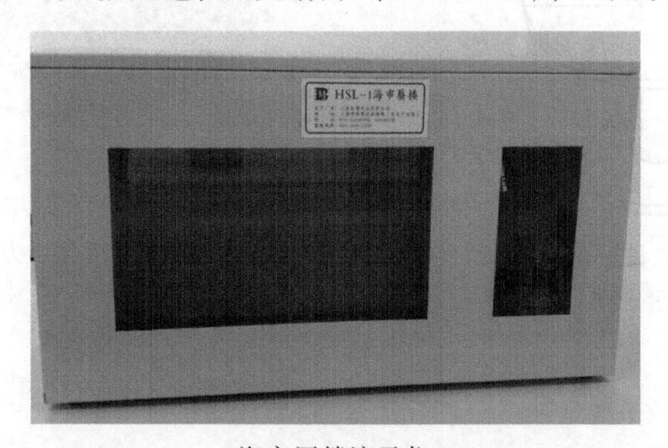

海市蜃楼演示仪

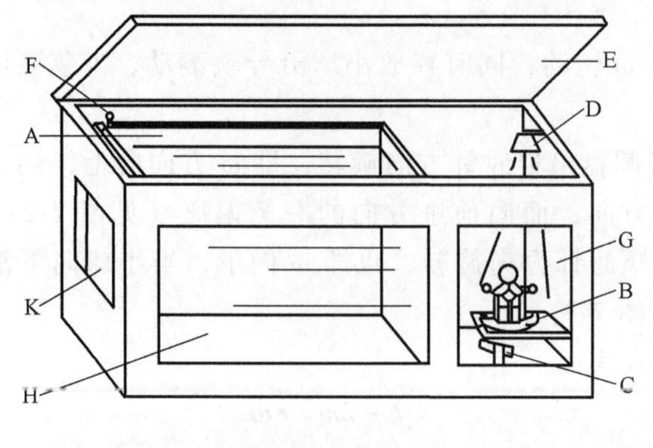

装置结构图

G是观看实景物窗口，H是观看光在水槽内传播路径的窗口，K是观看模拟海市蜃楼景观的窗口。

【演示原理】

在某种特殊气象条件的海面上，大气上层由于日晒而不断增温，而下层则由于水的蒸发吸热作用，温度不断下降，出现接近海面的大气层温度上高下低连续变化的温度梯度。又由于温度越低大气密度越大，折射率亦越大。放在海面上形成了上小下大连续变化的折射率梯度。如果在远处有座楼阁，平常看不见，在上述气象条件下，从楼顶点发出的光线，以某一角度向上射入空中。由于大气折射率从下到上逐渐减小，光线不断折射，折射角逐渐增大，光线将越来越偏离法线而向着地面方向“弯曲”。当到达某一气层时，满足全反射条件，光线就会发生全反射，而转向地面传播。在反射光线的传播方向上，由于大气的折射率从上到下逐渐增加，所以光线越来越靠近法线，从而继续弯向地面，到达观察者的眼睛。由于人眼习惯了光的直线传播，所以观察者觉得光线似乎是从空中射来的。其他各点也是如此，这样就看到了空中的楼阁。

【演示操作及现象】

1. 液体的配制

将装置门E打开，水管插入F口内固定好，向水槽内注入深为槽深一半的清水，再将约3kg食盐放入清水中，用玻璃棒搅，使其溶解成近饱和状态，再在其液面上放一薄塑料膜盖住下面的盐溶液，向膜上慢慢注入清水，直到水槽水近满为止，稍后，将薄膜轻轻从槽一侧抽出，此时，清水和食盐水界面分明，大约需6h以后，由于扩散，界面消失了，在交界处形成了一个扩散层，液体的折射率由下向上逐渐减小，产生一个密度梯度，此时液体配制完成。

2. 现象演示

（1）打开激光笔C，从水槽侧面窗口H观察光束在非均匀食盐水中弯曲的路径。

（2）打开射灯D，照亮实景物，在景物另一侧窗口K处观察模拟的海市蜃楼景观。

7.8 逆风行舟

【演示仪器】

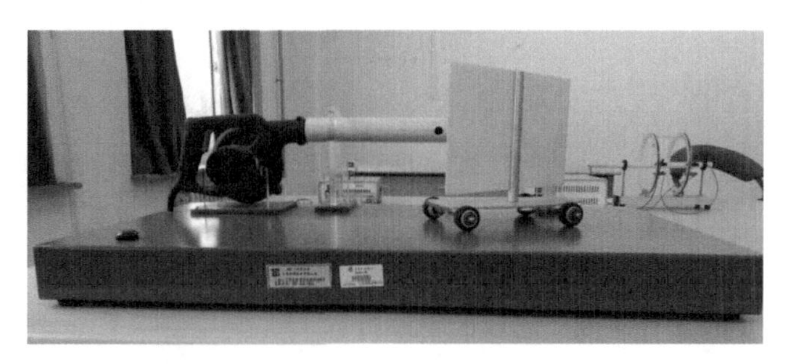

逆风行舟演示仪

【演示原理】

先分析帆船侧逆风前进的原理。图 7-4 为俯视图，控制航向，使风从帆面 MN 的外侧前方吹来，风吹在帆面上的力可以分解为沿帆面的阻力 $\boldsymbol{F}_1$ 和垂直于帆面的力 $\boldsymbol{F}_2$，$\boldsymbol{F}_2$ 又可以分解为沿航向和垂直于航向的力 $\boldsymbol{F}'$和 $\boldsymbol{F}''$，$\boldsymbol{F}'$主要靠水对船体的横向阻力相平衡，而沿航向的分力 $\boldsymbol{F}'$比船体的纵向阻力（包括 $\boldsymbol{F}_1$ 沿航向的分力）大得多，故船可以沿航向向前航行。

由上可知，帆船能侧逆风前进。为了达到顶风的目的地，帆船必须不断改变航向，走“之”字形，并不断改变帆的方位，如图 7-5 所示。

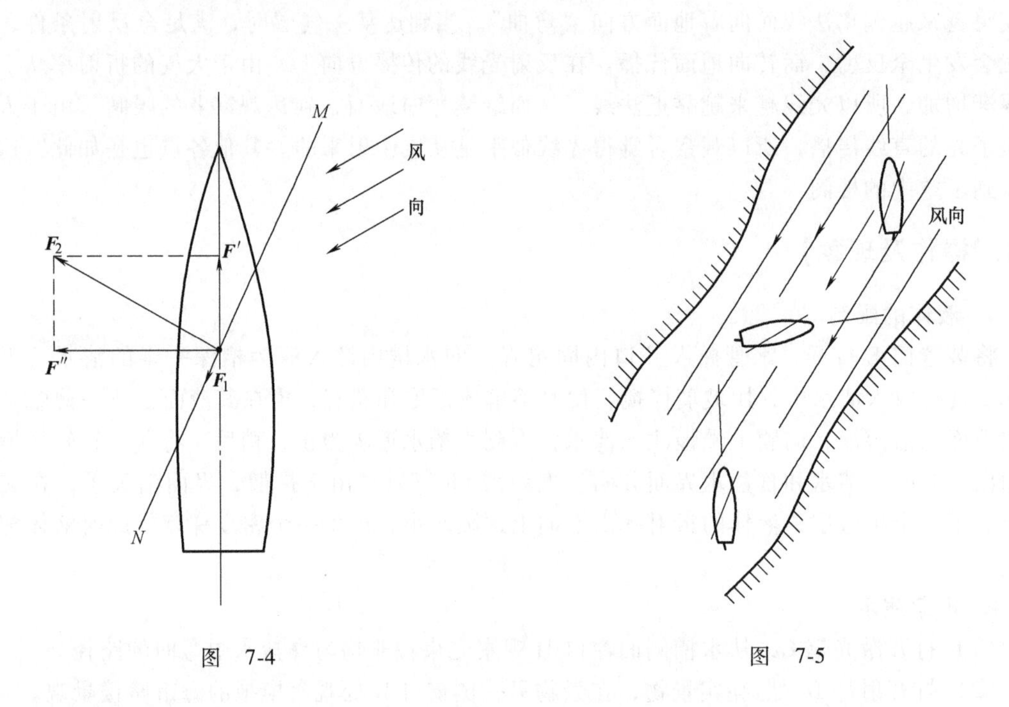

图　7-4　　　　图　7-5

【演示操作】

1. 将仪器放置在水平桌面上，使风向与船前进的方向约为 40°。
2. 打开风机电源开关就可以演示帆船逆风而进。
3. 不要长时间通电。

7.9　辉光球

【演示目的】

1. 探究低气压气体在高频强电场中产生辉光的放电现象和原理。
2. 探究气体分子激发、碰撞、复合的物理过程。

【演示仪器】辉光球演示仪

辉光球演示仪

【演示原理】

辉光球发光是低压气体（或叫稀疏气体）在高频强电场中的放电现象。玻璃球中央有一个黑色球状电极。球的底部有一块震荡电路板，通电后，震荡电路产生高频电压电场，由于球内稀薄气体受到高频电场的电离作用而光芒四射。

辉光球工作时，在球中央的电极周围形成一个类似于点电荷的场。当用手（人与大地相连）触及球时，球周围的电场、电势分布不再均匀对称，故辉光在手指的周围处变得更为明亮。

【演示步骤】

1. 打开电源开关，辉光球发光。

2. 用指尖触及辉光球，可见辉光在手指的周围处变得更为明亮，产生的弧线顺着手的触摸移动而游动扭曲，随手指移动起舞。

【注意事项】

不可敲击辉光球体，以免打破玻璃。

7.10 白光反射全息图

【演示目的】

展示白光全息片。

【演示原理】

普通照相是记录了光的强度，因此影像是平面的，而全息照相不仅记录光的强度，还记录了光的位相，因此影像是立体的，影像与物体完全一样。结合影像合成技术在一幅全息图中可记录很多的图像，这样的图像会产生动感。全息照相把激光束分成两束：一束激光直接投射在感光底片上，称为参考光束；另一束激光投射在物体上，经物体反射或者透射，就携带有物体的有关信息，称为物光束。物光束经过处理也投射在感光底片的同一区域上。在感光底片上，物光束与参考光束发生相干叠加，形成干涉条纹，这就完成了一张全息图。

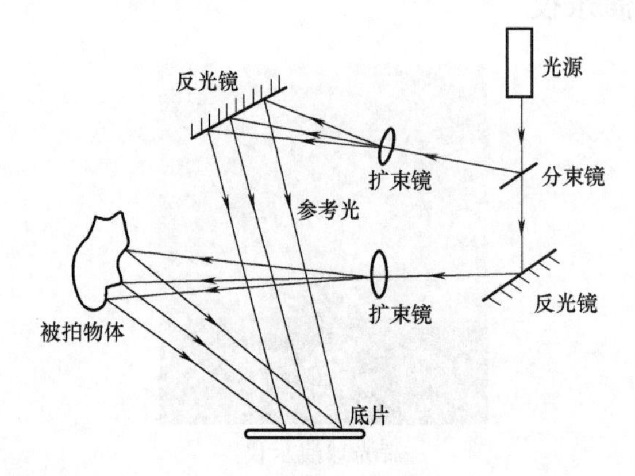

【演示操作】

白光照射，观看者以不同的角度观看可以看到两个不同的画面，称之为双通道全息。

【注意事项】

1. 保持全息图的干燥，避免阳光的直射。

2. 保存和运输的时候，全息图的两面需用柔软的聚乙烯泡沫保护。

3. 清除全息图表面的赃物或指纹时，要用柔软干净的布，但只能纵向擦拭，前后两面都可以擦拭。

4. 不要用带有粗糙研磨剂或溶解剂的制品（如含有氯、酒精、丙酮的制品）清洁全息画面，可以用吹风（不要用热风）的方式清洁全息图。不要让任何清洁器在全息画面上滞留超过 2min。

7.11 水波演示

【演示目的】

观察波的传播、衍射、叠加、干涉、相干和驻波。

【演示仪器】

水波演示仪

【演示原理】

1. 波在遇到障碍物时，会沿障碍物的边沿前进，此现象称为衍射。

2. 孔径越小，波长越长。

3. 同一介质中几个振源所产生的波可以互不干涉地相互贯穿，然后继续按各自原来的方式传播。

【演示内容】

1. 圆波

水槽中放置水，水深1~2mm，调实验水槽水平，用单个点喷嘴与水面相距1mm左右，或少量接触水，调节喷嘴位于水槽中心；开启水波发生器电源，调节输出总量的1/3左右，可见水面有振纹产生，调水波发生器频率为10Hz、15Hz、20Hz、25Hz、30Hz、35Hz、40Hz、45Hz可见水波的波长逐渐变短，为了便于观察，开启DS3频闪仪，调节频闪频率与水波发生器频率相同，此时波纹如静止一般，明显可见在不同水波频率下波纹疏密的变化及与水波频率的关系。调频闪频率与水波振动频率不一时，可见水波缓慢扩散或缓慢旋涡。

2. 惠更斯原理

将开有三个缺口的圆筒放于水槽中，调点喷嘴于圆筒中心，可见自中心往外扩展的圆形波在圆筒壁处被阻挡，仅在缺口处可继续传播，每个缺口相当于一个新的圆波的波源。

3. 波的干涉

用三通接口接通两个点喷嘴，相距5cm左右前后放置，如演示1所述，分别使其处在不同频率，配合频闪仪可见双振动下干涉图案，比较分析图案的频率变化效果。

4. 平面波

如上述，调整好水槽后，改点喷嘴为平行喷嘴，适当调节输出频率和频闪仪频闪频率，可见相间的平面波。

5. 波的反射

如演示4用平行喷嘴，在平面波的传播方向上呈45°放置阻挡条，可见平面波传播方向的改变，遵从反射定律。

6. 波的衍射

如演示4所述产生平面波，在其传播方向上放置有缺口的障碍物后，调节水波频率，可见平面波遇到不同缝隙宽度时产生的衍射波形。

【注意事项】

为了实验观察，仪器不宜放置于明亮的环境中，否则明暗反差较小，影响观察效果。

实验观察时，频闪仪的频率与水波发生频率相同时，宜于观察。

因内置平面镜，一旦放置妥当实验装置后，不宜随意搬动。

7.12　角动量合成演示

【演示目的】

通过两个可以改变转轴方向的转盘演示角动量的相加、相减。

【演示仪器】

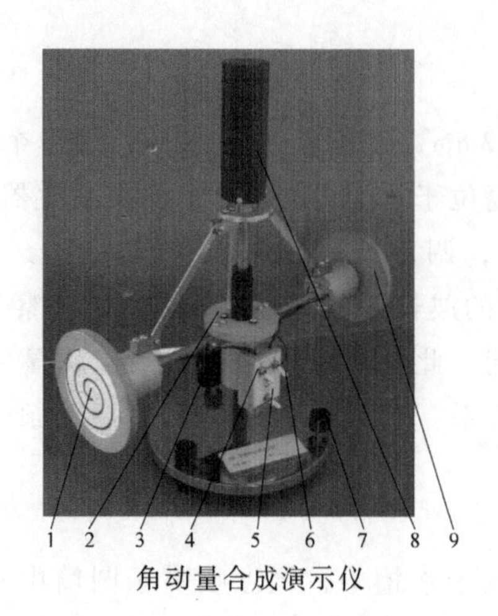

角动量合成演示仪

1. 飞轮转盘 1
2. 轴台
3. 电池盒
4. 飞轮转盘 1 换向开关
5. 电源开关
6. 飞轮转盘 2 换向开关
7. 底盘水平调节旋钮
8. 飞轮转轴方向调节塑料套（向上拉时飞轮两轴向上绕），向下（即放松）时，飞轮转盘两轴下垂，用手放置于中间合适位置时，飞轮转轴呈水平）。
9. 飞轮转盘 2

【演示原理】

不受外力矩的物体系统其角动量保持守恒。

本实验研究两转盘及其轴台共同构成的物体系统，当两转盘的轴的方向改变时，两转盘的角动量的和若不为零，则轴台将同样大小但相反方向转动，故可用轴台的转动来演示角动量的相加、相减。

【演示操作】

1. 右手握住转轴方向调节塑料套 8 使两飞轮转盘轴处于水平时开启电源开关，然后上拉调节塑料套 8 使飞轮转盘两轴向上挠，观察轴台（连同转盘）的转动。

2. 使两盘的轴处于水平时开启电源开关，然后放松调节塑料套 8 使飞轮转盘两轴下垂，观察轴台（连同转盘）的转动。

3. 关闭电源开关，调节“顺逆”开关，使一盘转向改变而另一盘不变，重复上述步骤。

7.13 亥姆霍兹线圈磁场演示

【演示仪器】

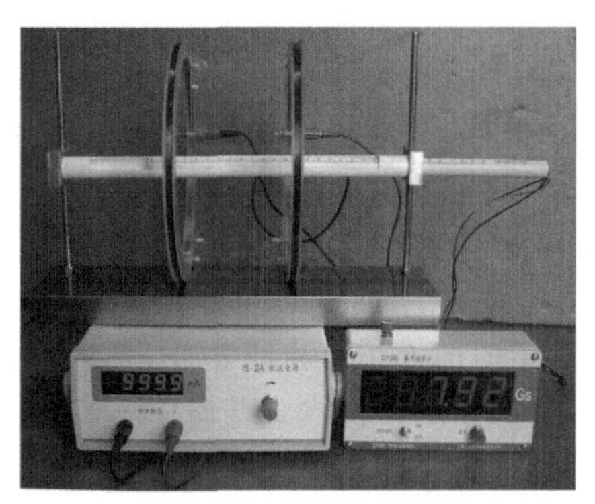

亥姆霍兹线圈磁场演示仪

图为亥姆霍兹线圈系统，包括亥姆霍兹线圈实验装置、IS—2A 恒流电源、TG200 高斯计、（磁感应强度）霍尔传感器探头标尺。

亥姆霍兹线圈：半径 100mm，间距 100mm，线圈匝数 100 匝，线径 0.5mm。

IS—2A 恒流电源：输出电流 0~1000mA，三位半数码管显示。

TG200 高斯计：量程 0-±190.00Gs，分辨率 0.01Gs（地球磁场约 0.35Gs）。

测磁探头为霍尔元件，探头标尺示值 300mm。

【演示原理】

由两个半径为 R 的圆形线圈（两线圈圆心的距离与线圈的半径相等）组合就得到一个亥姆霍兹线圈，当线圈中通有电流 I 时，在空间产生特定的磁场分布。给亥姆霍兹线圈通有同向电流时，在这两个线圈内的轴线上与两线圈圆心连线中点相距为 x 的地方的总磁感应强度为

$$B=\frac{\mu_0 IR^2}{2}\left\{\frac{1}{((x+R/2)^2+R^2)^{3/2}}+\frac{1}{((x-R/2)^2+R^2)^{3/2}}\right\}$$

在两圆心连线中点的比较大的一段范围内，两线圈轴线上的磁场都可以看作匀强磁场。

【演示操作】

1. 演示亥姆霍兹线圈中心轴线磁场分布

1）上移或下移霍尔测量标尺导轨至亥姆霍兹线圈中心轴线位置。

2）置霍尔探头于导轨槽内两线圈间距 X 轴中心，清零高斯计。

3）将两组线圈串联，同向通入直流恒定电流 1A。

4）记录霍尔探头在轴线不同位置 X 时磁感应强度 B 值，即依次 X_0、B_0，X_1、B_1，X_2、

B_2，…，X_n、B_n。

5）绘制 B-X 曲线图。

2. 演示线圈中心轴线磁场与线圈电流的关系

1）如上所述，置霍尔探头于导轨槽内两线圈间距 X 轴中心，清零高斯计。

2）将两组线圈串联，同向通入直流恒定电流 100mA，200mA，300mA，…，1000mA，记录通入不同电流时的磁感应强度 B 值。

3）绘制 B-I 曲线图。

3. 演示磁场叠加原理

1）上移或下移霍尔测量标尺导轨至亥姆霍兹线圈中心轴线位置。

2）置霍尔探头于导轨槽内两线圈间距 X 轴中心，清零高斯计。

3）将两组线圈分别通入相同直流恒定电流 1A，记录 a、b 线圈各自通电时 X 位置的磁感应强度 B_{aX}、B_{bX}。

4）记录霍尔探头在轴线不同位置 X 时的 B 值，即依次 X_0、B_{a0}、B_{b0}，X_1、B_{a1}、B_{b1}，X_2、B_{a2}、B_{b2}，…，X_n、B_{an}，B_{bn}。

5）比较演示 1 中相应均通电时的 B 值，验证叠加原理。

上述内容可通过单刀双掷开关，适当接线后置探头一位置，置不同开关完成 B 值的测量读数。

4. 演示线圈非中心轴线的磁场分布

上移或下移霍尔测量标尺导轨，偏离姆霍兹线圈中心轴线位置 $Y = 1\text{cm}$、2cm、3cm、4cm。

重复演示 1 实验内容，记录 X_y 与 B_y，作 B_y-X_y 曲线。

【注意事项】

1. 测量线圈非轴中心磁场时，调节测量标尺高度要小心轻放，左右立柱同时上移或下移。
2. 移动测量标尺在线圈内水平方向位置时，注意探头不要跌落。
3. 线圈通电前清零高斯计，以消除环境磁场。

7.14　圆形电流磁场模型

【演示目的】

演示圆形电流磁场模型。

【演示仪器】

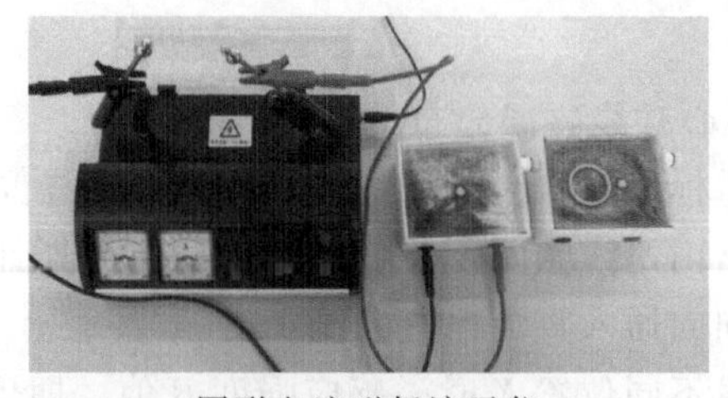

圆形电流磁场演示仪

【演示原理】

圆形电流磁场不是均匀的，离圆形模型近的地方磁场强度大，反之强度弱。磁场方向用右手定则判断。

【实验步骤】

将实验模型与起电机连线接好。
打开电源开关，缓慢调节旋钮，调高电压，观察模型内的磁场分布。

【注意事项】

电压不要调得太高。

7.15 超声成像演示

【演示仪器】

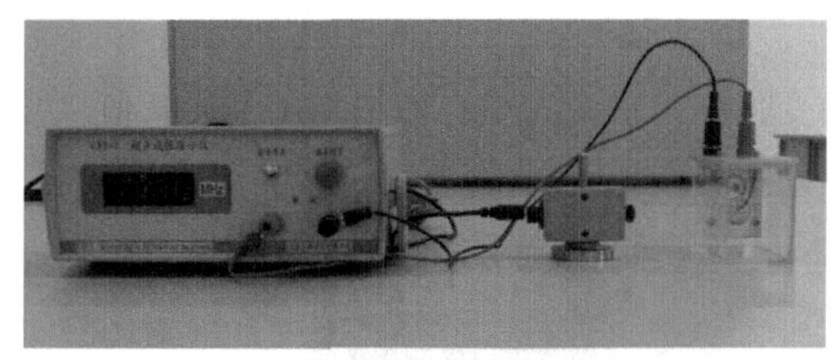

超声成像演示仪

【演示原理】

超声波是一种声波，它的频率比人耳通常能够听到的声音的频率高。压电晶体在 2~5MHz 频率的功率振荡器激发下，可以产生频率在 10Hz 的超声波。当把能激发超声波的压电晶体放在盛有蒸馏水的液槽中，超声波在液体介质中传播，就在液体中形成周期性的互相交替的一组压缩和膨胀区域，压缩与膨胀引起液体密度的变化，对光而言，导致液体折射率的变化。若使在液槽中的超声波从液体的上表面反射，此时入射的超声波与反射的超声波将在液体中形成驻波，具有密度变化的周期结构，从而具有变化着的折射率的周期结构。光通过这种液体时，引起改变的不是光波的振幅，而是光波的位相，起着一个相位光栅的作用。它的周期等于超声波的波长。人们称这种载有专长波的透明液体为超声光栅。当把一束平行光垂直于超生驻波的方向入射到液体上时，光束将产生衍射。在屏上将看到一系列的明暗相间的衍射条纹。

【演示操作及现象】

1. 从激光器④发出的光，经扩束镜⑤扩束后反射到准直镜⑥上，以大于超声液槽窗口宽度的平行光束，垂直与超声波传播方向投射到液槽①上，自液槽①窗口射出的光经透镜⑦

后投射到位于其角平面上的观察屏⑧上。当高频振荡器未接通电源时，平行光经液槽后不产生衍射，因而在屏上只看到一亮点。

2. 接通信号源电源，选用正弦波，将信号源输出旋钮调至最大输出。固定一确定频率（按液槽上标出的频率）此时在屏⑧上看到有超声光栅的衍射所产生的衍射图样，如图3所示。

3. 压电晶体的固有频率在2.4MHz左右（在液槽上已标出），在该频率附近，改变信号源的输出频率，屏幕上会周期出现清晰的衍射图样。

【注意事项】

1. 当取下液槽上盖向液槽注入蒸馏水时不要注满，盖上盖与反射器时一定不要用力压，以免损坏压电晶体。

2. 定期清洗液槽。

7.16　等厚干涉磁致伸缩演示

【演示目的】

利用等厚干涉图样的变化演示铁磁物质在磁场作用下的几何尺寸变化的物理现象。

【演示仪器】

等厚干涉磁致伸缩演示仪

【演示原理】

等厚干涉装置/牛顿环，是由一块平板玻璃和一块平凸透镜合在一起形成等厚干涉，并可观察到等厚干涉的干涉图样是一组大小不同的圆环。在透镜和平板玻璃之间有一层很薄的空气层，通过透镜的单色光一部分在透镜和空气层的交界面上反射，一部分通过空气层在平板玻璃上表面反射，这两部分反射光符合相干条件，产生干涉现象，形成牛顿环。在压力的作用下等厚干涉的空气间隙会发生微小变化从而干涉图样也会发生变化。

铁磁材料在磁化过程中发生机械形变称为磁致伸缩。产生这种效应的原因是，在铁磁质中，磁化方向的改变导致磁畴重新排列而形成晶体间距的变化，从而使铁磁体的长短或体积发生变化。我们利用这个原理将牛顿环固定在一个线圈上，线圈中固定一根镍棒直顶在牛顿环上。当线圈产生磁场时，磁场中的镍棒产生磁致伸缩现象，长度收缩。在牛顿环上的应力发生了变化导致牛顿环的干涉图样也发生变化，所以可通过牛顿环图样的变化来演示磁致伸缩现象。本仪器采用光学投影放大的方法把牛顿环干涉图样投影放大在屏幕上观察，更为方便。

【演示操作】

1. 接通光源电源，使光源照射到牛顿环上，图像反射到屏上，调节光路，可清晰看到等厚干涉（牛顿环）图样。

2. 调节线圈后面的螺杆，使镍棒顶在牛顿环上有一定的应力。

3. 接通直流电源，可看到等厚干涉（牛顿环）变化 1/2 环。关闭电源，图样恢复原状。

7.17 滴水自激感应起电

【演示仪器】

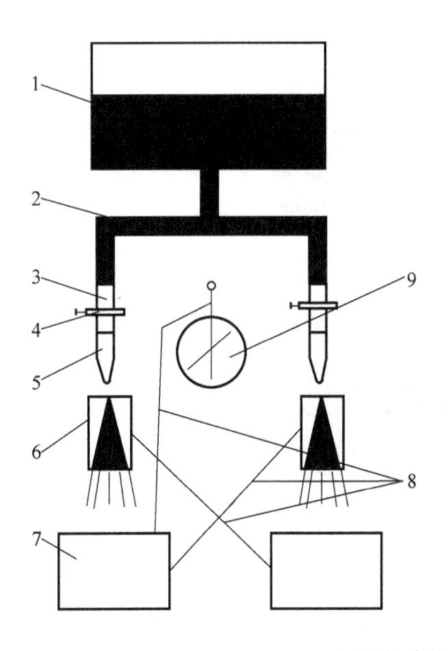

水自激感应起电设备结构示意图

1—水槽 2—三通管 3—软管 4—阀门 5—玻璃管 6—金属壳 7—金属杯 8—导线 9—验电器

【演示原理】

滴水自激感应起电仪是通过水滴流动与玻璃管摩擦起电，在静电感应出的电荷循环堆积，所带电荷量越来越多，而产生越来越高的电位差的静电起电装置。

【演示操作】

1. 首先将验电器和一个金属杯相连，然后慢慢打开阀门，使三通玻璃管口形成水滴流，不一会儿就可观察到验电器因带电而张开。

2. 用手指拿住试电笔氖管的一端，用另一端分别接触任一金属杯，可以发现氖管发光，由闪光发生在氖管的哪一端上可判断金属杯带何种电荷。若闪光出现在与手接触的一端，则被测的带电体带正电。

3. 用高压静电电压表测金属杯之间的电压，可测到 8000V 以上的高压。

7.18　巴克豪森效应演示

【演示目的】

铁磁性物质在磁化过程中，当外磁场的强度达到一定强度时，磁畴壁界面开始发生移动，它最显著地发生在磁化曲线的最陡区域。此时磁化过程是不连续的，而是以跃变的形式进行，这种现象就是跃变磁化。矩形磁滞回线的铁磁性材料跃变磁化最为明显。跃变磁化现象也称为巴克豪森效应。通过演示仪显示的巴克豪森效应来验证磁畴理论。巴克豪森效应演示仪能使无声无息的磁化过程通过声音表现出来，能引导学生深入思考，揭示事物的本质。

【演示仪器】

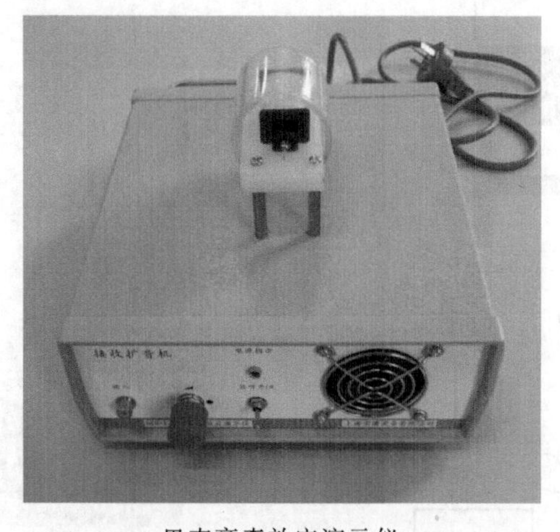

巴克豪森效应演示仪

仪器结构由放大器、实验线圈、样品（玻莫合金、硅钢片、铜片或铝片）和条形永久磁铁组成。

【演示原理】

将铁磁性物质放入线圈中，然后将条形永久磁铁缓缓地靠近样品使其磁化。当跃变磁化发生时，在线圈中会感应出相应的不连续电流，经过放大，能在喇叭中发出卜卜声或沙沙声。

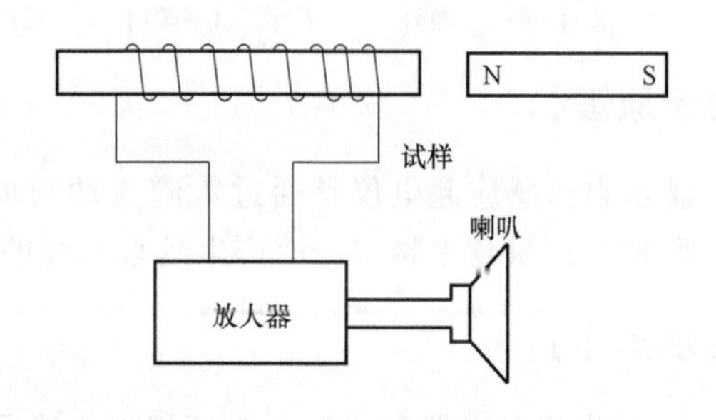

【演示操作】

接通放大器电源开关，就可开始做实验。

1. 在线圈中不插入任何试样，将永久磁铁沿着线圈轴线，由远而近缓缓地靠近线圈，此时喇叭无声音。

2. 将玻莫合金片插入线圈中，再将条形永久磁铁的N极对着线圈，并沿着线圈的轴线，由远而近将玻莫合金片磁化，此时喇叭发出沙沙的响声。如果永久磁铁移动得很慢，喇叭发出卜卜的响声，当永久磁铁不动时，响声立刻停止，继续往前移动，喇叭也发出响声，但是比磁化时要小（这是由于在不可逆过程中还存在着可逆过程。如果是良好的矩形磁滞回线材料，则没有这种现象）。永久磁铁离得越远声音越小，直至没有响声。磁极方向不变，再将永久磁铁移近线圈，玻莫合金片再次被磁化，所不同之处是响声比第一次磁化时小。

3. 将条形永久磁铁的方向转动180°（即将S极对着线圈），沿着轴线由远而近将玻莫合金片磁化，此时磁畴全部倒向，喇叭发出更大的响声。

4. 将玻莫合金片取出，插入硅钢片，重复上述磁化过程。喇叭响声较小，而且磁化与退磁过程响声差别不大，因为硅钢片不是矩形磁滞回线的铁磁材料。

5. 取出硅钢片，插入铜片或铝片试样。由于非铁磁性材料没有磁畴结构，当重复上述磁化过程时，喇叭没有响声，通过这样的对比能加深对磁介质的认识。

7.19　神奇的普氏摆

【演示目的】

了解普氏摆，演示人眼的视觉特点。

【演示仪器】

普氏摆演示仪

【实验原理】

人之所以能够看到立体的景物，是因为双眼可以各自独立看景物。两眼有间距，造成左眼与右眼图像的差异称为视差，人类的大脑很巧妙地将两眼的图像合成，在大脑中产生有空间感的视觉效果。

在这个实验中，所用的光衰减镜引起光强的减弱，使分别进入两只眼睛的物光产生距离感，从而感觉出物体的立体感。将光衰减镜反转 180°时，摆球的运动轨迹又发生了改变。

【演示操作】

1. 拉开摆球，使其在两排金属杆之间的一个平面内摆动。
2. 在普氏摆正前方位置观察球摆动的轨迹。
3. 用光衰减镜再观察摆球的轨迹，发现摆球按椭圆轨迹转动。
4. 将衰减镜反转 180°，再观察，发现摆球改变了转动方向。

【注意事项】

1. 摆球的摆动平面尽量在两排金属杆的中间，避免与金属杆相碰。
2. 观察时双眼均要睁开。

7.20　温柔的电击

【演示目的】

教师引导学生体验电击的感受，从而建立起安全用电的重要概念。

了解人体安全电流为交流 30mA、直流 50mA，这里手摇发电机产生的电压虽达到 1000V，但电流被严格限制在 15mA 以下，所以依靠自己发的电不会引起伤害。

人体能够导电，可以把人看成是电热丝，电流通过会产生大量的热灼伤人体，所以我们要注意安全用电，防止触电造成意外伤害。

【演示仪器】

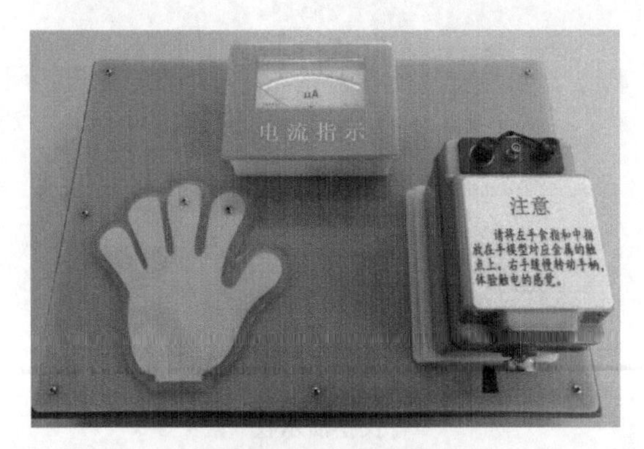

温柔的电击演示仪

【演示原理】

通过人体的电流强度取决于外加电压和人体的电阻。人体的电阻不是每个人都一样大。同一个人的电阻也不是固定不变的，皮肤干燥的时候电阻大，潮湿时电阻小。实验证明，只有不高于 36V 的电压才是安全的。

【演示操作】

操作时一名同学手摇发电机，使之产生电流，另外两名同学在左右两侧双手轻触两个圆形电极，感到刺麻后立即拿开手。

附 录

附录 A 国际单位制的基本单位

国际单位制（SI）的基本单位

量的名称	单位名称	单位符号	量的名称	单位名称	单位符号
长度	米	m	热力学温度	开[尔文]	K
质量	千克	kg	物质的量	摩[尔]	mol
时间	秒	s	发光强度	坎[德拉]	cd
电流	安[培]	A			

附录 B 常用物理参数

表 B-1 基本和重要的物理常数

名 称	符 号	数 值	单 位 符 号
真空中的光速	c	2.99792458×10^{8}	$m\cdot s^{-1}$
元电荷	e	$1.60217733(49)\times10^{-19}$	C
电子[静]质量	m_e	$9.1093897(54)\times10^{-31}$	kg
中子[静]质量	m_n	$1.6749286(10)\times10^{-27}$	kg
质子[静]质量	m_p	$1.6726231(10)\times10^{-27}$	kg
原子质量单位	u	$1.6605402(10)\times10^{-27}$	kg
普朗克常量	h	$6.6260755(40)\times10^{-34}$	$J\cdot s$
阿伏加德罗常数	N_A	$6.0221367(36)\times10^{23}$	mol^{-1}
摩尔气体常数	R	$8.314510(70)$	$J\cdot mol^{-1}\cdot K^{-1}$
玻耳兹曼常数	k	$1.380658(12)\times10^{-23}$	$J\cdot K^{-1}$
引力常量	G	$6.67259(85)\times10^{-11}$	$N\cdot m^{2}\cdot kg^{-2}$
法拉第常量	F	$9.6485309(29)\times10^{4}$	$C\cdot mol^{-1}$
里德伯常量	R_∞	$1.0973731534(13)\times10^{7}$	m^{-1}
洛喜密脱常量	n	$2.686763(23)\times10^{25}$	m^{-3}
库仑常数	$1/4\pi\varepsilon_0$	8.98755179×10^{9}	$N\cdot m^{2}\cdot C^{-2}$
电子荷质比	e/m_e	$-1.75881962(53)\times10^{11}$	$C\cdot kg^{-1}$
标准大气压	p_a	1.01325×10^{5}	Pa
冰点绝对温度	T_0	273.15	K
标准状态下声音在空气中的速度	$u_{声}$	331.46	$m\cdot s^{-1}$
标准状态下干燥空气的密度	$\rho_{空气}$	1.293	$kg\cdot m^{-3}$
标准状态下水银密度	$\rho_{水银}$	13595.04	$kg\cdot m^{-3}$
标准状态下理想气体的摩尔体积	V_m	$22.41410(19)\times10^{-3}$	$m^{3}\cdot mol^{-1}$
真空介电常数(真空电容率)	ε_0	$8.854187817\times10^{-12}$	$F\cdot m^{-1}$
真空的磁导率	u_0	$12.566370614\times10^{-7}$	$H\cdot m^{-1}$
钠光谱中黄线波长(在 15℃,101325Pa 时)	D	589.3×10^{-9}	m
镉光谱中红线的波长(在 15℃,101325Pa 时)	λ_{od}	643.84699×10^{-9}	m

表 B-2　固体的线胀系数

物　　质	温度或温度范围/℃	$\alpha/10^{-6}℃^{-1}$	物　　质	温度或温度范围/℃	$\alpha/10^{-6}℃^{-1}$
铝	0~100	23.8	锌	0~100	32
铜	0~100	17.1	铂	0~100	9.1
铁	0~100	12.2	钨	0~100	4.5
金	0~100	14.3	石英玻璃	20~200	0.56
银	0~100	19.6	窗玻璃	20~200	9.5
钢(碳 0.05%)	0~100	12.0	花岗石	20	6~9
康铜	0~100	15.2	瓷器	20~700	3.4~4.1
铅	0~100	29.2			

表 B-3　20℃时某些金属的弹性模量（杨氏模量）

金　　属	E/GPa	E/Pa	金　　属	E/GPa	E/Pa
铝	70.00~71.00	$7.00\sim7.100\times10^{10}$	锌	800.0	8.000×10^{11}
钨	415.0	4.150×10^{11}	镍	205.0	2.050×10^{11}
铁	190.0~210.0	$1.900\sim2.100\times10^{11}$	铬	240.0~250.0	$2.400\sim2.500\times10^{11}$
铜	105.00~130.0	$1.050\sim1.300\times10^{11}$	合金钢	210.0~220.0	$2.100\sim2.200\times10^{11}$
金	79.00	7.900×10^{10}	碳钢	200.0~210.0	$2.000\sim2.100\times10^{11}$
银	70.00~82.00	$7.000\sim8.200\times10^{10}$	康铜	163.0	1.630×10^{11}

表 B-4　在 20℃时与空气接触的液体的表面张力系数

液　　体	$\sigma/\times10^{-3}m^{-1}$	液　　体	$\sigma/\times10^{-3}m^{-1}$
航空汽油(在 10℃时)	21	甘油	63
石油	30	水银	513
煤油	24	甲醇	22.6
松节油	28.8	甲醇(在 0℃时)	24.5
水	72.75	乙醇	22.0
肥皂溶液	40	甲醇(在 60℃时)	18.4
弗利昂 12	9.0	甲醇(在 0℃时)	24.1
蓖麻油	36.4		

表 B-5　在不同温度下与空气接触的水的表面张力系数

温度/℃	$\sigma/\times10^{-3}m^{-1}$	温度/℃	$\sigma/\times10^{-3}m^{-1}$	温度/℃	$\sigma/\times10^{-3}m^{-1}$
0	75.62	16	73.34	30	71.15
5	74.90	17	73.20	40	69.55
6	74.76	18	73.05	50	67.90
8	74.48	19	72.89	60	66.17
10	74.20	20	72.75	70	64.41
11	74.07	21	72.60	80	62.60
12	73.92	22	72.44	90	60.74
13	73.78	23	72.28	100	58.84
14	73.64	24	72.12		
15	73.48	25	71.96		

表 B-6　液体的黏度

液体	温度/℃	$\eta/\mu\mathrm{Pa}\cdot\mathrm{s}$	液体	温度/℃	$\eta/\mu\mathrm{Pa}\cdot\mathrm{s}$
汽油	0	1788	甘油	-20	134×10^{6}
	18	530		0	121×10^{5}
甲醇	0	717		20	1499×10^{3}
	20	584		100	12945
乙醇	-20	2780	蜂蜜	20	650×10^{4}
	0	1780		80	100×10^{8}
	20	1190	鱼肝油	20	45600
乙醚	0	296		80	4600
	20	243	水银	-20	1855
变压器油	20	19800		0	1685
蓖麻油	10	242×10^{4}		20	1554
葵花子油	20	5000		100	1224

表 B-7　某些金属和合金的电阻率及其温度系数

金属或合金	电阻率 $/\mu\Omega\cdot\mathrm{m}$	温度系数 $/℃^{-1}$	金属或合金	电阻率 $/\mu\Omega\cdot\mathrm{m}$	温度系数 $/℃^{-1}$
铝	0.028	42×10^{-4}	锌	0.059	42×10^{-4}
铜	0.0172	43×10^{-4}	锡	0.12	44×10^{-4}
银	0.016	40×10^{-4}	水银	0.958	10×10^{-4}
金	0.024	40×10^{-4}	伍德合金	0.52	37×10^{-4}
铁	0.098	60×10^{-4}	钢(0.10%~0.15%碳)	0.10~0.14	6×10^{-3}
铅	0.205	37×10^{-4}	康铜	0.47~0.51	$(-0.04\sim0.01)\times10^{-3}$
铂	0.105	39×10^{-4}	铜锰镍合金	0.34~1.00	$(-0.03\sim0.02)\times10^{-3}$
钨	0.055	48×10^{-4}	镍铬合金	0.98~1.10	$(0.03\sim0.4)\times10^{-3}$

表 B-8　标准化热电偶的特性

名称	国标	分度号	旧分度号	测量范围/℃	100℃时的电动势/mV
铂铑 10 铂	GB 3772—1983	S	LB3	0~1600	0.645
铂铑 30 铂铑 6	GB 2902—1982	B	LL2	0~1800	0.033
铂铑 13 铂	GB 1598—1986	R	FDB2	0~1600	0.647
镍铬镍硅	GB 2614—1985	K	EU2	-200~1300	4.095
镍铬考铜			EA2	0~800	6.985
镍铬康铜	GB 4993—1985	E		-200~900	5.268
铜康铜	GB 2903—1989	T	CK	-200~350	4.277
铁康铜	GB 4994—1985	J		-40~750	6.317

表 B-9　在常温下某些物质相对于空气的光的折射率

物质	H^{α}线(656.3nm)	D 线(589.3nm)	H 线(486.1nm)
水(18℃)	1.3341	1.3332	1.3373
乙醇(18℃)	1.3069	1.3625	1.3665
二硫化碳(18℃)	1.6199	1.6291	1.6541
冕玻璃(轻)	1.5127	1.5153	1.5214
冕玻璃(重)	1.6126	1.6152	1.6213
燧石玻璃(轻)	1.6038	1.6085	1.6200
燧石玻璃(重)	1.7438	1.7515	1.7723
方解石(寻常光)	1.6545	1.6585	1.6679
方解石(非常光)	1.4846	1.4864	1.4908
水晶(寻常光)	1.5418	1.5442	1.5496
水晶(非常光)	1.5509	1.5533	1.5589

参 考 文 献

[1] 邓金祥，刘国庆. 大学物理实验［M］. 北京：北京工业大学出版社，2005.
[2] 赵青生，马书炳. 大学物理实验［M］. 合肥：安徽大学出版社，1999.
[3] 潘小青，陆俊发. 大学物理实验教程［M］. 上海：华东理工大学出版社，2006.
[4] 佘彦武，李宁湘. 大学物理实验教程［M］. 北京：机械工业出版社，2006.
[5] 胡亚平. 大学物理实验教程［M］. 长沙：湖南师范大学出版社，2008.
[6] 杨广武. 大学物理实验［M］. 天津：天津大学出版社，2009.
[7] 张凤玲，杨秀芹. 大学物理实验［M］. 武汉：武汉理工大学出版社，2006.
[8] 潘广问，燕今浩. 大学物理实验基础［M］. 北京：北京理工大学出版社，2008.
[9] 董有尔. 大学物理实验［M］. 合肥：中国科学技术大学出版社，2009.
[10] 宋玉海，梁宝社. 大学物理实验［M］. 北京：北京理工大学出版社，2007.
[11] 李培森，张艳亮. 大学物理实验［M］. 济南：山东大学出版社，2006.
[12] 李玉琮，赵光强，林智群. 大学物理实验［M］. 北京：北京邮电大学出版社，2006.